Unity 3D
脚本编程与游戏开发

马遥　沈琰◎编著

人民邮电出版社
北京

图书在版编目（CIP）数据

Unity 3D脚本编程与游戏开发 / 马遥，沈琰编著
. -- 北京 : 人民邮电出版社，2021.5
ISBN 978-7-115-55875-6

Ⅰ. ①U… Ⅱ. ①马… ②沈… Ⅲ. ①游戏程序一程序设计 Ⅳ. ①TP317.6

中国版本图书馆CIP数据核字(2021)第043648号

内容提要

本书以游戏开发为主要线索，全面讲解 Unity 3D 的编程技术，涵盖 Unity 3D 引擎的各个系统与模块。全书从建立脚本编程和游戏开发的框架思路讲起，逐步阐述 Unity 3D 游戏开发的核心概念，以及对游戏开发至关重要的物理系统和 3D 数学基础等技术基础。然后针对游戏中的界面、动画、特效与音频等，对 Unity 3D 各个常用模块的使用方法进行讲解，并详细介绍游戏开发中数据管理与资源管理相关的知识。随后通过潜入型游戏的完整案例将本书所讲知识融会贯通。最后讲解游戏人工智能开发技术，以及对象池等高级编程技术，帮助读者提升应对实际工作的能力。

本书内容全面，讲解细致，适合游戏开发初学者入门，也适合相关培训机构作为教材。

◆ 编　　著　马　遥　沈　琰
　责任编辑　杨　璐
　责任印制　马振武
◆ 人民邮电出版社出版发行　　北京市丰台区成寿寺路 11 号
　邮编　100164　　电子邮件　315@ptpress.com.cn
　网址　https://www.ptpress.com.cn
　固安县铭成印刷有限公司印刷
◆ 开本：787×1092　1/16
　印张：22　　　　　　　　2021 年 5 月第 1 版
　字数：595 千字　　　　　2025 年 1 月河北第 15 次印刷

定价：79.90 元

读者服务热线：(010)81055410　印装质量热线：(010)81055316
反盗版热线：(010)81055315
广告经营许可证：京东市监广登字 20170147 号

前言

近几年来，Unity 引擎在市场上获得了巨大的成功。市面上使用 Unity 制作的精品游戏层出不穷。不仅有许许多多专业的手游厂商在使用 Unity 引擎，一些广受好评的独立游戏也采用 Unity 引擎开发。

与游戏市场的繁荣发展相对应，网络上、书店里游戏开发的教程也逐渐多了起来。现在任何人都可以花半天时间跟着视频做一个小游戏，享受做游戏的乐趣，进而实现开发原创游戏的梦想。

编者在游戏开发教学工作中发现，很多同学对搭建场景、制作界面表现出很大兴趣，而一旦到了编写程序的环节，就会进入茫然的状态。有一些同学会照着范例敲出代码，有一些同学则会因为看不懂而放弃，而即便是坚持下来的人，大都也学得懵懵懂懂。他们能明白代码的大致含义，但很难自己写出来，更不会修改代码和独立实现游戏功能。

编者认为，许多游戏开发初学者编程能力不足的问题有必要加以改善。实际上，编程不仅是游戏制作过程中最重要的环节之一，而且它本身也富有创造的乐趣。为什么这么说呢?

首先，程序是游戏存在的基础。

游戏开发技术主要分为游戏设计、美术制作与技术实现三大方面。设计是游戏的灵魂，美术是游戏的外表，而技术是游戏的骨骼和血肉。人们总说，健康的身体是幸福生活的前提。同样，游戏的玩法和画风可以丰富多彩甚至千奇百怪，但无论什么游戏，都一定要有一个健全的软件结构，这样才能保证游戏设计正确实现，才能确保用户的正常体验。

其次，技术实现与游戏设计密不可分。

纵观电子游戏的历史，人们一直在利用新技术不断创造更新颖、更震撼和更自由的游戏。横板卷轴技术让《超级马里奥兄弟》得以诞生，实时 3D 渲染技术催生出了《雷神之锤》等第一人称射击游戏，而现代的软硬件技术更是让创造一个庞大虚拟世界的梦想成为可能。游戏技术与游戏设计互相促进：技术为设计带来可能性的空间，设计指导着技术的发展方向。

如今，成熟的游戏引擎已经提供了丰富的功能和特性，而且所有的功能特性都能被脚本调用、组织和控制。一旦掌握了一定的编程技术，你将会发现自己在虚拟的世界中无所不能。

编者相信每一个人都能够体会到这种创造的乐趣与成就感，而大多数人需要的仅仅是一架梯子，用于渡过最初的难关。

本书编者长期从事游戏开发教学工作，在教学工作中有很多积累和体会。很荣幸接到人民邮电出版社的邀请，给了编者一个将知识经验总结并发表的机会。

首先，要特别感谢皮皮关游戏开发教育的老师和同学们。他们给了编者有限的素材与无限的灵感，让辛苦的编写工作变成了一种奇妙的体验。

然后，感谢默默支持我们的家人，感谢所有帮助和批评过我们的朋友。

最后，还要感谢人民邮电出版社的编辑，他们用细致严谨的工作态度敦促编者尽全力写好每一个段落，相信这种认真的态度会让每一位读者受益。

由于编者水平有限，书中疏漏之处在所难免。如有任何意见和建议，请读者不吝指正，感激不尽。

编者
2020 年冬

资源与支持

本书由异步社区出品，社区（https://www.epubit.com/）为您提供相关资源和后续服务。

● 配套资源及下载方式

本书提供数字资源下载，内容包括：

» 所有案例的配套工程文件；

» 180分钟实例制作过程的教学视频。

教师专享资源：

» 13章配套教学PPT课件。

要获得以上配套资源，请在异步社区本书页面中点击 配套资源 ，跳转到下载界面，按提示进行操作即可。注意：为保证购书读者的权益，该操作会给出相关提示，要求输入提取码进行验证。

● 提交勘误

作者和编辑尽最大努力来确保书中内容的准确性，但难免会存在疏漏。欢迎您将发现的问题反馈给我们，帮助我们提升图书的质量。

当您发现错误时，请登录异步社区，按书名搜索，进入本书页面，点击“提交勘误”，输入勘误信息，点击“提交”按钮即可。本书的作者和编辑会对您提交的勘误进行审核，确认并接受后，您将获赠异步社区的100积分。积分可用于在异步社区兑换优惠券、样书或奖品。

● 扫码关注本书

扫描右方二维码，您将会在异步社区微信服务号中看到本书信息及相关的服务提示。

● 与我们联系

我们的联系邮箱是szys@ptpress.com.cn。

如果您对本书有任何疑问或建议，请您发邮件给我们，并请在邮件标题中注明本书书名，以便我们更高效地做出反馈。

如果您有兴趣出版图书、录制教学视频，或者参与图书翻译、技术审校等工作，可以发邮件给我们；有意出版图书的作者也可以到异步社区在线提交投稿（直接访问www.epubit.com/selfpublish/submission即可）。

如果您是学校、培训机构或企业，想批量购买本书或异步社区出版的其他图书，也可以发邮件给我们。

如果您在网上发现有针对异步社区出品图书的各种形式的盗版行为，包括对图书全部或部分内容的非授权传播，请您将怀疑有侵权行为的链接发邮件给我们。您的这一举动是对作者权益的保护，也是我们持续为您提供有价值的内容的动力之源。

● 关于异步社区和异步图书

“异步社区”是人民邮电出版社旗下IT专业图书社区，致力于出版精品IT技术图书和相关学习产品，为作译者提供优质出版服务。异步社区创办于2015年8月，提供大量精品IT技术图书和电子书，以及高品质技术文章和视频课程。更多详情请访问异步社区官网https://www.epubit.com。

“异步图书”是由异步社区编辑团队策划出版的精品IT专业图书的品牌，依托于人民邮电出版社近30年的计算机图书出版积累和专业编辑团队，相关图书在封面上印有异步图书的LOGO。异步图书的出版领域包括软件开发、大数据、AI、测试、前端、网络技术等。

异步社区

微信服务号

目录

第 1 章
Unity 脚本概览

脚本编写并不困难，但是如果直接从细节开始讲起，会让读者难以看到脚本编程的全貌。因此本章不急于阐述脚本编写的细节，只介绍简单的修改物体位置、处理用户输入和检测碰撞的方法，让读者用最简单的方式做出第一个 3D 滚球跑酷游戏，体会脚本编程的思路和整体方法。

1.1 控制物体的运动

仅通过控制物体的位置，就能做出好玩的小游戏。本节将详细讲解创建脚本、改变物体位置和处理用户输入等基本操作，并对容易产生误解的地方做出提示。

1.1.1 新建脚本

首先在场景中新建一个球体，接着新建脚本并挂载到该球体上。

新建脚本有两种方法。第一种方法是在 Project（工程）窗口的某个文件夹中，如在 Assets（资源根目录）中单击鼠标右键，选择 Create → C# Script 选项，如图 1-1 所示。这时 Unity 会在该文件夹下建立一个扩展名为 .cs 的脚本文件（扩展名在 Unity 编辑器中是隐藏的），并立即让用户为其指定一个名称，默认为 NewScript。

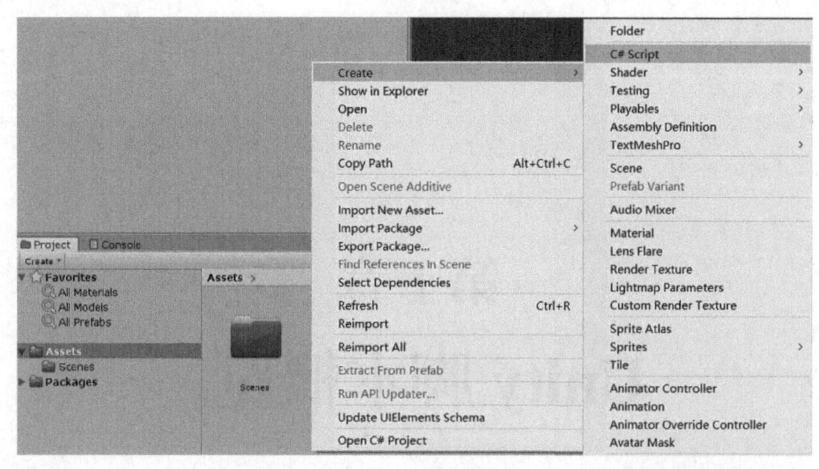

图 1-1 创建 C# 脚本

第二种方法是选中球体，在 Inspector（检视）窗口中单击 Add Component（添加组件）按钮，在菜单中选择 New script（新建脚本）选项，再输入文件名，最后单击 Create and Add（创建并添加）按钮，则会在 Assets 下新建指定名称的脚本文件，如图 1-2 所示。

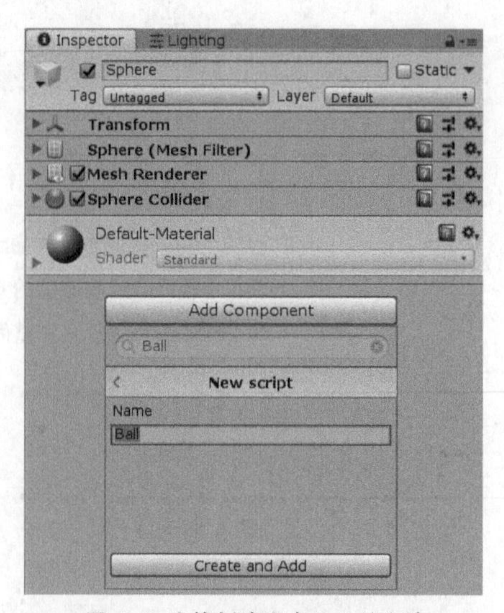

图 1-2 直接创建脚本 Ball 的方法

如果采用第一种方法，那么创建的脚本文件就还未挂载到球体上。如果采用第二种方法，则在创建完成的同时脚本文件也挂载完成了。

将脚本文件挂载到球体上也有两种方法：一是拖曳 Project 窗口中的脚本文件到场景中的球体上，二是拖曳 Project 窗口中的脚本文件到 Inspector 窗口里所有项目的后面。推荐使用第二种方法，因为它更为直观。

将脚本文件拖曳到 Inspector 窗口时会出现一条蓝色标记线，代表插入的位置，如图 1-3 所示。一般来说脚本组件的顺序不是很重要，可以插入到任意两个组件之间或者最后。

当不小心挂载了多个同样的脚本组件时，在组件名称上单击鼠标右键，并选择 Remove Component（删除组件）选项即可删除多余的组件，如图 1-4 所示。

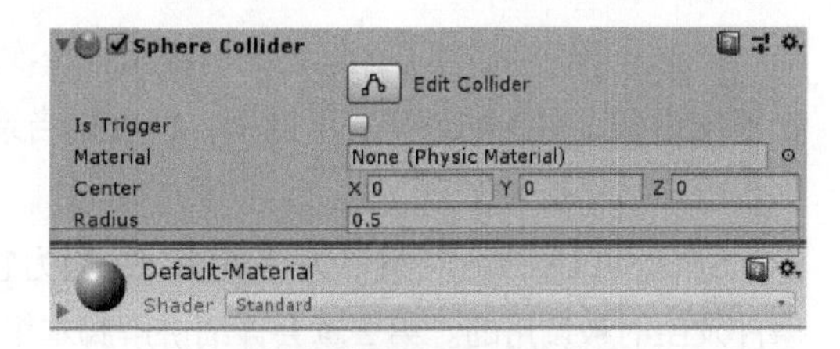

图 1-3 插入脚本组件的操作

小提示

创建脚本组件的注意事项

Unity 规定，能够挂载到物体上的脚本文件必须是“脚本组件”（另有一种不是组件的脚本文件），脚本组件要继承自 MonoBehaviour，且脚本代码中的 class 名称必须与文件名一致。一般脚本创建时会自动生成这部分内容，但是如果修改了脚本文件名，那么在挂载时就会报错。这时就必须修改文件名或 class 名称，让它们一致，这样才能正确挂载。

Unity 支持一个物体挂载多个同样的脚本组件，但一般来说只需要一个。如果由于操作失误挂载了多个脚本组件，就要删除多余的，这也是建议把脚本文件拖曳到 Inspector 窗口内的原因，这样易于确认是否挂载了多个脚本组件。

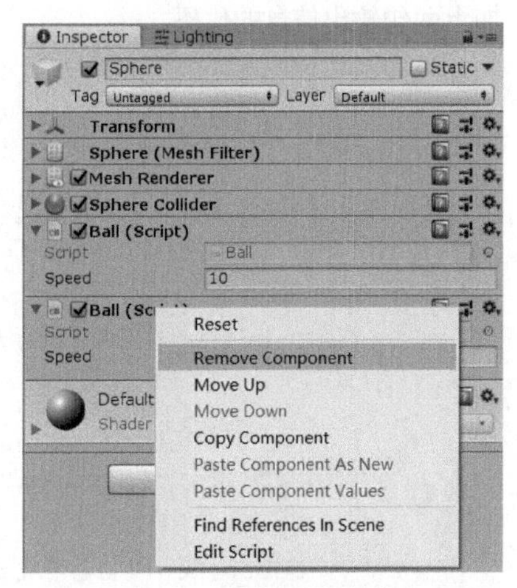

图 1-4 删除组件的操作

1.1.2 Start 和 Update 事件

双击脚本文件，或者在脚本组件上单击鼠标右键，选择 Edit Script（编辑脚本），就可以打开脚本文件进行编辑。本书建议使用 Visual Studio 2017 或 Visual Studio 2019 作为代码编辑器。在初次安装 Unity 时会默认安装 Visual Studio 社区版，该版本可免费使用。

打开脚本文件，可以看到如下内容。

```
using UnityEngine;

public class Ball : MonoBehaviour {
    // Use this for initialization
    void Start () {
    }

    // Update is called once per frame
    void Update () {
    }
}
```

这个脚本文件名为 Ball，引用了 UnityEngine 这个命名空间，组件类型为 Ball，继承了 MonoBehaviour，这些都是自动生成的部分。这里需要关注的是其中的 Start() 函数和 Update() 函数。

Start() 函数在游戏开始运行的时候执行一次，特别适合进行组件初始化。而 Update() 函数每帧都会执行，在不同设备上更新的频率有所区别，特别是当系统硬件资源不足时，帧率就会降低，因此 Update() 函数实际执行的频率是变化的。

Start 和 Update 又被称为"事件"，因为它们分别是在"该组件开始运行"和"更新该组件"这两个事件发生时被调用的。第 2 章会详细讲解脚本组件的各种事件函数。

这里介绍一个非常常用的方法：Debug.Log() 用于向 Console（控制台）窗口输出一串信息。下面改动脚本，加上两句输出信息的代码。

```
using UnityEngine;

public class Ball : MonoBehaviour {
    // Use this for initialization
    void Start () {
        Debug.Log("组件执行开始函数！");
    }

    // Update is called once per frame
    void Update () {
        Debug.Log("当前游戏进行时间：" + Time.time);
    }
}
```

运行游戏，找到 Console 窗口，如果没有打开，则选择主菜单中的 Window → General → Console 选项打开，如图 1-5 所示。

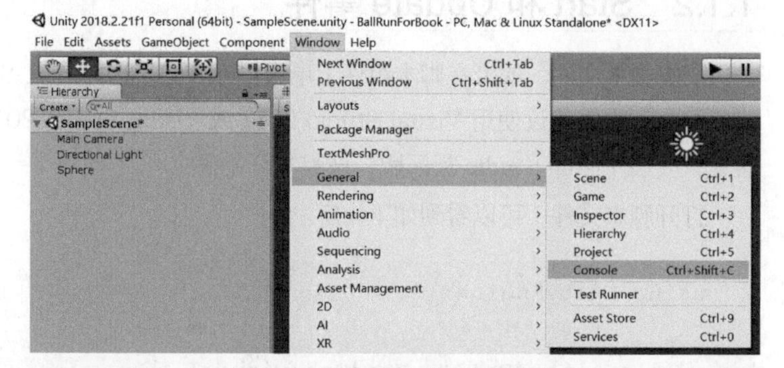

图 1-5 让 Console 窗口显示出来

执行游戏，Console 窗口内会产生大量信息，如图 1-6 所示。

暂停游戏，查看 Console 窗口中的信息，发现开始函数只执行了一次，后面所有的"当前游戏进行时间：秒数"都是 Update() 函数被调用时输出的。如果仔细观察，可以发现时间的流逝不太稳定，特别是在游戏刚启动的时候偏差较大。

Debug.Log() 函数是写代码、查 bug 的好帮手，越是编程高手，越是使用得多。Debug.Log() 函数也是最简单、最可靠的一种调试手段，未来还会反复使用这个方法，建议从现在开始就多多应用它。

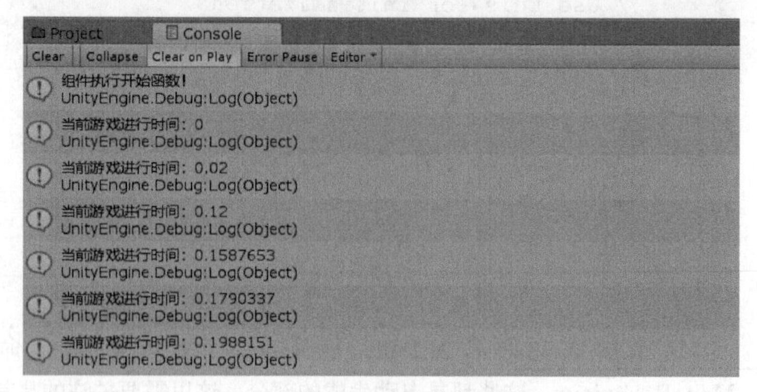

图 1-6 Console 窗口输出的信息

1.1.3 修改物体位置

在 Unity 里修改物体位置，实际上就是修改 Transform（变换）组件的数据。在 Inspector 窗口里可以方便地查看和修改 Transform 组件的位置（Position）、旋转（Rotation）和缩放（Scale）参数，如图 1-7 所示。

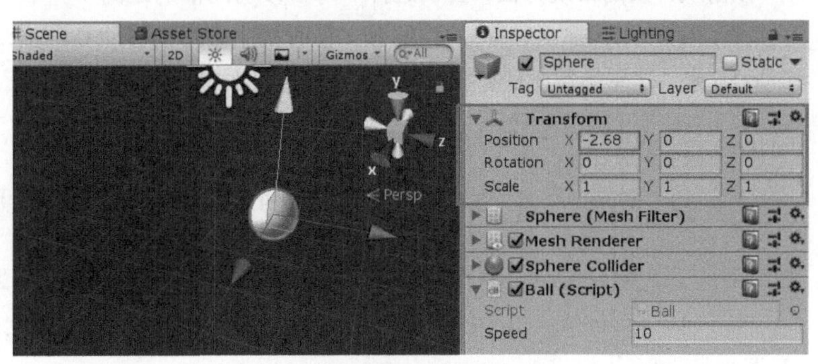

图 1-7 查看和修改物体位置

在界面中可以修改的参数在脚本中也能修改，而在脚本中可以修改的参数就不一定会在界面上出现了，因为脚本的功能比界面上展示的功能要多得多。

修改 Transform 组件中的 Position 有两种常用方法。一种是使用 Translate() 函数。

```
// 物体将沿着自身的右侧方向(X轴正方向也称为向右)前进 1.5 个单位
transform.Translate(1.5f, 0, 0);
```

另一种是直接指定新的位置。如果在游戏一开始就把物体放在（1, 2.5, 3）的位置，则只需要修改 Start() 函数。

```
void Start () {
    transform.position = new Vector3(1, 2.5f, 3);
}
```

这里可能有两个让人觉得奇怪的地方：“2.5”要写作“2.5f”，设置位置时要用 new Vector3(x, y, z) 这种写法。

这些主要源于 C# 语法的规定。直接写 2.5 会被认为是一个 double 类型的数，而这里需要的是 float 类型的数，所以必须加上 f 后缀。而写“new”的原因是 Vector3 是一个值类型，而 position 是一个属性，由于 C# 中引用和值的原理，因此不能使用“transform.position.y = 2.5f”这种写法直接修改物体的位置。这里的解释可能对初学者来说有点模糊，不过没有关系，可以先记住并使用这个语法，随着 C# 编程学习的深入自然会明白。

如果要做一个连续的位移动画，只需要让物体每帧都移动一段很小的距离就可以了。也就是说，可以把改变位置的代码写在 Update() 函数里，但是每帧都要比前一帧多改变一些位置。例如，以下两种方法都可以让物体沿 z 轴前进。

```
void Update () {
    transform.Translate(0, 0, 0.1f);
    // 在这个例子中等价于:
    transform.position += new Vector3(0, 0, 0.1f);
}
```

以上两句代码只选择写其中一句即可，另一句可以注释掉。运行游戏，观察小球是否持续运动。

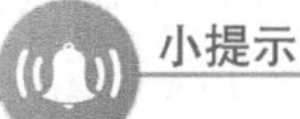

小提示

物体位置的两种写法有本质区别

如果深究，这里有两个要点：一是向量的使用和向量加法，二是局部坐标系与世界坐标系之间的区别和联系。

Translate() 函数默认为局部坐标系，而修改 position 的方法是世界坐标系。3D 数学基础知识会在后续章节详细说明，这里先把关注点放在位移逻辑上。

前面提到，由于系统繁忙时无法保证稳定的帧率，因此对于上面的写法，如果帧率高，小球移动就快；帧率低，小球移动就慢。我们需要在“每帧移动同样的距离”和“每秒移动同样的距离”之间做出选择。

按游戏开发的常规方法，应当选择“每秒移动同样的距离”。举个例子，如果帧率为 60 帧 / 秒时物体每帧移动 0.01 米，那么帧率只有 30 帧 / 秒时就应该每帧移动 0.02 米，这样才能保证物体移动 1 秒的距离都是 0.6 米。这里虽然原理复杂，但实际只需要略作修改即可。

```
void Update () {
    transform.Translate(0, 0, 5 * Time.deltaTime);
    // 或
    transform.position += new Vector3(0, 0, 5 * Time.deltaTime);
}
```

Time.deltaTime 表示两帧之间的间隔，如帧率为 60 帧 / 秒时这个值为 0.0167 秒，帧率只有 10 帧 / 秒时这个值为 0.1 秒，用它乘以移动速度就可以抵消帧率变化的影响。由于 Time.deltaTime 是一个比较小的数，因此速度的数值应适当放大一些。

1.1.4 读取和处理输入

Unity 支持多种多样的输入设备，如键盘、鼠标、手柄、摇杆、触摸屏等。很多输入设备有着类似的控制方式，如按键盘上的 W 键或上箭头键，将手柄的左摇杆向前推，都代表“向上”，用 Unity 的术语表述则是“沿纵轴（Vertical）向上”。以下代码就可以获取用户当前的纵轴输入和横轴输入。

```
void Update () {
    float v = Input.GetAxis("Vertical");
    float h = Input.GetAxis("Horizontal");
    Debug.Log("当前输入纵向:"+v + "      " + "横向:"+h);
}
```

Input.GetAxis() 函数的返回值是一个 float 类型的值，取值范围为 -1~1。Unity 用这种方法将各种不同的输入方式统一在了一起。

以上代码会输出 v 和 h 的数值。运行游戏，然后按键盘上的 W、A、S、D 键或方向键，查看 Console 窗口是否正确读取到了输入值。

通过简单的乘法就可以将输入的幅度与物体运动的速度联系起来。

```
void Update () {
    float v = Input.GetAxis("Vertical");
    float h = Input.GetAxis("Horizontal");
    Debug.Log("当前输入纵向:"+v + "      " + "横向:"+h);

    transform.Translate(h*10*Time.deltaTime, 0, v*10*Time.deltaTime);
}
```

代码解释：先取得当前的纵向、横向输入（取值范围为 -1~1），然后将输入值与速度（代码中的数字 10）和 Time.deltaTime 相乘，以控制物体的移动。每帧最小移动距离为 0，在 60 帧时 x 轴的每帧最大移动幅度是 1*10*0.0167，即 0.167 米，z 轴同理。

运行游戏，按 W、A、S、D 键或方向键，看看效果。

1.1.5 实例：实现一个移动的小球

下面利用上面所讲解的内容，实现一个移动小球的案例，具体操作如下。

01 新建一个球体。

02 调整摄像机的朝向和位置，可以设置为俯视、平视或斜上方视角。

03 为球体创建脚本 Ball 并挂载，完整代码如下。

```
using UnityEngine;

public class Ball : MonoBehaviour {

   public float speed = 10;
   void Start () {
   }

   void Update () {
        float v = Input.GetAxis("Vertical");
        float h = Input.GetAxis("Horizontal");
        transform.Translate(h*speed*Time.deltaTime, 0, v*speed*Time.deltaTime);
   }
}
```

04 运行游戏。单击 Game（游戏）窗口，然后按 W、A、S、D 键或方向键就可以看到球体以一定的速度移动了。运行游戏的效果如图 1-8 所示。

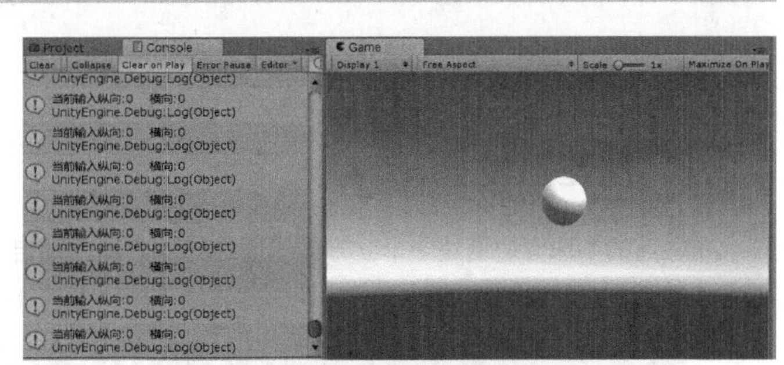

图 1-8 控制小球移动

通过修改 Translate() 函数的参数，可以使球体沿不同方向移动，如修改为以下代码就能实现沿 xy 平面移动，而不是沿 xz 平面移动。

```
transform.Translate(h*speed*Time.deltaTime, v*speed*Time.deltaTime, 0);
```

用这种写法修改速度非常方便，不需要反复修改代码。因为 speed 是一个 public 字段（C# 中类的成员变量称为字段，两种术语叫法，不影响理解），Unity 会为这种字段提供一个快捷的修改方法。在场景中选中球体，在 Inspector 窗口中查看它的脚本组件，如图 1-9 所示。

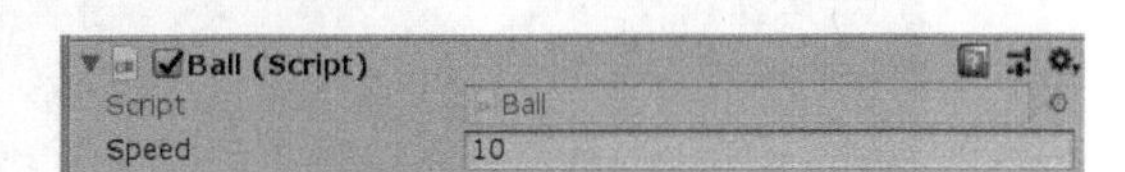

图 1-9 脚本中的速度变量显示在面板中

读者会发现这里出现了一个 Speed 变量，值为 10，这就是脚本中的 public float speed = 10 所带来的效果。由于在真实的游戏开发过程中有很多参数需要设计师反复细致调节，因此 Unity 默认将 public 字段直接放在界面上，用户可以随时修改速度，并且被修改的参数会在下一次 Update() 函数执行时立即生效，也就是说在游戏运行时也可以随时修改参数并生效。

唯一需要注意的是，如果游戏运行前 Speed 的值设定为 20，运行时改为了 30，那么停止运行游戏后，Speed 的值会回到 20。运行时的改动都不会被自动保存，需要在调整时记下合适的数字，停止运行后手动修改。将参数显示到编辑器中还有更多技巧，将在第 2 章继续讨论。

1.2 触发器事件

知道了物体如何移动，下一步就得知道如何判断一个物体是否碰到了另一个物体，这也是绝大部分游戏都需要用到的功能。例如，在经典游戏 *PONG* 中，球碰到边界和挡板会反弹；《超级马里奥兄弟》中的马里奥碰到蘑菇就会变大。

实际上，抛开高级游戏引擎提供的各种技术，直接判断物体之间的距离就足以实现碰撞检测，即两个物体之间的距离小于某个值，就是碰到了。早期的游戏就是这么做的，即便在今天，对某些需要特别优化的功能也可以用这种方法。

不过 Unity 等现代游戏引擎给出了更统一、更简便的方法——使用触发器。

触发器是一个组件，它定义了一个范围。当其他带有碰撞体组件的物体进入了这个范围时，就会产生一个触发事件，脚本捕捉到这个事件的时候，就可以做出相应的处理。

1.2.1 创建触发器

在之前的小球旁边创建一个立方体。创建的立方体已经自带碰撞体，即 Box Collider，可以在 Inspector 窗口中看到，默认该碰撞体的范围就是立方体的范围，如图 1-10 所示。

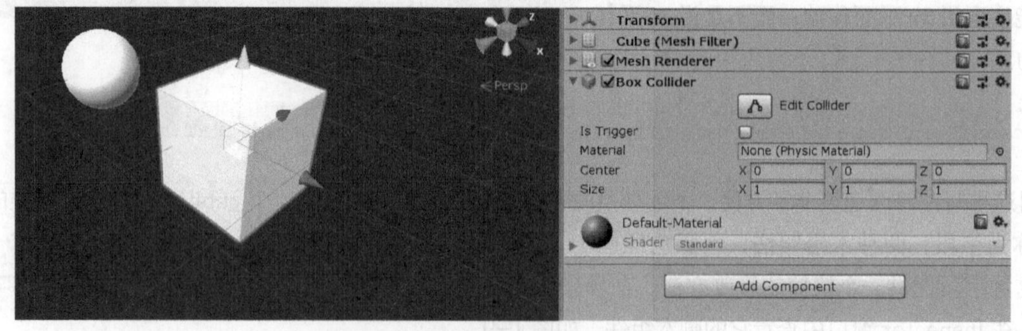

图 1-10 立方体的 Box Collider 组件

在 Unity 中，触发器和碰撞体共用了同一种组件——Collider，实际上两者是不同的概念。勾选 Box Collider 面板中的 Is Trigger 选项，碰撞体就变成了同样外形的触发器，如图 1-11 所示。

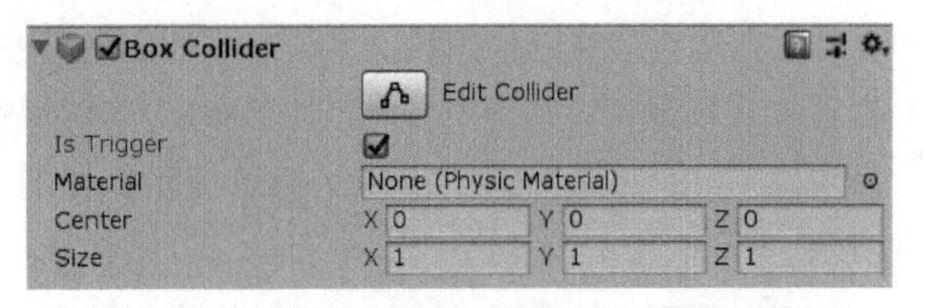

图 1-11　勾选 Box Collider 组件的 Is Trigger 选项

并不是任何物体进入触发器的范围都会产生触发事件。产生触发事件的具体要求将在第 3 章物理系统中进行讨论。这里需要做的是，给小球添加一个 Rigidbody（刚体）组件，并勾选 Is Kinematic（动力学）选项，其他选项不重要，如图 1-12 所示。

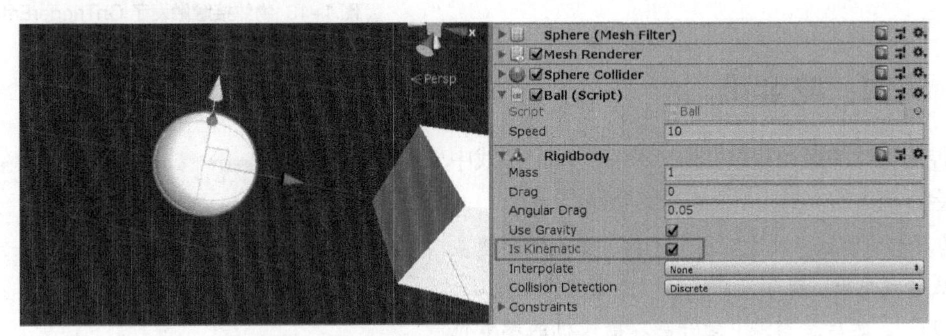

图 1-12　勾选 Rigidbody 组件的 Is Kinematic 选项

做完以上步骤，碰撞的场景设置就完成了，接下来讲解如何编写脚本来处理触发事件。

1.2.2　触发器事件函数

碰撞和触发总是发生在两个物体之间，所以根据不同情况，可以选择其中一个物体进行碰撞或触发的处理。当前按照常规思路，被碰到的物体应该是立方体，因此给立方体新建一个脚本并挂载，取名 Coin，用于处理碰撞。

触发事件实际上有 3 种，即开始触发（OnTriggerEnter）、触发持续中（OnTriggerStay）及结束触发（OnTriggerExit），分别代表另一个物体进入触发范围、在触发范围内、离开触发范围这 3 个阶段。这里只介绍开始触发事件，Coin 脚本内容如下。

```
using UnityEngine;

public class Coin : MonoBehaviour {
    // 触发开始事件 OnTriggerEnter，参数为碰撞体信息，即另一个进入了该触发区域的物体的碰撞体
    private void OnTriggerEnter(Collider other)
    {
        Debug.Log(other.name + "碰到了我");
    }
}
```

小提示

删除不必要的事件函数

可以看到左边代码里不必要的 Start() 函数、Update() 函数等已经通通删除了。这是一种良好的编码习惯，可以减少不必要的函数执行。即使是函数体为空的函数，执行时依然会消耗 CPU 资源。

以上代码会接收到其他碰撞体进入触发区域的事件，且能获得该碰撞体的信息。上面的代码利用 other.name 输出了进入触发范围的物体名称。

现在运行游戏进行测试。测试方法是先运行游戏，再直接在场景窗口中拖曳球体，让它和立方体接触，然后观察 Console 窗口是否出现了消息提示，如图 1-13 所示。

可以看到，触发时 Console 窗口输出了消息，而且获得了物体名称 Sphere。

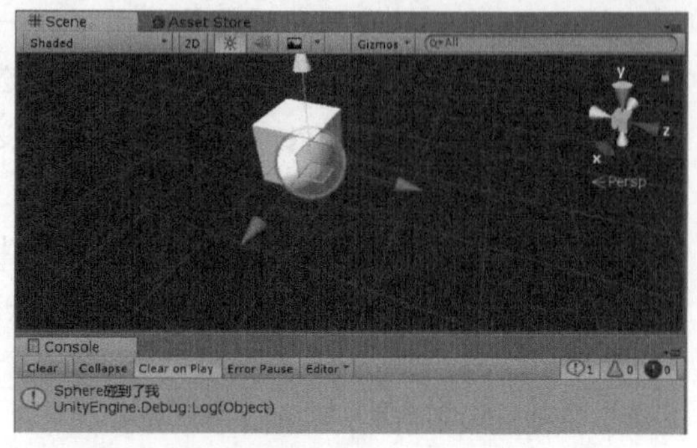

图 1-13 物体接触触发了 OnTriggerEnter 事件

1.2.3 实例：吃金币

通过控制物体的运动和触发器，很容易做出游戏中吃金币和金币消失的效果，下面就来实际操作一下。

01 为更好地测试，先在前面例子的基础上调整镜头位置，变成俯视角投。操作方法提示：摄像机位置归 0，沿 x 轴转 90°，然后适当沿 y 轴升高。摄像机的参考位置和旋转角度如图 1-14 所示。

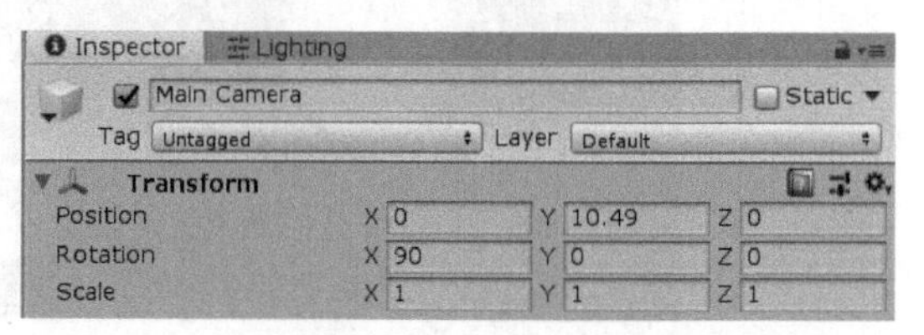

图 1-14 设置俯视角时摄像机的位置和角度

02 新建球体，位置归 0。挂载之前用过的 Ball 脚本，然后添加 Rigidbody 组件，并勾选 Is Kinematic 选项，与第 1.2.1 小节设置相同。

03 新建立方体，位置归 0，向右平移摆放到球体旁边。

04 为了让“金币”更醒目，给立方体添加一个金黄色材质。先在 Project 窗口中新建一个 Material（材质），如图 1-15 所示。

05 将材质命名为 matCoin，如图 1-16 所示。

06 选中新建的材质，在 Inspector 窗口中将它的颜色修改为明亮的黄色，如图 1-17 所示。

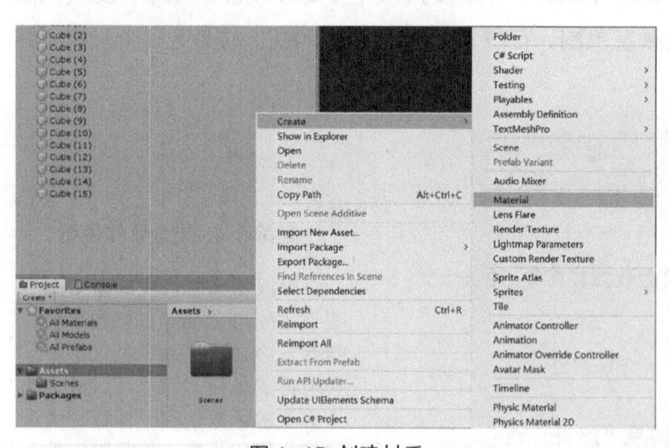

图 1-15 创建材质

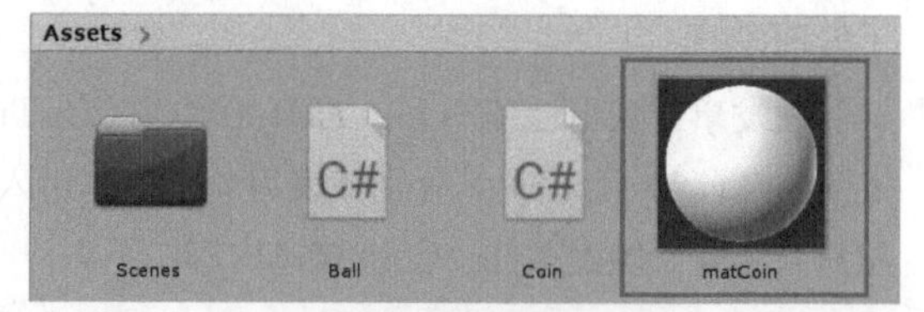

图 1-16 给材质重命名

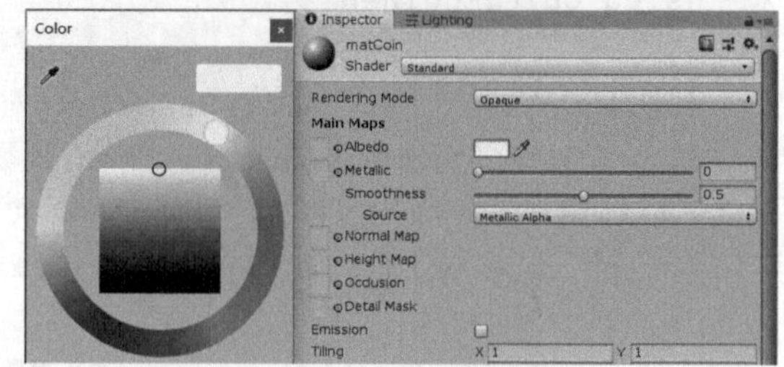

图 1-17 修改材质的颜色

07 将材质文件直接拖曳到场景中的立方体上，立方体就变成了黄色。这时选中立方体，在 Inspector 窗口中可以看到材质名称已经变为 matCoin 了，如图 1-18 所示。

完成以上操作后，在 Game 窗口中看到的效果如图 1-19 所示。

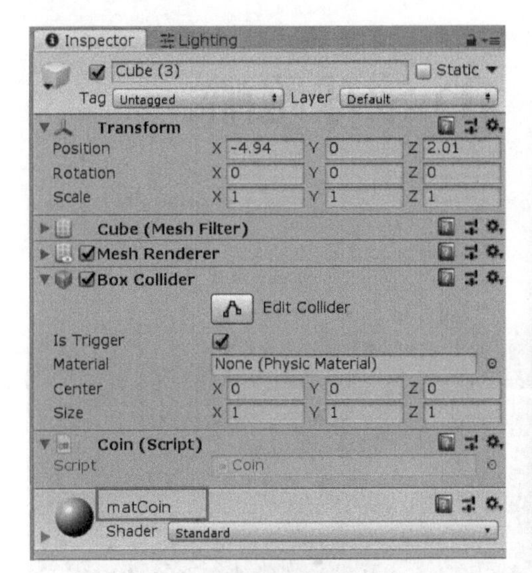

图 1-18 给物体指定材质

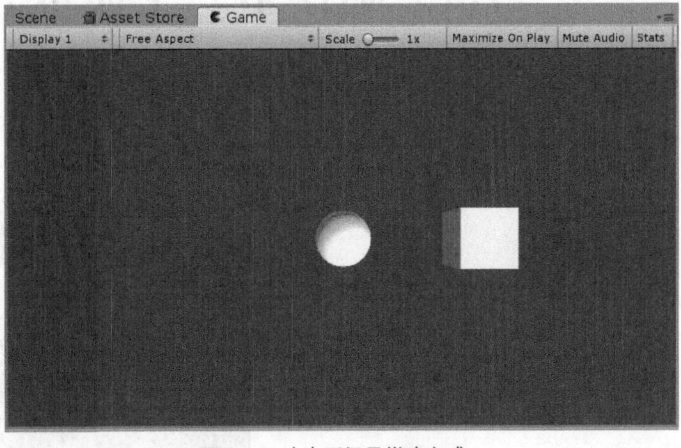

图 1-19 吃金币场景搭建完成

由于球体已挂载了之前的 Ball 脚本，因此可以根据输入进行移动。注意立方体要勾选 Is Trigger 选项，并挂载 Coin 脚本，设置与 1.2.1 小节相同。

由于金币被碰撞到以后就应该消失，因此修改的 Coin 脚本如下。

```
using UnityEngine;

public class Coin : MonoBehaviour {
    // 触发开始事件 OnTriggerEnter，参数为碰撞体信息，即另一个进入了该触发区域的物体的碰撞体
    private void OnTriggerEnter(Collider other)
    {
        Debug.Log(other.name + "碰到了我");
        // 销毁自己
        Destroy(gameObject);
    }
}
```

此处仅添加了一个 Destroy() 函数调用，该函数用于销毁物体，而参数 gameObject 指代的正是脚本所挂载到的物体。如何从物体找到组件，如何从组件找到物体，这些都会在第 2 章中详细讲解。

测试游戏，用键盘控制小球，检查小球碰到立方体后，立方体是否消失。

如果测试正常，就可以多复制几个立方体。选中立方体，按 Ctrl+D 快捷键就可以复制立方体，然后调整位置，如图 1-20 所示。

如果读者阅读到了这里，且跟着指引完成了演示案例，那么就能明白编写脚本的基本流程，并理解移动、碰撞等基本操作中每一句代码的含义。如此一来，利用这些知识就能制作一个相对完整的小游戏了。

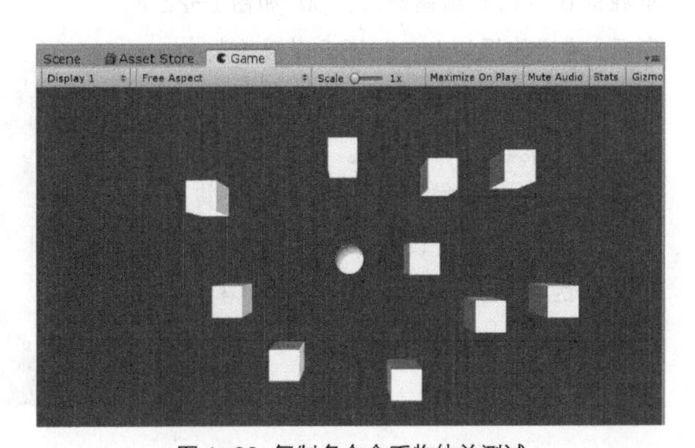

图 1-20 复制多个金币物体并测试

1.3 制作第一个游戏：3D滚球跑酷

本节利用前面的知识来实现第一个较为完整的小游戏，如图 1-21 所示。

图 1-21 3D 滚球跑酷游戏完成效果

1.3.1 游戏设计

1. 功能点分析

游戏中的小球会以恒定速度向前移动，而玩家控制着小球左右移动来躲避跑道中的黄色障碍物。如果玩家能控制小球在跑道上移动一定距离则视为玩家通过关卡，触碰到障碍物或从跑道上掉落则视为失败。我们需要实现的功能点概括来说分为主角的运动、摄像机的移动和过关与失败的检测等。

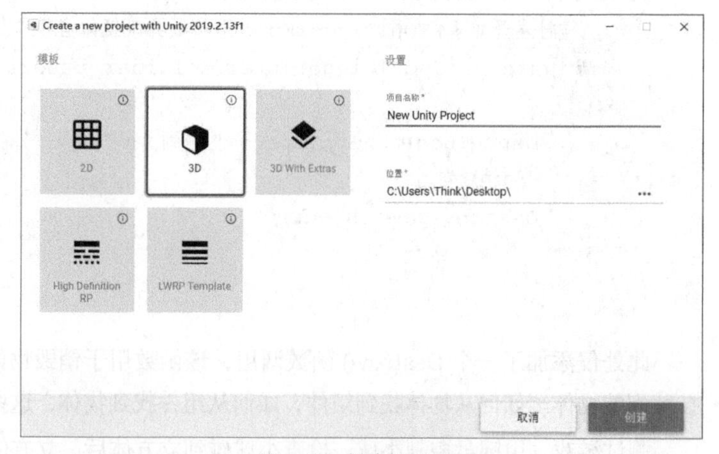

图 1-22 创建 3D 工程

2. 场景搭建

01 创建项目。打开 Unity Hub 或者单独的 Unity，初始模板选择 3D，如图 1-22 所示。建议使用 Unity 2018.3 以后的版本，这里使用的 Unity 版本为 2019.2.13f1。

02 创建场景内物体。在场景中新建一个 Cube（立方体）作为跑道，将其长度改为 1000，宽度改为 8（即立方体 z 轴和 x 轴的 scale），然后将其位置沿 z 轴前移 480，如图 1-23 所示。

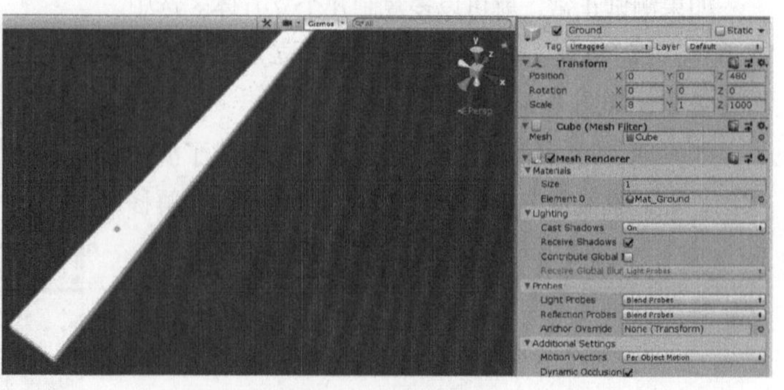

图 1-23 创建跑道

03 新建一个 Sphere（球体）作为玩家，重置它的初始位置（选择 Transform 组件右上角菜单中的 Reset 选项），按住 Ctrl 键拖曳球体的 y 轴，使其刚好移动到跑道上。

04 新建若干个 Cube（立方体）作为障碍物，用上面的方法铺在跑道上面。为了便于区分，新建两个材质分别作为跑道和障碍物的材质，调整好颜色后直接拖曳到物体上即可，如图 1-24 所示。

小知识

按住 Ctrl 键拖曳物体的作用

按住 Ctrl 键拖曳物体会让其以一个固定值移动（可以在 Edit → Snap Settings 中修改这个固定值），调整物体的旋转和缩放时也是同理。这个功能在搭建场景时可以很方便地对齐物体的位置，特别是当物体为同一规格大小时。Unity 中还有很多类似的很方便的快捷键，在用到时会介绍。

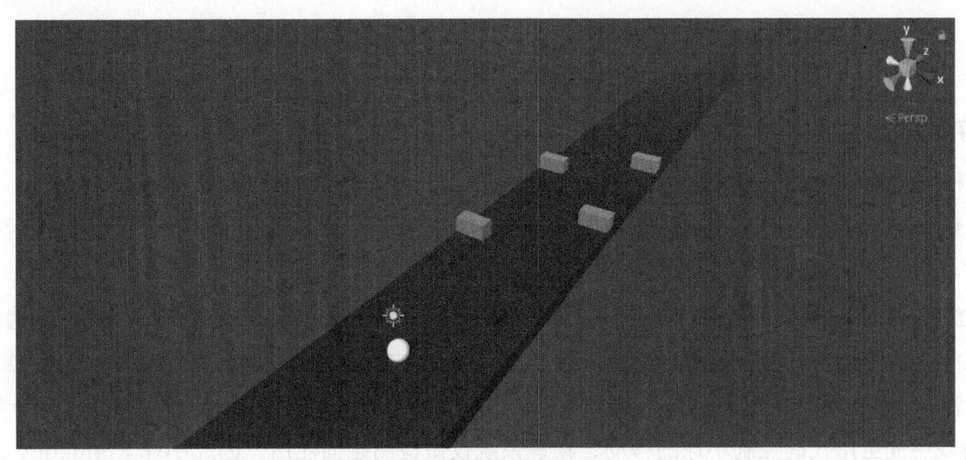

图 1-24 调整跑道和物体的颜色

1.3.2 功能实现

1. 主角的移动

之前的实例中已经提到过如何控制小球的移动，因此此处不再赘述。与之前不同的是，在该案例的设计中，玩家只能控制小球左右移动，因此只需要获取横向的输入即可，纵向移动保持一个固定值。编辑好脚本后挂载在小球上，代码如下。

```
public class Player : MonoBehaviour
{
    public float speed;
    public float turnSpeed;

    void Update()
    {
        float x = Input.GetAxis("Horizontal");
        transform.Translate(x*turnSpeed*Time.deltaTime, 0, speed * Time.deltaTime);
    }
}
```

2. 摄像机的移动

摄像机移动的方法可以分为两种。一种是像控制小球一样为摄像机挂载控制脚本，使其与小球保持同步运动。另一种则更为简单直接，即将摄像机设置为小球的子物体，此时摄像机在没有其他代码控制的情况下会与小球保持相对静止，即随着小球移动。这里选择第二种方法，当设置好父子关系后调整摄像机到合适的高度和角度，如图 1-25 所示。

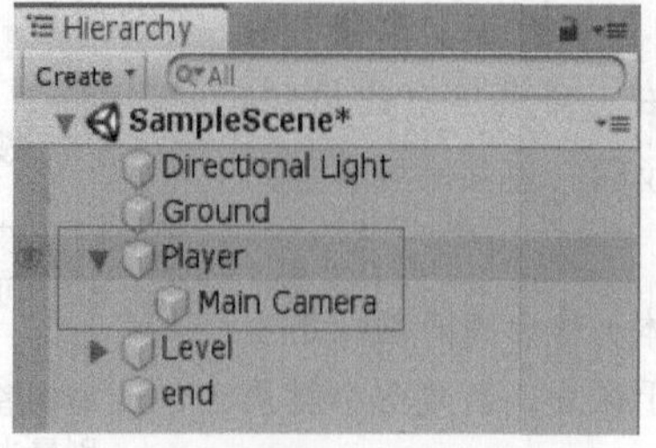

图 1-25　将摄像机作为球体的子物体

小提示

Unity 中的父子关系

父子关系是 Unity 中相当重要的一个概念，此处可以不用深究，在第 2 章会详细说明。

1.3.3　游戏机制

1. 游戏失败

有两种情况会导致游戏失败，一种是碰到了障碍物，另一种是小球从跑道边缘掉落。

碰撞到障碍物与吃金币实例中的原理类似，将障碍物碰撞体上的 Is Trigger 选项勾选上，然后在障碍物脚本里的 OnTriggerEnter() 函数中检测碰撞。

不过游戏中的障碍物可能会有许多个，如果要一个个地分别做上述修改显然很麻烦，还容易遗漏。因此正确的做法是把其中一个障碍物设为 Prefab（预制体），后面添加的障碍物都以这个 Prefab 为模板复制即可。

最后注意，要检测物理碰撞还需要在小球上添加 Rigidbody 组件。为了避免不必要的物理计算消耗，在这个游戏中完全用代码控制小球的移动，物理系统仅做检测碰撞使用，因此小球 Rigidbody 组件上的 Is Kinematic 选项要勾选上。障碍物脚本里的代码如下。

```
public class Barrier : MonoBehaviour
{
    private void OnTriggerEnter(Collider other)
    {
        // 防止其他物体与障碍物的碰撞被检测，我们只需要障碍物与小球的碰撞被检测到
        if(other.name=="Player")
        {
            Time.timeScale = 0;
        }
    }
}
```

小知识

什么是预制体？ Time.timeScale 是什么？

预制体简单来说就是一个事先定义好的游戏物体，之后可以在游戏中反复使用。最简单的创建预制体的方法是直接将场景内的物体拖曳到 Project 窗口中，这时在 Hierarchy（层级）窗口中所有与预制体关联的物体名称都会以蓝色显示（普通物体的名称是黑色）。关于预制体的内容会在第 2 章详细说明。

Time.timeScale 表示游戏的运行时间倍率，设置为 0 即表示游戏里的时间停滞，1 即正常的时间流逝速度，2 即两倍于正常的时间流逝速度，以此类推。

小球从跑道边缘掉落时也视为游戏结束。但是由于是直接用代码控制小球移动，与刚体有一点冲突，因

此掉落部分的功能同样用代码来实现。在 Player 脚本里添加如下代码。

```
void Update()
{
  ......
    // 一旦小球位置超出了跑道的范围则直接下落
    if(transform.position.x<-4||transform.position.x>4)
    {
        transform.Translate(0, -10 * Time.deltaTime, 0);
    }

    // 下落一定距离之后游戏结束
    if(transform.position.y<-20)
    {
        Time.timeScale = 0;
    }
}
```

当游戏失败结束时应该允许玩家重新开始游戏，这里设置键盘上的 R 键为重置游戏的按键，在按 R 键后即可重新加载当前场景。在 Player 脚本里添加如下代码。

```
......
using UnityEngine.SceneManagement;

public class Player : MonoBehaviour
{
......
    void Update()
    {
        if(Input.GetKeyDown(KeyCode.R))
        {
            SceneManager.LoadScene(0);
            Time.timeScale = 1;
            return;
        }
......
    }
}
```

小提示

注意添加头部引用

SceneManager 这个类型是属于 UnityEngine.SceneManagement 的，因此要添加头部引用后才能调用 SceneManager.LoadScene(0) 方法。这里参数 0 表示场景的序号，由于游戏现在只有一个场景，因此表示加载当前场景。

2. 游戏胜利

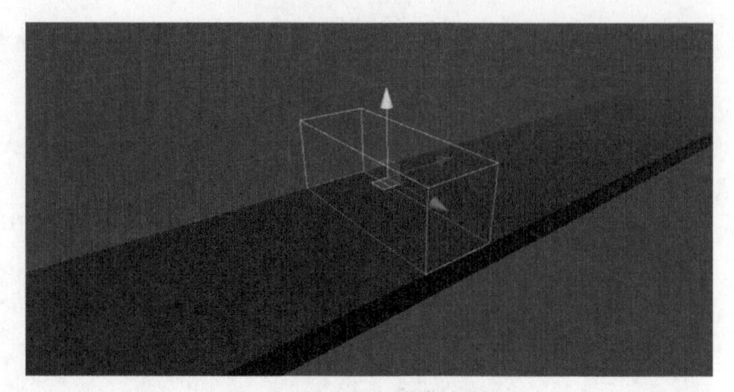

图 1-26 在终点创建触发器

一般来说游戏都应该有一个最终目标，达成这个目标则视为过关或者胜利。不过也不绝对，类似 *Flappy Bird* 这样的游戏就没有最终目标。这里还是设置一个完成目标，即玩家跑了一定距离就视为过关。

这里使用一个看不见的触发器作为决定距离的终点，确保其范围能够覆盖跑道的宽度，当小球进入范围就表示游戏过关，如图 1-26 所示。终点物体脚本的代码如下。

```
public class End : MonoBehaviour
{
    private void OnTriggerEnter(Collider other)
    {
        if (other.name == "Player")
        {
            Debug.Log(" 过关 ");
            Time.timeScale = 0;
        }
    }
}
```

至此，这个小游戏的基本代码就完成了，之后会对其进行适当的修改，使其更完整。

1.3.4 完成和完善游戏

1. 测试自己的游戏

这时候可以开始测试自己设置的关卡难度了，一个好的游戏应当有一个合理的难度曲线。有一个小技巧可以提高这一步的效率，即单击场景视窗右上角的坐标轴图标，让场景摄像机迅速切换为对应轴方向的视角，而单击下面的 Persp 或 Iso 则分别代表切换摄像机为透视模式或正交模式，如图 1-27 所示。

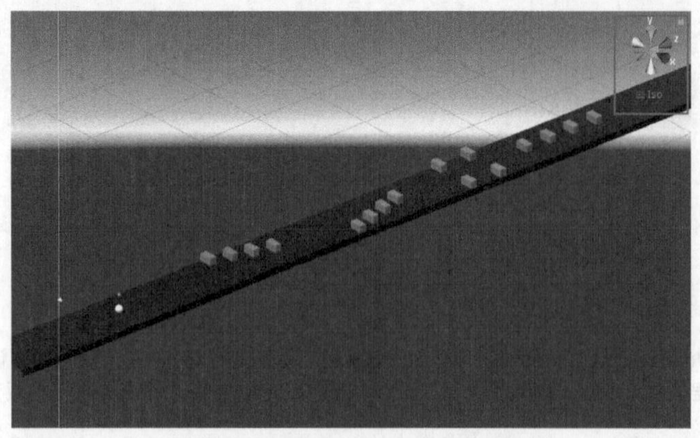

图 1-27 场景可切换为正交模式显示

小提示

场景摄像机不会影响实际游戏画面

场景摄像机指的是在 Scene（场景视窗）里的、仅在编辑模式可用的摄像机。Hierarchy 窗口中的摄像机决定在 Game 窗口里看到的实际游戏画面。注意不要将两者混淆。

这里可以切换场景摄像机为 y 轴方向正交，善用复制与按住 Ctrl 键拖曳功能搭建关卡。

2. 加入通关 UI

在 Hierarchy 窗口中单击鼠标右键，通过选择 UI → Panel 选项创建一个 UI 面板，并以 Panel 为父节点创建一个 Text 组件，在 Text 组件中输入过关的信息，同时调整字体大小、位置等设置，如图 1-28 和图 1-29 所示。

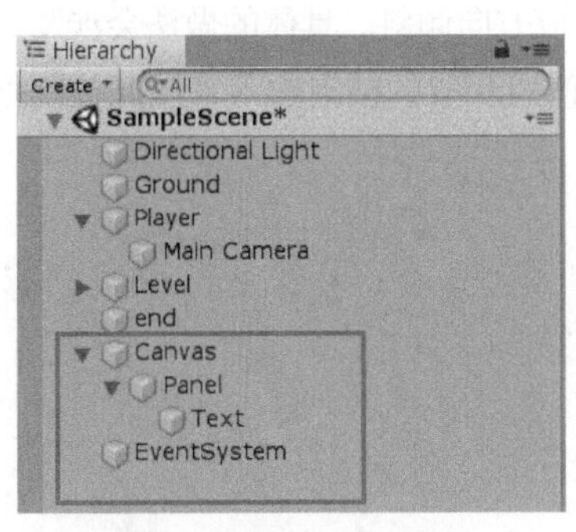

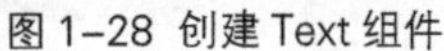
图 1-28 创建 Text 组件

图 1-29 通关界面

小知识

只是创建了 Panel，为什么自动添加了其他东西?

当直接创建任何 UI 下的组件时都会自动生成 Canvas 与 EventSystem 组件，这两个组件分别与 UI 的布局和交互相关，暂时不做深究。完整的 UI 系统会在后续章节介绍。

接下来要做的是在游戏开始时隐藏 UI，在小球触发终点物体时再显示。终点物体的 End 脚本代码如下，同时注意修改 Panel 的名字为 EndUI。

```
public class End : MonoBehaviour
{
    // 声明一个物体变量
    GameObject endUI;
    private void Start()
    {
        // 通过物体在场景中的名字来找到这个物体
        endUI = GameObject.Find("EndUI");
        // 在场景中隐藏这个物体
        endUI.SetActive(false);
    }
    private void OnTriggerEnter(Collider other)
    {
        if (other.name == "Player")
        {
            Debug.Log(" 过关 ");
```

```
            // 在场景中显示这个物体
            endUI.SetActive(true);
            Time.timeScale = 0;
        }
    }
}
```

如此一来，当小球触碰到终点后，UI 就会显示出来，如图 1-30 所示。

3. 加入摄像机运动效果

最后添加一个好玩的扩展功能：当控制小球左右移动时让摄像机往对应方向倾斜。具体的做法会涉及一些 3D 数学知识，会在后续章节中介绍。简单思路为：在 Player 脚本中使用获取的横向输入，以此控制摄像机的倾斜角度。在 Player 中添加如下代码，效果如图 1-31 所示。

```
void Update()
{
    ……
    Transform c = Camera.main.transform;
    Quaternion cur = c.rotation;
    Quaternion target = cur * Quaternion.Euler(0, 0, x * 1.5f);
    Camera.main.transform.rotation = Quaternion.Slerp(cur, target, 0.5f);
}
```

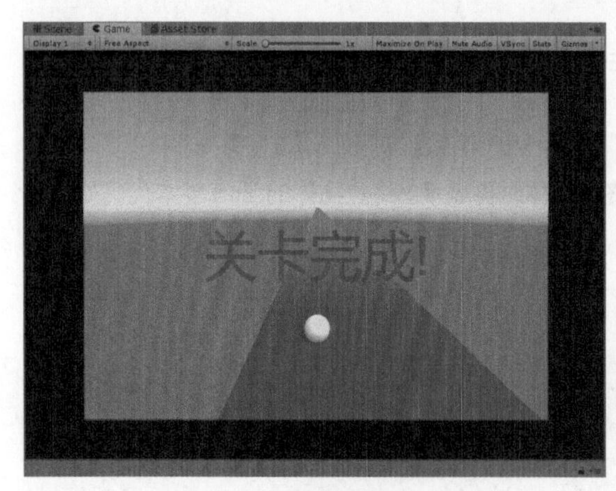

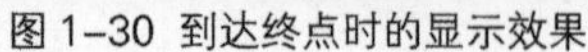
图 1-30 到达终点时的显示效果

图 1-31 摄像机随输入旋转的效果

可以在此基础上加入更多细节，如音乐、音效和特效等。合适的音乐和特效可以让简单的游戏更吸引人。

第 2 章 Unity 基本概念与脚本编程

如果将所有流行的游戏引擎做一个对比，会发现 Unity 所采用的概念架构极其简洁。在精简的基本概念之上提供丰富的功能是 Unity 引擎的一大特点，也是它如此流行的重要原因之一。

通过本章的学习，读者应该能掌握 Unity 最重要的基本概念，以及基本的脚本编写方法，对“简洁的概念架构”有深入的理解。

值得注意的是，本章是本书的核心。一方面，只需要掌握本章的内容，再加上一些开发技巧，理论上就已经可以制作出各种各样的小游戏了；另一方面，未来所编写的 Unity 脚本代码都会用到本章所讲解的基础知识，万变不离其宗。

2.1 Unity 基本概念

用 Unity 创建的游戏是由一个或多个场景组成的，默认 Unity 会打开一个场景，如图 2-1 所示。

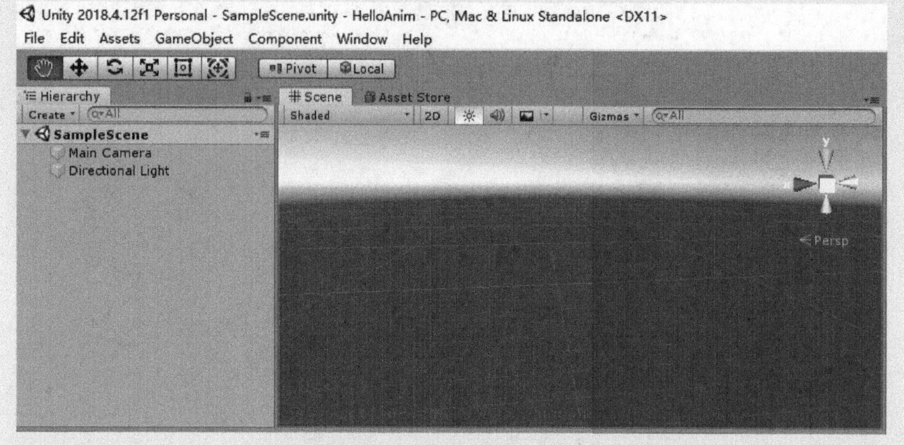

图 2-1 Unity 的默认场景

在游戏开发时，绝大部分操作都是在某一个场景中进行的，因此一开始不用关心多个场景之间的关系，只需关心在一个场景之内发生的事情。实际上，关键的概念只有 GameObject（游戏物体）、Component（组件）和父子关系 3 个。

2.1.1 游戏物体和组件

“一个游戏场景中有很多物体”这句话很直观地表达了意思，Unity 也正是这么设计的。

Unity 将游戏中的物体称为 GameObject，即游戏物体。一个场景中可以包含任意数量的游戏物体。在第 1 章创建过平面、球体、立方体等游戏物体，而组件则是实现功能特性的单元。要理解组件的作用，首先需要知道游戏物体只是一个空的容器，专门用来存放组件。这一点不太容易理解，下面将进行详细解释。

一个 Unity 场景可以看作一个虚拟世界，虚拟世界中可以有很多物体。在虚拟世界中，每个物体只有自身的名称、标签等基本信息。除此以外，物体的所有重要或不重要的性质，包括外形、颜色、父子关系、重量、碰撞体、脚本功能等，甚至包括物体的位置本身，都需要用组件表示。换句话说，如果虚拟世界中只有几个游戏物体，没有任何组件，那么这个世界就会空空如也。而我们仅仅知道有物体存在，却连物体的位置都无法表示。

游戏物体除了名称和标签等基本信息外，本身不具备任何可直观感受到的特性，但它拥有最关键的一个功能——挂载组件。“挂载”的意思是让物体拥有这个组件，即让组件附属于某个物体。能够挂载组件是游戏物体最主要的功能。

一个物体可以挂载任意多个组件，只要挂载合适的组件，物体就会“摇身一变”，变成游戏中的图片、UI 界面、模型或摄像机等。多个组件共同作用，就能组成一个有功能性的物体；而多个有功能性的物体一起放在场景里，就能组成丰富多彩的游戏世界，如图 2-2 所示。

图 2-2 丰富多彩的游戏世界

Unity 中的组件繁多，在 2.1.4 小节会列举说明。这里先举几个具体的常见物体的例子，分析它们的组件，让读者对组件功能有一个大概的认识。

1. 空物体

前面提到，如果游戏物体没有组件，我们就连物体的位置都无法表示。为避免出现这种尴尬的情况，Unity 规定任何物体必须有且只有一个 Transform 组件。也就是说，Transform 组件和物体一一对应。

因此，所谓的“空物体”就是只包含一个 Transform 组件的物体。在 Hierarchy 窗口空白处单击鼠标右键打开菜单，选择 Create Empty 选项创建一个空物体，如图 2-3 所示。

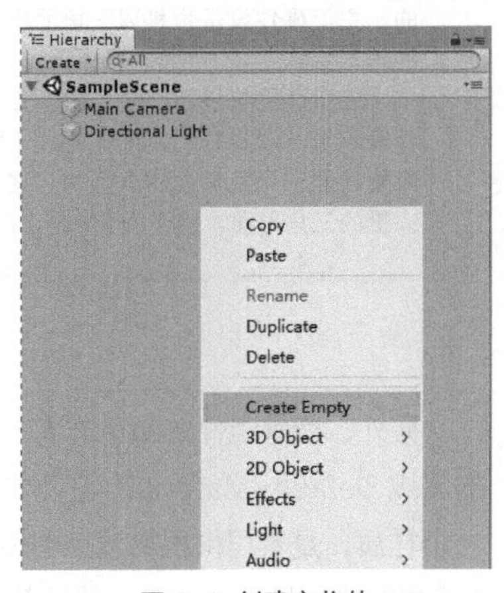

图 2-3 创建空物体

空物体没有外形，因此在场景中无法看到它的外观，但是可以对它使用位移、旋转等工具，改变它的位置及其在空间中的朝向。

出乎意料的是，空物体是游戏开发中最常用的物体类型。虽然看起来改变空物体的位置是在做无用功，但实际上是有意义的，只是它的用途要结合“父子关系”才能真正发挥出来。

有一个恰当的类比：计算机中的文件夹既不能直接保存文档数据，又不能直接当作程序运行，但是日常使用计算机又离不开它。Unity 中的空物体也具有相似的作用，但它的功能比文件夹要多，之后讲解到“父子关系”时，一切就都清楚了。

2. 球体等 3D 原型物体

与创建空物体的方法类似，再创建一些球体（Sphere）、立方体（Cube）、平面（Plane）等，它们有一个不常用的名字叫作原型物体（Primitive）。原型物体还包含胶囊体（Capsule）、圆柱体（Cylinder）、竖直小平面（Quad），如图 2-4 所示。

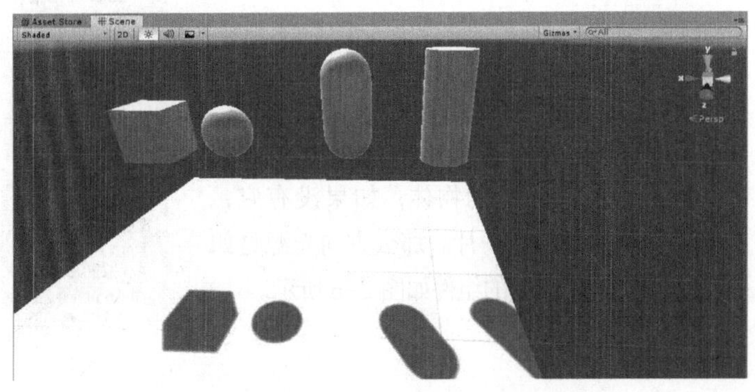

图 2-4 场景中的 3D 原型物体

原型物体在抽象的小游戏中可以直接使用，在正式的游戏项目中，也可以用来给模型占位置，或者用来设置触发器范围等。

在第 1 章已经用过了球体、立方体等物体，读者可能已经理解了球体的基本功能，那为什么球体具备这些特性呢？下面简单分析一下它具有的组件。

除每个物体都具备的 Transform 组件外，球体还具有网格过滤器（Mesh Filter）、网格渲染器（Mesh Renderer）和球体碰撞体组件（Sphere Collider）。

图 2-5 所示的 Mesh Filter 被标记为 Sphere (Mesh Filter)。这里的 Mesh（网格）存储的是三维模型的三角形网格数据。

小知识

三维模型是由三角面组成的网格

一个能看到的三维模型是由很多三角面定义的基本外形，以及一个或多个材质定义的表面视觉属性组合形成的。其中每个材质又可能包含一张或多张贴图。

虽然也出现过三维模型的其他表示方法，但目前几乎所有的三维模型都是用三角面表示的，主流硬件设备也是以三角面作为三维模型的基本要素。

三角面网格是用一个个的顶点（用三维坐标表示），以及它们之间的连线（每三个顶点序号代表一个三角面）表示的。这样就组成了大量的三角形面，组合为 Mesh（网格）。

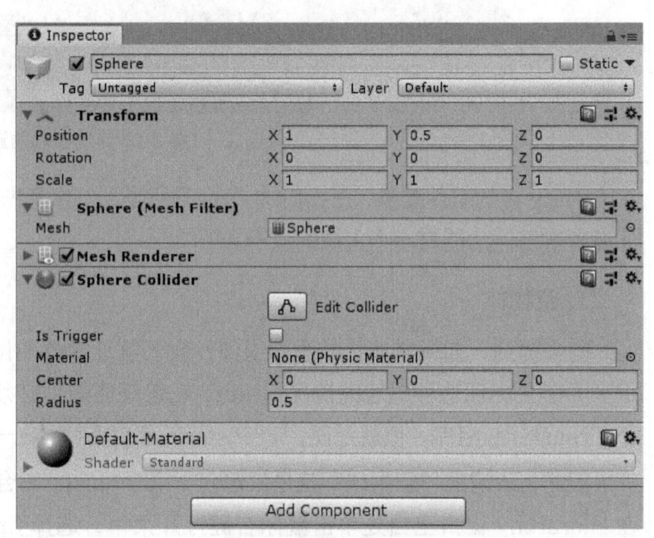

图 2-5 球体具有的组件

另外，所有组件的最下方有一个颜色较浅的区域 Default-Material。它不是组件，而是一个材质，是专门供网格渲染器使用的。在第 1 章里给物体换颜色，其实就是替换了材质。

有网格渲染器才能指定材质，删除网格渲染器，材质也会消失。网格渲染器将以指定的材质去渲染物体（渲染理解为“绘制”即可），得到特定颜色的物体。当然，能改变的不仅是物体的颜色，还有贴图、反光度和凹凸感等更多属性。

3. 灯光

Unity 场景默认具备一个名为方向光源（Directional Light）的物体，如果没有它，Unity 场景将是漆黑一片。那么方向光源是如何起作用的呢？相关的组件如图 2-6 所示。

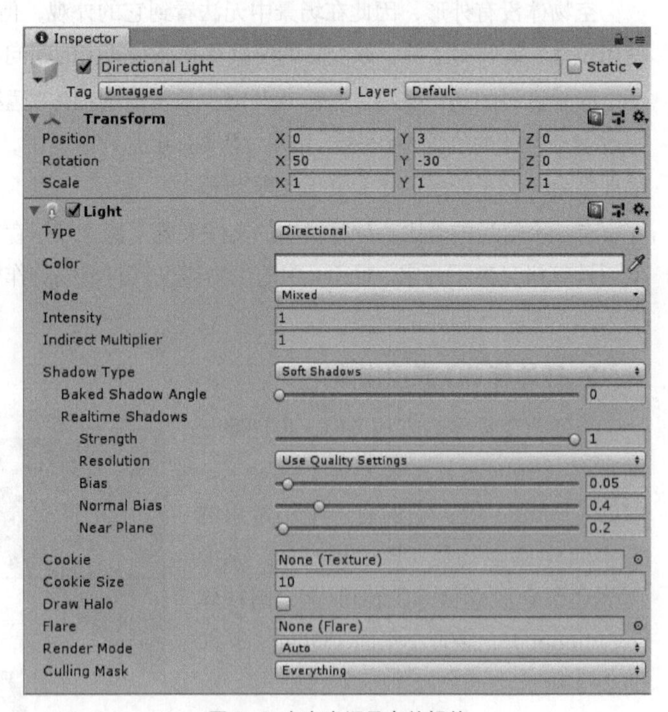

图 2-6 方向光源具有的组件

从图中可以看到，除 Transform 组件外只有一个 Light（光源）组件，其第 1 个参数 Type（光源类型）是 Directional（方向光），因此才有了一个给全场景照明的灯光。绝大多数场景都会有一个方向光源，作为场景照明的基础。Unity 还支持其他类型的光源，如点光源、探照灯光源等，它们与方向光源一样都包含光源组件，区别是光源类型、参数不同。

4. 摄像机

Unity 的场景默认有一个摄像机，叫作 Main Camera。如果试着删除它，会发现场景窗口中并没有什么变化，但是 Game 窗口变成了漆黑一片。

在 3D 游戏中，用户看到的应当只是从场景的某个角度看到的一部分，这是显然的，而且是必要的。首先，3D 渲染的原理就是从某个角度观察场景，渲染出从该角度下看到的情景，不指定观察角度和范围就无法进行渲染。其次，从游戏设计角度看，如果玩家能在场景中随意浏览，就能看到本不应当看到的东西，游戏机制也就乱了套。

因此这里的“摄像机”就充当了玩家的眼睛，其功能是通过 Camera（摄像机）组件实现的，如图 2-7 所示。

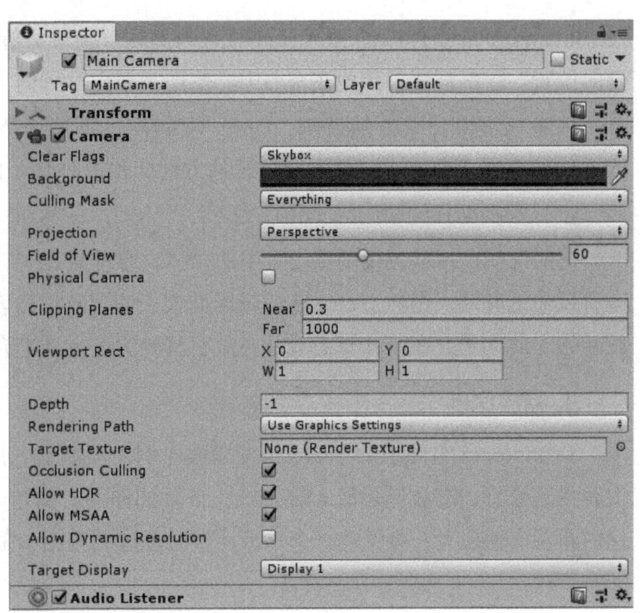

图 2-7 摄像机具有的组件

在 Camera 组件中可以调节摄像机的各种参数，而这里需要关心的是摄像机的位置和角度。无论是电影还是游戏，摄像机的位置和角度都是导演或设计师最重视的，而位置和角度则是通过摄像机的 Transform 组件来调整的。

另外，除了视频还有音频。Audio Listener（音频侦听器）组件也与 Camera 组件类似，只不过 Camera 组件决定游戏画面，Audio Listener 决定游戏音频。3D 游戏中的声音也是有位置、强度、范围变化的，3D 游戏也可以模拟出发声的位置，因此 Audio Listener 的位置会直接影响最终听到的声音。如果音源位置和 Audio Listener 位置距离过远，玩家甚至会听不到声音。另外也有无播放位置的音效，则无论从哪收听都一样清晰，如电影旁白、界面音效等。

总之，要在游戏中看到画面，就必须有 Camera 组件；要想听到声音，就必须有 Audio Listener 组件。默认的摄像机物体就包含了这两者。

2.1.2 变换组件

在前文的知识中讲到，每个物体有且仅有一个 Transform 组件。可见与其他组件相比，Transform 组件显得非常特别。下面详细介绍它所具有的功能，如图 2-8 所示。

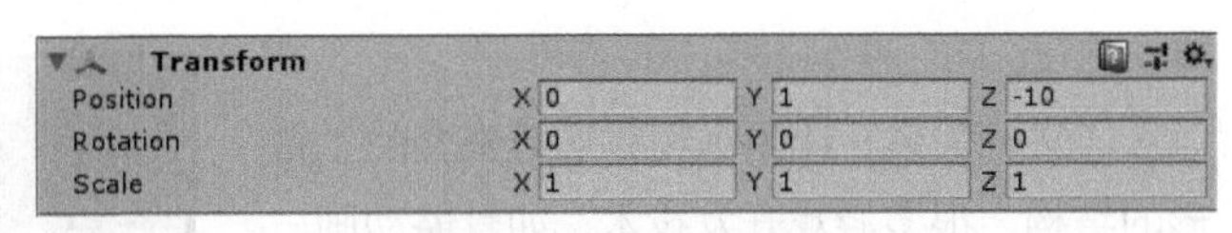

图 2-8 Transform 组件

总体来说，Transform 组件掌管着物体的 3 种空间位置属性：位置、朝向和缩放比例。此外，它还有核心功能——“父子关系”。

1. 位置

图 2-9 所示的 Transform 组件的位置（Position）有 X、Y、Z 这 3 个值，用来表示或修改物体在空间中的位置。其中 X 代表右方，Y 代表上方，Z 代表前方，读者可以记住这个对应关系，非常有用。

这 3 个值均为浮点数，且符合国际标准单位制，也就是说单位长度是 1 米。

我们既可以在场景窗口中用位移工具修改物体位置，又可以直接在 Inspector 窗口中修改数据来指定物体的位置。

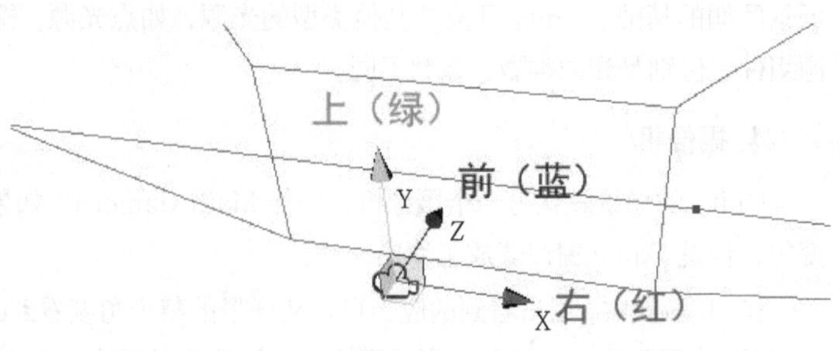

图 2-9 3 个坐标轴的方向，以摄像机为例

2. 朝向

Transform 组件中的 Rotation 原意为旋转。由于“旋转”这个词容易在“旋转的动作”和“已经旋转到的位置”之间混淆，因此在本书中会使用“朝向”一词，以表明它是物体目前所具有的状态。

按照三维设计软件的惯例，Unity 中朝向也是用 3 个角度表示，分别是绕 x 轴、y 轴和 z 轴的旋转角度，这种用 3 个角度表示朝向或旋转的方法叫作欧拉角（Euler Angle）。例如，要把一个立方体向右旋转 45°，只需要将它的朝向的 Y 值改为 45。

提前说明，用欧拉角调整场景中的物体，方便且直观，但实际在软件内部，使用欧拉角表示物体的朝向有着致命的弊端。虽然 Unity 在编辑器面板上使用欧拉角表示朝向，但在引擎内部是使用四元数表示朝向和旋转的。此问题会在第 4 章游戏开发数字基础中进行详细介绍。

3. 缩放比例

Transform 组件中的 Scale 代表缩放比例。很明显，旋转、位移、缩放都包含 X、Y、Z 这 3 个数值，很容易想象到，缩放也是沿 x 轴、y 轴、z 轴的伸缩。例如一个立方体，只沿 x 轴放大，就会变成一个长棒；这时再沿 z 轴放大，会变成一个平板；然后通过调整沿 y 轴缩放的大小，可以调整平板的厚度。这些操作都非常直观。

物体是按比例缩放的，缩放的大小不能代表物体的大小。例如，1 米的棒子伸长到 10 倍是 10 米，而 10 米的棒子伸长 10 倍是 100 米。缩放本身没有物理单位（或者说单位是 1），物体的最终长度是本身长度乘以缩放比例得到的。

缩放默认使用的是物体局部坐标系。例如制作的长 10 米，宽、高各 1 米的长棒，如果随意旋转它，它的外形依然是长棒，也就是说同一个物体沿 x 轴、y 轴、z 轴缩放的比例不受旋转的影响。这一概念要在理解了世界坐标系和局部坐标系之后才好深入讲解。

4. 父子关系

一个场景中可以有很多物体，而这些物体并不是随意散布在场景里的，而是有“父子关系”的，如图 2-10 所示。

“父子关系”让多个物体形成嵌套的、树形的结构。很多游戏开发技术，如骨骼动画、指定旋转的锚点、统一物体生命期等问题都可以用“父子关系”表示或解决。由于“父子关系”很重要，因此下一小节将专门探讨“父子关系”。

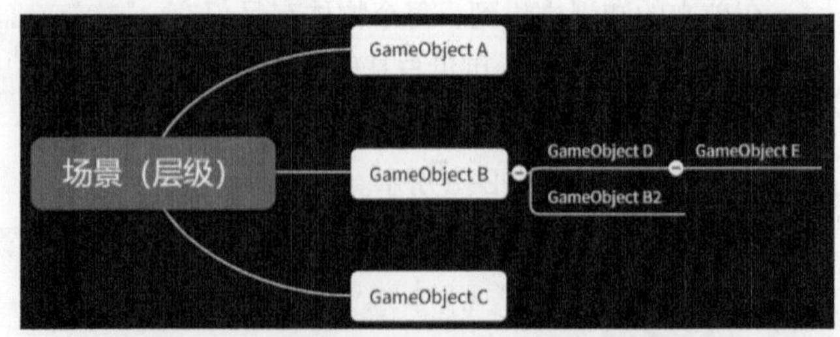

图 2-10 场景中的游戏物体可以具有层级关系

2.1.3 “父子关系”详解

前文提到，Unity 有着简洁的架构，对于笔者来说，最重要的概念只有物体、组件和“父子关系”。但是简洁性不能以牺牲功能为代价，在实际游戏开发中，有各种各样的实际需求。对于这些实际需求，引擎一定要提供可行的解决方案，否则引擎就是有缺陷的。接下来的内容可以说明，只要用好“父子关系”这一特性，就能很好地解决这些实际问题，而不需要引入其他概念。

1. 使用“父子关系”复用零件

在某些游戏引擎中，可以重复使用的零件也被称为“组件”。例如，制作出的一个灯泡既可以用在吊灯上，也可以用在台灯上。但是这样会带来一个概念上的小问题，因为一旦组件可以单独存在，那么概念就变得复杂了——又多出来一种可以单独存在的“组件”，甚至它还可以有自身的位置，如灯泡在吊灯里的位置是可以调节的。

而 Unity 严格规定了物体和组件分别能做什么、不能做什么。例如，组件必须挂载于物体之上，不能单独存在；组件本身不具有位置参数；由于组件与物体是一体的，因此脚本中引用组件实际上是引用了物体。这样的规定让组件无法独立存在，从表面上看限制了实现时的灵活性。

可以重复使用的灯泡显然是必要的，在很多游戏中都可以找到重复使用物体的例子。对复用零件的问题，Unity 的解决方案是使用子物体。简单来说，只要把灯泡做成一个单独的物体，然后把它作为吊灯或台灯的子物体，这样灯泡就成了吊灯或台灯的一部分，问题就解决了。由于子物体可以任意移动位置，因此仍然可以把它放在吊灯的任意位置。

具体来说，一个灯泡可以由 3D 模型、点光源组成，也可以再给它加一些子物体装饰。无论灯泡做得多么花哨，但作为一个整体它用起来依然很方便，如图 2-11 所示。

图 2-11 包含点光源组件和子物体的灯泡

2. “父子关系”与局部坐标系

每个场景整体都有一个大的坐标系，称为世界坐标系。世界坐标系也有 x 轴、y 轴和 z 轴，在 Unity 中分别规定为右方、上方、前方。

而在很多情况下，只有世界坐标系是不够的。例如，在移动台灯的时候，希望灯泡能一起移动；旋转台灯的时候，希望灯泡能一起旋转；放大台灯的时候，希望灯泡能一起放大。在这里，台灯就构成了一个局部的坐标系，它内部物体的位移、旋转、缩放都要受到局部坐标系的影响，如图 2-12 所示。

图 2-12 “父子”物体一起缩放

简单来说，局部坐标系就是父物体自身的坐标系，父物体的位置就是局部坐标系的原点，父物体的右方、上方、前方分别就是局部坐标系的 x 轴、y 轴和 z 轴。一旦缩放父物体，所有的子物体也会缩放。

举个实际例子，局部坐标系有一个非常经典的应用——实现房门的转动。

如果直接旋转一个门，一般门会沿着模型的中线旋转。如果要规定门的转轴的位置，就可以给门做一个空的父物体，将父物体定位在门的转轴位置。这时旋转父物体，门就会绕父物体转动了，如图 2-13 所示。

图 2-13 利用“父子关系”制作的门

3. 用“父子关系”表示角色的骨骼

骨骼动画是现代 3D 游戏不可或缺的基本功能。简单来说，3D 角色不仅有一个模型外观，该模型内部还有一个虚拟的骨骼，这个骨骼的运动会拉扯模型的表面材质跟着运动，这样一来只需要移动骨骼，就可以让模型做出各种动作了。

如果将人类的骨骼结构看作一种连接结构，那么从腰部往下看，有臀、左大腿、右大腿等，腰部以上则有躯干、左右胳膊、头部等，每一个可旋转的部分都有对应的关节连接。肩膀的旋转会带动整条胳膊的旋转，肘的旋转会带动小臂和手的旋转，再结合前文提到的局部坐标系思考，这些骨骼关系正好可以用“父子关系”表示，如图 2-14 所示。

事实也确实如此，Unity 直接用“父子关系”表示模型骨骼，再在模型表面蒙上一层可伸缩的网格，就像皮肤一样（皮肤一样的网格组件叫作 Skinned Mesh），这样就用“父子关系”解决了骨骼动画的问题。

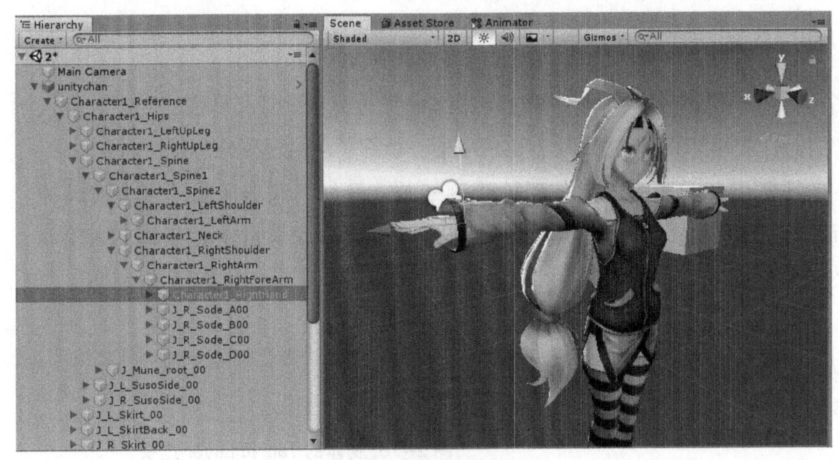

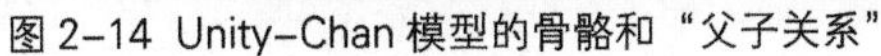
图 2-14 Unity-Chan 模型的骨骼和“父子关系”

小知识

Skinned Mesh Renderer 组件

在 Unity 中看不到单独的 Skinned Mesh 组件。带骨骼的三维模型使用 Skinned Mesh Renderer 统一管理网格和材质，而不像一般的模型用 Mesh Filter 和 Mesh Renderer 分别表示。

4. 利用父物体统一管理大量物体

某些游戏会大量生成同类物体，如射击游戏中的子弹物体、塔防游戏中的大量敌人等。很多时候需要统一管理这些子弹，如一起隐藏、一起销毁等。如果它们散布在整个场景中，要同时对它们进行操作就会很麻烦。这时可以创建一个空物体作为父物体，让这些大量的同类对象都成为父物体的子物体。那么只要隐藏父物体，它们就会一起隐藏；只要销毁父物体，它们就会一起销毁。也就是说，结合父物体可以轻松设计出有效的物体管理器。

注意

慎重使用非等比例缩放

父物体的缩放会直接引起子物体的缩放，可以认为父物体缩放后，形成了一个按比例拉伸或收缩的局部坐标系。其中，如果沿 x 轴、y 轴和 z 轴缩放的比例相同，就叫作等比缩放，如果沿 3 个轴缩放的比例不相等，就叫作非等比缩放。

等比缩放和非等比缩放实际差异很大。读者可以想象一下，当存在多级嵌套的“父子关系”，每一级物体都具有不同的缩放以及不同的旋转角度时，那么最后一级子物体的局部坐标系将会多么复杂和难以理解。

Unity 官方文档指出：如果在父物体上使用了非等比缩放，那么在某些特殊情况下有可能导致子物体的位置、朝向计算错误，因此建议在父物体上尽可能避免非等比缩放。图 2-15 展示了立方体在父物体为非等比缩放时的一种情形。

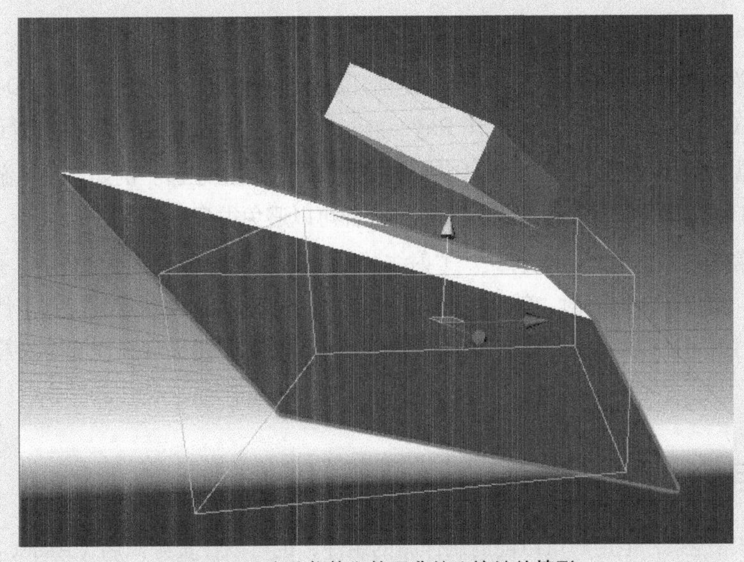
图 2-15 在父物体上使用非等比缩放的情形

2.1.4 物体的标签和层

在设计中可以使用物体的名称标识一个物体，但是很多时候名称会有冗长、重复和易变的问题。现代游戏引擎都具有标签（Tag）这一功能，简单来说，标签就是物体的另一个名字，但它有另一些特点。

与标签类似，层（Layer）也很常用，它更多的是与碰撞检测相关。例如，经典游戏《暗黑破坏神》中，玩家技能只能伤害怪物，而不会伤害玩家。那么就可以将技能、怪物、玩家分别定义在 PlayerSkill、Monster、Player 这 3 个不同的层，并在物理系统中指定 PlayerSkill 层只会和 Monster 层产生碰撞，而不会和 Player 层发生碰撞。

在 Inspector 窗口顶部可以查看和修改物体的 Tag 和 Layer 选项，如图 2-16 所示。

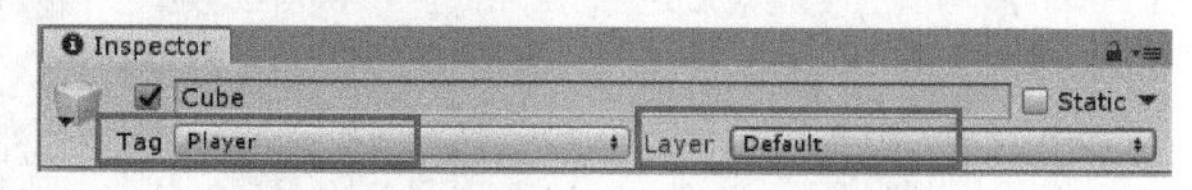

图 2-16 物体的 Tag 和 Layer 选项

小提示

层（Layer）与层级窗口（Hierarchy）窗口不同

这里说的"层"指的是物体的"层"（Layer），而不是层级窗口（Hierarchy）窗口的"层级"，层级窗口的"层级"指的是"父子关系"层级。

英文中，往往每一个概念对应一个专用的名词。而中文一般使用词组，相似的词组容易混淆，注意区分即可。

1. 标签（Tag）的简要说明

①引擎内部对物体的标签建立了索引。通过标签查找物体，要比通过名字查找物体快得多。

②标签最多只能有 32 个。前几个是常用标签，具有特定含义，例如玩家（Player）、主摄像机（Main Camera）等。后面空白的标签可以自行定义和使用。

③举个例子，在射击游戏中，可以将表示玩家的物体标记为 Player，将所有表示怪物的物体标记为 Monster。这样无论玩家和怪物的名字是什么，都可以方便地编写逻辑代码。这些标签既便于查找所有怪物，又可以用于判断物体是不是怪物。

④善用标签有助于团队协作。例如，事先定义好游戏中的各类标签，很容易就知道某个物体是做什么用的，从而可以让关卡设计师、美术设计师和软件工程师更好地协作。

2. 层（Layer）的简要说明

①层与标签一样，也最多只有 32 个，同样也是前几层有特殊用途，例如默认层（Default）、透明特效层（TransparentFX）、忽略射线层（Ignore Raycast），未被引擎占用的层都可以自行定义和使用。

②层的第一个常用用法就是定义游戏世界中层与层之间是否发生碰撞。例如，足球游戏中，可以让足球和场上的裁判处于不同的层，且让两个层不会碰撞，这样可以避免很多麻烦。

③层的第二个常用用法与射线检测有关。"射线"是一条虚拟的线，大部分触屏、鼠标操作的 3D 游戏都要用到它。例如，用户单击地面时，就会向游戏世界发射一条射线，以确定单击到了什么位置。有时障碍物会阻挡射线，这时就可以设定该射线仅与地面层碰撞，而不与障碍物层碰撞，从而改善操作体验。

2.1.5 常用组件

Unity 的组件非常庞杂，但用户可以随时制作新的组件，也可以在资源商店（Asset Store）里下载更多组件。表 2-1 展示了一些最常用的组件，供读者了解和参考。

表 2-1 常用组件

组件	英文名称	功能说明	备注
变换	Transform	为物体提供最基本的位置、旋转、缩放等属性，而且“父子关系”也由它管理	每个物体有且只有一个
光源	Light	为场景提供各种光源。大部分材质都需要有光源照射才能正常渲染	可以选择各种类型，包括点光源、平行光、探照灯等
摄像机	Camera	类似拍电影的摄像机，决定着最终游戏画面的内容	可以分为透视、正交两大类。前者有近大远小的透视效果，后者是平行透视，适用于某些特殊的游戏视角
后期处理	Post Processing	可以调整最终游戏画面的色彩、空间、光效、环境光遮蔽等效果，是改善游戏画质的利器	
网格过滤器	Mesh Filter	3D 物体外观由网格（Mesh）组成，该组件用于指定网格	
网格渲染器	Mesh Renderer	物体仅有网格是无法被看到的，还需要渲染器进行渲染，才能最终被看到	它接收一个材质参数，不同的材质会赋予物体截然不同的外观
皮肤网格渲染器	Skinned Mesh Renderer	用于带有骨骼的模型。网格在变形时，它会跟着伸缩而不会断开	虽然名为 Renderer，但它也包含了网格数据
网格碰撞体	Mesh Collider	依据 Mesh 网格定义的碰撞体，可以拥有复杂的外形	所有的碰撞体都可以设置为“触发器”。碰撞体是一种物理阻挡，而触发器仅用于产生碰撞消息，不会阻挡刚体运动
球体碰撞体	Sphere Collider	外形为球体网格的碰撞体，用于表示类似球体的物体。 特别地，就算物体不等比缩放，依然会保持球体，而不会变成椭球体	
盒子碰撞体	Box Collider	外形为长方体的碰撞体	
胶囊碰撞体	Capsule Collider	外形为胶囊形状的碰撞体	
角色控制器	Character Controller	专门用来控制 3D 角色移动的内置组件	3D 角色的控制在某些游戏中会非常复杂，因此可以编写或采用更合适的角色控制器
刚体	Rigidbody	刚体和物理系统密切相关。如果希望游戏中的物体具有真实的物理特性，如可以受到力的作用，具有质量、惯性等，就可以使用刚体	刚体可以设置为“动力学刚体”，动力学刚体不再对外力做出反应。动力学刚体的概念会在第 3 章物理系统中详细讲解
粒子系统	Particle System	粒子系统具有专用的表现逻辑，用来模拟火焰、闪光、雨雪等特效	游戏中丰富多彩的特效离不开粒子系统
音源	Audio Source	音频的播放者，包括音乐和音效	

（续表）

组件	英文名称	功能说明	备注
音频侦听器	Audio Listener	声音的接收者，如果没有它，就听不到音源发出的声音	一般音频侦听器放在摄像机上
动画(旧版)	Animation	可以让物体选择和播放对应动画	本组件也被叫作 Legacy Animation，是 Unity 的早期版本遗留下来的，可以用 Animator 代替
动画状态机	Animator	动画状态机组件是用一个带有编辑器的状态机，管理物体的多种动画，如人物的走、跑、跳等	包含动画融合、分层动画等高级特性
导航代理	Navmesh Agent	用于寻路系统。对已经设置好了 Navmesh 的场景，角色可以挂载导航代理组件。用于让角色在场景中智能移动、避开障碍	导航系统在本书第 11 章脚本与游戏 AI 中会详细介绍
地形	Terrian	用于制作广阔的、有起伏的地形。具有升降地表、大地形分块、水体和地表贴图、种植植被等多种功能	制作室外大型 3D 场景必备

2.2 用脚本获取物体和组件

Unity 的初级脚本编写没有过于困难的部分，大多数读者遇到障碍的原因在初始学习时跳过了关键性知识。如果跳过了关键性知识，可能会造成知识体系断层，导致进一步学习变得困难。

虽然在第 1 章已经写过一些脚本，但是读者可能对每一句代码的含义和细节还不甚清晰，仍然需要一步一步把跳过的知识补齐。下面将会系统性地讲解脚本编程时最基本和较常用的功能，相信读者经过实践之后，就会对脚本编程具有更清晰的认识。

2.2.1 物体、组件和对象

为避免未来的讨论产生混淆，先澄清一个基本问题：某个自己编写的脚本是一种组件类（class），挂载到物体上的脚本是一个实例化的组件，即一个对象（编程语言中的 object）。

从面向对象的角度来看，Unity 的逻辑架构是非常自然的。一个游戏物体是一个对象；没有被挂载到物体上的脚本，是一个未被实例化的类，暂时还不是具体的对象；当脚本被挂载到物体上以后，就成了一个实实在在的对象。例如，同一个脚本被挂载到物体 A 上 2 次，又被挂载到物体 B 上 1 次，这样就创建了该脚本的 3 个实例，共有 3 个脚本组件对象。

脚本在执行时，一般已经挂载到了某个物体上。因此在脚本代码中，可以随时访问脚本目前挂载到了哪个物体对象，直接用 gameObject 即可。

```
// 输出脚本当前所挂载的物体对象的名称
Debug.Log(gameObject.name);
```

越是简单的代码越需要理解清楚。在脚本代码中，this 表示该脚本对象自身，而 gameObject 是当前脚本的一个属性，指的是当前的物体，因此可以直接获取到。如果上文的代码不省略 this，则完整写法如下。

```
// 输出脚本当前所挂载的物体对象的名称
Debug.Log(this.gameObject.name);
```

只要清楚物体、组件和对象的关系，下文的很多讨论都不难理解。暂时有点模糊也没有关系，可以在阅读和实践本章的内容以后，再回头揣摩前文所讲的每句话的含义。

2.2.2 获取组件的方法

获得某个物体以后，就可以通过物体获取到它的每一个组件。举个例子：先创建一个球体，新建一个脚本文件 Test 并将其挂载到球体上，脚本内容保持默认。球体的组件信息如图 2-17 所示。

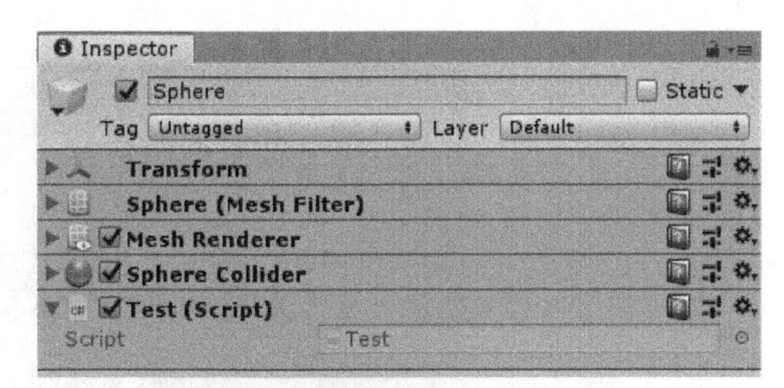

图 2-17 挂载了 Test 脚本的球体

为了获取到 Sphere Collider 组件，可以直接用游戏物体的 GetComponent() 方法，将 Test 脚本内容修改如下。

```
using UnityEngine;

public class Test : MonoBehaviour
{
    SphereCollider collider;
    void Start()
    {
        // 获取到组件后，将它的引用保存在 collider 字段中，方便下次使用
        collider = gameObject.GetComponent<SphereCollider>();
    }
}
```

以上是很常见的获取组件的代码，即先从当前脚本组件获取到游戏物体，再到游戏物体中找到某种组件，这种写法非常符合之前学习的概念。

Transform 组件也可以用 GetComponent() 方法获得，但是由于 Transform 组件太过常用，因此随时可以通过字段 transform 访问到 Transform 组件，不需要通过代码获取。

Unity 为了方便，设计了获取组件的简便写法。其思路是，在同一个物体上，从任意一个组件出发都可以直接获取到其他组件，不需要先获取游戏物体。也就是说，上面获取组件的写法有很多等价形式，具体如下。

```
collider = gameObject.GetComponent<SphereCollider>();
// 以下每一句写法均与上面一句等价
collider = this.GetComponent<SphereCollider>();
collider = GetComponent<SphereCollider>();      // 同上，省略了this
collider = transform.GetComponent<SphereCollider>();  // 通过transform组件获得其他组件
collider = transform.GetComponent<MeshRenderer>().GetComponent<SphereCollider>();
collider = transform.GetComponent<SphereCollider>().GetComponent<SphereCollider>();
// 多此一举的写法，但是结果也正确
```

初学者在看别人的代码时，很可能没有注意到 GetComponent() 方法的主体有时是物体，有时是组件，而上面的例子充分说明了获取同一个物体上的组件是十分灵活的。这里有一个明显的推论，也是编程时的常用技巧——可以用物体上任意一个组件代表该物体。也就是说，物体的一部分可以指代物体本身，因为它们同属于一个物体。

当一个物体可能包含多个同类型组件时，也可以直接获取到所有同类的组件，该方法名为 GetComponents，它会返回一个装着所有找到的组件的数组。为了测试方便，将 Test 脚本挂载到物体上并重复 3 次，如图 2-18 所示。

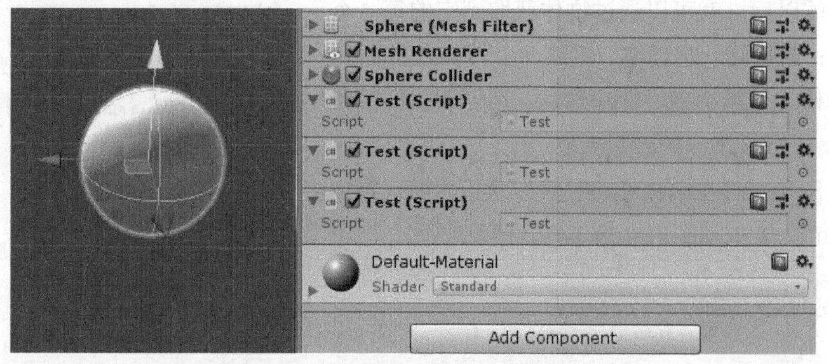

图 2-18 被挂载 Test 脚本 3 次的球体

Test 脚本的 Start() 方法修改如下。

```
void Start()
{
    collider = GetComponent<SphereCollider>();
    // 获取到所有的脚本组件，放在数组中
    Test[] tests = GetComponents<Test>();
    Debug.Log("共有 " + tests.Length + " 个Test脚本组件");
}
```

如果运行游戏，发现在 Console 窗口中输出了 3 遍“共有 3 个 Test 脚本组件”，可以分析一下为什么。

2.2.3 获取物体的方法

前面都是在同一个物体上操作，获取同一个物体的各个组件，接下来要直接获取不同的物体。因为很多时候都需要让代码同时操作多个不同的物体，这样才能得到更高的灵活性。例如玩家开枪时，要同时控制枪、子弹和火焰粒子等。

1. 通过名称获取物体

可以通过物体的名称直接获取物体，使用 GameObject.Find() 方法即可。新建一个立方体，并挂载一个 TestGetGameObject 脚本，内容如下。

```
public class TestGetGameObject : MonoBehaviour
{
    GameObject objMainCam;
    GameObject objMainLight;
    void Start()
    {
        objMainCam = GameObject.Find("Main Camera");
        objMainLight = GameObject.Find("Directional Light");
        Debug.Log("主摄像机：" + objMainCam.name);
        Debug.Log("主光源：" + objMainLight.name);
        // 将主摄像机放在这个物体后方 1 米的位置
        objMainCam.transform.position = transform.position - transform.forward;
    }
}
```

以上代码获取了场景中的摄像机物体和方向光源物体，接着又把主摄像机移动到该脚本所在的物体后方 1 米。游戏运行后，在 Game 窗口中该物体会占据整个屏幕，因为物体离摄像机很近。阅读上面的代码时要注意每一个 transform 组件具体指的是哪个物体的 transform 组件。

GameObject.Find 方法比较常用，但是它有两个弊端。第一，GameObject.Find() 方法无法找到未激活的物体。第二，GameObject.Find() 方法需要遍历场景中的所有物体，从性能上看是非常低效的。

为了验证 GameObject.Find() 方法能否找到未激活的物体，只需要在上面的例子中，禁用场景的方向光源。做法是在 Inspector 窗口中取消勾选 Drectional Light 选项即可，如图 2-19 所示。

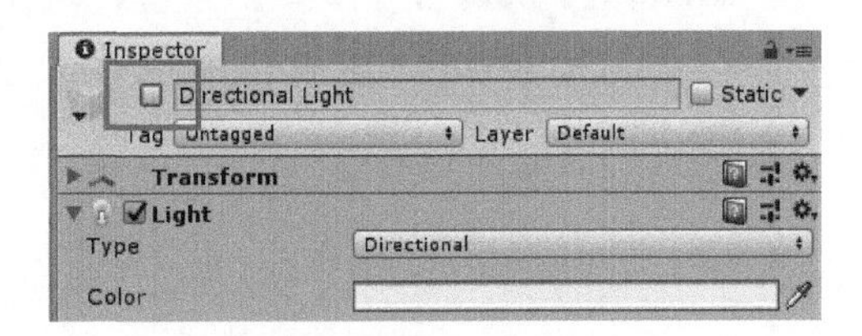

图 2-19 禁用方向光源

这时再次运行游戏，会在 Console 窗口或者最下方输出一条报错信息，如图 2-20 所示。

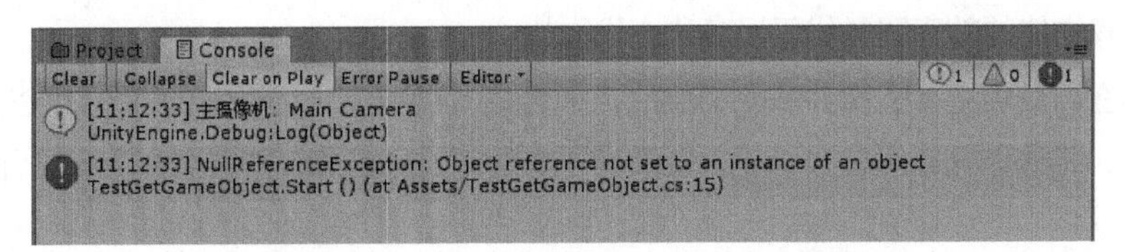

图 2-20 由于找不到方向光源物体，产生了错误信息

这个错误是一个 C# 异常，异常类型为 NullReferenceException（空引用）。双击该错误，就会定位到相应的源代码，其源代码如下。

```
Debug.Log("主光源：" + objMainLight.name);
```

这是由于当前 objMainLight 变量的值是空引用 null，因此访问它的 name 字段会引发错误。这个例子一方面向读者展示了定位错误的基本方法，另一方面说明了 GameObject.Find() 方法的确无法找到未激活的物体。

GameObject.Find() 方法的第二个弊端是，本质上它需要遍历场景中的所有物体才能找到指定名字的物体（如果有多个重名物体，则会返回最先找到的那个）。由于遍历物体会造成性能问题，因此这种方法非常低效，但在简单场景里很难察觉。而在一个完整的游戏中，场景中经常会有成千上万个物体，那时的效率差异就会相当明显。但是这也不代表就不能使用 GameObject.Find() 方法，例如按照现在的写法，仅在 Start() 方法中调用一次 GameObject.Find()，然后将物体保存在变量 objMainCam 中，以后都不用再重新查找，这样就不会产生明显的效率差异。

2. 通过标签查找物体

在第 2.1.4 小节提到，标签可以用来高效地查找物体，具体方法就是先指定物体的标签，然后使用如下方法。

```
// 查找第一个标签为 Player 的物体
GameObject player = GameObject.FindGameObjectWithTag("Player")
// 查找所有标签为 Monster 的物体，注意返回值是一个数组，结果可以是 0 个或多个
GameObject[] monsters = GameObject.FindGameObjectsWithTag("Monster");
// 注：以上两个方法名称的区别是两者差了一个“s”
```

除了在编辑器中修改物体的标签，也可以在脚本中修改物体的标签。

```
// 获得某个 Player 物体
GameObject m = GameObject.FindGameObjectWithTag("Player");
// 将它的标签设置为 Cube
m.tag = "Cube";
// 判断 m 的标签是不是 Cube
If (m.CompareTag("Cube"))
{
    ......// 略
}
// 上面的 CompareTag 用法等价于 m.tag == "Cube"，推荐使用 CompareTag
```

用标签查找物体的效率明显优于用名称查找物体。

以上就是在场景中直接查找并获取物体的几种方法，再加上之前讲解的通过“父子关系”获取同一物体上的所有组件，将这些知识组合在一起，就掌握了快速定位任意物体或组件的方法，下一小节将详细阐述。

2.2.4 在物体和组件之间任意遨游

1. 通过“父子关系”获取物体

前文详细讲解了“父子关系”的重要性及用途，而读者通过观察 Hierarchy 窗口会发现，其实拥有大量“父子关系”的物体已经形成了树形结构，如图 2-21 所示。

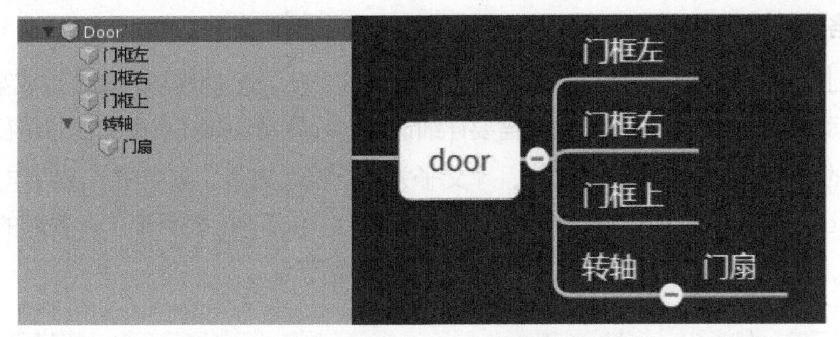

图 2-21 Hierarchy 窗口中的物体形成了树形结构

既然是树形结构，自然就有从父节点找到子节点、从子节点获取父节点的简单方法。在 Unity 中，“父子关系”的表达是 Transform 组件的职责。在父子节点之间查找物体的相关方法和属性分别列举在表 2-2 和表 2-3 中。

表 2-2 Transform 组件中与查找物体相关的方法

方法名称	用途	参数和返回值
transform.Find	在“父子关系树”中沿给定的路径查找物体的 Transform 组件	参数：以字符串表示的一个路径。与文件路径类似，可以通过给定的路径信息，灵活找到任意其他物体。 返回值：找到的物体的 Transform 组件，如果没找到，返回 null
transform.GetChild	根据子物体的序号查找子物体	参数：一个整数，从 0 开始，表示要查找的子物体的序号。子物体的序号就是它在同一级的所有子物体中排第几个，也是 Hierarchy 窗口中子物体的顺序。 返回值：返回该子物体，如果下标超出范围则返回 null
transform.GetChildCount	获得下一级所有子物体的数量（已过时）	参数：无。 返回值：该物体的子物体总数，不包含子物体的子物体。一般与上面的 GetChild 方法结合使用。 此方法已过时，用 transform.childCount 属性代替即可，功能一致
transform.GetSiblingIndex	获得该物体在兄弟节点之间的序号	参数：无。 返回值：序号。获得本物体在兄弟物体之间的序号
transform.IsChildOf	判断是否是另一个物体的子物体	参数：某个其他物体的 Transform 组件，不能为 null。 返回值：如果参数指定的物体是本物体的父物体，则返回 true，否则返回 false

表 2-3 Transform 组件中与查找物体相关的属性

属性名称	含义与详细说明
transform.parent	获取该物体的父物体。 如果对它赋值，可以直接改变本物体的父物体，例如赋值为 null 代表将本物体放在最顶层
transform.root	沿着本物体的父物体一直向上查找，获取最上一级的父物体
transform.childCount	获得该物体的子物体总数，不包含子物体的子物体。 与 transform.GetChild() 方法结合使用可以用来遍历所有子物体

2. 通过父子路径获取物体

只要合理运用上面介绍的方法和属性，就可以在“物体树”上灵活地移动到父节点或某个子节点，还可以通过路径一次移动很多步。其中有一个概念需要详细说明，那就是物体在场景中的“路径”。

图 2-22 所示的模型具有完整的骨骼结构，“父子关系”层次较多。其中根节点叫作 unitychan，骨骼第一层叫作 Character1_Reference，第二层叫作 Character1_Hips（代表臀部），臀部的下面还包含了左腿（LeftUpLeg）、右腿（RightUpLeg），以及衣服、裙子等节点。

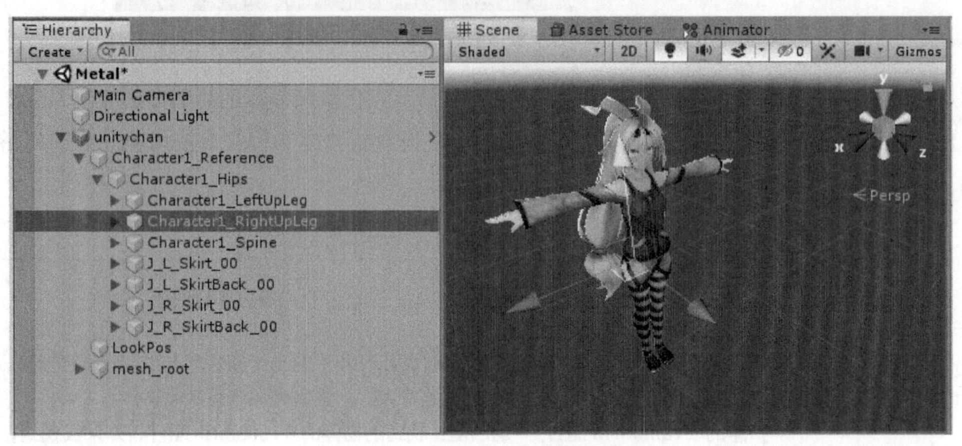

图 2-22 模型 unitychan 的骨骼结构

如果将脚本挂载到这个物体的根节点 unitychan 上面，然后从这里出发，找到右腿，则这个路径的表达如下。

```
"Character1 _ Reference/Character1 _ Hips/Character1 _ RightUpLeg"
```

查找物体的路径与操作系统的文件路径类似。当需要指明下一级节点时，就写出该节点的名称。如果还要继续指明下一级，就加上斜杠符号“/”分隔。如果要引用上一级节点，使用两个英文句号“..”即可。这样一来，理论上从一个物体出发就可以获取到场景中任意一个节点。其完整的测试代码示范如下。

```
using UnityEngine;

public class TestGetTransform : MonoBehaviour
{
    void Start()
    {
        Transform rightLeg =
transform.Find("Character1 _ Reference/Character1 _ Hips/Character1 _ RightUpLeg");
        Debug.Log("获得了" + rightLeg.gameObject.name);

        Transform root = rightLeg.Find("../../..");
        Debug.Log("从右腿回到第一层节点" + root.gameObject.name);

        Transform leftLeg = rightLeg.Find("../Character1 _ LeftUpLeg");
        Debug.Log("从右腿出发找到左腿" + leftLeg.gameObject.name);
```

```
    }
}
```

上文的代码演示了3种情况。一是从根节点出发获取右腿；二是从右腿出发获取根节点，连用了3个“..”；三是从右腿出发获取左腿，方法是先返回上一级，再查找左腿。

3. 其他查找父子物体的方式

使用路径已经足够用来查找父子物体了，但某些情况下使用另一些方法更合适。例如获取父物体可以用 transform.parent 属性。

```
// 以下两种写法等价，p1 与 p2 相同
Transform p1 = transform.parent;
Transform p2 = transform.Find("..");
```

获取子物体时，可以用子物体序号指定，所谓子物体序号需要说明一下。同一个父物体的第一级子物体都是兄弟关系（不包括子物体的子物体），子物体序号就是兄弟之间的序号，如长子、次子、三子的编号分别为 0、1、2，依此类推。因此也可以用整数序号指定子物体。

```
// 演示：用序号获取右腿
Transform hips = transform.Find("Character1_Reference/Character1_Hips");
Transform rightLeg = hips.GetChild(1);
```

既然能用序号获取子物体，那么如果能知道子物体的总数，然后再结合二者使用就能得到遍历子物体的方法。很多时候要对所有子物体做统一的操作，只要结合使用 transform.GetChild() 方法和 transform.childCount() 方法即可，其示例代码如下。

```
void Test()
{
    for (int i=0; i<transform.childCount; i++)
    {
        GameObject child = transform.GetChild(i).gameObject;
        Debug.Log("第"+ i +"个子物体名称为:" + child.name);
        Debug.Log("它还有" + child.transform.childCount + "个下一级子物体");
    }
}
```

以上代码遍历了当前脚本所挂载物体的所有子物体，然后输出它们的名字，并输出每个子物体还拥有几个子物体。

4. 一些有用的技巧

在实际游戏开发中，经常用嵌套的多层“父子关系”表示一个复杂物体。为了方便起见，Unity 提供了一系列直接从子物体中获取组件的方法，有了它们就不需要像 GetComponent() 方法那样先找到对应物体才能获取组件。这是一系列很实用的方法，虽然它们也可以用基本方法组合而成的方法代替，但是使用它们在很多情况下能精简代码，事半功倍，这些内容列举在表 2-4 中。

表 2-4 从子物体中获取组件的简便方法

方法	用途	参数和返回值
GetComponentInChildren	从所有子物体中查找某种组件	参数：需要用泛型指定查找的类型。 返回值：找到的第一个组件
GetComponentsInChildren	从所有子物体中查找所有某种组件	参数：需要用泛型指定查找的类型。 返回值：包含所有该类型组件的数组
GetComponentInParent	从父物体中查找某种组件	参数：需要用泛型指定查找的类型。 返回值：找到的第一个组件
GetComponentsInParent	从父物体中查找所有某种组件	参数：需要用泛型指定查找的类型。 返回值：包含所有该类型组件的数组

注意，以上方法以及常规的 GetComponent() 方法都可以通过任意游戏物体或任意组件调用，因为这些方法位于 Unity 的基类 Object 里，而游戏物体与组件都继承了 Object 类。

2.2.5 利用公开变量引用物体和组件

前面已经几乎介绍了所有获取物体与组件的方法，另外还有一种很常用、学习门槛也低的方法——使用公开的变量指定物体或组件。

首先在任意脚本组件中，添加一个公开的 GameObject 类型的变量。

```
using UnityEngine;

public class TestGetTransform : MonoBehaviour
{
    public GameObject other;

    void Start()
    {
        if (other != null)
        {
            Debug.Log("other 物体名称为 "+other.name);
        }
        else
        {
            Debug.Log(" 未指定 other 物体 ");
        }
    }
}
```

然后查看 Inspector 窗口，脚本属性中会多一个该变量的编辑框，默认值为 None(类型)，如图 2-23 所示。在第 1 章中已经提到，可以直接把任意符合该类型的物体拖曳到编辑框中。

图 2-23 公开变量的编辑框

得益于自洽的物体、组件体系，脚本中也可以使用任意组件类型的变量代替 GameObject。

```
using UnityEngine;

public class TestGetTransform : MonoBehaviour
{
    public GameObject other;
    public Transform otherTrans;
    public MeshFilter otherMesh;
    public Rigidbody otherRigid;

    void Start()
    {
        // 可以任意使用前面定义的变量
    }
}
```

以上代码会改变 Inspector 窗口中的脚本属性，结果如图 2-24 所示。

上文的代码一共公开了 4 个变量，分别是 GameObject、Transform、Mesh Filter 和 Rigidbody。 以 Other Mesh 编辑框为例，任何具有 Mesh Filter 组件的物体都可以被拖入此框里，但是没有 Mesh Filter 组件的物体就不能被拖进来。

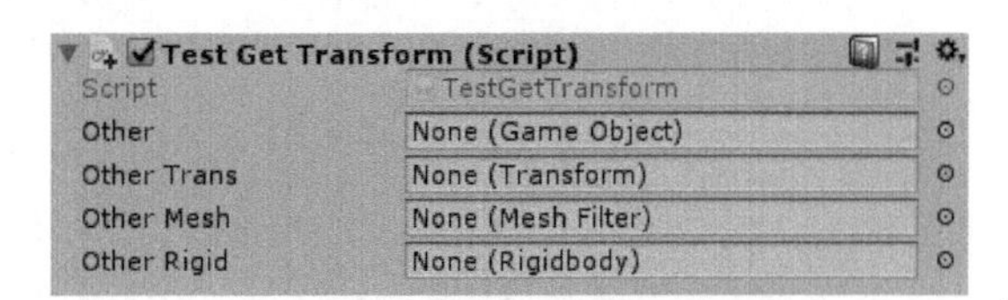

图 2-24 脚本组件的属性编辑框

前文提过，Unity 中每个组件一定有所挂载的物体。虽然变量的类型为 Mesh Filter，但它所代表的是具有 Mesh Filter 的对象，而不是独立存在的组件。这一点初学者往往会有疑问，但清楚以后会发现这样设计是严谨、合理的。

这种拖曳的编辑方式在大型游戏项目中也很常用，某些项目往往会在脚本中使用数十个可编辑的公开变量，甚至会使用可改变长度的组件列表，方便添加更多数据，这也有助于程序员与设计师的协作。但是也有一些开发团队不喜欢这种方式，因为容易拖入错误的物体。具体是否使用这种方法依具体情况而定，但可以肯定的是，它是一种值得考虑的方案。

拖曳组件或物体来引用其他物体的方式非常直观方便，而且可以用组件类型作为限制，防止拖入错误类型的物体。

本小节讲解的获取物体和组件的方式主要有以下 6 种。

①通过名称或标签，可以找到任意未禁用的物体。

②通过“父子关系”，从一个物体出发，可以沿路径找到任意物体。

③只要获得了某个游戏物体或者该物体上的任意组件，就可以得到所有其他组件，也可以通过任意组件获得物体本身。

④可以遍历某个物体下一级的所有子物体。（遍历所有层级的子物体需要用到搜索算法）

⑤编写脚本组件时，this 是指当前的脚本组件，this.gameObject 就是本组件所挂载的物体，this.transform 则是本物体的 Transform 组件。

⑥可以使用公开变量的方式，在编辑器里拖曳或选取物体。

这 6 种方式都是 Unity 脚本编程的基础，类似掌握了九九乘法表就能快速计算乘法一样，读者只要在实践中选用最合适的方法，就能快速获取到任意物体和组件。

最后补充一个实例，以说明怎样灵活运用多种查找方式。在 UI 中，界面往往是多种控件嵌套拼接起来的。如果需要在游戏开始时设置背包界面的内容，但背包界面（根节点是 ItemPanel）默认是未激活状态，如图 2-25 所示。如果这里使用 GameObject.Find()，则会因为未激活而找不到 ItemPanel 物体；如果使用路径查找，从另一个物体出发找到根节点 Canvas 的路径并不好写。那么如何解决呢？这里有一个好方法——分两步查找。

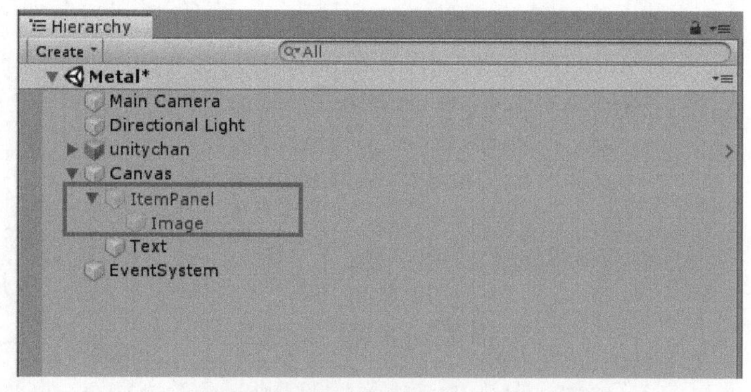

图 2-25 界面中未激活的窗口子物体

```
using UnityEngine;

public class TestGetTransform : MonoBehaviour
{
    void Start()
    {
        GameObject canvas = GameObject.Find("Canvas");
        // 有了Canvas，就可以用路径获得任意 UI 物体了
        Transform itemPanel = canvas.transform.Find("ItemPanel");
    }
}
```

因为大部分游戏都只有一个 Canvas（UI 画布），Canvas 本身是不会被禁用的，所以可以分两步查找，先找到 Canvas，再通过 Canvas 找到背包界面。这种方法在实际游戏开发中很有用，值得参考。

2.3 用脚本创建物体

在游戏设计中，需要用到的物体都可以通过编辑器摆放在场景中。但是很多时候，无法事先创建所有需要的物体，如子弹、炮弹或随机刷新的怪物。这些物体要么是根据玩家操作而随时创建，要么是依据游戏玩法在特定时刻创建，都无法事先确定它们在什么时候出现。

用脚本动态创建物体，即在游戏进行中创建物体，是一项基本功能，因此本节将详细讲解实现这一功能的基本方法。

2.3.1 预制体

在讲解创建物体的方法之前，先讲解如何创建一个预制体，以便对预制体的概念有一个感性的认识。

首先创建物体。例如创建 3 个球体，组成类似米老鼠的头像。

然后将物体从 Hierarchy 窗口拖曳到 Project 窗口中，如图 2-26 所示。在 Project 窗口中会看到一个文件名和物体一样的资源文件，可以对它重命名，这种资源文件就叫作预制体。

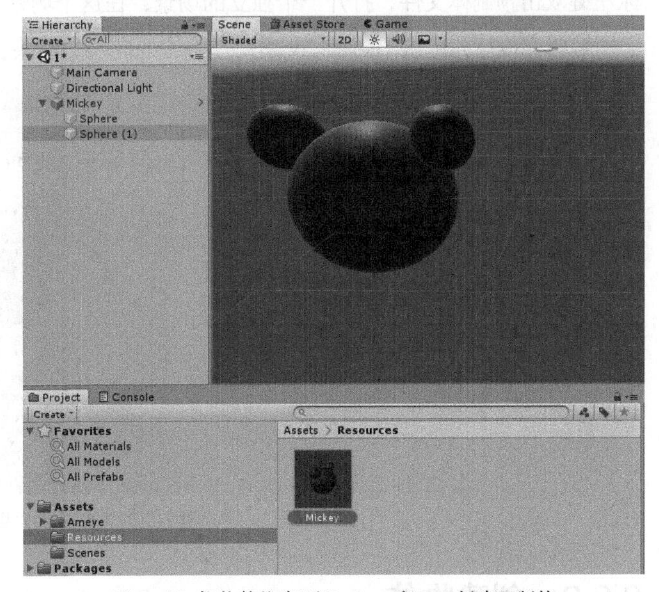

图 2-26 将物体拖曳到 Project 窗口，创建预制体

简单来说，预制体就是一个物体的模板，可以随时从 Project 窗口再次拖入场景，这就相当于用模板又创建了一个物体。而且在 Hierarchy 窗口中可以看到，所有借助预制体创建的物体的名称都变成了深蓝色，代表它和预制体有着内在的关联。

在游戏开发的实践中，一般将可能需要动态创建的物体，如怪物、子弹、导弹等都事先做成预制体，然后在游戏运行过程中由脚本负责创建即可。

1. 场景物体与预制体的关联

任何由预制体创建的物体，都会在 Inspector 窗口中多 3 个工具按钮，如图 2-27 所示。

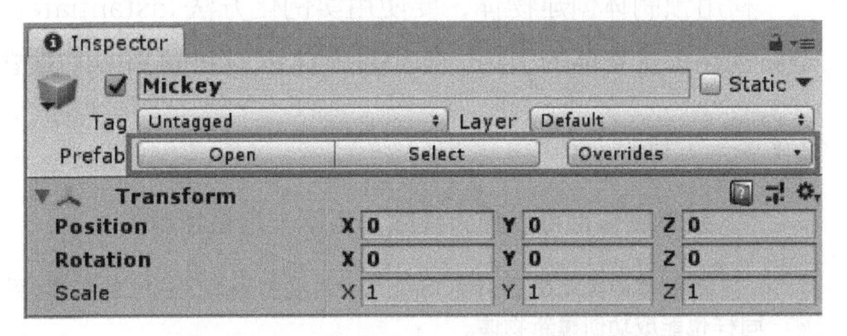

图 2-27 Inspector 窗口中的 3 个工具按钮

这些工具按钮用于场景物体和预制体之间的操作。

Open：打开预制体。单击它可以打开单独的预制体编辑场景，对预制体的编辑会应用到所有关联的物体。

Select：选中预制体文件。单击它，Project 窗口将自动定位到预制体文件，这个功能可以方便地找到当前物体是从哪一个预制体创建的。

Overrides：覆盖预制体。对物体的参数和组件做修改后，预制体文件本身是不变的。单击此按钮后，会弹出一个小窗口提示用户具体修改了哪些属性。

这个小窗口提供了丰富的功能。首先，确认了修改内容后，单击小窗口的 Apply All 按钮可以让这些修改应用到物体上；而单击 Revert All 按钮则会撤销所有改动，让物体回到和预制体相同的状态。

另外，小窗口中的每一个具体改动也是可以单击的，单击单独一项改动可以查看和对比修改细节，并且还可以单独应用（Apply All 按钮）或撤销（Revert All 按钮）某一项改动。

注意

谨防对预制体的误操作

由于对预制体的改动会应用到所有关联的物体上，因此在单击 Apply All 按钮时要考虑清楚，谨防不慎修改大量物体。如发现误操作，可以及时使用相应指令撤销上一次操作，快捷键为 Ctrl+Z。

2. 编辑预制体

在新版本的 Unity 中，除了可以先修改物体再应用到预制体外，还可以在单独的场景中编辑预制体。鼠标左键双击预制体文件，打开一个独立的场景，在这个场景中对预制体的编辑会保存到预制体文件中。

编辑完成后，单击 Hierarchy 窗口左上方的向左的箭头，就可以回到主场景，如图 2-28 所示。

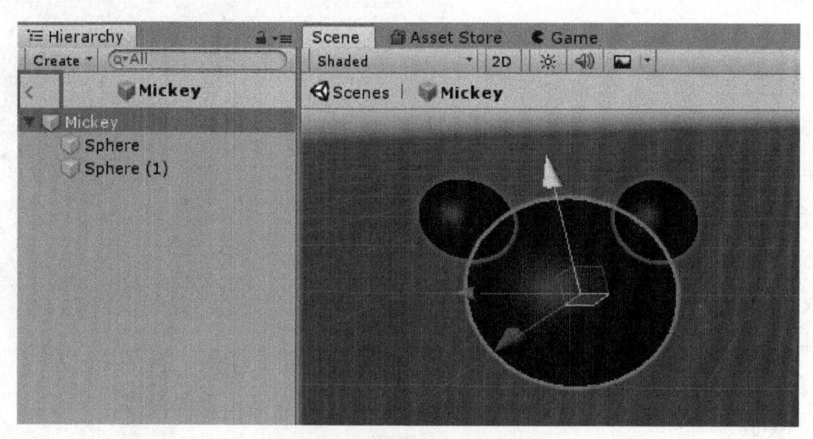

图 2-28 预制体独立编辑场景

2.3.2 创建物体

利用预制体创建物体，要使用实例化方法 Instantiate()。它需要一个预制体的引用作为模版，返回值总是新创建那个物体的引用。如果预制体以 GameObject 类型传入，那么返回的结果也是 GameObject 类型。

小提示

任意物体都可以作为模版，但不一定是预制体

预制体的类型是 GameObject。有时候由于写代码时的失误，用场景中的某个物体作为 Instantiate() 方法的第 1 个参数，同样也能成功创建新物体。

这说明在游戏运行以后，预制体和其他物体有着同等的地位，都可以使用。这种设计一方面增强了脚本的灵活性，另一方面也经常出现因混淆而引起的各种 bug。关键是要搞清楚引用对象的关系。

在实际使用时，有时候要具体指定新建物体的位置、朝向和父物体，因此 Instantiate() 方法也具有多种重载形式，它们的区别在于参数不同。编者挑选了 3 种常用的重载形式进行说明，如表 2-5 所示。

表 2-5 Instantiate 方法的 3 种重载形式

重载形式	参数 1	参数 2	参数 3	参数 4
仅指定父物体	预制体	父物体的 Transform 类型，null 表示没有父物体，置于场景根节点		
指定位置和朝向	预制体	空间位置，世界坐标系，Vector3 类型	物体的朝向，Quaternion 类型	
指定位置、朝向和父物体	预制体	空间位置，世界坐标系，Vector3 类型	物体的朝向，Quaternion 类型	父物体的 Transform 类型，null 表示没有父物体，置于场景根节点

小提示

预制体也可以用组件代表

如果读者在 IDE 里查看 Instantiate 方法的原型，会发现第 1 个参数的类型有点奇怪。Instantiate 方法的第 1 个参数是预制体，理应是一个 GameObject 类型，但实际上，这个参数的类型有 Object 和泛型两种。

这是由于此方法在设计时，兼容了“用组件代表预制体”这一用法，前面提过组件也可以代表所挂载的物体。如果用某个预制体上挂载的组件作为模板，那么 Instantiate 方法依然会把该物体创建出来，同时返回新物体上同名的组件。这种设计虽然保持了功能不变，但少了一步获取组件的操作。

从学习的角度出发，将 Instantiate 看作一种单纯的创建物体的方法，有利于排除细节的干扰，抓住问题的本质。

下面是一个创建物体的脚本范例。

```
using UnityEngine;

public class TestInstantiate : MonoBehaviour
{
    public GameObject prefab;
    void Start()
    {
        // 在场景根节点创建物体
        GameObject objA = Instantiate(prefab, null);
        // 创建一个物体,作为当前脚本所在物体的子物体
        GameObject objB = Instantiate(prefab, transform);
        // 创建一个物体,指定它的位置和朝向
        GameObject objC = Instantiate(prefab, new Vector3(3,0,3), Quaternion.
identity);
    }
}
```

以上代码利用预制体创建了 3 个物体，而且为了获得预制体的引用，特地将 prefab 变量公开，以便在编辑器中给它赋值。

先在编辑器中给 prefab 设置初始值，然后再运行脚本，就会以 prefab 为模版，创建 3 个物体。

再举一个例子，有时需要有规则地创建一系列物体。例如 10 个物体等间距围成一个标准的环形，这种情况用编辑器拖曳是很难做到精确的，最好是用脚本创建它们，其代码如下。

```
using UnityEngine;

public class TestInstantiate : MonoBehaviour
{
    public GameObject prefab;
    void Start()
    {
        // 创建 10 个物体围成环形
        for (int i=0; i<10; i++)
        {
            Vector3 pos = new Vector3(Mathf.Cos(i*(2*Mathf.PI)/10), 0,
                Mathf.Sin(i*(2*Mathf.PI)/10));
            pos *= 5;         // 圆环半径是 5
            Instantiate(prefab, pos, Quaternion.identity);
        }
    }
}
```

为了让物体围成圆圈，上面的代码用到了圆的参数方程：

$$\begin{cases} x = r \cdot \cos\theta \\ y = r \cdot \sin\theta \end{cases}$$

由于 Mathf.Sin() 方法和 Mathf.Cos() 方法的参数为弧度，因此代码中出现了 Mathf.PI，它代表圆周率 π。

2.3.3 创建组件

创建组件并将其添加到物体上，通常使用 GameObject.AddComponent() 方法。以下代码先获取 Cube 物体，再给它添加 Rigidbody 组件。

```
using UnityEngine;

public class TestInstantiate : MonoBehaviour
{
    void Start()
    {
        GameObject go = GameObject.Find("Cube");
        go.AddComponent<Rigidbody>();
    }
}
```

AddComponent 使用时要带上一个尖括号，里面写上要创建的组件的类型。这种写法与 GetComponent 类似，它们都利用了 C# 的泛型语法。AddComponent 是 GameObject 类的方法，调用主体是某个游戏物体。

2.3.4 销毁物体或组件

使用 Destroy() 方法可以销毁物体或组件。为了演示效果，下面编写一个略带互动性的例子。

```
using UnityEngine;

public class TestDestroy : MonoBehaviour
{
    public GameObject prefab;
    void Start()
    {
        // 创建 20 个物体围成环形
        for (int i=0; i<20; i++)
        {
            Vector3 pos = new Vector3(Mathf.Cos(i*(2*Mathf.PI)/20), 0,
                Mathf.Sin(i*(2*Mathf.PI)/20));
            pos *= 5;        // 圆环半径是 5
            Instantiate(prefab, pos, Quaternion.identity);
        }
    }

    void Update()
    {
        if (Input.GetKeyDown(KeyCode.D))
        {
            GameObject cube = GameObject.Find("Cube(Clone)");
            Destroy(cube);
        }
    }
}
```

这段代码演示了创建物体与销毁物体，它是在之前创建物体的代码基础上修改而成的。运行游戏时，会先创建 20 个物体，然后每当用户按 D 键，就会删除一个物体。

在实践中会发现很多细节，如用 Instantiate() 方法创建的物体会带上“(Clone)”后缀，因此仅仅阅读书本是不够的。

接下来有个问题是，如果将上文的代码修改如下，会导致错误吗？

```
    void Update()
    {
        if (Input.GetKeyDown(KeyCode.D))
        {
            GameObject cube = GameObject.Find("Cube(Clone)");
            Destroy(cube);
            cube.AddComponent<Rigidbody>();
        }
    }
```

上述代码表示销毁 cube 之后，又紧接着给 cube 添加 Rigidbody 组件。用程序思维来考虑，这个做法是有问题的，销毁物体会导致引用失效，而使用失效的引用会导致异常。

但是通过测试，竟然发现没有错误。这是因为 Unity 在设计之初就考虑了引用失效的问题，因此在执行 Destroy() 方法后，并不会立即销毁该物体，而是稍后放在合适的时机去销毁。这样就保证了在当前这一帧里，对 cube 的操作不会产生错误。

在个别情况下如果有立即销毁的需求，Unity 提供了 DestroyImmediate() 方法。

在游戏开发中，代码执行的"时机"是一个根本性的难题，实践中大量 bug 背后都是时机不合适导致的。这点读者要在实践中慢慢体会。

2.3.5 定时创建和销毁物体

游戏中延迟创建物体和延迟销毁物体是常见的需求。

延迟创建物体一般用于等待动画结束和定时刷新怪物等。延迟销毁物体则用于定时让子弹、尸体消失等情况，因为游戏中的物体不能只创建而不销毁，不然物体会越来越多，从而导致游戏卡顿甚至无响应。

延迟需要准确定时，如在未来的第几秒执行。在 2.5 节会讨论协程方式延迟，而这里用简易的 Invoke() 方法。Invoke() 方法有两个参数，第 1 个参数是以字符串表示的方法名称，第 2 个参数表示延迟的时间，单位为秒。

Invoke() 方法可以延迟调用一个方法，但要求该方法没有参数也没有返回值。

可以用 Invoke() 方法编写一个每隔 0.5 秒生成一个物体的动态效果，其代码如下。

```
using UnityEngine;

public class TestInvoke : MonoBehaviour
{
    public GameObject prefab;
    int counter = 0;

    void Start()
    {
        Invoke("CreatePrefab", 0.5f);
    }

    void CreatePrefab()
    {
        Vector3 pos = new Vector3(Mathf.Cos(counter * (2 * Mathf.PI) / 10), 0,
Mathf.Sin(counter * (2 * Mathf.PI) / 10));
        pos *= 5;        // 圆环半径是5
        Instantiate(prefab, pos, Quaternion.identity);
        counter++;
        if (counter < 10)
        {
            Invoke("CreatePrefab", 0.5f);
```

```
            }
        }
    }
```

由于 Invoke() 方法不支持参数，因此需要用巧妙的方式实现，读者可以把它当作一个程序设计练习进行阅读。上面的代码依靠在被调用方法的内部再次调用 Invoke()，模拟实现了循环过程，并用 counter 计数器限制了循环的次数。试着执行上面的代码并分析过程，有助于理解 Invoke 调用的过程。

与延迟创建物体类似，延迟销毁也同样可以用 Invoke() 实现。但延迟销毁的需求更为常见，因此 Unity 为 Destroy() 方法增添了延时的功能。Destroy() 方法的第 2 个参数就可以用于指定销毁延迟的时间。为了试验，可以修改第 2.3.4 小节中测试程序的 Update() 方法。

```
    void Update()
    {
        if (Input.GetKeyDown(KeyCode.D))
        {
            GameObject cube = GameObject.Find("Cube(Clone)");
            //Destroy(cube);
            // 将上一句改为延迟 0.8 秒
            Destroy(cube, 0.8f);
            cube.AddComponent<Rigidbody>();
        }
    }
```

这样修改，可以在按住 D 键 0.8 秒以后，销毁物体。当然这里只是讲解了其原理和用法，更好的使用场景见本章最后的完整游戏实例。

2.4 脚本的生命周期

到这里为止，本书已经讲解了 Unity 的大部分核心功能。下文将再补上一环——脚本的生命周期。

脚本的生命周期（MonoBehaviour Lifecycle）是 Unity 官方给出的术语。实际上读者可以简单将它理解为，一个脚本的创建和销毁两个关键事件，以及在此过程中可能触发的各种事件。这里最关心的是所有事件的种类，以及它们的触发时机，因为脚本逻辑只有写在合适的事件里，且在合适的时机执行，才能恰到好处地实现想要的功能。

Unity 提供的事件非常多，大部分事件暂时用不到。接下来分模块、挑重点进行讲解。

2.4.1 理解脚本的生命周期

首先要确定，脚本虽然功能强大，但它毕竟是Unity的众多系统之一，完全受到引擎的管理和调度。在脚本中可以编写各种功能，但什么时候脚本会被调用，这完全由Unity决定。

以熟悉的Start()方法和Update()方法为例。当在组件脚本中写下Update()方法时，就意味着向引擎“注册”了更新事件。当引擎对所有组件执行更新操作时，也会捎带这个脚本组件。反过来说，如果没有定义Update()方法，那么引擎在更新时，就会跳过这个脚本。

可以把引擎每一帧需要做的事，想象成在标准跑道上跑一圈。在跑一圈的过程中会有很多项常规工作，也有一些突发事件需要处理。引擎允许脚本订阅它所挂载物体的各类事件，当这个事件发生时，引擎就会通知脚本组件，并运行相应的方法。这些事件的种类较多，大体上包含了初始化、物理计算、更新、渲染和析构等方面，因此编者挑选了一些常用的脚本事件，归纳在图2-29中。

为帮助读者更好地理解以上内容，再举一个例子。现在读者应该知道，脚本代码的执行，只是引擎整体运行的一个小环节。由于脚本执行时还占用着计算资源，引擎还等待着脚本执行完毕，因此脚本方法必须尽快执行，尽快返回。如果方法的执行时间超过了数十毫秒，就会引起明显的脚本卡顿，如果脚本出现了死循环等问题，就会导致整个游戏进程卡死。读者可以在Start方法中编写一个死循环做试验。

由于不能妨碍引擎的正常运行，因此当需要延迟或定时执行操作时，不能用死循环或休眠等方式，以免影响代码的执行。2.3.5小节所说的Invoke()方法和之后讲解的协程，都是用来实现延迟或定时操作的方式。

小提示

建议彻底删除不需要的事件方法

默认脚本中已经写好了Start方法和Update方法。如果不需要Update方法，最好将它的定义彻底删除。

经过上面的讲解，读者应该能想到原因：只要Update存在，就算内容是空的，这个空白的方法也会被调用，理论上每秒会带来数十次调用方法的性能开销。虽然这个性能开销很小，但是调用频率较高且毫无必要。

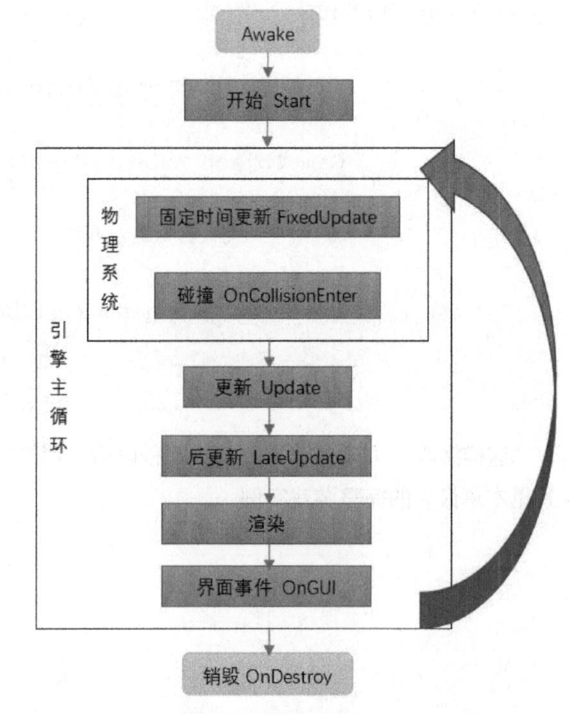

图2-29 常用的脚本事件

小提示

死循环会导致Unity程序卡死

在脚本中出现死循环等情况，会导致Unity主进程卡死。如果彻底卡死无响应，就只能用计算机操作系统的任务管理器强行结束任务。

2.4.2 常见的事件方法

MonoBehaviour的事件非常多，官方文档中共列举了64个。下面将其中较为常见的几十个事件按逻辑分类，并列举出来，如表2-6所示。

表 2-6 常见的事件方法

事件	说明
Awake	脚本被加载后调用，时机早于 Start
Start	脚本可用的第一帧，正好在第一次 Update 之前调用
Update	每帧调用
LateUpdate	每帧调用，保证在所有的 Update 执行过后才执行
FixedUpdate	物理更新，会尽可能确保调用频率
OnCollisionEnter	碰撞开始事件
OnCollisionStay	碰撞持续中
OnCollisionExit	结束碰撞事件，即碰撞体相互离开
OnTriggerEnter	触发器开始事件
OnTriggerStay	触发持续中
OnTriggerExit	触发结束事件
OnCollisionEnter2D	OnCollisionEnter 的 2D 物理版本
OnCollisionStay2D	OnCollisionStay 的 2D 物理版本
OnCollisionExit2D	OnCollisionExit 的 2D 物理版本
OnTriggerEnter2D	OnTriggerEnter 的 2D 物理版本
OnTriggerStay2D	OnTriggerStay 的 2D 物理版本
OnTriggerExit2D	OnTriggerExit 的 2D 物理版本
OnParticleCollision	粒子碰撞事件，Unity 的粒子系统也支持物理特性
OnParticleSystemStopped	粒子系统结束
OnParticleTrigger	粒子触发器事件
OnGUI	渲染与处理 GUI 事件时调用
OnEnable	物体被激活时调用
OnDisable	物体被禁用时调用
OnDestroy	销毁组件时调用
OnPreRender	即将渲染事件，某个摄像机开始渲染前调用
OnRenderObject	渲染事件，某个摄像机渲染场景时调用
OnPostRender	渲染后事件，某个摄像机结束渲染时调用
OnWillRenderObject	每个摄像机渲染非 UI 的可见物体时调用
OnPreCull	摄像机进行可见性裁剪之前调用
OnTransformChildrenChanged	物体的子物体发生变化时调用
OnTransformParentChanged	物体的父物体发生变化时调用

（续表）

事件	说明
OnApplicationFocus	Game 窗口失去焦点或获得焦点时调用
OnApplicationPause	游戏被暂停时调用
OnApplicationQuit	游戏退出时调用
OnBecameVisible	物体变得可见时调用
OnBecameInvisible	物体变得不可见时调用
OnMouseDown	鼠标在 UI 元素或碰撞体上按下时调用
OnMouseDrag	鼠标在 UI 元素或碰撞体上持续按下时调用
OnMouseEnter	鼠标进入 UI 元素或碰撞体范围时调用
OnMouseExit	鼠标离开 UI 元素或碰撞体范围时调用
OnMouseOver	鼠标在 UI 元素或碰撞体范围内时，每帧调用
OnMouseUp	用户放开鼠标按键时调用
OnMouseUpAsButton	用户在同一个 UI 元素或碰撞体上，松开鼠标按键时调用

读者可以浏览各种事件函数，大致了解引擎提供的各种事件，方便未来实践时使用。

2.4.3 实例：跟随主角的摄像机

在第 1 章制作的 3D 滚球跑酷游戏里，已经实现了让摄像机跟随主角小球移动的功能。直接把摄像机作为小球的子物体，虽然是一种较方便的做法，但是也有很大缺陷，如小球旋转时摄像机也会跟着旋转。而让摄像机跟随小球移动最好的方法是让摄像机受脚本控制单独运动，而不是作为子物体直接受其他物体控制。

制作跟随物体平移的摄像机，步骤如下。

01 新建脚本 FollowCam，并将它挂载到 Main Camera（主摄像机）上。

02 编辑脚本代码如下。

```
using UnityEngine;

public class FollowCam : MonoBehaviour
{
    // 追踪的目标，在编辑器里指定
    public Transform followTarget;
    Vector3 offset;
    void Start()
    {
        // 算出从目标到摄像机的向量，作为摄像机的偏移量
        offset = transform.position - followTarget.position;
    }
    void LateUpdate()
    {
```

```
        // 每帧更新摄像机的位置
        transform.position = followTarget.position + offset;
    }
}
```

03 回到 Unity 编辑器，给脚本指定追踪的目标即可，如图 2-30 所示。

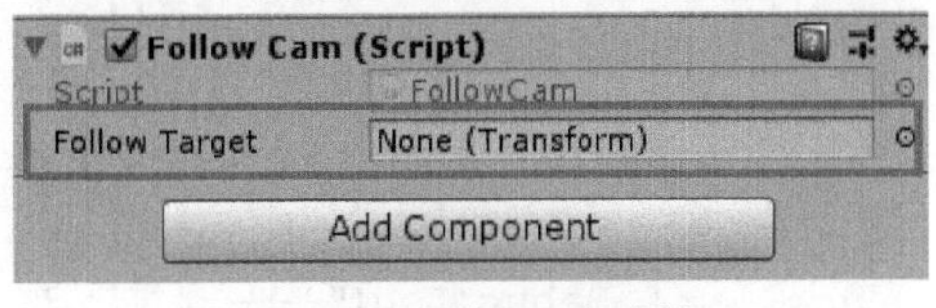

图 2-30 摄像机目标参数

跟随摄像机的脚本有很强的通用性，可以用在任意游戏里。例如，可以把它应用在第 1 章制作的 3D 滚球跑酷游戏里，需要修改的地方只有以下 3 点。

（1）将 FollowCam 脚本挂载到主摄像机上。

（2）拖曳主角小球到脚本组件的 Follow Target 参数上。

（3）拖曳 Hierarchy 窗口里的主摄像机标签，使其不再作为小球的子物体，而是作为独立物体。

再次运行游戏，可以看到效果和以前几乎没有区别。虽然效果相似，但是原理已经大不相同了。最后，注意观察在脚本代码中，特意将摄像机位置的更新写在 LateUpdate() 方法中，而不是 Update() 方法中。这是为了确保在主角移动之后再移动摄像机，避免摄像机在主角之前更新位置，但这样可能会造成画面运动不平滑的效果。

2.4.4 触发器事件

在第 1 章的实例里，笔者在设计游戏时使用了尽可能少的 Unity 功能，但是在制作小游戏时会发现一点——很难避免使用触发器。如果没有触发器，就需要用大量数学运算来检测物体之间的碰撞。本节将专门介绍与触发器有关的 3 个事件：OnTriggerEnter、OnTriggerStay 和 OnTriggerExit。

图 2-31 创建的立方体和球体

演示工程很简单，在默认场景中创建一个立方体和一个球体，如图 2-31 所示。

接下来的操作步骤如下。

01 假设小球是运动的，且已经有了碰撞体组件。给小球添加 Rigidbody 组件，并勾选刚体的 Is Kinematic 选项。

02 假设立方体表示一个静止的范围，勾选立方体的 Box Collider 中的 Is Trigger 选项，将它变成一个触发器。

03 如果需要一个透明但有触发效果的范围，可以禁用立方体的 Mesh Renderer 组件。

小提示

必须给运动的碰撞体加上刚体组件

要让两个物体之间产生触发器事件或者碰撞事件，就要求其中一个物体必须带有刚体组件（可以是动力学刚体）。如果两个物体均不含刚体组件，那么就不会触发物理事件。

那么在两个物体中，应该给哪一个物体挂载刚体组件呢？答案是应当给运动的物体挂载刚体组件（可以是动力学刚体）。这些规定背后的原因，会在第 3 章物理系统中详细讲解。

04 创建脚本 TestTrigger，并将其挂载到立方体上，其内容如下。

```
using UnityEngine;

public class TestTrigger : MonoBehaviour
{

    private void OnTriggerEnter(Collider other)
    {
        Debug.Log("---- 碰撞！ " + other.name);
    }

    private void OnTriggerStay(Collider other)
    {
        Debug.Log("---- 碰撞持续中…… " + Time.time);
    }

    private void OnTriggerExit(Collider other)
    {
        Debug.Log("==== 碰撞结束 " + other.name);
    }

}
```

这样一个简单的测试脚本足可以体现这 3 个触发事件的含义了。为简单起见，运行游戏后，在场景窗口中将球体直接移动到立方体范围内，然后再远离，就会依次触发这 3 个事件。其在 Console 窗口里输出的内容如图 2-32 所示。

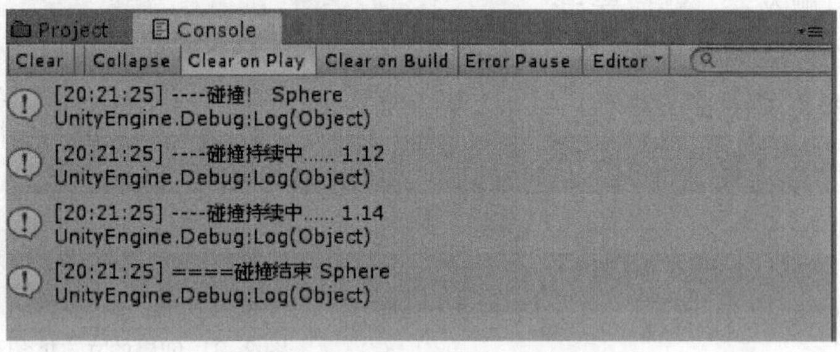

图 2-32 Console 窗口显示的内容

如果仔细观察，会发现输出信息的时间间隔是 0.02 秒，这正是默认的 FixedUpdate 事件的时间间隔。这一时间间隔的含义也会在之后的第 3 章物理系统中详细讲解。

触发器是制作各种游戏时常用的功能，除了在编辑器里设置，编写脚本时也总是会用到与触发器相关的 3 个事件。

2.5 协程入门

之前提到，定时创建或销毁物体，可以使用 Invoke 方法。但是通过第 2.3.5 小节延迟创建多个物体的代码可以看出，大量使用 Invoke() 方法的代码比较难编写，而且难以理解。实际上，Unity 已经提供了“协程”这一概念，专门处理复杂的定时逻辑。

协程的原理有点复杂，本节仅解释它的大致用法，让读者通过简单的例子先将协程技术运用起来，在后文会进一步详细讲解协程的概念。

下面的代码实现了一个简单的计时器，每隔 2 秒就会在 Console 窗口中显示当前游戏经历的时间。

```
using UnityEngine;

public class TestCoroutine : MonoBehaviour
{

    void Start()
    {
        // 开启一个协程，协程函数为 Timer
        StartCoroutine(Timer());
    }

    // 协程函数
    IEnumerator Timer()
    {
        // 不断循环执行，但是并不会导致死循环
        while (true)
        {
            // 打印 4 个汉字
            Debug.Log(" 测试协程 ");
            // 等待 1 秒
            yield return new WaitForSeconds(1);

            // 打印当前游戏经历的时间
            Debug.Log(Time.time);
            // 再等待 1 秒
            yield return new WaitForSeconds(1);
        }

    }

}
```

执行效果如图 2-33 所示。

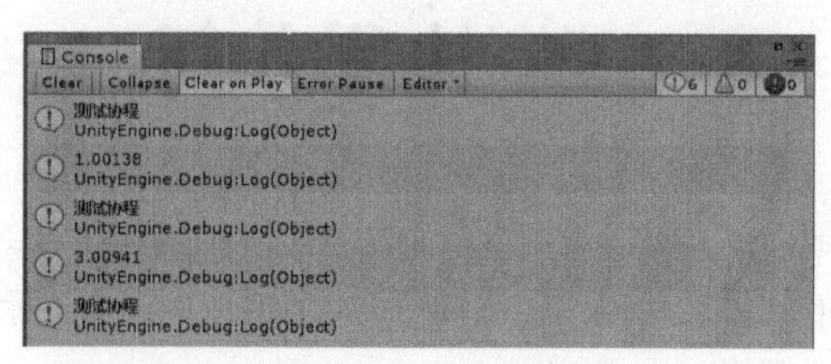

图 2-33 协程测试，可以观察到代码执行的顺序

这里对以上代码做一个简单的解释。StartCoroutine 方法开启了一个新的协程函数 Timer()，这个协程函数返回值必须是 IEnumerator。Timer 函数中由于 while(true) 的存在，会永远运行下去。Timer() 函数每当运行到 yield return 语句，就会暂时休息，而 new WaitForSeconds(1) 会控制休息的时间为 1 秒，1 秒后又接着执行后面的内容。

换个角度看 Timer() 函数，它创造了一个优雅的、可以方便地控制执行时间的程序结构，不再需要使用 Invoke() 那种烦琐的延迟调用方法。任何需要定时执行的逻辑都可以通过在循环体中添加代码，或是再添加一个新的协程函数来实现。不必担心开设过多协程对效率的影响，只要不在协程函数中做很复杂的操作，那么创建协程本身对运行效率的影响非常有限。

有了协程，就可以重写第 2.3.5 小节里面的例子，其代码如下。

```
using UnityEngine;

public class CoroutineCreate : MonoBehaviour
{
    public GameObject prefab;
    void Start()
    {
        StartCoroutine(CreateObject());
    }

    // 协程函数
    IEnumerator CreateObject()
    {
        for (int i=0; i<10; i++)
        {
            Vector3 pos = new Vector3(Mathf.Cos(i * (2 * Mathf.PI) / 10), 0, Mathf.
Sin(i * (2 * Mathf.PI) / 10));
            pos *= 5;         // 圆环半径是 5
            Instantiate(prefab, pos, Quaternion.identity);

            // 等待 0.5 秒
            yield return new WaitForSeconds(0.5f);
            // 0.5 秒之后继续执行
        }
    }
}
```

运行结果与第 2.3.5 小节一致，都是每隔 0.5 秒创建一个物体，物体围成环形，但是此处代码简单许多。

2.6 实例：3D 射击游戏

接下来做一款简易的俯视角度的射击游戏，作为本章的实践项目，如图 2-34 所示。

图 2-34 俯视角度的 3D 射击游戏效果

2.6.1 游戏总体设计

本游戏是一个俯视角度的射击游戏。玩家从侧上方俯视整个场景，主角始终位于屏幕中心位置。其具体玩法描述如下。

（1）完全使用键盘控制，由 W、A、S、D 键控制角色的方向移动，J 键控制射击。（这样做主要是为了简化游戏输入部分的逻辑。）

（2）玩家具有多种武器，如手枪、霰弹枪和自动步枪，每种武器可以按 Q 键切换。

（3）场景上除了玩家角色还有若干敌人。敌人会向玩家方向移动并射击玩家。

（4）玩家角色和敌人都有生命值，中弹后生命值减少，减为零时则死亡。

2.6.2 游戏的实现要点

在游戏实现上，尽可能只使用本章提到过的功能，不使用其他高级功能，这样也能做出具有一定可玩性的游戏。下面将列举一些功能点。

1. 主角脚本

为方便起见，把键盘控制和主角行为编写在同一个 Player 脚本里。主角的移动使用 Input.GetAxis 实现。

2. 跟随式摄像机

为了有更好的灵活性，编写一个 FollowCam 脚本，可以用于跟踪场景中任意物体。

3. 武器系统

多种武器具有不同的射击逻辑，如能否持续发射、连续发射时间间隔、一次发射几颗子弹等均有区别，因此要把武器系统单独编写在一个脚本组件里。

4. 发射子弹

子弹的实现只需要两个步骤，首先由武器创建子弹，其次子弹的飞行逻辑由子弹自身的脚本所控制。

5. 游戏全局管理器——GameMode

某些数据是全游戏唯一的，如玩家杀敌数量。这种数据最好保存在全游戏唯一的对象上。因此要特别创建 GameMode，专门用来保存全局数据。另外它还负责整体游戏的逻辑，如刷新 UI 界面。

6. 敌人移动和射击的实现

敌人的移动看起来和玩家几乎一样，但最重要的区别是，敌人的移动不是由键盘触发的，而是敌人自发地进行移动。因此需要给敌人编写一点简单的“智能”逻辑。

2.6.3 创建主角

先简单搭建场景，再创建主角。

01 创建一个蓝灰色平面作为地板，位置归 0，且放大到 4 倍左右。

02 创建一个 3D 胶囊体（Capsule），命名为 Player，适当调整位置，让它站在地板中间，如图 2-35 所示。

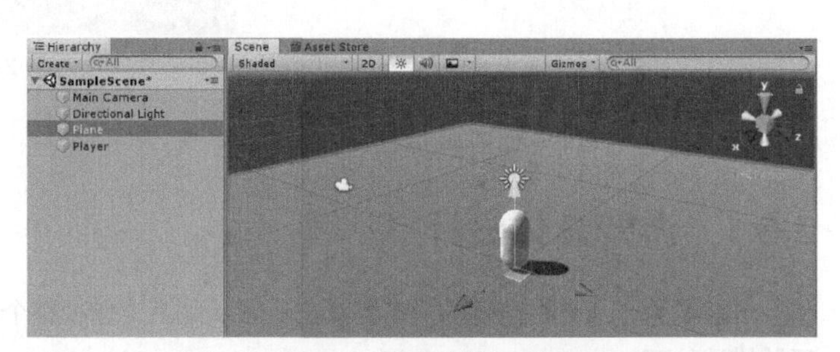

图 2-35 新建地板和主角

03 主角要有一个红色的脸以表示正面。给胶囊体添加一个立方体子物体，大小设置为 0.5 倍，并将立方体改为红色材质，如图 2-36 所示。

04 创建脚本 Player 以控制主角的移动。其脚本内容如下。

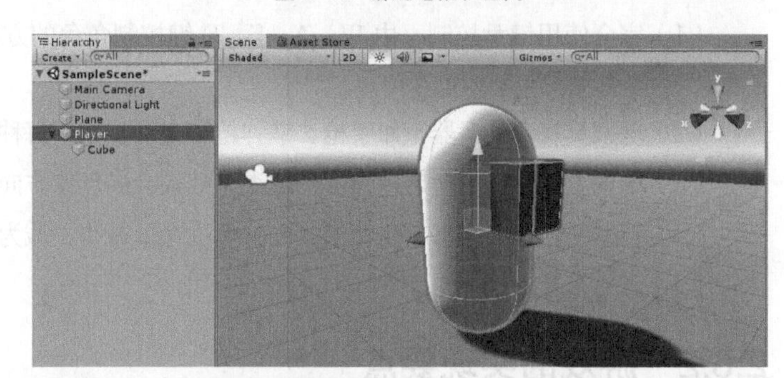

图 2-36 造型抽象的主角，能分清楚前方

```
using UnityEngine;

public class Player : MonoBehaviour
{
    // 移动速度
    public float speed = 3;

    // 最大血量
    public float maxHp = 20;

    // 变量，输入方向用
    Vector3 input;
    // 是否死亡
```

```
    bool dead = false;

    // 当前血量
    float hp;

    void Start()
    {
        // 初始确保满血状态
        hp = maxHp;
    }

    void Update()
    {
        // 将键盘的横向、纵向输入，保存在 input 变量中
        input = new Vector3(Input.GetAxis("Horizontal"), 0, Input.GetAxis("Vertical"));
        // 未死亡则执行移动逻辑
        if (!dead)
        {
            Move();
        }
    }

    void Move()
    {
        // 先归一化输入向量，让输入更直接，同时避免斜向移动时速度超过最大速度
        input = input.normalized;
        transform.position += input * speed * Time.deltaTime;
        // 令角色前方与移动方向一致
        if (input.magnitude > 0.1f)
        {
            transform.forward = input;
        }

        // 以上移动方式没有考虑阻挡，因此使用下面的代码限制移动范围
        Vector3 temp = transform.position;
        const float BORDER = 20;
        if (temp.z > BORDER) { temp.z = BORDER; }
        if (temp.z < -BORDER) { temp.z = -BORDER; }
        if (temp.x > BORDER) { temp.x = BORDER; }
        if (temp.x < -BORDER) { temp.x = -BORDER; }
        transform.position = temp;
    }
}
```

05 运行游戏，简单测试。通过W、A、S、D键或方向键可以控制主角的移动，主角移动时面朝移动方向，且移动到地板边缘时无法继续移动。如果发现地板大小与移动范围不一致，修改脚本中的BORDER参数和地板大小即可。由于3D平面默认为10米宽，因此BORDER参数乘以2再除以10就等于地板的缩放比例。

读者这时可能会发现，人物的移动有一种“延迟感”，当松开按键的时候，人物还会继续行走一小段距离。这是因为 GetAxis() 函数在处理输入时故意设计成模拟手柄摇杆操作导致的。要修正这个问题，可以把 GetAxis() 函数改为 GetButton() 函数，或者通过修改工程设置解决。修改工程设置的方法如下。

01 选择主菜单 Edit→Project Settings，打开 Project Settings 窗口，如图 2-37 所示。

02 在 Project Settings 窗口左侧的纵向列表中选择 Input 选项，展开多层嵌套的小三角形，找到 Horizontal 和 Vertical 两个输入项，它们分别代表横、纵输入轴，其内容是类似的。最后将它们的 Gravity（回中力度）与 Sensitivity（敏感度）的值改为 100，如图 2-38 所示。

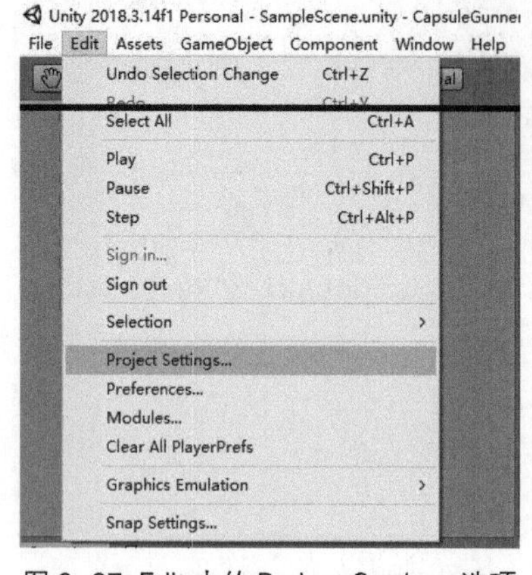

图 2-37 Edit 中的 Project Settings 选项

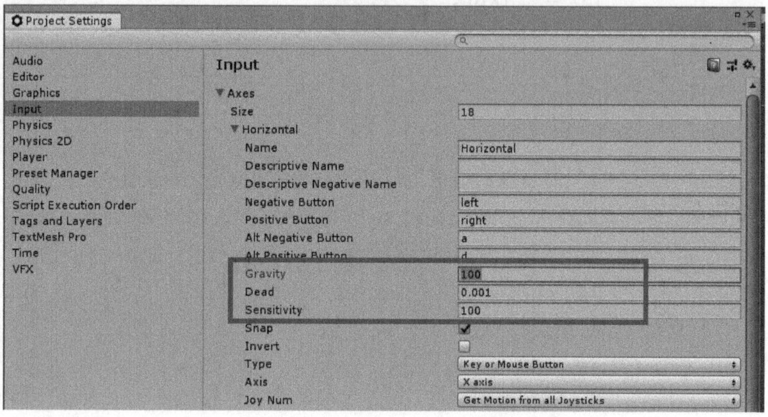

图 2-38 设置输入的回中力度和敏感度

修改完成后，就可以去掉方向键的“延迟感”，横向输入和纵向输入会很快地在 0 与 1 之间切换，而不会有从 0 逐渐增加到 0.5，再增加到 1.0 的过程。

2.6.4 调整摄像机

先将摄像机调整到合适位置。将主角的位置参数中的 X、Z 设置为 0，把摄像机置于主角后上方、斜向下 45° 即可。摄像机位置参数如图 2-39 所示。

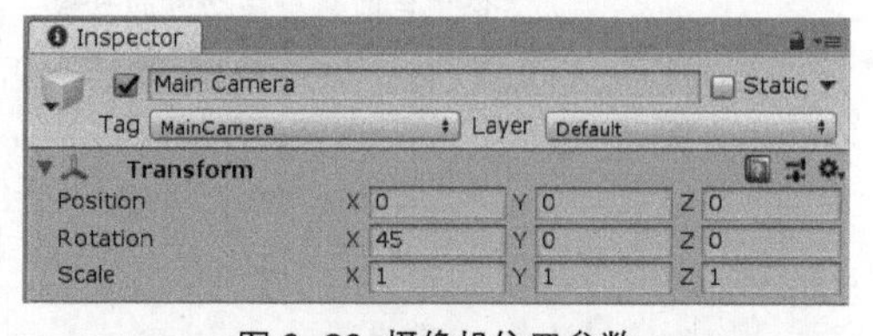

图 2-39 摄像机位置参数

摄像机目前还是在固定位置，应改为随主角移动而平移。将摄像机直接作为主角的子物体也是可行的，但在第 2.4.1 小节已经给出了通用的跟随式摄像机实现方法，因此在这里直接应用即可。

图 2-40 指定 Target 字段的值为 Player 对象

将脚本挂载到主摄像机上以后，要注意在编辑器中指定 Target 对象。指定方法是将 Hierarchy 窗口中的 Player 物体拖曳到脚本组件的 Target 字段上，如图 2-40 所示。

最后测试游戏，会发现摄像机跟随玩家移动。在商业级游戏开发中，会让摄像机的移动更平滑，而这只需要在 FollowCam 脚本中做一些修改即可。

2.6.5 实现武器系统和子弹

实现玩家的移动不算困难，实现武器系统才是本游戏的特色和开发重点。为了充分发挥组件式编程的优点，要把武器系统写成一个独立的组件 Weapon，无论主角还是敌人，都可以调用这个武器组件。这会让逻辑的实现更严谨，同时也具有充分的灵活性。

```
using UnityEngine;

public class Weapon : MonoBehaviour
{
    // 子弹的prefab
    public GameObject prefabBullet;

    // 几种武器的CD时间长度
    public float pistolFireCD = 0.2f;
    public float shotgunFireCD = 0.5f;
    public float rifleCD = 0.1f;

    // 上次开火时间
    float lastFireTime;

    // 当前使用哪种武器
    public int curGun { get; private set; }      // 0 手枪,   1 霰弹枪,    2 自动步枪

    // 开火函数,由角色脚本调用
    // keyDown代表这一帧按下开火键,keyPressed代表开火键正在持续按下
    // 这样区分是为了实现手枪和自动步枪的不同手感
    public void Fire(bool keyDown, bool keyPressed)
    {
        // 根据当前武器,调用对应的开火函数
        switch (curGun)
        {
            case 0:
                if (keyDown)
                {
                    pistolFire();
                }
                break;
            case 1:
                if (keyDown)
                {
                    shotgunFire();
                }
                break;
            case 2:
                if (keyPressed)
                {
                    rifleFire();
                }
```

```
            break;
    }
}

// 更换武器
public int Change()
{
    curGun += 1;
    if (curGun == 3)
    {
        curGun = 0;
    }
    return curGun;
}

// 手枪射击专用函数
public void PistolFire()
{
    if (lastFireTime + pistolFireCD > Time.time)
    {
        return;
    }
    lastFireTime = Time.time;

    GameObject bullet = Instantiate(prefabBullet, null);
    bullet.transform.position = transform.position + transform.forward * 1.0f;
    bullet.transform.forward = transform.forward;
}

// 自动步枪射击专用函数
public void RifleFire()
{
    if (lastFireTime + rifleCD > Time.time)
    {
        return;
    }
    lastFireTime = Time.time;

    GameObject bullet = Instantiate(prefabBullet, null);
    bullet.transform.position = transform.position + transform.forward * 1.0f;
    bullet.transform.forward = transform.forward;
}

// 霰弹枪射击专用函数
public void shotgunFire()
{
```

```
        if (lastFireTime + shotgunFireCD > Time.time)
        {
            return;
        }
        lastFireTime = Time.time;

        // 创建5颗子弹，相互间隔10°，分布于前方扇形区域
        for (int i=-2; i<=2; i++)
        {
            GameObject bullet = Instantiate(prefabBullet, null);
            Vector3 dir = Quaternion.Euler(0, i * 10, 0) * transform.forward;

            bullet.transform.position = transform.position + dir * 1.0f;
            bullet.transform.forward = dir;

            // 霰弹枪的子弹射击距离很短，因此修改子弹的生命周期
            Bullet b = bullet.GetComponent<Bullet>();
            b.lifeTime = 0.3f;
        }
    }
}
```

上面直接给出了完整的 Weapon 代码，其中的霰弹枪射击的代码可能会让初学者很费解，读者可以暂时注释掉 ShotgunFire() 函数的后半部分。

武器实际上是通过不断创建子弹的 prefab 来发射子弹的，因此还需要创建子弹的预制体，如图 2-41 所示，其步骤如下。

01 创建一个球体，大小缩放为0.3倍，并增添金黄色材质。

02 添加 Rigidbody 组件，勾选 Is Kinematic 选项。

03 勾选 Sphere Collider 组件中的 Is Trigger 选项。

04 新建 Bullet 脚本，其内容如下，并将其挂载于子弹上。

05 将子弹拖曳到 Project 窗口中，做成 prefab。

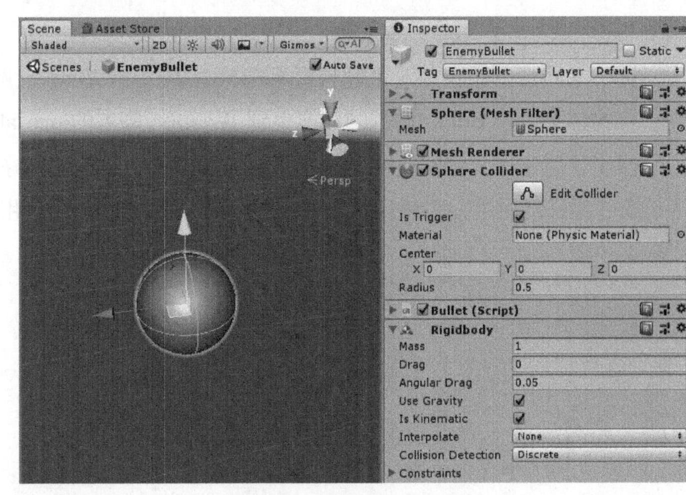

图 2-41 创建子弹的 prefab

```
using UnityEngine;

public class Bullet : MonoBehaviour
{
    // 子弹飞行速度
    public float speed = 10.0f;
```

```
    // 子弹生命期（几秒之后消失）
    public float lifeTime = 2;
    // 子弹“出生”的时间
    float startTime;

    void Start()
    {
        startTime = Time.time;
    }

    void Update()
    {
        // 子弹移动
        transform.position += speed * transform.forward * Time.deltaTime;
        // 超过一定时间销毁自身
        if (startTime + lifeTime < Time.time)
        {
            Destroy(gameObject);
        }
    }

    // 当子弹碰到其他物体时触发
    private void OnTriggerEnter(Collider other)
{
    // 稍后补充碰撞的逻辑
}
```

接下来将武器逻辑与玩家逻辑联系起来，确保将 Weapon 脚本挂载到玩家物体上，将 Bullet 脚本挂载到子弹物体上，将 Bullet 的预制体拖曳到 Weapon 脚本的 prefabBullet 字段上。

如果这时测试，会发现缺少按键开火的逻辑，因此还需要修改 Player 脚本。首先，给 Player 脚本添加 Weapon 组件的引用，并在 Start() 函数中初始化，方便稍后使用武器。

```
  // 以下是代码片段，添加于 Player 脚本中
Weapon weapon;

    void Start()
    {
        hp = maxHp;
        weapon = GetComponent<Weapon>();
    }
```

Update() 函数修改较多，因为要增加按键逻辑。其中 J 键用于开火，Q 键用于切换 3 种武器。修改后的 Update() 函数如下：

```
    void Update()
```

```
    {
        input = new Vector3(Input.GetAxis("Horizontal"), 0, Input.GetAxis("Vertical"));
        Debug.Log(input);

        bool fireKeyDown = Input.GetKeyDown(KeyCode.J);
        bool fireKeyPressed = Input.GetKey(KeyCode.J);
        bool changeWeapon = Input.GetKeyDown(KeyCode.Q);

        if (!dead)
        {
            Move();
            weapon.Fire(fireKeyDown, fireKeyPressed);

            if (changeWeapon)
            {
                ChangeWeapon();
            }
        }
    }
```

新增的更换武器的 ChangeWeapon() 函数内容如下。

```
    private void ChangeWeapon()
    {
        int w = weapon.Change();
    }
```

至此，武器逻辑已经基本完成，可以运行游戏进行测试，重点测试主角的移动、射击等功能，如图 2-42 所示。射击与切换武器的键分别是 J 和 Q。也可以考虑加快主角的移动速度和子弹飞行速度。

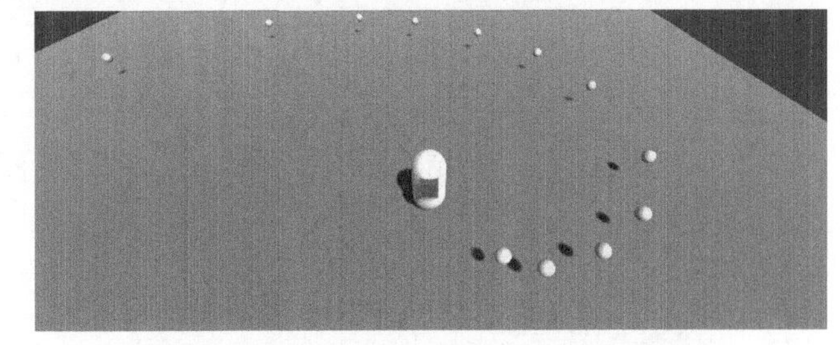

图 2-42 测试主角移动、射击和切换武器的功能

2.6.6 实现敌人角色

由于敌人要随时找到并攻击玩家角色，因此敌人需要玩家角色的引用。先将玩家物体的标签设置为 Player，然后创建敌人角色。

敌人角色与玩家角色造型基本一致，只是将白色换成深蓝色，如图 2-43 所示。当然读者也可以自己发挥，做出更有趣的外形。

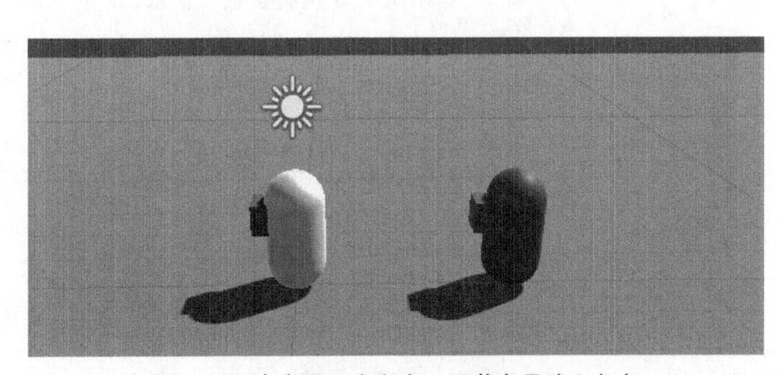

图 2-43 白色是玩家角色，深蓝色是敌人角色

为敌人角色编写脚本 Enemy，其内容如下。

```
using UnityEngine;

public class Enemy : MonoBehaviour
{
    // 用于制作死亡效果的预制体，暂时不用
    public GameObject prefabBoomEffect;

    public float speed = 2;
    public float fireTime = 0.1f;
    public float maxHp = 1;

    Vector3 input;

    Transform player;
    float hp;
    bool dead = false;

    Weapon weapon;

    void Start()
    {
        // 根据 Tag 查找玩家物体
        player = GameObject.FindGameObjectWithTag("Player").transform;
        weapon = GetComponent<Weapon>();
    }

    void Update()
    {
        Move();
        Fire();
    }

    void Move()
    {
        // 玩家的 input 是从键盘输入而来，而敌人的 input 则是始终指向玩家的方向
        input = player.position - transform.position;
        input = input.normalized;

        transform.position += input * speed * Time.deltaTime;
        if (input.magnitude > 0.1f)
        {
            transform.forward = input;
        }
    }
```

```
    void Fire()
    {
        // 一直开枪，开枪的频率可以通过武器启动控制
        weapon.Fire(true, true);
    }

    private void OnTriggerEnter(Collider other)
    {
          // 稍后实现
    }
}
```

可以看出，敌人角色的代码完全可以仿照玩家角色编写，且随着对脚本的逐渐熟悉，某些复杂的功能的代码，如 AI，会显得越来越简单。以上代码还复用了之前写好的 Weapon 组件，可见之前对武器系统的组件化是很有用的。

敌人角色脚本编写完成后，将 Enemy 脚本和 Weapon 脚本都挂载到敌人角色身上，那么敌人角色的实现就完成了。可以将敌人角色制作成预制体，方便之后创建多个敌人以进行测试。

接下来创建一个敌人角色进行测试，会发现敌人角色正在追击主角并不断开火，如图 2-44 所示。

最后，可以在编辑器中调整 Player 脚本组件中的主角移动速度、Weapon 组件中的武器冷却时间，以及 Enemy 脚本组件中的敌人移动速度。由于 Weapon 脚本已经分别挂载到了玩家和敌人身上，因此玩家角色和每个敌人角色的武器发射频率都可以单独调整，互不影响。

图 2-44 敌人正在追击主角

2.6.7 子弹击中的逻辑

碰撞事件是相对的，因此子弹碰撞的逻辑可以写在 Bullet 脚本、Player 脚本或 Enemy 脚本中。在制作时最好单独考虑碰撞问题，然后统一编写。要制作的效果如下。

①玩家角色的子弹击中敌人角色，会让敌人角色掉血。

②敌人角色的子弹击中玩家角色，会让玩家角色掉血。

③玩家角色的子弹不会击中玩家角色，敌人角色的子弹也不会击中敌人角色。

④玩家角色的子弹与敌人角色的子弹可以相互抵消，但是同类子弹不能抵消。这一设计可以根据读者的偏好添加或取消。

从以上分析可以看出，“敌人角色的子弹”与“玩家角色的子弹”是截然不同的，最好用某种机制区分出二者。这里编者采用的方法是把这两种子弹做成两个不同的预制体，一个命名为 PlayerBullet，另一个命名为 EnemyBullet。然后利用标签（Tag）做出区分，前者的 Tag 是 PlayerBullet，后者的 Tag 是 EnemyBullet。

具体操作是，首先复制之前做好的子弹的预制体，然后分别命名为 PlayerBullet 和 EnemyBullet，最

后双击 PlayerBullet，将其 Tag 设为 PlayerBullet，并为 prefab 选中标签，如图 2-45 所示。同理给 EnemyBullet 设置 Tag 为 EnemyBullet。

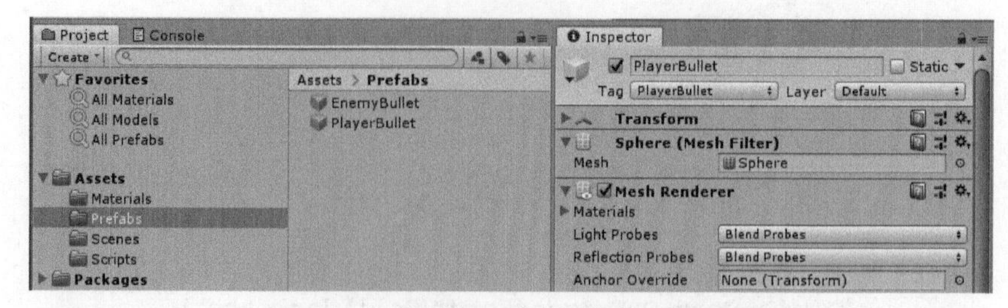

图 2-45 复制子弹预制体，并修改名称和标签

做好两种子弹以后，注意要给玩家角色身上的 Weapon 组件和敌人角色身上的 Weapon 组件分别设置新的子弹预制体，这样就可以让两种子弹既使用同样的脚本，又有了明确区分。接着添加脚本碰撞逻辑，修改 Bullet 脚本，添加如下触发逻辑。

```
// 当子弹碰到其他物体时触发
private void OnTriggerEnter(Collider other)
{
    // 如果子弹的 Tag 与被碰撞的物体的 Tag 相同，则不算打中
    // 这是为了防止同类子弹互相碰撞抵消
    if (CompareTag(other.tag))
    {
        return;
    }
    Destroy(gameObject);
}
```

以上代码的作用是让子弹碰到任何其他物体后消失，包括碰到对方子弹也会消失。

接下来添加玩家被子弹击中的逻辑，修改 Player 脚本的 OnTriggerEnter 函数如下。

```
private void OnTriggerEnter(Collider other)
{
    if (other.CompareTag("EnemyBullet"))
    {
        if (hp <= 0)  {  return;  }
        hp--;
        if (hp <= 0)  {  dead = true;  }
    }
}
```

最后是敌人被击中的逻辑，修改 Enemy 脚本的 OnTriggerEnter 函数如下。

```
private void OnTriggerEnter(Collider other)
{
    if (other.CompareTag("PlayerBullet"))
    {
        Destroy(other.gameObject);
        hp--;
        if (hp <= 0)
        {
            dead = true;
```

```
                // 这里可以添加死亡特效
                //Instantiate(prefabBoomEffect, transform.position, transform.rotation);
                Destroy(gameObject);
            }
        }
    }
```

通过以上修改，可以发现敌人的子弹已经能够击中玩家，且击中10次以后玩家会死亡，死亡的表现是不能再移动或射击了。

如果有子弹无法碰撞的问题，则需要检查和确认。

01 敌人和玩家的子弹都必须有碰撞体和刚体，在Rigidbody组件中已经勾选了Is Kinematic选项，且碰撞体组件中已经勾选了Is Trigger选项。

02 与触发相关的函数已正确编写，子弹Tag已经正确设置。

03 如果读者设置的子弹速度很快，建议将子弹Rigidbody组件的Collision Detection选项设置为Continuous Dynamic（连续动态检测），如图2-46所示。这个选项可以确保高速飞行的物体不会错过碰撞事件。

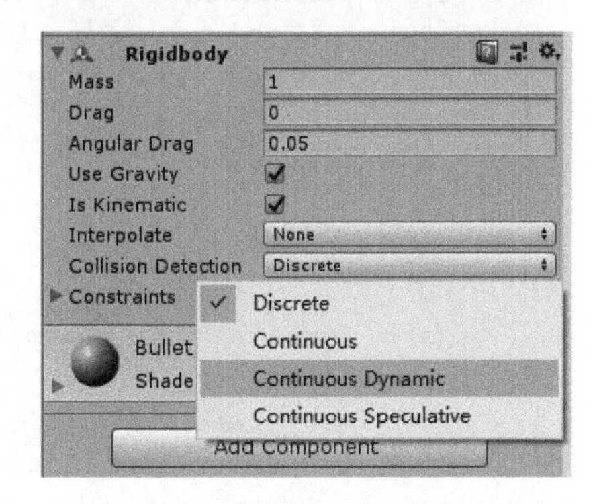

图2-46 打开刚体的连续动态检测功能

2.6.8 完善游戏

通过不懈的努力，这个游戏已经初具雏形了。难得的是这个游戏仅仅用到了本章介绍的基础知识，不包含Unity其他的功能特性，对学习脚本编程来说是一个很好的练习。接下来为了让这个游戏更具可玩性，可以做如下修改。

01 修改玩家和敌人的移动速度，加快游戏节奏。同时让玩家行动灵活，子弹射击速度更快，使得玩家可以同时面对更多敌人。

02 将敌人做成预制体后，摆放多个敌人到场景上，给玩家制造压力。这样近战威力强大的霰弹枪也能派上用场。

03 制作一个创建敌人的辅助物体，并为其编写一个简单脚本，功能为隔一段时间就刷出新的敌人，从而让游戏一直进行下去。

04 编写一个计数器，让玩家在死亡前争取打败更多的敌人。

05 与刷新敌人的逻辑类似，可以定时刷新医疗包，让玩家恢复体力。

最后，由于游戏画面表现得过于朴素，可以用脚本编写一些特效，如敌人死亡时有爆炸消失的效果。在这里不使用Unity粒子系统，而是用脚本编写一个简单的动画效果。创建一个空物体并做成prefab，命名为BoomEffect，挂载BoomEffect脚本，脚本内容如下。

```
using System.Collections.Generic;
using UnityEngine;

public class BoomEffect : MonoBehaviour
{
    List<Transform> objs = new List<Transform>();

    const int N = 15;

    void Start()
```

```
    {
        for (int i=0; i<N; i++)
        {
            GameObject obj = GameObject.CreatePrimitive(PrimitiveType.Cube);
            obj.transform.parent = transform;
            obj.transform.localPosition = new Vector3(Mathf.Cos(i * 2 * Mathf.PI
/ N), 0, Mathf.Sin(i * 2 * Mathf.PI / N));
            obj.transform.forward = obj.transform.position - transform.position;
            objs.Add(obj.transform);
        }
    }

    void Update()
    {
        foreach (Transform trans in objs)
        {
            trans.Translate(0, 0, 10 * Time.deltaTime);
            trans.localScale *= 0.9f;

            if (trans.localScale.x <= 0.05f)
            {
                Destroy(gameObject);
            }
        }
    }
}
```

以上脚本创建了 15 个小方块，并让小方块朝向不同的角度。然后每一帧每个小方块都向前移动，做出以环形扩散的效果，同时方块不断缩小，且缩小到一定程度后销毁整个物体。关键是，由于这些小方块都是特效的子物体，因此当整个特效物体销毁时，15 个小方块也会销毁。

制作好这个动画后，可以放在场景中，播放游戏进行测试。如果测试通过，则将此预制体拖曳到敌人脚本的 Prefab Boom Effect 字段上，并在敌人死亡时创建此特效，这就做出了敌人死亡时爆炸消失的效果。

2.6.9 测试和改进

近一两年，俯视角度的射击游戏非常流行，著名的手机游戏《元气骑士》就是其中的代表。俯视角度的游戏的制作容易理解、门槛低，而且很容易将战斗、武器、解谜与冒险元素加入其中。虽然本章的最后只是实现了一个射击游戏的雏形，但是通过调整参数，加入一些游戏玩法和机制，就能做出一款可玩性很高的俯视角度的射击游戏。

美中不足的是，使用本章的角色移动方法，墙体将无法阻挡玩家的移动，玩家会穿墙而过。这一问题有多种解决方法，列举如下。

一是使用 Unity 提供的内置组件——角色控制器（Character Controller）解决。

二是使用刚体移动代替直接修改位置的移动方式。在第 3 章物理系统中会详细讲解。

三是利用射线检测等功能，自己动手实现一个更完善的角色控制器。这一方案做出的控制器可以实现比 Unity 提供的控制器更合适的移动效果。

总之，希望通过这个完整的案例，能让读者深入理解本章所讲解的全部基础内容。

第3章 物理系统

早期的电子游戏使用简单的数学运算，实现碰撞检测、模拟飞船加速或导弹飞行等效果，人们根据游戏类型的不同，巧妙地采用多种方法模拟物体的运动。随着游戏开发技术的进步，除了让游戏的画面质量不断提升外，人们也没有忘记构建一套完整的物理系统用于创作各种类型的游戏。逼真的物理系统虽然不能像精美的画面那样给人以直接的视觉体验，但在增强游戏的真实感、沉浸感方面起到了重要作用。真实的物理表现从另一个角度增强了游戏的表现力。

作为一款成熟的游戏引擎，Unity 内置了一套完整易用的物理系统，而且这套物理系统的底层基于先进的 PhysX 物理引擎，这为物理计算的性能和准确度提供了保障。

3.1 物理系统基本概念

物理引擎是一套基于牛顿力学的模拟计算系统，它仅仅是对现实物理的一种近似模拟。怎么理解这种“近似”呢？可以从运算精度和时间连续性两个方面理解。

从运算精度上看，物理运动的计算不能无限精确下去，每一次计算都可能隐含着精度的损失，而且这种精度损失可能随着计算的迭代而逐步增大；从时间连续性上看，物理引擎的计算是离散化进行的，每两次计算间隔十几至几十毫秒之久，并不能像真实世界那样保持连续性，这也会导致计算准确性显著下降。

但毕竟，开发游戏用的物理系统的初衷并不是为了进行科学实验和还原现实世界的物理过程，而是为了让游戏能够具备令人信服的物理表现，增强游戏的表现力和用户的沉浸感。只要游戏用户能够感受到游戏世界的重力，例如看到弹跳的篮球并投出完美的三分球，就已经达到目的了。

虽然从科学计算的水平来看物理引擎的精度并不高，但是物理引擎能够确保实时计算能力，能提供足够好的游戏体验，同时也为开发带来了很多便利。例如在第 2 章用到的碰撞事件、触发器事件都是借用了物理引擎的功能，接下来会更深入地讲解物理引擎。

3.1.1 刚体

Rigidbody 组件和 Rigidbody2D 组件是物理系统的重点。

刚体是让物体产生物理行为的主要组件。一旦物体挂载了 Rigidbody 组件，它就被纳入了物理引擎的控制之中，可以受到力的影响并作出反应。

已经被挂载刚体组件的物体，不建议再用脚本直接修改该物体的位置或者直接改变物体的朝向。如果要让物体运动，可以考虑通过对刚体施加作用力来推动物体，然后让物理引擎运算并产生想要的结果；或者直接修改物体的速度（velocity）和角速度（angular velocity），这样比施加作用力更直接。

一些情况下，只需要物体具有 Rigidbody 组件，但又不能让它的运动受到物理引擎的控制。例如，让角色完全受脚本直接控制，但同时又不让角色被触发器检测到，这种不直接受物理控制的、但用其他方式进行的刚体运动称为运动学（Kinematic）。这种刚体的运动方式虽然部分脱离了物理系统控制而不再受到力的影响，但在需要碰撞检测等情境下依然会被物理系统处理。

可以在脚本中随时开启或关闭物体的 Is Kinematic 选项，但是这样操作会带来一些性能开销，不应频繁使用。

3.1.2 休眠

当一个刚体的移动速度和旋转速度已经慢于某个事先定义的阈值，并保持一定时间，那么物理引擎就可以假定它暂时稳定了。在这种情况下，直到它再次受到力的影响之前，物理引擎都不再需要反复计算该物体的运动，这时就可以说该物体进入了“休眠（Sleeping）”状态。这是一种优化性能的方案，“休眠”的物体不会被物理引擎持续更新，从而节约了运算资源，直到它重新被“唤醒”为止。

大多数情况下，刚体的休眠和唤醒都是自动进行的，也就是说开发者不用关心这个细节。但是，总有一些情况物体无法被自动唤醒，这种情况下可能会得到一些奇怪的结果。例如，一个稳定放在地面上且带有 Rigidbody 组件的物体，在地面被移除后它依然悬挂在空中。如果遇到类似的情况，可以在脚本中主动调用 WakeUp 方法。

3.1.3 碰撞体

碰撞体组件定义了物体的物理形状。碰撞体本身是隐形的，不一定要和物体的外形完全一致。而且实际上，在游戏制作时会更多使用物体的近似物理形状而不是精确外形，这样可以提升游戏运行效率。

最简单且最节省计算资源的碰撞体，是一系列基本碰撞体。它们包括盒子碰撞体（Box Collider）、球体碰撞体（Sphere Collider）和胶囊碰撞体（Capsule Collider）。在 2D 物理系统中有类似的 2D 盒子碰撞体（Box Collider 2D）和 2D 圆形碰撞体（Circle Collider 2D）。

一个物体上可以同时挂载多个碰撞体组件，这就形成了组合碰撞体（Compound Colliders）。

组合碰撞体是一个 Unity 术语，它不是一个组件，而是一个概念，指的是一个物体挂载了多个碰撞体组件或该物体具有多个碰撞体的子物体。子物体所挂载的碰撞体组件，也会成为父物体物理外形的一部分。

也就是说，既可以给一个物体添加多个基本碰撞体组件，也可以通过把碰撞体组件挂载到子物体上来添加，这样都能构造出组合碰撞体，如图 3-1 和图 3-2 所示。

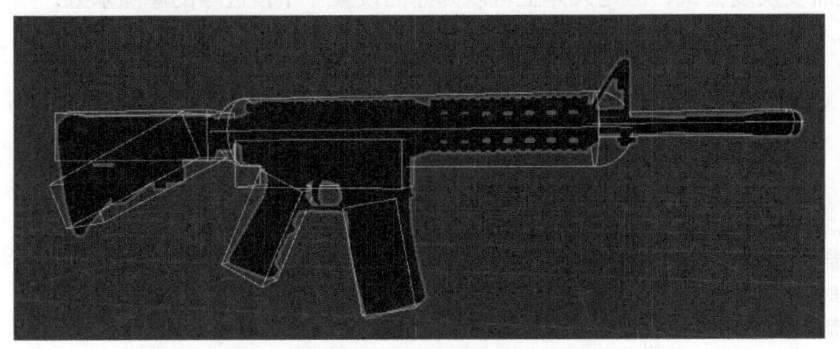

图 3-1 用组合碰撞体实现的枪械外形

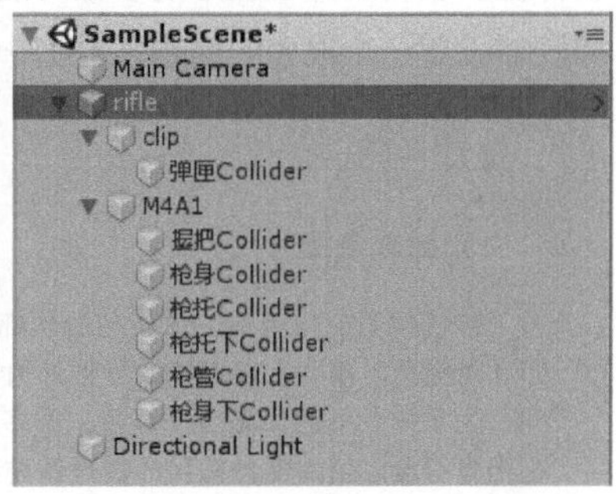

图 3-2 用多个子物体构造组合碰撞体，方便调节物理外形

通过仔细调节碰撞体的位置和大小，组合碰撞体的形状可以精确地接近物体的实际形状，同时依然保证了较小的计算资源开销，如可以用旋转到特定角度的盒子碰撞体拟合物体的形状。在模拟外形复杂的物体时，建议多添加几个子物体来表示物理外形，因为用子物体方便单独控制偏移和旋转。这么做的时候，要注意只在父物体上挂载一个刚体组件，子物体上不要挂载刚体组件。

小知识

基本碰撞体不支持非等比缩放

注意，当对物体进行了非等比缩放时，基本碰撞体的范围可能和需要的不一样。这意味着要么可能发生计算错误，要么物体的物理外形和设想的不一致。无论哪种情况都不是好的结果，因此应当避免在非等比缩放的物体上挂载碰撞体组件。

从原理上讲，球体、胶囊等基本碰撞体都是特殊优化过的碰撞体，它们的碰撞检测计算资源消耗较小，而球体碰撞体并不会因物体伸缩而变成椭球体，如图 3-3 所示。

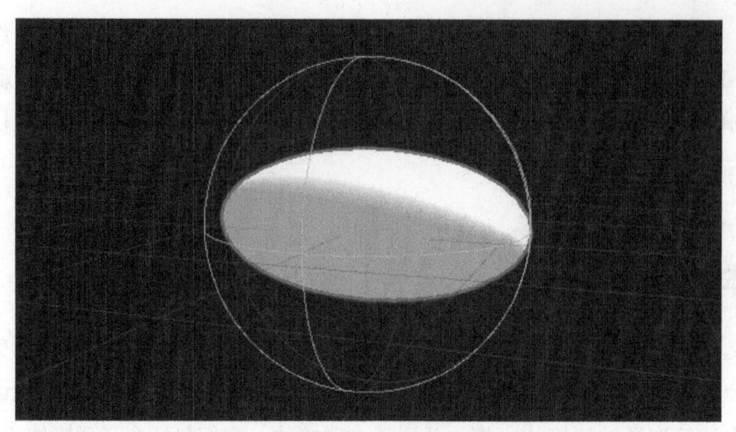

图 3-3　球体拉伸后，碰撞体依然是球体

3.1.4　物理材质

必须模拟碰撞体表面材料的特性，这样碰撞体之间发生交互时才能正确模拟实际的物理效果。例如，冰面上会非常滑，木板在冰面上能够滑很远的距离；而橡胶球表面的摩擦力很大，且具有明显的弹性。尽管在碰撞发生时碰撞体的外形不会变化，但是可以通过物理材质（Physics Materials）设置物体表面的摩擦系数和弹性。要得到完全理想的参数可能需要反复尝试，但是大体上可以为冰面设置一个接近零的摩擦系数，给橡胶球设置一个很大的摩擦系数和一个接近 1 的弹性系数。

小知识

刚体和柔体

在任何力的作用下，体积和形状都不发生改变的物体叫作“刚体（Rigid Body）”。它是力学中的一个抽象概念，即理想模型。事实上任何物体受到外力都不可能不改变形状，现实中的物体都不是真正的刚体。

为了简化问题、减少计算量，很多时候可将物体当作刚体来处理而忽略物体的形状变化，这样所得结果仍与实际情况相当符合。绝大部分常用的物理系统都是基于刚体的，这样可以在表现效果和运算资源开销上取得良好的平衡。

如今有一些物理系统支持“柔体（Soft Body）”。被定义为柔体的物体，其外形会随着力和加速度的变化而变化，能够逼真还原碰撞发生的具体过程。例如模拟皮球反弹的过程，就可以对皮球受到挤压、产生形变、产生弹力、反弹后形状进一步变化的整个过程进行模拟。这种物理系统目前还没有被广泛地使用，它在表现真实的车辆碰撞损坏、模拟水体或柔软物体方面有着很大的潜力。

3.1.5　触发器

碰撞体会默认阻挡刚体的运动，如地板会阻挡小球的下坠。但有时候，需要让物理系统检测两个物体发生重叠，但又不引起物理上的实际碰撞，这时就需要勾选碰撞体组件的Is Trigger属性，将它变成一个触发器。

作为触发器的物体不再是物理上的固体，反而允许其他物体随意从中穿过。当另一个碰撞体进入了触发器的范围，就会调用脚本的OnTriggerEnter()方法。但要特别注意两个物体必须至少有一个带有刚体组件（可以是动力学刚体），否则无法触发脚本。

当两个物体发生接触时，因物体的具体设置不同，某些情况下会产生碰撞或触发事件，而另一些情况下不会产生碰撞或触发事件。在介绍完碰撞体的分类之后，第 3.1.7 小节会展示详细的碰撞事件说明表。

3.1.6 碰撞体的分类

对包含了碰撞体组件的物体来说，物体上是否具有刚体组件，以及刚体组件上动力学设置的不同，都会使物体的物理碰撞特性产生变化。可以将所有的碰撞体分为静态碰撞体、刚体碰撞体和动力学刚体碰撞体 3 类。

小提示

触发器的分类与碰撞体类似

触发器同样也包含静态触发器、刚体触发器和动力学刚体触发器。它们的概念与碰撞体类似，此处不再展开说明。

1. 静态碰撞体（Static Collider）

没有挂载刚体组件的碰撞体，称为静态碰撞体。静态碰撞体通常用于制作关卡中固定的部分，例如地形和障碍物一般不会移动位置，在刚体碰撞到它们的时候，它们的位置也不会变化。

物理系统会假定静态碰撞体不会移动和改变位置，以这个假定为前提，系统做了很多性能优化。同时，在游戏运行时，不应当改变静态碰撞体的开启或关闭的状态，也不应当移动或缩放碰撞体。如果这么做，物理系统会重新计算，带来额外的计算量，进而导致运行效率显著下降。更为严重的是，重新计算可能会进入一些未定义的状态，导致不正确的结果。例如，休眠的刚体在被一个静态碰撞体碰撞到时，很可能不会被立即唤醒，且无法计算正确的反作用力。

因此，应当仅修改非静态碰撞体的运动状态，而不要修改静态碰撞体的运动状态。如果需要碰撞体不被碰撞所影响，但又需要在脚本中让它运动，那么可以将刚体组件设置为动力学刚体。总之，对于会移动的碰撞体，务必要挂载刚体组件，并根据需要勾选 Is Kinematic 选项。

2. 刚体碰撞体（Rigidbody Collider）

挂载了普通刚体组件的碰撞体，称为刚体碰撞体。物理引擎会一直模拟计算刚体碰撞体的物理状态，因此刚体碰撞体会对碰撞以及脚本施加的力做出反应。

3. 动力学刚体碰撞体（Kinematic Rigidbody Collider）

挂载了刚体组件且刚体组件设置为动力学刚体的碰撞体，称为动力学刚体碰撞体。可以在脚本中直接修改动力学刚体碰撞体的位置来移动它，但它并不会对碰撞、力和速度的变化做出反应。动力学刚体碰撞体通常用在需要改变位置或状态的碰撞体上，如一个可以滑动的门，大部分时间门就与静止的障碍物一样，但是在必要的时候可以打开。

正确地使用动力学刚体碰撞体，可以让物理引擎妥善处理各种细节问题，同时不会带来性能问题。例如动力学刚体碰撞体可以对其他物体产生适当的摩擦力，也可以在发生碰撞时正确唤醒其他刚体。

就算是在没有发生移动的情况下，动力学刚体碰撞体与静态碰撞体也有微妙的区别。例如，一个刚体碰撞体可以随时开启或关闭 Is Kinematic 选项，而对静态碰撞体来说，直接开启或关闭碰撞体组件会导致重新计算，带来性能问题。

再如，一个角色在正常情况下受动画系统的控制，但它在被爆炸冲击力波及或被严重撞击的时候，就会受物理影响而被击飞。这是由于该角色默认是一个动力学刚体碰撞体，它的肢体受动画系统的控制，但是在必要的时候，会取消勾选 Is Kinematic 选项，从而让它变成一个受物理影响的刚体。

小知识

布偶（Ragdoll）

在现代游戏中，人形角色在死亡或失去控制后，会保持人形骨骼关节的物理运动方式，并被物理系统完全接管，这种受物理控制的人形角色称为“布偶（Ragdoll）”。

Unity 也支持布偶，在场景中创建物体，选择“Create → 3D → Ragdoll…”就会打开一个布偶关节编辑框，用于将人形角色对应为布偶。

3.1.7 碰撞事件表

前文提到，根据发生接触的两个物体是否为触发器、是否为刚体、是否选择动力学选项，会有多种排列组合的情况，并且根据碰撞体参数设置的不同，被调用的脚本方法也不同。两个不同参数设置的物体与是否调用脚本方法的关系见表 3-1 和表 3-2。

表 3-1 碰撞事件表

	静态碰撞体	刚体碰撞体	动力学刚体碰撞体	静态触发器	刚体触发器	动力学刚体触发器
静态碰撞体		√				
刚体碰撞体	√	√	√			
动力学刚体碰撞体		√				
静态触发器						
刚体触发器						
动力学刚体触发器						

表 3-2 触发事件表

	静态碰撞体	刚体碰撞体	动力学刚体碰撞体	静态触发器	刚体触发器	动力学刚体触发器
静态碰撞体					√	√
刚体碰撞体				√	√	√
动力学刚体碰撞体				√	√	√
静态触发器		√	√		√	√
刚体触发器	√	√	√	√	√	√
动力学刚体触发器	√	√	√	√	√	√

为梳理思路，以下对表 3-1 和表 3-2 做一些简单的总结。

①只有碰撞体之间会产生碰撞事件。产生接触的两个物体，只要有一个是触发器，则不会产生碰撞事件。

②两个物体发生碰撞，不仅要两者都是碰撞体，而且需要至少有一个物体是刚体，且不能是动力学刚体。

③产生触发事件没有太多要求，仅在静态触发器之间、静态触发器和静态碰撞体之间不会产生触发事件。大体上只要有刚体和触发器，就会产生触发器事件。

根据以上总结，下面举几个具体的例子。

（1）如果要做一个物理游戏，主要角色利用物理系统的力、速度来控制，那么角色本身应当是刚体碰撞体，游戏中的障碍物和平台也都应是碰撞体。

（2）对于不会移动的障碍物和平台，做成静态碰撞体即可。对于会移动或旋转的障碍物，可以做成动力学刚体碰撞体。由于角色是刚体，因此不影响两者之间的碰撞。

（3）如果两个障碍物之间需要碰撞，如两个可以互相影响的齿轮。这时候应该将其中不受作用力影响的齿轮设置为动力学刚体，会受外力影响的齿轮设置为普通刚体。当然根据具体需求，两者都设置为刚体也是可以的。

（4）如果只需要碰撞检测的功能，而不需要力的作用，那么仅使用动力学刚体碰撞体和触发器就可以了。触发器使用比较方便，因为产生触发事件的情况比较多。

对于很多游戏来说，仅仅使用碰撞体和触发器还不够，还需要在脚本中使用射线检测。例如，判断角色是否落地、子弹是否击中都会用到射线检测机制。射线检测的知识也会在本章讲解。

3.1.8 层

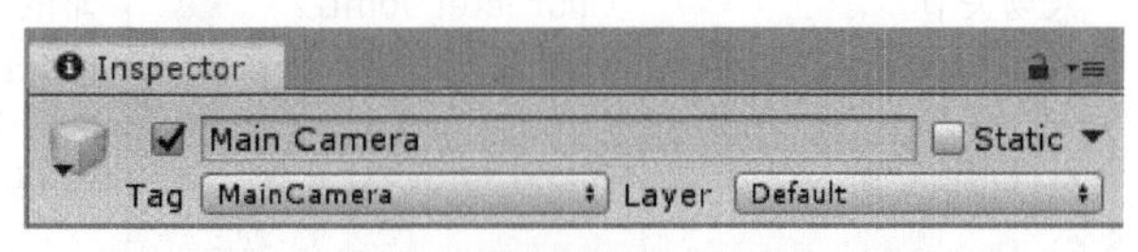

图 3-4 物体的 Tag 和 Tag

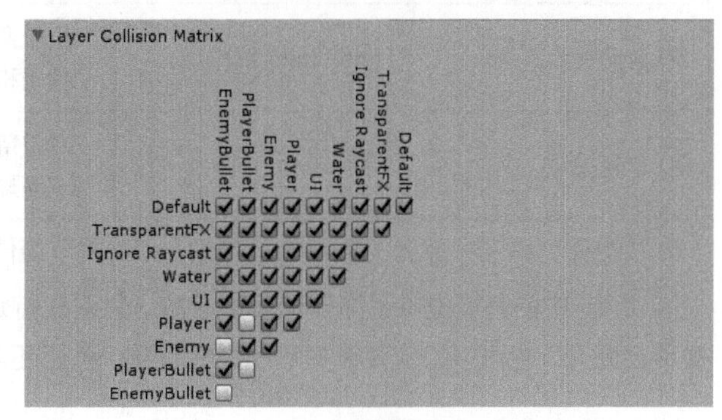

图 3-5 层碰撞矩阵

与物体的标签（Tag）类似，每个物体也可以属于一个“层”（Layer）。层和标签都是游戏物体的基本属性，在 Inspector 窗口中可以查看和修改，如图 3-4 所示。

层的概念对于物理系统来说有着很多意义。将物体巧妙地安排在不同的层上，可以达到特定目的。例如玩家在单击游戏画面时，只能选中某几层的物体，而其他层的物体被阻挡，这样可以让玩家的操作不会被无关物体干扰。

甚至可以有更复杂的设定，例如玩家发射的多颗子弹不会互相碰撞，玩家的子弹只会碰撞敌人而不会碰撞自己，敌人的子弹也是如此。列出所有的层，并指定每两层之间是否发生碰撞，就形成了一个 Layer Collision Matrix（层碰撞矩阵），如图 3-5 所示。

可以在 Unity 主菜单的 Edit → Project Settings → Physics 中找到层碰撞矩阵。层碰撞矩阵左边和上边都是所有层的名称，勾选表示对应的两层会发生碰撞，不勾选则对应的两层不会发生碰撞。

3.1.9 物理关节

关节（Joints）特指一种物理上的连接关系，如门的合页、滑动门的滑轨、笔记本计算机屏幕与键盘之间的铰链都属于关节，甚至绳子也可以用许多关节来模拟。关节总是限制一类运动的自由度，允许另外一类运动的自由度。例如，普通的房门就允许大幅度旋转，但不允许平移。

Unity 提供了很多不同类型的关节，可用于不同的情景。例如，铰链关节（Hinge Joint）就适用于普通的房门，准确地说它限制物体只能绕一个点旋转。而弹簧关节（Spring Joint）则可以让两个物体之间始终保持适当的距离，不会过远或过近。

除了 3D 关节，也有相对应的 2D 关节，如 2D 铰链关节（Hinge Joint 2D）。

常用的物理关节组件如表 3-3 所示。

表 3-3 常用物理关节组件表

物理关节	组件	简介
固定关节	Fixed Joint	用于固定连接两个物体，不可滑动或旋转。例如可以表现黏住、抓住物体

（续表）

物理关节	组件	简介
铰链关节	Hinge Joint	连接的两个物体可以以关节点为中心旋转。例如屋门
弹簧关节	Spring Joint	用弹簧连接两个物体，两者太近或太远都会受到弹簧的回复力。可以用弹性（Spring）和阻尼（Damper）调节弹簧的弹性
人物关节	Character Joint	专门用来制作人形角色的关节连接。一般用于表现游戏中无生命的人形角色随外力运动的效果。由于配置复杂，需要使用 Ragdoll 工具辅助制作
2D 固定关节	Fixed Joint 2D	与 3D 固定关节类似
2D 铰链关节	Hinge Joint 2D	与 3D 铰链关节类似
2D 滑动关节	Slider Joint 2D	用于两个能够沿一个方向互相滑动，但不可分开的物体。例如抽屉和桌子的连接即为滑动关节
2D 车轮关节	Wheel Joint 2D	专门用来制作 2D 游戏中的车辆（侧视角）。由于提供了马达、车辆悬挂，很容易做出 2D 游戏中的简易小车

以上仅列举了一部分关节组件，特别是 2D 关节组件种类较多，可根据需要查阅相关资料。

Unity 中的关节提供了许多选项和参数，以对应特定的功能。例如，可以设定当拉力大于特定的阈值时关节会断开，也可以设定弹簧关节的弹性系数，甚至还可以把铰链关节变成一个不断旋转的马达（Motor）。

3.1.10 射线检测

“射线检测”是在游戏开发实践中不可或缺的一项技术，但在 Unity 官方文档中对它的介绍较少，且被归纳在事件系统（EventSystem）中。本小节尽可能地对“射线检测”做详尽介绍，并且在后文的实例中也会用到它。

简单来说，射线检测就是在游戏世界中发射一条虚拟的“射线”，并观察该射线是否击中了某个物体，以及具体击中了该物体的哪个位置。虽然名字叫作“射线”（Ray），但实际发射的位置、方向和长度均可以根据实际需求来设置。不仅有直线状的射线，还有球形射线、盒子射线等，所以射线检测中的“射线”可以看作有一定范围和粗细的广义“射线”。

3.1.11 角色控制器与物理系统

前面已经有了多次用脚本控制角色的实践，再经过本章的介绍，可以发现控制角色大体上有两种方法。一是直接用脚本改变物体的位置和朝向，二是通过刚体施加力和改变速度来控制角色的行为。

总的来说，用刚体控制角色是一种简单易行的方法，包括重力、阻挡、被外力影响都可以让物理系统帮忙处理，用极少的代码就能做出一个操作手感很好的角色。但物理控制方法也有一些弊端，如角色可能被墙角卡住、可能因障碍物挤压而被弹飞，或是因摩擦力过大而运动受阻等。这些情况大部分都是因为现实的物理环境复杂，多种力作用的结果不易考虑周全，所以产生各种 bug 难以避免。

如果不使用刚体，主要用脚本控制角色的所有行为，那么重力、阻挡、跳跃等多种基础功能都需要编写代码来实现。这种方式灵活性和可控性非常高，如角色能爬上多大角度的坡、能上多高的台阶都能详细指定，但是编写代码的难度较高，工作量也较大。

传统的动作游戏均采用编写专用角色控制器（非刚体）的方式实现，但现在也有越来越多的游戏部分借助刚体来实现逼真的运动效果。

笔者建议在学习阶段，大部分实践项目使用刚体实现，因为这样可以用很少的代码实现丰富的功能，同时还能保持良好的操作手感。

由于设计要求，如果需要进行精确的角色控制，那么借用 Unity 提供的角色控制器（Character Controller）或者在资源商店购买成熟的角色控制器模版，在使用中借鉴和修改，也是值得推荐的方法。

3.1.12 3D 物理系统与 2D 物理系统

Unity 具有两套完全独立的物理系统，分别是 3D 物理系统和 2D 物理系统。实际上，这两者是两套截然不同的系统，虽然它们的名字很像、使用方法也很像，但从根源上看，并没有太多联系。

虽然本质不同，但 3D 物理系统与 2D 物理系统的绝大部分概念都有对称关系，3D 物理系统的概念大部分在 2D 物理系统中都有对应的概念。常用的物理组件对比见表 3-4。

表 3-4 常用 2D 和 3D 物理组件对照表

物理组件	3D 物理系统	2D 物理系统
刚体	Rigidbody	Rigidbody 2D
球体（圆形）碰撞体	Sphere Collider	Circle Collider 2D
盒子（矩形）碰撞体	Box Collider	Box Collider 2D
胶囊碰撞体	Capsule Collider	Capsule Collider 2D
不规则碰撞体	Mesh Collider（网格碰撞体）	Edge Colllider 2D（边缘碰撞体）
物理材质	Physic Material	Physic Material 2D
固定关节	Fixed Joint	Fixed Joint 2D
铰链关节	Hinge Joint	Hinge Joint 2D

3D 物理系统与 2D 物理系统的脚本中的碰撞事件、触发器事件，也有对称关系。常用的碰撞类事件见表 3-5。

表 3-5 常用 2D 和 3D 碰撞类事件对照表

物理事件	3D 物理系统	2D 物理系统
碰撞开始事件	OnCollisionEnter	OnCollisionEnter2D
碰撞持续事件	OnCollisionStay	OnCollisionStay2D
碰撞结束事件	OnCollisionExit	OnCollisionExit2D
触发开始事件	OnTriggerEnter	OnTriggerEnter2D
触发持续事件	OnTriggerStay	OnTriggerStay2D
触发结束事件	OnTriggerExit	OnTriggerExit2D

3.2 物理系统脚本编程

前文介绍了物理系统中的重要概念，在具体实践的时候，还需要对如何用脚本操作物理系统有所了解。

整体来看，前文所讲的所有物理概念在脚本中都有相对应的写法，包括获取刚体组件、对刚体施加作用力、修改刚体的速度和角速度、获取碰撞体、发射射线，以及修改物理材质等。

下面将对主要的操作方法一一做出详细讲解并举例。

3.2.1 获取刚体组件

当一个物体挂载了刚体时，即可在脚本中获取该物体的刚体组件，其代码如下。

```
using UnityEngine;

public class Test : MonoBehaviour
{
    Rigidbody rigid;
    void Start()
    {
        rigid = GetComponent<Rigidbody>();
    }
}
```

一般将刚体变量命名为 rigid 并定义为一个字段，方便之后反复使用。

3.2.2 施加作用力

最常用的施加作用力的方法是 AddForce()。参数为 Vector3 类型，该参数用一个向量表示力，而且该向量符合牛顿力学，例如以下代码。

```
    private void Update()
    {
        if (Input.GetButtonDown("Jump"))
        {
            rigid.AddForce(new Vector3(0, 100, 0));
        }
    }
```

以上代码的作用是在玩家按下空格键时，对刚体施加一个向上的力，大小为 100 牛，持续时间是一个物理帧间隔（默认 0.02 秒）。如果物体只有 1 千克，重力不到 10 牛，那么这个力会让它跳起一定高度。

小知识

冲量

牛顿力学告诉我们，力必须且至少要持续一点时间才能引起物体速度的变化。力和时间的乘积叫作冲量，冲量和物体速度变化的关系为：$F \cdot \Delta t = m \cdot \Delta v$。

由于编程时使用的 AddForce 方法不需要给出力的作用时间，因此开发者经常忘记还有个隐含的时间参数。

不过好在设计游戏时一般不需要精确计算，只需要一边测试一边修改，确定一个合适的值即可。

3.2.3 修改速度

在使用 Transform 组件时，让物体匀速移动的方法是，每帧让物体的位置前进一段很短的距离。Transform 组件本身并没有速度这一属性，但通常在脚本中会定义速度变量，以方便控制物体的移动速度。

对物理系统中的刚体来说，速度是一个非常重要的固有属性。速度影响着物体的动量、动能，决定着碰撞的结果。

在 Unity 中，不仅可以获取刚体当前的速度，还可以直接修改速度，其方法如下。

```
// 获取当前物体速度
Vector3 vel = rigid.velocity;
// 将当前速度沿 z 轴增加 1m/s
rigid.velocity = vel + new Vector3(0, 0, 1);
```

力的作用在物体上会产生加速度，加速度会引起速度的变化。用力控制物体运动的思路必须在牛顿力学的框架之下。而直接修改速度，可以跳过加速度引起速度变化的步骤，对速度进行控制，如图 3-6 所示。在实践中直接修改速度是一种很有用的方法。

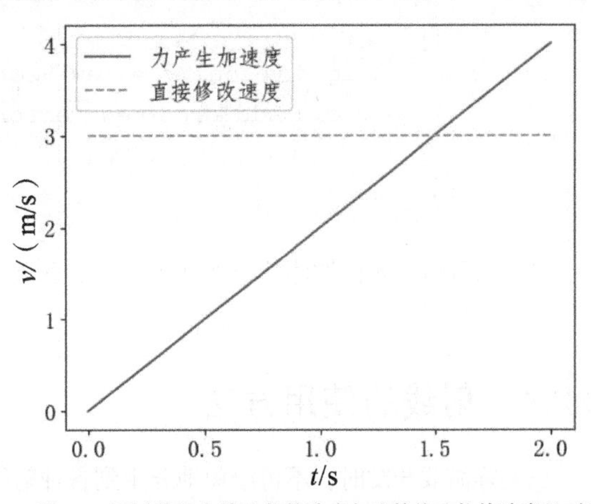

图 3-6 通过作用力修改物体速度与直接修改物体速度的对比

直接修改速度还有一个典型的用法，那就是制作游戏中的“二段跳”。下面来介绍一下实现空中多次跳跃的技巧。

以下脚本的意图是按空格键时让角色跳跃，而且角色可以在空中多次跳跃。

```
using UnityEngine;

public class SimpleJump : MonoBehaviour
{
    Rigidbody rigid;
    void Start()
    {
        rigid = GetComponent<Rigidbody>();
    }
```

```
    private void Update()
    {
        if (Input.GetButtonDown("Jump"))
        {
            rigid.AddForce(new Vector3(0, 100, 0));
        }
    }
}
```

但进行实际测试会发现，如果角色处于上升阶段时再次跳跃，角色就会跳得很高，最大高度大于单次跳跃的 2 倍。如果角色处于下降阶段，角色就很难在空中跳起来，可能只会停顿一下，延缓下落时间。

这个现象完全符合物理现实，物体速度向下时（即处于重力下降过程中），再加一个力会让物体减速、让物体下降得更慢。除非施加的力非常大，大到足以减速、抵消重力并重新弹起来，否则就达不到多次跳跃的效果。

可以运用物理中“冲量和动量”的思路，并通过计算精确抵消垂直速度，然后再叠加弹跳力，从而实现“二段跳”。但这种方法太学术化，实践中有更好的办法，即在跳跃时先将角色的纵向速度直接设置为 0。将上文的 Update 函数修改如下。

```
    private void Update()
    {
        if (Input.GetButtonDown("Jump"))
        {
            rigid.velocity = new Vector3(rigid.velocity.x, 0, rigid.velocity.z);
            rigid.AddForce(new Vector3(0, 100, 0));
        }
    }
```

这样修改后，无论物体处于上升阶段还是下降阶段，都会有比较好的多次跳跃效果。

3.2.4 射线的使用方法

在实际游戏开发时，不可避免地要用到各种射线检测。即便是一个不怎么用到物理系统的游戏，也很可能要用到射线检测机制。换句话说，射线检测在现代游戏开发中应用得非常广泛，超越了物理游戏的范围。下面简单举几个例子。

（1）游戏中有单击地面的操作，因此要发射射线以确定是否点中了可单击区域和单击位置的坐标。

（2）在判定子弹或技能是否击中目标时，如果采用碰撞体需要考虑子弹速度，且存在穿透问题，而射线是没有速度的（瞬时发生），不仅易于使用，而且综合效率更高。

（3）在 3D 动作游戏或 2D 动作游戏中，判断玩家是否落地时，可以向角色脚下发射射线；判断玩家是否接触墙壁时，可以往左右两侧发射射线；判断玩家是否需要低头时，可以往头顶发射射线；判断玩家是否需要攀爬时，同样也可以采用射线检测的方法。

（4）因为射线与视线一样会被障碍物阻挡，所以在游戏 AI 设计中，可以用射线模拟 AI 角色的视线。

注意，上所述的各种射线检测都是以物理系统为基础的。射线需要与碰撞体和触发器配合才能发挥出作用。

下面来介绍一下射线编程方法。

常用的直线型射线用类型 Ray 表示。Ray 包含了 origin（起点）和 direction（方向）的定义，起点和方向都用 Vector3 类型表示，前者是一个坐标，后者是一个表示方向的向量。

有很多方法可以在游戏世界中发射一条射线，最常用的方法是 Physics.Raycast() 和 Physics.RaycastAll()。由于实践中有各式各样的具体应用场景，因此 Physics.Raycast() 方法的重载有 10 种以上，不过实际大同小异，例如以下 3 种。

```
bool Raycast(Vector3 origin, Vector3 direction);
bool Raycast(Vector3 origin, Vector3 direction, float maxDistance);
bool Raycast(Vector3 origin, Vector3 direction, float maxDistance, int layerMask);
```

以上 3 个函数共同的参数都是发射点坐标和方向向量，返回值都是是否击中了某个碰撞体或触发器。

第 3 个参数 maxDistance 的作用是指定射线的最大长度。虽然名字叫作“射线”，但与几何中的射线不同，这里的“射线”更多是“发射”的意思。例如游戏中经常通过往角色脚下发射很短的射线（0.01，代表 1 厘米）来判断角色是否站在地上。

除了指定方向和位置的射线以外，以下还有一类很常用的重载形式。

```
bool Raycast(Ray ray, out RaycastHit hitInfo);
bool Raycast(Ray ray, out RaycastHit hitInfo, float maxDistance);
bool Raycast(Ray ray, out RaycastHit hitInfo, float maxDistance, int layerMask);
```

这种形式的射线检测用了一种常用结构体 Ray（射线），它只是将射线数据对象先单独创建出来，并没有实际区别。Ray 对象有多种创建方法，例如以下方法。

```
// 创建从原点向上的射线
Ray ray = new Ray(Vector3.zero, Vector3.up);

// 获得当前鼠标指针在屏幕上的位置(单位是像素)
Vector2 mousePos = Input.mousePosition;
// 创建一条射线，起点是摄像机位置，方向指向鼠标指针所在的点(隐含了从屏幕到世界的坐标转换)
Ray ray2 = Camera.main.ScreenPointToRay(mousePos);

// 之后可以将 ray 或 ray2 发射出去，例如:
Physics.Raycast(ray, 10000, LayerMask.GetMask("Default"));
```

这些重载形式的第 2 个参数，即类型为 RaycastHit 的参数 hitInfo 也很有用，它保存着详细的碰撞信息，如碰撞点的配置、法线等。碰撞信息会在第 3.2.6 小节重点详细讲解。

3.2.5 层和层遮罩

很多时候，需要射线仅被某些物体阻挡，例如希望检测地面的射线只检测地面，而不要检测其他东西，也就是说应当穿过地面以外的东西。那么这里就要用到 Layer 和 Layer Mask（层遮罩）的概念了。

“层”的概念让物理系统变得更加好用和实用。例如一条子弹射线，仅让它碰到 Ground（地面）、Player（玩家角色）和 Obstacle（障碍物）这 3 个层，而不会和其他层的物体碰撞，其编写代码如下。

```
int mask = LayerMask.GetMask("Ground", "Player", "Obstacle");
if (Physics.Raycast(transform.position, Vector3.forward, mask))
{
    // 碰到了物体
}
```

某些读者可能会很好奇，“与某3层碰撞”这一条件竟然用一个int就能表示。这其实是一种二进制的妙用，用一个 int 最多可以表示 32 个层的遮罩，Layer 和 Tag 最多也只有 32 个，这不是巧合。

如果让 mask 表示这 3 层以外的所有层，则用一个二进制的取反运算即可，其方法如下。

```
mask = ~mask;        // 英文波浪线，代表二进制取反
```

有时需要改变物体所在的层，如将一个物体设置在 Default 层上，其方法如下。

```
gameObject.layer = LayerMask.NameToLayer("Default");
```

可以通过函数 LayerMask.NameToLayer() 将层名称转化为整数表示的层，也可以用函数 LayerMask.LayerToName() 将表示层的整数转化为层名字。

3.2.6 射线编程详解

1. 射线碰撞信息

前文举例的函数的返回值仅仅是“是否碰到了物体”，而无法确定碰撞点是哪里，也不知道碰到的物体是哪一个。射线检测其实有着丰富的碰撞信息，如可以获取到碰撞点坐标、被碰撞物体的所有信息，甚至可以获取到碰撞点的法线（碰撞点所在物体平面的朝向）。这些丰富的碰撞信息，都被保存在 RaycastHit 结构体中。

例如，以下几个 Raycast() 函数的重载可以获取到碰撞信息。

```
bool Raycast(Vector3 origin, Vector3 direction, out RaycastHit hitInfo, float maxDistance);
bool Raycast(Vector3 origin, Vector3 direction, out RaycastHit hitInfo, float maxDistance, int layerMask);
bool Raycast(Ray ray, out RaycastHit hitInfo, float maxDistance, int layerMask);
```

综合用法演示如下。

```
private void TestRay()
{
    // 声明变量，用于保存碰撞信息
    RaycastHit hitInfo;
    // 发射射线，起点是当前物体的位置，方向是世界前方
    if (Physics.Raycast(transform.position, Vector3.forward, out hitInfo))
    {
        // 如果确实碰到物体，会运行到这里。没碰到物体就不会

        // 获取碰撞点的坐标（世界坐标）
        Vector3 point = hitInfo.point;
        // 获取对方的碰撞体组件
        Collider coll = hitInfo.collider;
        // 获取对方的 Transform 组件
        Transform trans = hitInfo.transform;
        // 获取对方的物体名称
        string name = coll.gameObject.name;

        // 获取碰撞点的法线向量
        Vector3 normal = hitInfo.normal;
    }
```

以上例子基本涵盖了能从 hitInfo 中获取到的信息，更多碰撞信息可以查阅 Raycastlift 结构体的定义。

2. 其他形状的射线

射线不仅可以有长度，还可以有粗细和形状。除了前面所提到的直线射线，还有球形射线、盒子射线和胶囊体射线，如图 3-7 所示。

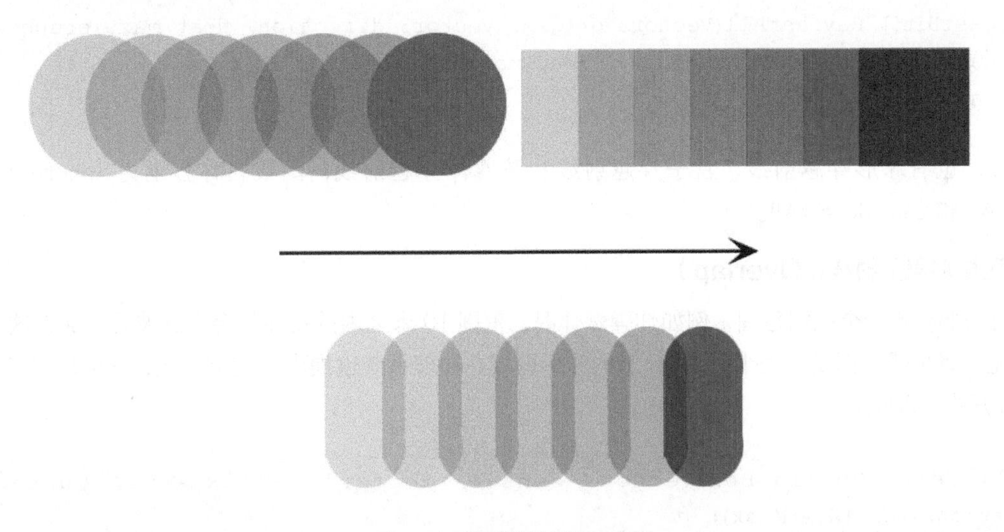

图 3-7 3 种形状的射线示意图

与发射射线类似，各种形状的射线也有很多种函数重载，以下是几种常用的重载形式。

```
// 球形射线：
bool SphereCast(Ray ray, float radius);
bool SphereCast(Ray ray, float radius, out RaycastHit hitInfo);

// 盒子射线：
bool BoxCast(Vector3 center, Vector3 halfExtents, Vector3 direction);
bool BoxCast(Vector3 center, Vector3 halfExtents, Vector3 direction, out RaycastHit hitInfo, Quaternion orientation);

// 胶囊体射线：
bool CapsuleCast(Vector3 point1, Vector3 point2, float radius, Vector3 direction);
bool CapsuleCast(Vector3 point1, Vector3 point2, float radius, Vector3 direction, out RaycastHit hitInfo, float maxDistance);
```

可以看出，球形射线、盒子射线和胶囊体射线的发射函数与直线型射线是类似的。区别在于，球形射线需要指定球的半径；盒子射线需要指定盒子的中心点和盒子的半边长（边长的一半），如果有必要再加上盒子的朝向；胶囊体的形状更为复杂，需要用 point1、point2 和 radius（半径）这 3 个参数指定胶囊体的起点和形状。

在实践中有各种不同的需求和情况，在必要时可以进一步查阅相关资料，并对参数的用法做实际的试验。本小节的最后还会介绍射线调试的一些技巧。

3. 穿过多个物体的射线

有时需要射线在遇到第一个物体时不停止，继续前进，最终穿过多个物体。使用 Physics.RaycastAll() 函数可以获取到射线沿途碰到的所有碰撞信息，该函数的返回值是 RaycastHit 数组。

```
RaycastHit[] RaycastAll(Ray ray, float maxDistance);
RaycastHit[] RaycastAll(Vector3 origin, Vector3 direction, float maxDistance);
RaycastHit[] RaycastAll(Ray ray, float maxDistance, int layerMask);
RaycastHit[] RaycastAll(Ray ray);
```

同样，也有球形穿越射线、盒子穿越射线和胶囊体穿越射线，函数名称分别为 SpherecastAll、BoxcastAll 和 CapsulecastAll。

4. 区域覆盖型射线（Overlap）

有时需要检测一个空间范围，例如炸弹爆炸时，范围 10 米之内的物体都会受到波及，那么这里需要的就不是一条射线，而是一个半径为 10 米的球形区域。物理系统也提供了这类函数，它们均以 Physics.Overlap 开头，列举如下。

```
Collider[] OverlapBox(Vector3 center, Vector3 halfExtents, Quaternion orientation, int layerMask);
Collider[] OverlapCapsule(Vector3 point0, Vector3 point1, float radius, int layerMask);
Collider[] OverlapSphere(Vector3 position, float radius, int layerMask);
```

以球形覆盖检测 OverlapSphere() 为例，调用该函数时，会返回原点为 position、半径为 radius 的球体内，满足一定条件的碰撞体集合（以数组表示），而这个球体称为“3D 相交球”。

5. 射线调试技巧

射线检测函数类型多、重载多、参数多，可能会让读者看得一头雾水。在实际游戏开发中，虽然这些参数不容易填写正确，但也有很好的方法可以提高编程的效率。这个方法就是使用 Debug.DrawLine() 函数和 Debug.DrawRay() 函数，将看不见的射线以可视化的形式表现出来，方便查看参数是否正确。

Debug.DrawLine() 函数和 Debug.DrawRay() 函数的常用形式如下。

```
void DrawLine(Vector3 start, Vector3 end, Color color);
void DrawLine(Vector3 start, Vector3 end, Color color, float duration);

void DrawRay(Vector3 start, Vector3 dir, Color color);
void DrawRay(Vector3 start, Vector3 dir, Color color, float duration);
```

Debug.DrawLine() 函数通过指定线段的起点、终点和颜色（默认红色），绘制一条线段；Debug.DrawRay 函数则是通过指定起点和方向向量，绘制一条射线。两者的用法是相似的。

使用时要注意，发射射线时，参数通常为起点、方向向量和长度，而 DrawLine() 方法用的是起点和终点。应正确使用向量加法，避免看到的线条与实际射线不一致。下面举个例子以供读者参考。

```
// 以一个简单的射线为例
Raycast(起点, 方向向量, 长度);

// 对应的可视化线条
DrawLine(起点, 起点+方向向量.normalized * 长度, Color.red);
// 其中nomalized是将向量标准化,即方向不变长度变为1
```

需要说明的是，这种绘制方法仅在开发期生效，不会出现在最终的游戏发布版中。在默认情况下，该辅助线仅在编辑器的场景窗口中可见。如果要在 Game 窗口中看到它，则需要单击 Game 窗口右上角的 Gizmos（辅助线框）按钮，而且无论怎么设置，它都不会出现在最终的游戏发布版中。

以上函数的最后一个参数，即持续时间（duration）可以省略，省略后这条参考线只出现一帧。如果在代码中每帧都绘制线条，那么就可以省略该参数。如果这个线条只出现一帧且看不清，则可以填写一个较大的持续时间（单位是秒），让射线停留在屏幕上方以便查看。

3.2.7 修改物理材质

每个物体都有着不同的摩擦力。光滑的冰面摩擦力很小，而地毯表面的摩擦力则很大。另外每种材料也有着不同的弹性，橡皮表面的弹性大，硬质地面的弹性小。在 Unity 中这些现象都符合日常的理念。

虽然从原理上讲，物体的摩擦力和弹性有着更复杂的内涵，例如普通的钢板看起来并没有太多弹性，但在合适的条件下却可以用来作为弹簧板。Unity 的物理引擎对物体表面材料的性质做了简化处理，仅有 5 种常用属性，但可以满足大多数游戏的需求。

在 Project 窗口中单击鼠标右键，选择 Create → Physics Material，就可以创建一个物理材质。物理材质的参数被简单定义为 Dynamic Friction（动态摩擦系数）、Static Friction（静态摩擦系数）、Bounciness（弹性系数）、与其他物体接触时的 Friction Combine（摩擦力系数算法）和 Bounce Combine（弹性系数算法），如图 3-8 所示。

动态摩擦系数就是物体之间正在相对滑动时的摩擦系数。例如 0.1 代表很光滑的表面，0.9 代表很粗糙的表面。

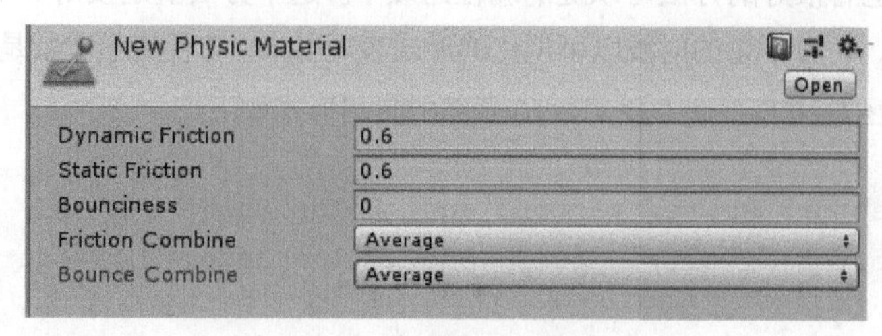

图 3-8　物理材质的参数

静态摩擦系数就是物体之间没有相对滑动时的摩擦系数。现实生活中，物体的静态摩擦力一般略大于动态摩擦力，当然在游戏世界中可以随意调节它们的大小。

弹性系数可以调节物体反弹力的大小。例如 0.8 可以代表充气很足的篮球，0 则代表没有任何反弹力。弹性系数一般不能高于 0.9，否则会导致物体反弹的速度比撞击前的速度还快，这样它会变得越来越快，没有止境。

最后两个参数决定了两个物体表面都具有摩擦系数和弹性系数时，如何计算综合的摩擦系数和弹性系数。可选择取平均值、取最大值、取最小值或相乘 4 种方式。

最后，有两点值得说明。

一是物理材质是配合碰撞体使用的。碰撞体有一个“材质”（Material）的属性，这里自然不是指渲染材质，而是指物理材质。将创建好的物理材质拖曳到该属性上即可指定该属性。

二是不指定任何物理材质时，碰撞体具有默认的物理材质。

3.2.8　FixedUpdate 详解

在第 2 章里提到过 FixedUpdate，当时解释它是物理更新，会保证稳定的时间间隔。所谓 Fixed 的意思就是“固定的、稳定的”。获取两次 Update 之间的时间间隔用 Time.deltaTime，获取两次 FixedUpdate 之间的时间间隔用 Time.fixedDeltaTime。

当设备运行不流畅、帧率下降时，会发现 Time.deltaTime 变大了（即帧与帧之间的时间间隔变长），但是 Time.fixedDeltaTime 却不会。一般 Time.fixedDeltaTime 会是一个固定的值（默认为 0.02 秒，可以通过选择主菜单的 Edit → Project Settings → Time 来修改）。

FixedUpdate 的作用和原理解释起来不是很容易，笔者尽可能详细说明。要理解 FixedUpdate，需要先理解“物理系统对于时间是非常敏感的”。下面举两个例子说明物理系统对于时间的敏感性。

（1）子弹从枪口射出，0.1 秒后击中物体。假如物理更新频率不稳定，导致子弹接触物体时并没有及时检测，再晚 0.02 秒，子弹就已经穿过了物体。这样子弹就错过了碰撞的时机，导致后续结果完全不同。

（2）在 Unity 中做一个在地上弹跳的皮球，如图 3-9 所示，使用物理材质，弹性设置为 0.8。由于没有外力作用，弹跳高度会越来越低。搭建场景做一个简单的实验，通过实验可得：默认物理帧率为 50 帧时，球会弹跳 8 次；物理帧率降低为 20 帧时，小球弹跳 9 次；物理帧率升高到 100 帧时，小球弹跳 6 次；而当物理帧率降低到 10 帧以下时，小球会穿过地板。

事实证明，物理更新的时间间隔会极大影响物理效果的正确性，那么为什么不把默认的 50 帧变得更大

图 3-9 皮球弹跳示意图

一些呢？这是因为物理更新次数越高，硬件的计算负担就越重。引擎设计师不得不在性能和正确性上做出取舍，默认 50 帧是实验验证过的最合适的选择。

除此之外，物理更新不仅要保证频率高，还要保证频率稳。不稳定的频率一样会带来糟糕的效果，因此所有的物理系统处理都在引擎循环中的一个专门环节上完成。

有读者可能会深想一步：如果机器硬件确实卡顿了，例如手机或计算机正处于繁忙、无响应的状态，物理更新还能保证更新频率吗？答案是有办法间接保证这一点。

简单来说，游戏世界的时间是一个虚拟的概念，一定程度上可以人为控制。如果在某个时刻 T，硬件卡顿了 0.06 秒，正好错过了 3 次 FixedUpdate() 的调用时机，那么在下一次有机会运行的时候，FixedUpdate() 函数会补上之前错过的 3 次，连续执行 4 次，而且还会“假装”这 4 次的调用时间点分别是 T+0.02s、T+0.04s、T+0.06s、T+0.08s。通过这样的机制，就能确保无论硬件运行是否稳定，游戏都能保证“稳定”的物理更新，避免出现奇怪的结果。作为对比，Update() 函数则没有这个特性。

小技巧

解决刚体移动过快的问题

为了避免游戏中子弹飞行过快，错过了碰撞体或触发器，Unity 的刚体具有一个“Collision Detection（碰撞检测方式）”选项，将默认的“Discrete（离散）”改为“Continuous（连续）”，就可以避免错误碰撞。

它的原理大致是，高速飞行的子弹的路径在空间中是一些离散的点，通过在这些路径点之间连线，检查连线是否碰撞到物体，就能知道子弹是否碰撞到物体。

在第 2 章的游戏实例中，讲解过“跟随式摄像机”的制作方法。在当时的设计里，玩家角色是在 Update() 函数中移动的，摄像机也是在 Update() 函数或 LateUpdate() 函数中移动的。但是，如果玩家角色是一个通过对刚体施加力控制的小球，就可能会出现一些小问题。尝试一下会发现，如果小球是物理移动，而摄像机在 Update() 函数或 LateUpdate() 函数中移动，那么会导致屏幕有抖动的情况，画面不是很稳定，小球运动越快则抖动越明显。

这是由于刚体因速度或受力而产生的运动，属于物理更新。而 Update() 函数和 LateUpdate() 函数不属于物理更新，这其中有着微妙的时间差。要解决这个问题并不难，针对物理移动的刚体，只要将跟随摄像机的移动也编写到 FixedUpdate() 里，抖动的问题就会消失了。

3.2.9 修改角速度

与修改刚体速度类似，可以直接修改刚体的角速度让刚体旋转。以下代码可以让刚体在按下 R 键时旋转起来。

```
Void Update()
{
    if (Input.GetKeyDown(KeyCode.R))
    {
        rigid.angularVelocity = new Vector3(0, 60, 0);
    }
}
```

刚体的 angularVelocity 属性的数据类型为 Vector3，代表沿 *x* 轴、*y* 轴和 *z* 轴的旋转速度，单位是“弧度 / 秒”，也就是说 3.14 代表每秒转半圈。

由于刚体具有角阻尼（Angular Drag），如图 3-10 所示，因此即便没有接触其他物体，旋转也会慢慢停下来。

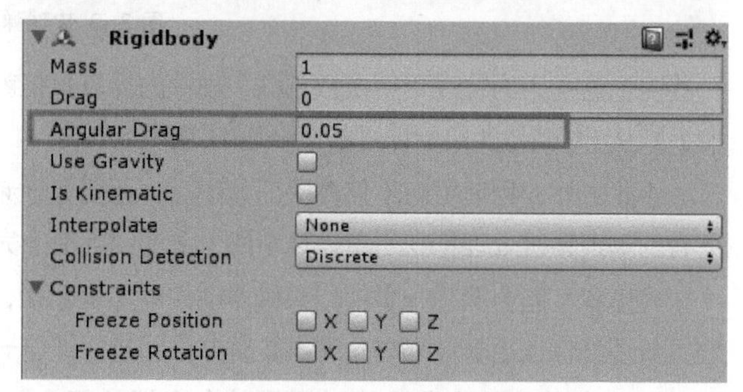

图 3-10 刚体的角阻尼参数

3.2.10 质心

拼接一个简单的模型，使用物理系统调整它的重心就可以制作一个不倒翁，如图 3-11 所示。重心需要通过脚本，即在 Start() 函数中设置，其方法如下。

图 3-11 不倒翁示意图

```
public class Tumbler : MonoBehaviour
{
   Rigidbody rigid;
   void Start () {
```

```
        rigid = GetComponent<Rigidbody>();
        // 设置 centerOfMass 就可以指定重心了(本地坐标系)
        rigid.centerOfMass = new Vector3(0, -1, 0);
    }
}
```

游戏物体的重心不受真实世界的限制，不但可以设置在物体的任意位置，而且还可以超出物体本身的范围。对不倒翁来说重心越低就越稳定，因此甚至可以把重心设置在物体下方 10 米处。

本节专门提到“质心”并不是为了讲解如何制作不倒翁，而是引出一个结论：对物体施加力时，施加力的位置不同，最终的效果也不同。例如，用手推桌子上的杯子，如果推杯子的下半部分，那么杯子会平移，如果推杯子的上半部分，杯子就可能会倒。

严格来说，对一个不受任何力的物体（在 Unity 里就是去掉了重力，也不与其他物体接触的刚体），如果受力的方向通过了该物体的质心，物体就不会获得角速度。如果受力的方向错过了质心，那么物体就会有旋转的趋势。质心到受力线的距离越远，旋转的趋势就越强。

3.2.11 更多施加力的方式

力的位置非常重要，但是前文所讲的施加力的函数 AddForce() 并没有位置参数。可以猜想，函数 AddForce() 施加力时，就是从物体的质心位置施加的。

如果要模拟更复杂的情况，让脚本给物体的不同位置施加力，可以使用以下函数。

```
void AddForceAtPosition(Vector3 force, Vector3 position);
void AddForceAtPosition(Vector3 force, Vector3 position, ForceMode mode);
```

AddForceAtPosition() 函数的第 1 个参数 force 代表施加的力，用向量表示；第 2 个参数就是施加力的位置，以世界坐标表示（不是相对坐标，因此使用时可能需要转换坐标）。

之前讲解函数 AddForce() 时，忽略了它的最后一个参数——ForceMode（力的模式），AddForceAtPostion() 函数同样也有该参数。“力的模式”参数是一个枚举类型，定义如下。

```
public enum ForceMode
{
    // 默认方式为持续施加力,符合牛顿力学
    Force = 0,
    // 设置为瞬间爆发力,适合表现快速猛烈的力,例如爆炸
    // 力的持续时间有区别,但仍然符合牛顿力学
    Impulse = 1,
    //  瞬时改变刚体速度,不考虑物体质量
    VelocityChange = 2,
    //  直接改变加速度,不考虑物体质量
    Acceleration = 5
}
```

也就是说，施加力的时候，可以通过改变参数 mode 来让施加力的含义发生变化。以上 4 个枚举值中，

前两种是比较常用的，第三种完全可以用直接修改刚体速度的 velocity 属性代替。

3.2.12 刚体约束

对一个刚体来说，它的移动、旋转往往被物理系统所控制。物体会因物理因素的影响而移动、旋转和倒地等，但是很多时候并不需要它完全自由运动。

例如一个推箱子的游戏，只需要箱子在地板上平移而不是转来转去；推动油桶的时候并不需要油桶飞起来（y 轴的值增大）或倒下（沿 x 轴或 z 轴旋转）。这时候就可以利用“Rigidbody Constraints（刚体约束）”解决这一问题。

3D 刚体的约束有 6 个选项，分别是冻结（锁定）沿 x 轴、y 轴、z 轴移动和冻结（锁定）沿 x 轴、y 轴和 z 轴的旋转，如图 3-12 所示。根据需要锁定一些自由度，可以让刚体的行为更可控。

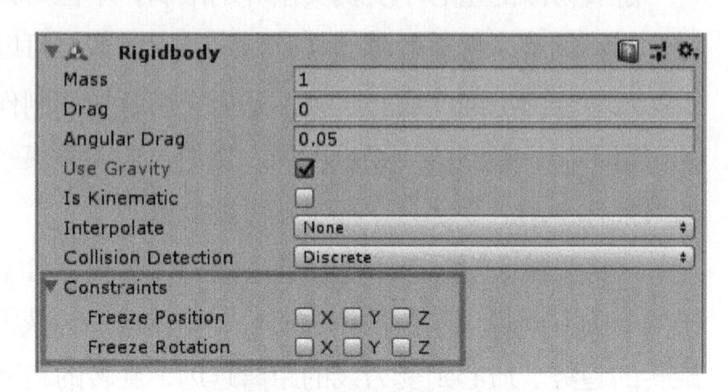

图 3-12 刚体的约束选项

冻结刚体的位移和旋转自由度，影响着因物理原因而产生的移动，主要包含以下几种情况。

一是受重力影响。

二是被其他物体推动或撞击。

三是脚本施加的力改变了物体速度。

四是脚本修改了刚体速度或角速度。

以上情况均受冻结的影响，而直接修改 Transform 的位置和朝向，则不受刚体约束的限制。

除了在编辑器界面上修改刚体约束，也可以在脚本中随时修改，其方法如下。

```
// 冻结所有的缩放和旋转
rigid.constraints = RigidbodyConstraints.FreezeAll;

// 仅冻结沿 x 轴的位移，取消所有其他约束
rigid.constraints = RigidbodyConstraints.FreezePositionX;

// 仅冻结所有旋转，取消位移约束
rigid.constraints = RigidbodyConstraints.FreezeRotation;

// 冻结沿 x 轴和 z 轴的旋转，冻结沿 y 轴的位移
rigid.constraints = RigidbodyConstraints.FreezeRotationX
                    | RigidbodyConstraints.FreezeRotationZ
                    | RigidbodyConstraints.FreezePositionY;
```

由于刚体约束用一个整数代表多种状态，因此指定多个状态时需要用到二进制运算，特别是“按位或”运算符（符号为 | ）。

3.3 实例：基于物理系统的 2D 平台闯关游戏

本节运用前文所讲解的有关物理系统的知识做一个 2D 平台闯关游戏，如图 3-13 所示。这个游戏画面比较简单，但是可以用它学习和使用多种物理技巧，最终做出有特色的游戏关卡。

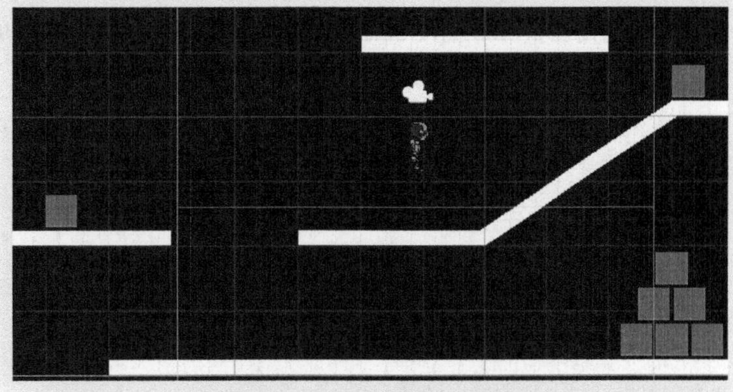

图 3-13 2D 平台闯关游戏示意图

3.3.1 游戏设计

此游戏是一个平台跳跃类的闯关游戏，玩家控制图中的机器人使用移动和跳跃的方式通过搭设好的关卡，而关卡的各种机制会尽量使用 Unity 的物理系统来实现。

创建一个 2D 模板的新项目，此实例使用的 Unity 的版本为 2019.2.13f1。接着打开"Asset Store（资源商城）"并搜索 Standard Assets，下载并导入工程，如图 3-14 所示。

图 3-14 Asset Store 的 Standard Assets

Standard Assets 中含有一些常见游戏类型的模板，这里找到 CharacterRobotBoy，文件夹为 Standard Assets/2D/Prefabs，将它作为主角素材，如图 3-15 所示。

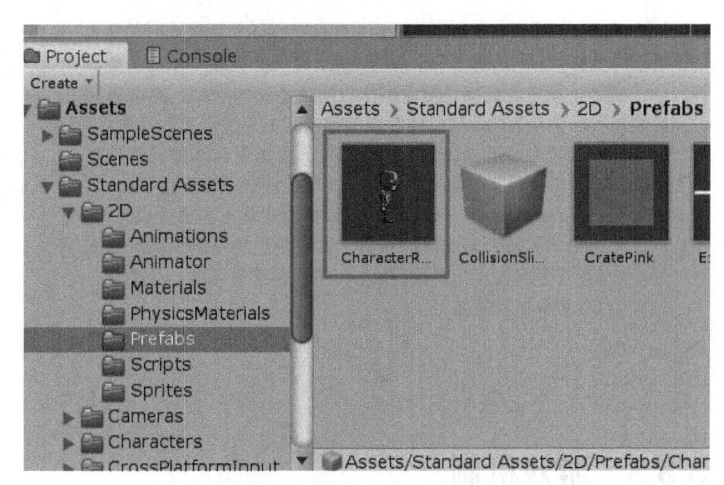

图 3-15 CharacterRobotBoy

3.3.2 功能实现

从 Asset Store 中获取的 prefab 自带两个控制其移动的脚本以及与移动方式相匹配的动画。目前来说，角色移动已经不用再编写代码，可以直接使用，而在之后添加额外功能时再对这部分代码进行修改即可。

这个实例的主要目的是熟悉物理系统，因此摄像机跟随角色移动也使用现成的工具来实现。选择主菜单中的 Window → Package Manager，待加载完成后选择 Cinemachine 插件并安装，如图 3–16 所示。

安装完成后会在菜单栏内多出一个 Cinemachine 选项卡，打开它后单击 Create 2D Camera 以创建一个 2D 虚拟摄像机，如图 3–17 所示。

这个虚拟摄像机组件上有很多可以调整的参数，但这些不必去管，只需要让摄像机跟随角色移动就可以。把场景中的角色 prefab 拖入 Cinemachine Virtual Camera 组件中的 Follow 栏，如图 3–18 所示。完成后再运行游戏，摄像机就可以跟随角色移动了。

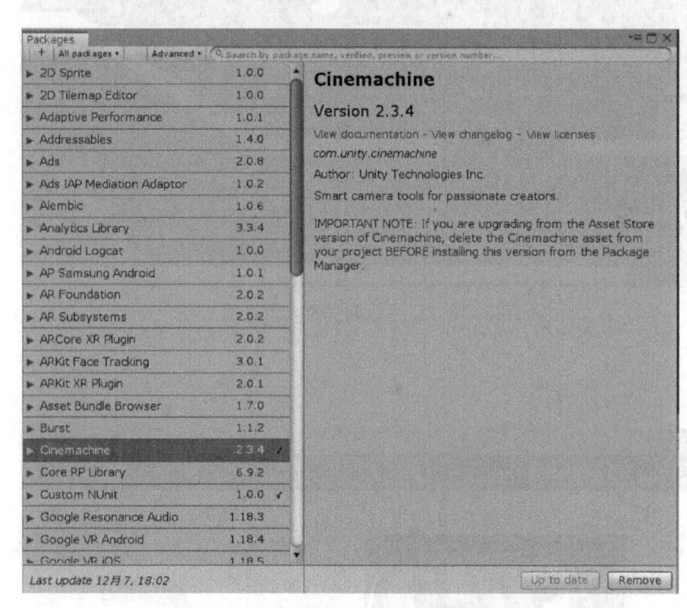

图 3–16 官方提供的 Cinemachine 插件

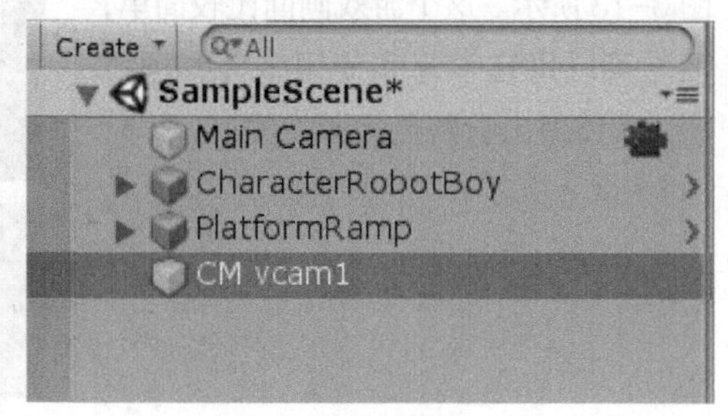

图 3–17 虚拟摄像机 vcam1

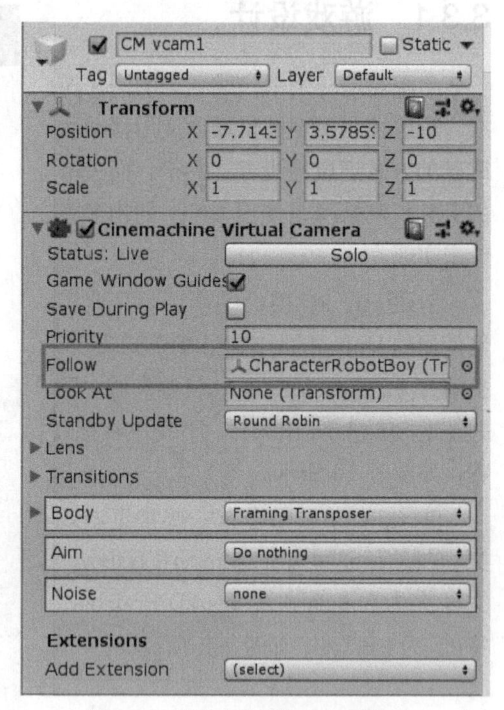

图 3–18 设置虚拟摄像机的跟随目标

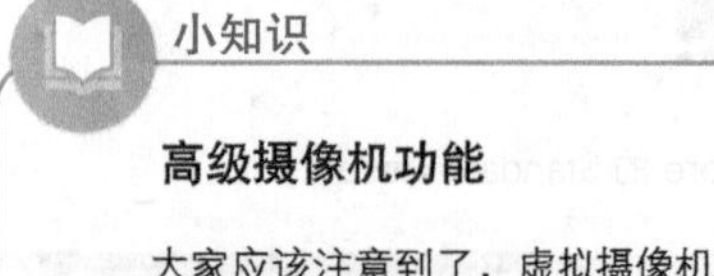

小知识

高级摄像机功能

大家应该注意到了，虚拟摄像机组件在跟随角色移动时并非生硬地同步移动，而是有一个平滑的过渡，这只是其最基本的功能。

在第 1 章中是直接让摄像机作为角色子物体移动，第 2 章则是编写了一个简易的跟随物体移动的脚本。如果是一个复杂的 3D 游戏，可能还会涉及摄像机的视角切换、视角变化和障碍遮挡等功能，这时再采用之前简单的摄像机处理方法就很难实现了。

而 Cinemachine 是一个能满足大多数游戏需求的摄像机组件，但是限于书本篇幅，无法详细介绍。功能齐全的摄像机实现起来难度较高，不适合在入门阶段死磕，可作为后续学习的一个重点，如作为 3D 数学的实践练习。

3.3.3 游戏机制

要想使用物理系统实现关卡内的游戏机制，可以从以下 3 个机制进行。

1. 跷跷板

新建一个 Sprite，然后在 SpriteRenderer 组件上放入合适的精灵图素材，如资源包中的 PlatformWhiteSprite，最后将其缩放到合适大小。

由于要与角色进行物理上的交互，因此再添加 Box Collider 2D 和 Rigidbody 2D 组件，并且勾选 Rigidbody 2D 组件“Constraints（物理约束）”中的 X、Y 选项，如图 3-19 所示。

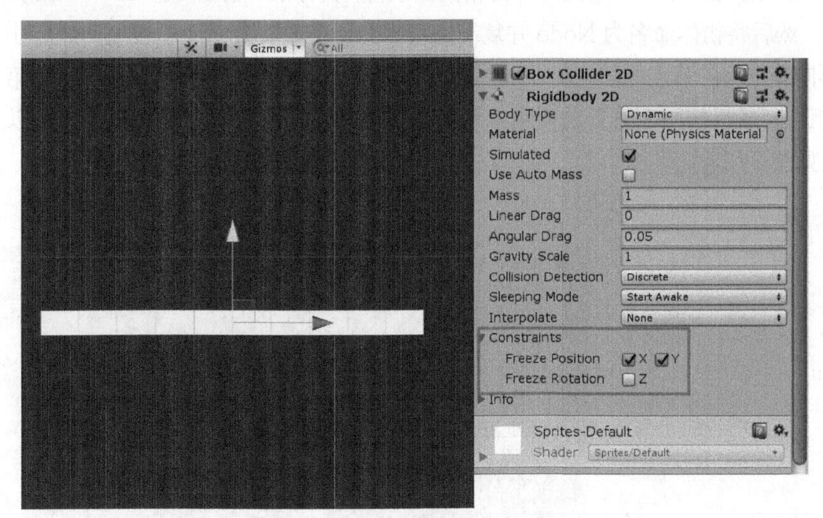

图 3-19 刚体约束设置

此时控制角色跳上去，会发现跷跷板已经完成了。这个平台就像中心被钉了一个钉子一样，可以左右倾斜，那么就会有一个问题，旋转的力矩该怎么调整？

结合牛顿第二定律和动量定律可知，一个物体的质量越大，改变其运动状态越难。因此这里只需要适当增加平台的质量和角阻尼（AngularDrag）即可，质量和角阻尼越大，跷跷板就越不容易转动。

将跷跷板调整到一个合适的手感后修改精灵图的颜色以示区分，然后再将其制作为预制体。

2. 蹦床

复制一份场景中的跷跷板，由于蹦床是不会动的，因此它不再需要刚体了，删除 Rigidbody 2D 组件即可。然后要做的是修改蹦床的弹力，可以通过创建一个物理材质来实现。在 Project 窗口中创建一个 Physics Material 2D（2D 物理材质），如图 3-20 所示。

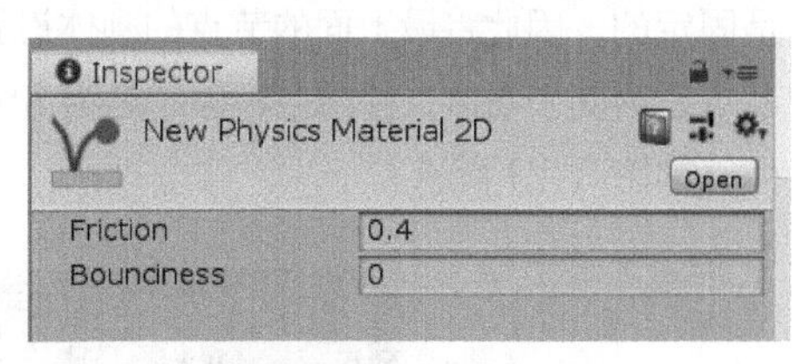

图 3-20 物理材质设置

可以看到其上只有两个参数，Friction（摩擦系数）和 Bounciness（弹性系数）。修改弹性系数到一个合适的值，然后再将物理材质拖曳到蹦床的碰撞体组件的 Material 属性上（见图 3-21），最后再换一个颜色并将其制作成 prefab。

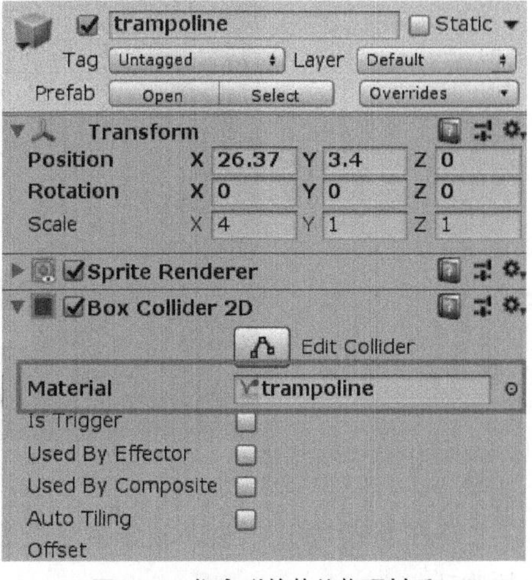

图 3-21 指定碰撞体的物理材质

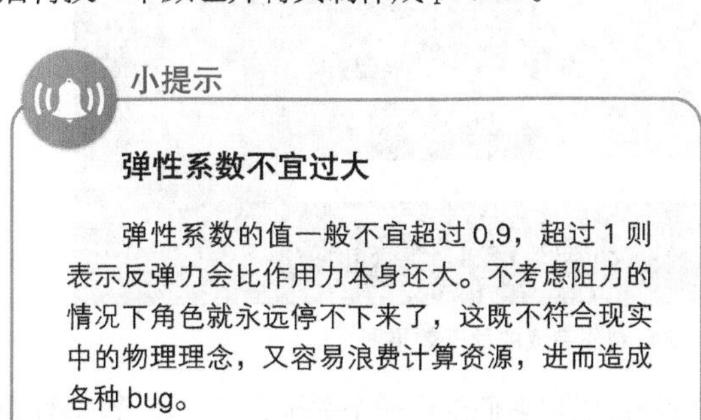
小提示

弹性系数不宜过大

弹性系数的值一般不宜超过 0.9，超过 1 则表示反弹力会比作用力本身还大。不考虑阻力的情况下角色就永远停不下来了，这既不符合现实中的物理理念，又容易浪费计算资源，进而造成各种 bug。

3. 秋千

要实现秋千一样的效果，首先就得有绳索，这里使用 Unity 的 Joint（关节）组件来实现。

新建一个精灵，选择自带的 konb 图片作为精灵图素材，并添加 Rigidbody 2D 和 Hinge Joint 2D 组件，如图 3-22 所示。然后将物体命名为 Node 并复制出若干个，个数取决于绳子长度。然后让节点保持一定且统一的间距，再向最上面的节点的 Hinge Joint 2D 组件的 Connected Rigid Body 栏拖入第 2 个节点物体的 Rigidbody 2D 组件。最后按照上述方法使第 2 个节点连接第 3 个，第 3 个连接第 4 个，以此类推，就好似一个锁链一样，如图 3-23 所示。

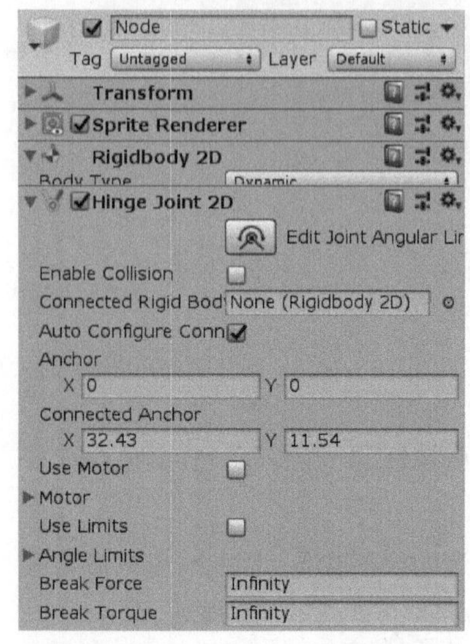

图 3-22 添加 Rigidbody 2D 和 Hinge Joint 2D

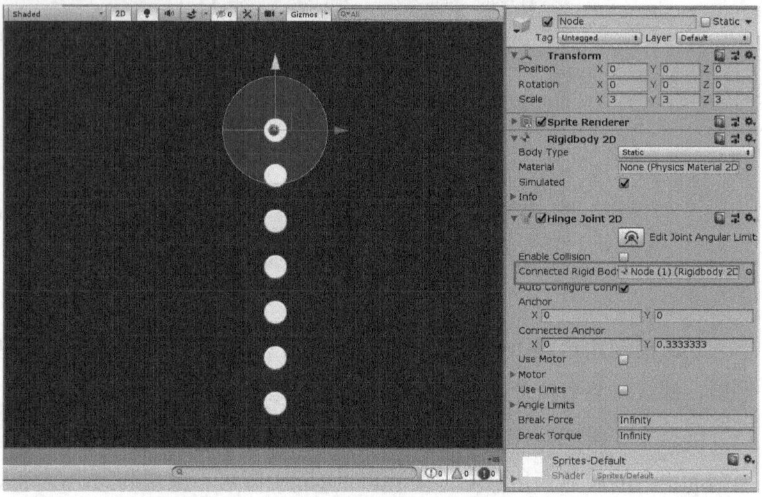

图 3-23 串联铰链关节

新建一个长条状平台精灵作为最后一个节点连接的目标，要注意给平台添加刚体。由于绳子的一端应该是固定的，因此将最上面的节点的刚体设置为 Static。完成后在场景中新建一个空物体，把除平台外的所有节点设为其子物体，并给空物体起名为 String。调整空物体角度并镜像复制一份，然后将其整个保存为预制体，如图 3-24 所示。

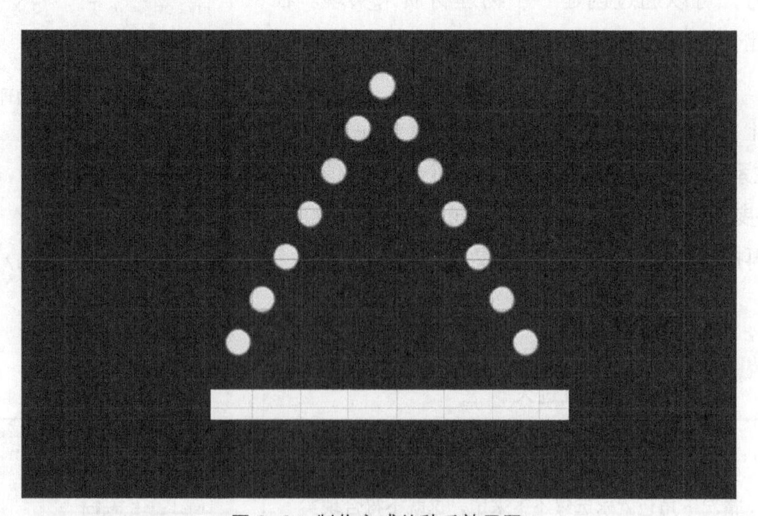

图 3-24 制作完成的秋千效果图

现在游戏中的 3 个基本机制就完成了，已经足以用它们制作一个关卡，下一小节再对游戏进行一些有趣的改动。

3.3.4 完成和完善游戏

跳跃次数重置点

多数平台跳跃类游戏跳跃的方式与手感都会是开发者关注的重点。手感调整这一部分的内容比较主观且较为烦琐，本书篇幅又有限，因此这里添加一个常见的扩展功能：二段跳或跳跃次数重置点。这两个功能从原理上来说是一回事，都是通过添加变量来控制跳跃的重置，这需要阅读角色控制部分的代码来确定修改的位置。

（1）修改跳跃条件。

在 CharacterRobotBoy 上可以找到 PlatformerCharacter2D 和 Platformer2DUserControl 两个脚本，通过阅读代码可知整个控制移动部分的代码都在前者里，接着就是修改代码以实现需要的功能。

额外添加一个布尔变量 m_JumpReset 作为跳跃重置的条件，在角色触地检测部分添加一个对跳跃重置物的检测，使用一个新的 Tag 作为其标签。然后在 Move 方法内修改允许跳跃的条件，并把起跳后的 m_JumpReset 赋值为 false。

（2）重置点制作。

新建一个 Sprite，选择素材里的 Button 图片作为精灵图，然后添加一个 CircleCollider 2D 组件。添加一个新 Tag（JumpPoint），并将该物体修改为这个 Tag，如图 3-25 所示。

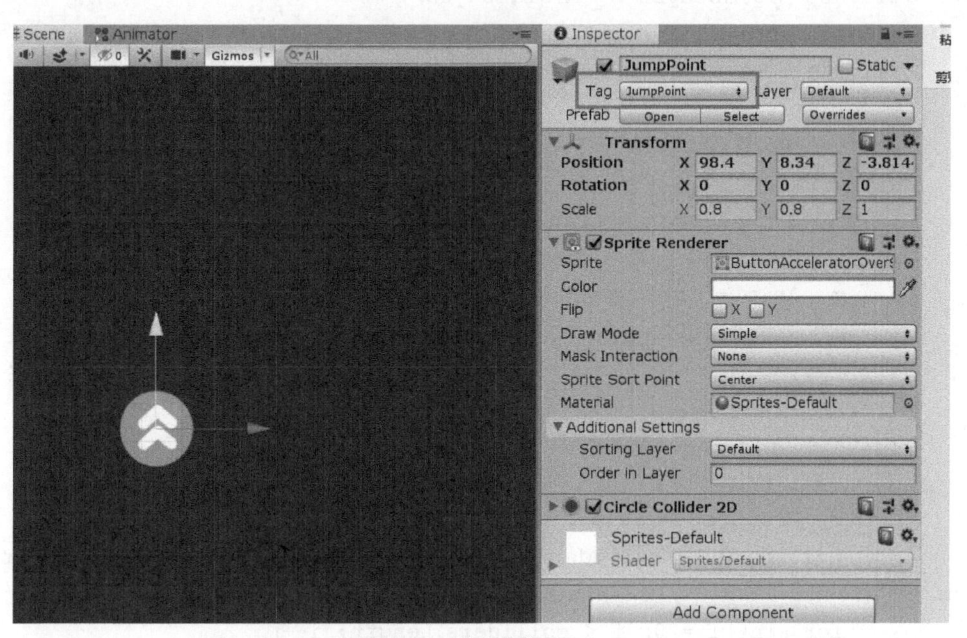

图 3-25 跳跃次数重置点

按此方法修改完之后测试效果，如果前面步骤都对，依然可能会发现在跳跃重置之后的二段跳时手感会有些奇怪，特别是角色下落后触碰到重置点时。阅读 Move() 方法内的跳跃相关部分，会发现跳跃的实现方式是对刚体添加力，而角色在下落时其向下的动量会与跳跃的力相抵消，从而造成奇怪的手感。解决的办法是在跳跃时把角色沿 y 轴方向的速度置零，修改后的完整代码如下。（代码大部分内容是主角自带的 PlatformerCharacter2D 脚本，读者可以整体阅读，重点是 Move() 函数的跳跃部分。）

```
using System;
```

```
using UnityEngine;

namespace UnityStandardAssets._2D
{
    public class PlatformerCharacter2D : MonoBehaviour
    {
        [SerializeField] private float m_MaxSpeed = 10f;
        [SerializeField] private float m_JumpForce = 400f;
        [Range(0, 1)] [SerializeField] private float m_CrouchSpeed = .36f;
        [SerializeField] private bool m_AirControl = false;
        [SerializeField] private LayerMask m_WhatIsGround;

        private Transform m_GroundCheck;
        const float k_GroundedRadius = .2f;
        private bool m_Grounded;
        private Transform m_CeilingCheck;
        const float k_CeilingRadius = .01f;
        private Animator m_Anim;
        private Rigidbody2D m_Rigidbody2D;
        private bool m_FacingRight = true;
        private bool m_JumpReset=false;

        private void Awake()
        {
            m_GroundCheck = transform.Find("GroundCheck");
            m_CeilingCheck = transform.Find("CeilingCheck");
            m_Anim = GetComponent<Animator>();
            m_Rigidbody2D = GetComponent<Rigidbody2D>();
        }

        private void FixedUpdate()
        {
            m_Grounded = false;
            Collider2D[] colliders = Physics2D.OverlapCircleAll(m_GroundCheck.
position, k_GroundedRadius, m_WhatIsGround);
            for (int i = 0; i < colliders.Length; i++)
            {
                if (colliders[i].gameObject != gameObject)
                {
                    if(colliders[i].gameObject.tag=="JumpPoint")
                    {
                        m_JumpReset = true;
                        Destroy(colliders[i].gameObject);
                    }
                    else
```

```
                {
                    m_Grounded = true;
                }
            }
        }
        m_Anim.SetBool("Ground", m_Grounded);
        m_Anim.SetFloat("vSpeed", m_Rigidbody2D.velocity.y);
    }

    public void Move(float move, bool crouch, bool jump)
    {
        if (!crouch && m_Anim.GetBool("Crouch"))
        {
            if (Physics2D.OverlapCircle(m_CeilingCheck.position, k_
CeilingRadius, m_WhatIsGround))
            {
                crouch = true;
            }
        }

        m_Anim.SetBool("Crouch", crouch);
        if (m_Grounded || m_AirControl)
        {

            move = (crouch ? move*m_CrouchSpeed : move);
            m_Anim.SetFloat("Speed", Mathf.Abs(move));
            m_Rigidbody2D.velocity = new Vector2(move*m_MaxSpeed, m_
Rigidbody2D.velocity.y);
            if (move > 0 && !m_FacingRight)
            {
                Flip();
            }
            else if (move < 0 && m_FacingRight)
            {
                Flip();
            }
        }
        if ((m_Grounded||m_JumpReset) && jump)
        {
            m_Grounded = false;
            m_JumpReset = false;
            m_Anim.SetBool("Ground", false);
            Vector2 resetVelocity = m_Rigidbody2D.velocity;

            // 这种写法可以保留沿Y轴的正向速度，如果不需要也可以直接改为0
```

```
                resetVelocity.y = Mathf.Max(0, resetVelocity.y);
                m _ Rigidbody2D.velocity = resetVelocity;
                m _ Rigidbody2D.AddForce(new Vector2(0f, m _ JumpForce));
            }
        }

        private void Flip()
        {
            m _ FacingRight = !m _ FacingRight;
            Vector3 theScale = transform.localScale;
            theScale.x *= -1;
            transform.localScale = theScale;
        }
    }
}
```

第 4 章

游戏开发数学基础

伽利略说："数学是上帝用来书写宇宙的文字。"这句话用在游戏开发领域再合适不过了——游戏引擎这个虚拟的小宇宙，就是以纯粹的数学为基础搭建而成的。本章就重点来讲解一下游戏开发方面的数学基础，内容有点枯燥，但是又必不可少。

4.1 数学对游戏的重要性

以 3D 游戏为例，原始的 3D 模型是一系列顶点和顶点之间的连接关系，模型制作者将坐标等数据以纯数字形式保存到文件里，游戏引擎的任务则是将数字转化成模型展现在用户面前。游戏引擎从模型的原始数据开始，逐步加入场景、摄像机、光照等因素，按一套标准的流程进行计算，最终将模型展现出来，如图 4-1 所示。

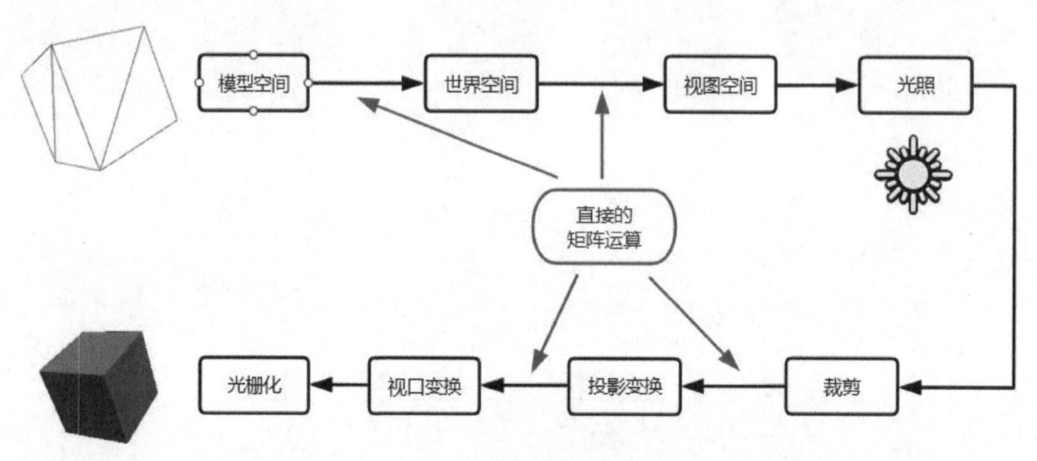

图 4-1 三维渲染流程示意图

在渲染的基本流程中，有很多“坐标系转换”的工作。“坐标系转换”有着深刻的数学原理，但从实用层面来看并不复杂，仅仅是一系列向量和矩阵的乘法运算而已，如图 4-2 所示。

$$\begin{bmatrix}1 & 2\end{bmatrix}\begin{bmatrix}1 & 2\\3 & 4\end{bmatrix}=1\begin{bmatrix}1 & 2\end{bmatrix}+2\begin{bmatrix}3 & 4\end{bmatrix}=\begin{bmatrix}7 & 10\end{bmatrix}$$

图 4-2 二维向量和矩阵相乘

在 3D 游戏的“开荒”时代，以《毁灭战士》《雷神之锤》为代表的 3D 游戏将当时最前沿的图形学技术进行改造和优化，达成了在一秒内渲染数十次的目标，奠定了现代 3D 游戏的基础。到了今天，游戏引擎得到了充分的发展，已经不需要再从计算顶点、渲染像素开始从头制作游戏了。

虽然如此，当需要制作一款游戏时，依然有很多至关重要的问题需要考虑：玩家的输入如何转化为角色的行动，角色的行动和动画如何拟合，摄像机如何配合角色的移动等。这些问题关系到了游戏的手感、表现力和游戏性。而要完美地实现所需要的效果，也需要有完备的数学算法的支持。

因此，数学不仅构建了游戏引擎这个小宇宙，而且要进一步填充这个小宇宙、创造丰富多彩的世界，依然离不开数学工具的支持。

而值得庆幸的是，现在只需要掌握最基本的 3D 数学知识，如坐标、方向、位移和旋转等概念，就足以实现大部分游戏玩法了。本章会引领读者逐步掌握必要的基础知识，为实践扫平障碍。

4.2 坐标系

坐标系这一概念在中学时就已学习过，但大家对局部坐标系与世界坐标系并不是很熟悉，而理解和运用各种坐标系又非常重要，因此本节将详细讲解与坐标系相关的概念。

4.2.1 世界坐标系

无论在生活中还是游戏开发中，总是在使用不同的坐标系指代方位，下面以回答问路为例。

第 1 个例子，“超市在我的左手边。”这是以回答者为坐标系进行回答的。

第 2 个例子，“往前走，第一个路口左拐直走再右拐就到了。”这里的“左”“右”是以行人为坐标系进行回答的。

第 3 个例子，“超市在从这里出发、往南 200 米的位置。”这是以全局为坐标系进行回答的。“东南西北”是常用的指示全局坐标系的方法。

全局坐标系是场景内所有物体和方向的基准，也称世界坐标系。在全局坐标系中的原点 (0, 0, 0) 是所有物体位置的基准，且全局坐标系指定了统一的 x 轴、y 轴和 z 轴的朝向。

在 Unity 场景中，新建一个物体，坐标为 (1, 2, 3)。那么它在 x 轴方向离原点 1 米，y 轴方向离原点 2 米，z 轴方向离原点 3 米。对于没有父物体的物体（场景中的第一级物体），Inspector 窗口中显示的就是该物体在世界坐标系的位置、旋转和缩放比例。

4.2.2 左手坐标系与右手坐标系

常见的三维软件都采用笛卡尔坐标系，也就是常见的用 x 轴、y 轴、z 轴坐标描述物体的坐标信息。笛卡尔坐标系可以是左手坐标系也可以是右手坐标系，如图 4-3 所示。

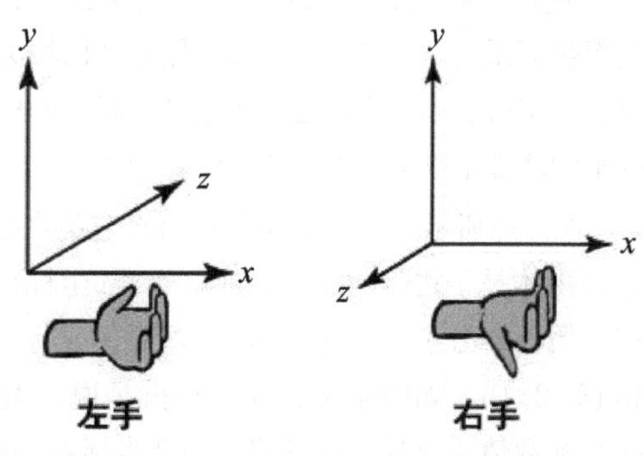

图 4-3 左手坐标系和右手坐标系图解

3D 空间中的朝向和旋转问题总是比想象中复杂，两种坐标系看似差不多，实际上是镜像对称的。为什么要叫左手坐标系和右手坐标系呢？手掌沿 x 轴放平，向 y 轴握拳，如果左手拇指指向 z 轴方向，就是左手坐标系；如果左手拇指方向和 z 轴相反，那么就是右手坐标系，如图 4-3 所示。这时如果换成右手，右手拇指就会和 z 轴方向相同了，因为手也是镜像对称的。

换句话说，关键不在于 y 轴朝上还是 z 轴朝上，而是 x 轴、y 轴和 z 轴三者的顺序。而且，无论让 x 轴、y 轴和 z 轴如何指向，最终只能得到左手坐标系或右手坐标系两种情况。例如，假设 z 轴向上，x 轴朝右，y 轴朝后，那么仍然会得到左手坐标系。

Unity 采用左手坐标系，且 x 轴、y 轴和 z 轴的默认方向与图 4-3 中的左图完全一致。x 轴、y 轴和 z 轴分别默认为右、上、前。

在其他资料中看到的另一种左右手坐标系的图解的手势略有不同，如图 4-4 所示。

如果大拇指指向 x 轴，食指指向 y 轴，中指指向 z 轴，同样也可以区分出左手坐标系与右手坐标系。结果与前面的方法也是一致的，读者可自行实验。

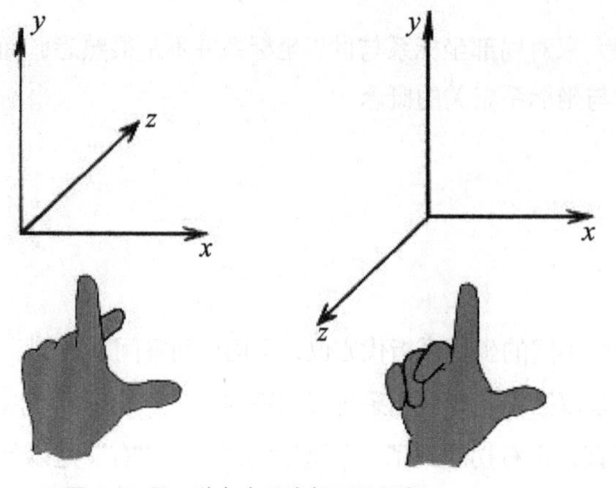

图 4-4 另一种左右手坐标系的图解

> **小提示**
>
> **熟记 Unity 坐标系顺序**
>
> 熟悉并记住 Unity 中坐标轴和朝向的对应关系，可以极大提高场景编辑和编写代码的效率。
>
> 右，x 轴；上，y 轴；前，z 轴。
>
> x 轴对应：右，(1, 0, 0)，红色，Vector3.right。
>
> y 轴对应：上，(0, 1, 0)，绿色，Vector3.up。
>
> z 轴对应：前，(0, 0, 1)，蓝色，Vector3.forward。

4.2.3 局部坐标系

每个物体都有它的局部坐标系，局部坐标系会随着物体进行移动、旋转或缩放，局部坐标系也称本地坐标系。以身高 1.8 米的人体为例，如果设人的脚底为局部坐标系的原点，那么人的腰部大约位于 (0, 1.2, 0) 的位置，头顶位于约 (0, 1.8, 0) 的位置。

高约 1.8 米的人体模型可以摆在场景中的任意位置，一般在场景中的位置指的都是世界坐标系的位置。而无论人体模型摆在哪，它的头顶相对自身的位置永远都是 (0, 1.8, 0)，即在人体模型的局部坐标系中，头顶的坐标值不随人物的移动而变化。相对地，人物头顶的世界坐标则会随着人物位置变化而变化。

下文将详细讲解 Unity 中的坐标表示。在 Unity 中，局部坐标系与“父子关系”这一概念密切相关，父物体的位置、旋转、缩放影响着它所定义的局部坐标系，而所有的子物体都是以这个局部坐标系定位的。

图 4-5 所示的下方物体是父物体，它的坐标为 (1, 2, 0)，上方物体是子物体，相对父物体的局部坐标是 (3, 2, 0)。在编辑器中分别选择两个物体，看到的坐标正是 (1, 2, 0) 和 (3, 2, 0)，如图 4-6 所示。也就是说，编辑器面板上的坐标数值，全都可以理解为局部坐标系的数值。

但是前文提到，对于场景中的第一级物体（没有父物体的物体），编辑器面板显示的是世界坐标系的数值，这里是不是存在矛盾呢？其实并没有问题，因为第一级物体的父节点就是场景本身，而场景的坐标系与世界坐标系是一致的。

图 4-5 所示的子物体相对父物体的坐标为 (3, 2, 0)，而

面板坐标(3, 2, 0)

子物体

面板坐标(1, 2, 0)

图 4-5 局部坐标系图解

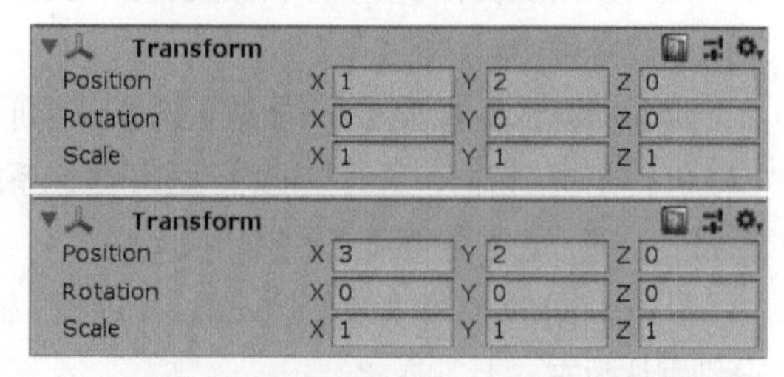

图 4-6 子物体 Transform 组件中的数值

子物体的世界坐标是 (4, 4, 0)，即 (3+1, 2+2, 0+0)。脚本中获取物体的世界坐标和相对父物体的坐标的方法如下。

```
using UnityEngine;

public class PositionTest : MonoBehaviour
{
    void Start()
    {
        // 当前物体的世界坐标系位置
        Vector3 worldPos = transform.position;
        Debug.Log("World Pos:" + worldPos);

        // 当前物体相对父物体的位置
        Vector3 localPos = transform.localPosition;
        Debug.Log("Local Pos:" + localPos);
    }
}
```

除了局部坐标系下的位置，还有局部坐标系下的朝向和缩放比例，其代码如下。

```
        // 旋转
        Quaternion worldRotation = transform.rotation;
        Quaternion localRotation = transform.localRotation;

        // 在父物体局部坐标系下的缩放。无法直接获得世界坐标系的缩放
        Vector3 localScale = transform.localScale;
```

其中获取旋转的数据需要用到四元数（Quaternion），本章后面会做解释。

理解世界坐标系与局部坐标系的关键：任何坐标数值在不同坐标系中有着不同的解释。例如，Vector3.up 是局部坐标系还是世界坐标系？答案是无法判断。其实 Vector3.up 的数值是固定的 (0, 1, 0)，而 (0, 1, 0) 具体代表什么，则完全取决于它是相对什么而言的。

```
        // 物体向着世界上方移动一米
        transform.position += Vector3.up;

        // 物体向自身的上方移动一米
        transform.Translate(Vector3.up);
        // 上面一句代码等价于下面这句
        transform.position += transform.up;

        // 错误的写法会导致计算结果意义不明
        transform.Translate(transform.up);   // !!! 错误的写法
```

要彻底弄清局部坐标系和世界坐标系的关系，还需要用到向量的知识，这在第 4.3 节会进一步讲解。

4.2.4 屏幕坐标系

2D 游戏和 3D 游戏的世界坐标系不尽相同，但是屏幕坐标系一定是 2D 的，因为显示设备是平面的。

通过 Input.mousePosition 可以获得鼠标指针在屏幕上的位置，类型为 Vector2。这个位置是以原始的“像素”为单位的，如 Game 窗口分辨率为 1920 像素 ×1080 像素，那么鼠标指针位置的取值范围就是从左下角的 (0，0) 到右上角的 (1919，1079)，这就是屏幕坐标系的原始取值。

可以通过摄像机的 ScreenToViewportPoint() 方法，将原始的屏幕坐标转化为视图空间中的一点。通过该方法形成的坐标系称为视图坐标系，这个空间位置具有 x、y 和 z 共 3 个分量。z 分量暂不讨论，而 x 分量和 y 分量取值范围在 0~1 之间，一般情况下就是屏幕坐标系位置归一化得到的，也就是说左下角是 (0，0) 点，右上角是 (1，1) 点，屏幕正中央则是 (0.5，0.5)。

其脚本的具体写法如下。

```
// 鼠标指针位置是屏幕坐标系
Vector2 mousePos = Input.mousePosition;
Debug.Log("鼠标指针在屏幕上的位置：" + mousePos);

// 将鼠标指针位置转化为视图坐标系时，需要利用摄像机计算
Vector3 viewPoint = Camera.main.ScreenToViewportPoint(Input.mousePosition);
Debug.Log("鼠标指针位置的视图坐标为：" + viewPoint);
```

4.3 向量

在游戏开发中会反复用到向量的概念，以及 Vector3 这个数据类型，向量的重要性不言而喻。不仅在空间中位置和方向可以用向量表示，而且在物理系统中向量还有更多用途，它可以表示力、速度和加速度等概念。

在数学中，既有大小又有方向的量就是向量。在几何中，向量可以用一段有方向的线段表示，如图 4-7 所示。

向量是一个极其有用的数学概念，它具有两个基本要素：大小和方向。换句话说，只要能表示大小和方向的方法都可以表示向量。向量至少有两种表示方法：几何表示法和坐标表示法。

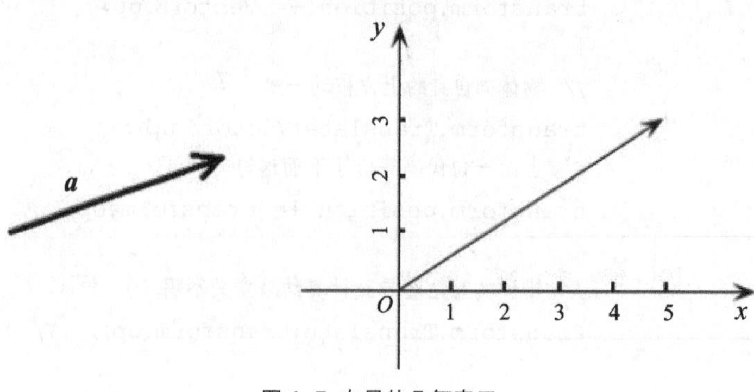

图 4-7 向量的几何表示

几何表示法：画出一个箭头，箭头方向代表向量的方向；箭头的起点代表向量起点，箭头终点代表向量终点，线段的长度就是向量的长度。

坐标表示法：在空间中建立坐标系，将向量从起点移动到坐标系原点，向量终点的坐标值就可以表示向量。

还有其他方法可以表示向量。例如，可以用一个长度为 1 的向量表示方向，再用另一个数字表示向量长度；也可以用一个角度代表方向，一个值代表长度。总之，只要能准确表示出大小和方向，就可以正确表示一个向量。

位置（坐标点）与向量的关系

一般来说，一个向量的起点是可以自由移动的，但无论怎么移动，向量也不会有变化。而坐标系中的一个点，代表着一个特定的位置。有趣的是，向量和位置都可以用一组坐标来表示。

例如，点 (3, 2) 与向量 (3, 2) 在数值上是一致的，但它们的物理意义不同。

编程时更容易混淆，由于无论是点还是向量，都用 Vector2 或 Vector3 表示，从字面上无法区分是点还是向量，因此清晰的思路至关重要。

4.3.1 向量加法

向量的加法为 x、y、z 分量分别相加，在几何上的表示方法如图 4-8 所示。

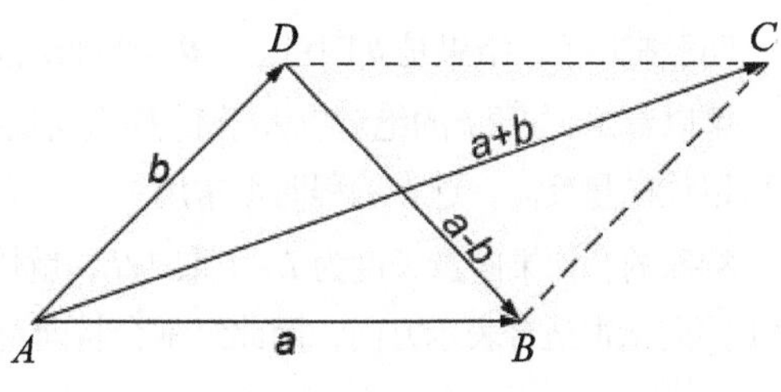

图 4-8 向量加减法图示

从 A 点到 C 点的向量，就是向量 $\boldsymbol{a}+\boldsymbol{b}$ 的结果。注意，由于从 D 点到 C 点的向量与向量 $\boldsymbol{a}$ 完全相等，因此向量 $\boldsymbol{a}+\boldsymbol{b}$ 既可以看作平行四边形的对角线，也可以看作 $\overrightarrow{AD}$ 加 $\overrightarrow{DC}$ 得到的。这就得到了向量加法在几何中的两种表示方法：首尾相接法和平行四边形法。

首尾相接法是先平移一个向量，让它的起点与另一个向量的终点重合，然后连接另一个向量的起点和该向量的终点。

平行四边形法是将两个向量的起点放在一起，然后作一个平行四边形，对角线向量即两个向量的和。

用坐标表示向量相加，公式为

$$(x_1, y_1, z_1) + (x_2, y_2, z_2) = (x_1 + x_2, y_1 + y_2, z_1 + z_2)$$

如果代入数字试验，会发现画图和计算得到的结果相同。

在物理上，向量相加用来计算两个力的合力，或者几个速度分量的叠加。在日常生活中也有向量加法的例子，例如，从家里到学校位移为 v_1，从学校走到商店位移为 v_2，将这两个位移相加就得到了从家里直接到商店的位移，即 v_1+v_2。

4.3.2 向量减法

什么是负向量？ $-\boldsymbol{a}$ 就是大小和向量 $\boldsymbol{a}$ 相同，方向相反的一个向量，称之为向量 $\boldsymbol{a}$ 的负向量。

那么运算向量 $\boldsymbol{a}-\boldsymbol{b}$ 就可以看作 $\boldsymbol{a}+(-\boldsymbol{b})$。图 4-8 已经表明了向量 $\boldsymbol{a}-\boldsymbol{b}$ 的几何表示方法。

向量减法的坐标计算公式为

$$(x_1, y_1, z_1) - (x_2, y_2, z_2) = (x_1 - x_2, y_1 - y_2, z_1 - z_2)$$

具体来说，任意两个向量相减，可以按如下步骤操作。

01 将两个向量的起点放在一起。

02 向量 $\boldsymbol{a}$ 减去向量 $\boldsymbol{b}$，得到的向量 $\boldsymbol{a}-\boldsymbol{b}$，它从向量 $\boldsymbol{b}$ 的终点指向向量 $\boldsymbol{a}$ 的终点。

将这一特性引申理解。如果相减的两者不是向量，而是位置，进行向量减法运算后依然能得到一个向量。也就是说，位置 A 减去位置 B 会得到一个向量，其起点为 B，终点为 A。

位置相减的方法极其有用，在第 2 章里计算摄像机与玩家角色之间的向量，正是用玩家角色位置减去摄像机位置得到的。每一帧都用玩家角色位置减去这个向量，就得到了摄像机应该在的位置。

4.3.3 向量的数乘

向量乘以数字的定义也比较直观，如图 4-9 所示。

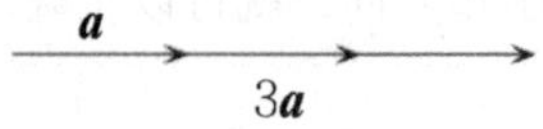

坐标表示为 $k(x,y,z)=(kx,ky,kz)$

由于 k 可以是正数、负数或 0，因此可以表达如下。

$\boldsymbol{a}$

$3\boldsymbol{a}$

图 4-9 向量数乘示意图

向量乘以一个正数 k，结果是一个新的向量，长度为原向量长度乘以 k，方向不变。

向量乘以一个负数 k，结果是一个新的向量，长度为原向量长度乘以 k 的绝对值，方向反向。

向量乘以 0，结果是 $\boldsymbol{0}$ 向量。（$\boldsymbol{0}$ 向量长度为 0，方向不确定）

可以看出，如果 k 的绝对值大于 1，那么向量会变长；如果 k 的绝对值小于 1，那么向量长度会缩短。k 取 -1 时可以让向量反向，这在编程时很常用。

特殊的，如果向量长度为 L，k 取 $1/L$，就恰好能让原向量长度变成 1，这称为向量的标准化。由于长度为 1 的向量很适合表示方向，因此经常会将向量标准化，其示例代码如下。

```
Vector3 a=new Vector3(2,1,0);
Vector3 na=a/a.magnitude;    //a.magnitude 就是 a 的长度，术语叫作“a 的模”
// 以上写法等价于：
Vector3 na2=a.normalized;
// 还等价于：
Vector3 na3=Vector3.Normalized(a);
// 还等价于：
Vector3 na4=(1/a.magnitude)*a;
```

以上代码用到了向量两个常用的属性：magnitude（向量的模）和 normalized（标准化）。

4.3.4 向量的点积

两个向量的点积是一个标量，其数值为两者长度相乘，再乘以两者夹角的余弦：

$$\boldsymbol{a}\cdot\boldsymbol{b}=|\boldsymbol{a}|\cdot|\boldsymbol{b}|\cos\theta$$

用坐标表示，公式为

$$(x_1,y_1,z_1)\cdot(x_2,y_2,z_2)=x_1x_2+y_1y_2+z_1z_2$$

注意到，两个向量的点积是一个数（标量），只有大小，没有方向。而且点乘满足交换律，如向量 $\boldsymbol{a}\cdot\boldsymbol{b}=\boldsymbol{b}\cdot\boldsymbol{a}$。

数学中的所有运算规则都有着深刻的内涵。向量加减法的定义是比较直观的，那么点乘为什么这么定义，又有什么用呢？

首先比较明显的一点是，由于夹角的余弦具有正负值，因此通过两个向量的点积正负，可以快速判断两个向量的夹角。

若点积等于 0，则两者垂直；

若点积大于 0，则两者夹角小于 90°；

若点积小于 0，则两者夹角大于 90°。

不用考虑夹角大于 180° 的情况，读者可以想想为什么（提示：点乘满足交换律）。

点积还有一个重要含义——投影距离。

考虑一个问题：如图 4-10 所示，车辆正在沿向量 ***b*** 的方向行进，前面有人拉车，但拉车的力为向量 ***a***，向量 ***a*** 与向量 ***b*** 存在 30° 夹角。很明显，拉力 ***a*** 并没有全部转化为对车的牵引力，垂直于车辆前进方向的力被抵消了，真正对车辆行进有贡献的力是 ***a'***，那么 ***a'*** 如何计算呢？直接用点乘即可。但是，如果直接用 ***a*** 点乘 ***b***，结果会受 ***b*** 的长度影响。为了去除 ***b*** 长度的影响，只取 ***b*** 的方向，将 ***b*** 标准化即可。

$$\boldsymbol{a}\cdot\boldsymbol{b}=|\boldsymbol{a}|\cdot|\boldsymbol{b}|\cos\theta=|\boldsymbol{a}|\cos\theta=|\boldsymbol{a}'| \qquad (|\boldsymbol{b}|=1)$$

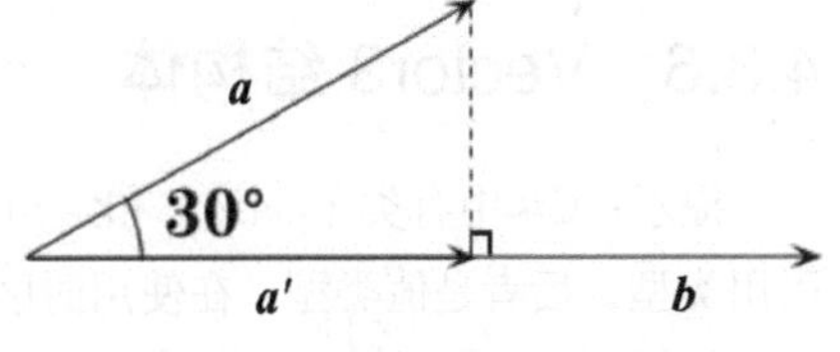

图 4-10 向量点乘与投影示意图

注意，这样得到的结果是一个数（标量），代表 ***a'*** 的大小，如图 4-10 所示。

上述算法用如下代码表达：

```
Vector3 a=new Vector3(2,1,0);
Vector3 b=new Vector3(3,0,0);
Vector3 dir_b=b.nomalized;              //dir_b 是标准化的向量 b
float pa=Vector3.dot(a,dir_b);          //pa 即是向量 a 在向量 b 方向的投影长度
```

4.3.5 向量的叉积

为结合实际，本小节只讨论三维向量的叉积。

两个向量的叉积是一个新的向量，新向量垂直于原来两个向量所构成的平面，如图 4-11 所示。叉积的方向用左手定则判断（用左手还是右手与坐标系有关）。

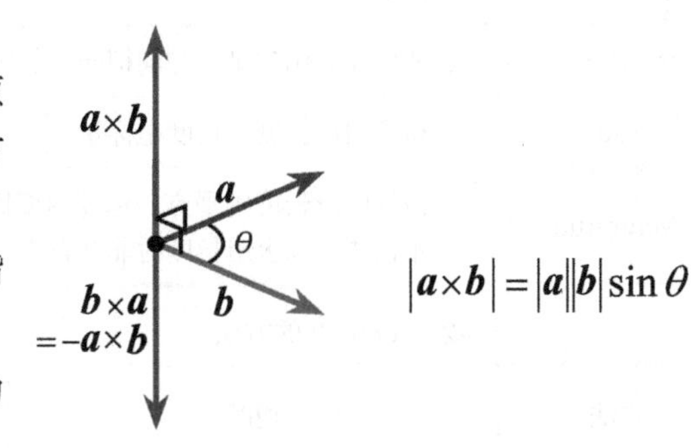

图 4-11 向量的叉积图解

手掌沿第 1 个向量放平，向第 2 个向量握拳，拇指的指向即叉积方向。

当向量 ***a*** 与向量 ***b*** 共线（同向或反向）时，叉积为 ***0*** 向量。

可以看出，两个向量叉乘的顺序不同，手掌转向会不同，结果方向相反，因此叉乘不满足交换律。

在游戏开发中也经常会使用叉积，因为叉积有着一个重要的用途——求法线，如图 4-12 所示。

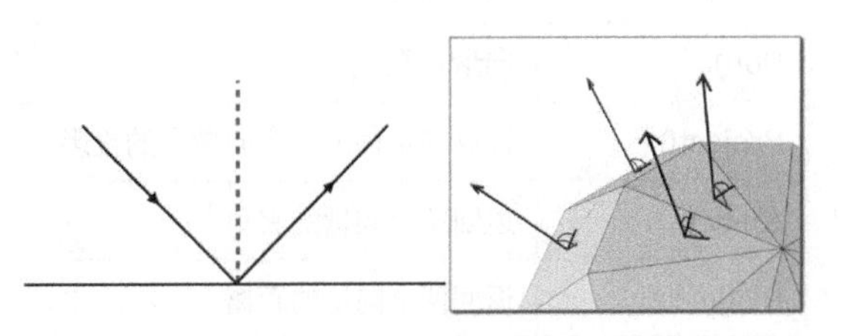
图 4-12 法线图解

简单来说，法线就是垂直于平面的线，用法线可以方便地指代平面的朝向。

在游戏开发中，平面要区分正反两面，因此法线用向量表示，法线方向就是平面的方向。一般法线长度固定为 1 以便计算。

有了叉积，很多时候可以方便地获取法线。例如，玩家站在地形的一个平面上，想要获取平面法线，需要先用其他方法获得平面上的任意两个向量，只要这两个向量夹角不为 0° 或 180° ，取它们的叉积就可以获得法线向量（也可以将叉积结果标准化）。其对应的脚本写法如下。

```
Vector3 a=new Vector3(2,1,1);     //a 和 b 是某个平面上的任意两个向量
Vector3 b=new Vector3(3,0,2);
Vector3 n=Vector3.Cross(a,b);     //n 是该平面的法线
n=n.normalized;                   // 将 n 标准化
```

4.3.6 Vector3 结构体

提示：C# 中有类（class）和结构体（struct）区别，虽然它们都具有字段、属性和方法，但是前者是引用类型，后者是值类型，在使用时区别不小。Vector2 和 Vector3 属于结构体，详情可参考 C# 语言与结构体相关的语法。

在 Unity 中，与向量有关的结构体有 Vector2、Vector3，分别用来表示二维向量和三维向量，其中 Vector3 最为常用。下面列举 Vector3 的属性（表 4-1）、方法（表 4-2）和运算符（表 4-3）。

表 4-1 Vector3 的属性

字段或属性	说明
x	向量的 x 分量
y	向量的 y 分量
z	向量的 z 分量
normalized	得到标准化向量（方向相同，长度为 1）
magnitude	得到向量长度，长度是标量
sqrMagnitude	得到向量长度的平方。运算速度比得到长度要快，因为少一步开方运算。在仅比较两个长度、不需要精确求出长度时非常有用

表 4-2 Vector3 的方法

方法	说明
Cross()	向量叉乘
Dot()	向量点乘
Project()	计算向量在另一个向量上的投影
Angle()	返回两个向量的夹角
Distance()	返回两个向量的距离

表 4-3 Vector3 的运算符

运算符	说明
+	用于向量相加
-	用于向量相减
*	用于向量乘以标量
/	用于向量除以标量
==	判断两个向量是否相等
!=	判断两个向量是否不相等

4.3.7 位置与向量的关联

在数学中，点的坐标与向量是不同的概念，如图 4-13 所示。

点 A 坐标为 (1, 2)，点 B 坐标为 (2, 3)，向量 $\overrightarrow{AB}$ 可以记为 (1, 1)。

在数学符号系统中，点用大写字母表示，向量会以两个点的名称再加顶上箭头表示，或者用小写字母加顶上箭头表示，印刷品会以黑斜体小写字母表示。总之在表示向量时，有特定的符号和记法，以使读者能够比较清楚地区分向量和点。而在程序中，向量和坐标位置的记法就比较模糊，这可能会引起混淆。

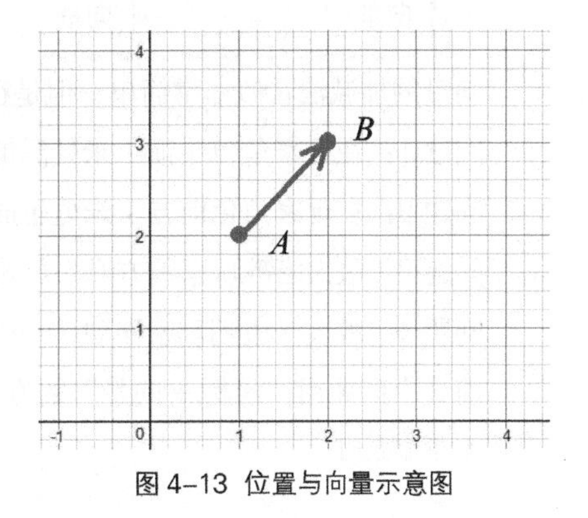

图 4-13 位置与向量示意图

向量和坐标可以混合计算，这也代表它们本质上是有联系的。A 点的坐标既是一个位置坐标，又是向量 $\overrightarrow{OA}$ 的值（O 是坐标原点，坐标为 (0, 0)，所以用 A 点的坐标减去 O 点的坐标就得到了向量 $\overrightarrow{OA}$）。换句话说，任何一个点的坐标都可以看成从原点到该点的向量。

由于向量是自由向量，它的起点可以任意平移，因此它更多地表示一个相对关系。

在脚本中，向量和位置都是以 Vector3 表示的，那如何区分坐标和向量呢？实际上，仅从字面上无法区分，关键是代码的意图决定了 Vector3 的意义。

```
// 这是当前物体的 A 坐标
Vector3 p1=transform.position;
// 这是物体 B 的坐标
Vector3 p2=gameObjectB.transform.position;
// 这是从当前物体 A 到 B 的向量
Vector3 diff=p2-p1;
// 获得了一个新的坐标 C，位于比 B 远离当前物体 A 一倍的位置
Vector3 p3=p2+diff;

// 从物体 C 的位置出发，发生从 A 到 B 的位移，得到新的坐标
Vector3 p3=gameObjectC.transform.position+diff;

// 调整向量的长度为一半
Vector3 diffHalf=diff*0.5f;
```

以上代码中，坐标和向量不仅都用 Vector3 表示，而且它们之间还会发生运算，常用的情况如表 4-4 所示。

表 4-4 坐标与向量的关系

元素 1	运算符	元素 2	一般意义
坐标	+	坐标	无意义。特殊情况如 (A+B)/2 可以得到线段的中点
坐标	+	向量	从某个坐标位移一段距离，得到新的坐标
向量	+	向量	叠加得到一个新的向量，详见向量加法的几何意义
坐标	-	坐标	得到一个向量，从第 2 个位置指向第 1 个位置
坐标	-	向量	得到新的坐标，相当于加上负向量

（续表）

元素 1	运算符	元素 2	一般意义
向量	–	向量	得到一个向量，不同情景下有不同意义，详见向量减法

向量的加减法看似非常简单，但是在游戏开发中非常常用，例如以下问题。

问题 1：在玩家角色头顶 1 米处添加粒子。

问题 2：在玩家角色前方 1 米处生成炮塔。

问题 3：敌人瞄准玩家前方 0.5 米处（射击的提前量）。

问题 4：敌人一边朝玩家移动，一边躲开危险区域。

前 3 个问题用“坐标 + 向量”的方法即可解决。问题 4 代表了一类游戏 AI 问题，了解了向量的基本运算就不难解决了。

4.3.8 向量坐标系的转换

在 Unity 中，可以使用 transform.TransformPoint() 方法将局部坐标转换为世界坐标，也可以使用 transform.InverseTransformPoint() 方法将世界坐标转换为局部坐标。transform.TransformDirection() 和 transform.InverseTransformDirection() 方法则用于向量的全局坐标系和局部坐标系之间的转换。两者的差异在于 TransformPoint() 是转换坐标专用的，TransformDirection() 是转换向量专用的。

以下通过示例讲解如何通过全局坐标系和局部坐标系改变物体的运动方向。

01 在 Unity 场景中，新建一个立方体，并将旋转的 Y 值改为 300，也就是沿 y 轴旋转 300°。

02 新建脚本 CoordinateLocal.cs，其内容如下。

```
using UnityEngine;
public class CoordinateLocal:MonoBehaviour{
    void Update(){
    transform.Translate(Vector3.forward*Time.deltaTime);
    }
}
```

将该脚本挂载到立方体上，运行游戏，会看到立方体沿着自身的 z 轴方向慢慢移动。

03 新建脚本 CoorindateWorld.cs，其内容如下。

```
using UnityEngine;
public class CoordinateWorld:MonoBehaviour{
void Update(){
        Vector3 v=transform.InverseTransformDirection(Vector3.forward);
        transform.Translate(v*Time.deltaTime);
    }
}
```

将新建的脚本挂载到立方体上，并取消勾选原来的脚本 CoordinateLocal.cs，因此就只有新的脚本发挥作用了。可以通过取消勾选或勾选的方式在两个脚本之间切换。

这时运行游戏，就会发现立方体沿着世界坐标系的 z 轴方向移动了。下面解释一下以上结果。

transform.Translate() 函数默认是以局部坐标系为基准的，因此在第 1 个脚本中，虽然 Translate() 函数参数为 Vector3.forward，但是依然会以局部坐标系的前方为准。Vector3.forward 的值是常数 (0,0,1)，它在不同的坐标系代表不同的“前方”。

第 2 个脚本稍微复杂一点，由于 Translate() 函数默认以局部坐标系为准，因此就要把世界坐标系的“前方”转化为局部坐标系的向量 v。这里认为 Vector3.forward 是世界坐标系的“前方”，用 InverseTransformDirection() 方法将向量 (0,0,1) 以局部坐标系表示（也就是向量 v），然后以 v 作为参数执行 Translate() 方法，就会使立方体朝世界坐标系的前方移动了。

4.4 矩阵简介

与向量一样，矩阵也是 3D 数学的基础。矩阵就像一个表格，具有若干行和列。要正确进行物体的位移、旋转和缩放变换，就必须要用到矩阵。

3D 游戏中的向量一般只有 3 个维度，但矩阵要使用 4 × 4 矩阵，主要原因是要用矩阵实现平移，3 × 3 矩阵是不够的。4 × 4 矩阵是能够正常进行所有常用变换的最小矩阵。

4.4.1 常用矩阵介绍

介绍 3D 游戏中矩阵算法的问题远超出了本书的介绍范围，以下仅展示单独的平移、旋转和缩放矩阵，让读者对矩阵有一个直观的认识，消除陌生感。

1. 平移矩阵

$$\boldsymbol{T}(p)=\begin{bmatrix}1&0&0&0\\0&1&0&0\\0&0&1&0\\p_x&p_y&p_z&1\end{bmatrix}$$

向量 $\boldsymbol{v}$ 乘以 $\boldsymbol{T}(p)$，相当于让向量 $\boldsymbol{v}$ 的 x、y、z 分量分别变化 p_x、p_y、p_z。

2. 旋转矩阵

$$\boldsymbol{X}(\theta)=\begin{bmatrix}1&0&0&0\\0&\cos\theta&\sin\theta&0\\0&-\sin\theta&\cos\theta&0\\0&0&0&1\end{bmatrix}$$

此矩阵可以让向量沿着 x 轴旋转 θ 角。

3. 缩放矩阵

$$\boldsymbol{S}(q)=\begin{bmatrix}q_x&0&0&0\\0&q_y&0&0\\0&0&q_z&0\\0&0&0&1\end{bmatrix}$$

缩放矩阵可以对向量的各个分量进行缩放，向量 $\boldsymbol{v}$ 与 $\boldsymbol{S}(q)$ 相乘后，$\boldsymbol{v}$ 的 3 个分量分别缩放 q_x、q_y、q_z 倍。

矩阵变换最强大的地方在于，它可以通过矩阵乘法进行组合，组合以后通过一个矩阵就可以表示一组连续的变换操作，假设有 3 个矩阵 $\boldsymbol{S}$、$\boldsymbol{R}$、$\boldsymbol{T}$ 分别进行缩放、旋转、位移操作，三者相乘得到了 $\boldsymbol{M}$ 矩阵。那么

$$\boldsymbol{vSRT}=\boldsymbol{vM}$$

用向量 $\boldsymbol{v}$ 依次乘以 $\boldsymbol{S}$、$\boldsymbol{R}$、$\boldsymbol{T}$ 矩阵以进行变换，得到的结果和向量 $\boldsymbol{v}$ 直接乘以 $\boldsymbol{M}$ 矩阵得到的结果是一致的。

虽然矩阵的作用很强大，但是由于其使用有一定门槛，因此 Unity 封装了一些矩阵和变换函数，用户可

以直接使用。旋转相关的问题还可以用四元数（Quaternion）来解决，进一步降低了直接操作矩阵的必要性。

4.4.2 齐次坐标

在 3D 数学中，齐次坐标就是将原本的三维向量 (x, y, z) 用四维向量 (x, y, z, w) 来表示。

引入齐次坐标有如下目的。

更好地区分坐标点和向量。在三维空间中，(x, y, z) 既可以表示一个点，也可以表示一个向量。如果采用齐次坐标，则可以使用 $(x, y, z, 1)$ 代表坐标点，而用 $(x, y, z, 0)$ 代表向量。在进行一些错误操作时，例如将两个坐标点相加，会立即得到一个错误的结果，避免引起混乱。

统一用矩阵乘法表示平移、旋转和缩放变换。3×3 的矩阵可以用于表示旋转和缩放矩阵，但是无法表示平移。用 4×4 的矩阵就可以表示所有的常用变换，包括平移、旋转、缩放、斜切，以及它们的组合。

齐次坐标是计算机图形学中一个非常重要的概念，但在游戏逻辑开发中很少考虑齐次坐标的问题，只在处理渲染问题或编写着色器时会用到。

4.5 四元数

在场景窗口中旋转物体是一项基本操作。可以用旋转工具改变物体角度，也可以在 Inspector 窗口中改变物体的 X、Y、Z 值（欧拉角）来改变物体角度，如图 4-14 所示。

用欧拉角表示角度和旋转，简单又直观。但一般人想不到，物体在三维空间中的旋转并不是一个简单问题，用 3 个角度表示是远远不够的。

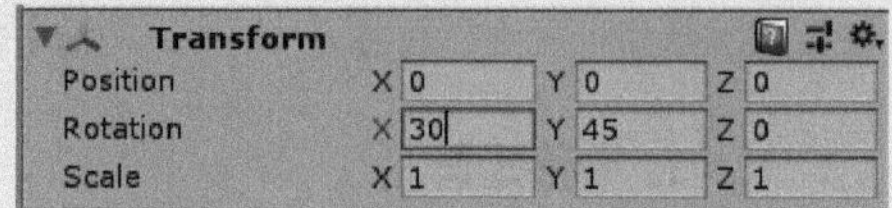

图 4-14 Inspector 窗口中的欧拉角

4.5.1 万向节锁定

要说明三维物体旋转的复杂性，从“万向节锁定”这一问题入手最有说服力。

虽然可以调整欧拉角到任意角度，但欧拉角的 3 个轴并不是独立的，x 轴、y 轴和 z 轴之间存在嵌套结构，如图 4-15 所示，这种嵌套结构被称为“万向节”，意思是可以转到任意角度的关节。

当中层轴旋转时，会带动内层的轴跟着旋转。通常三维软件的欧拉角，从外层到内层是按照 y 轴→x 轴→z 轴的顺序，也就是说沿 x 轴的旋转会影响 z 轴。

图 4-15 欧拉角的 3 个轴具有关联性

万向节锁定的详细介绍在网上资料很多，感兴趣的读者可以多看一些资料深入理解。下面用 Unity 演示怎样让万向节锁定。

01 在场景中新建一个立方体。

02 用鼠标在 Inspector 窗口中朝向的 X、Y、Z 这 3 个字母上拖曳，不要在场景中用鼠标直接旋转物体，这样可以看到 3 个轴分别是如何旋转的。

03 将绕 x 轴的旋转改为 90°，y 轴和 z 轴的旋转改为 0。

04 用鼠标在旋转的 Y 和 Z 字母上拖曳，修改绕 y 轴和 z 轴的旋转。这时会发现，绕 y 轴和 z 轴的旋转方向变成一样了，缺少了一个自由度，如图 4-16 所示。

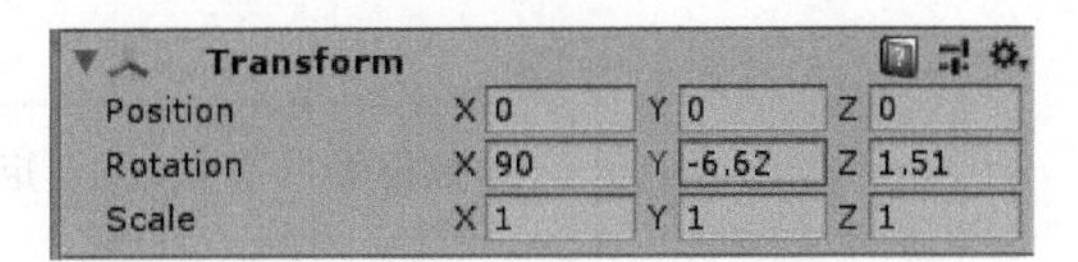

图 4-16 绕 x 轴旋转设为 90°，模拟万向节锁定

小提示

Unity 引擎内部并没有万向节锁定问题

值得说明的是，Unity 内部是用四元数表示物体的旋转，这里并不会真的遇到锁定问题，只是在编辑器界面上模拟了万向节锁定的效果。

如果用旋转工具在场景里直接旋转物体，就跳过了编辑窗口的限制，物体仍然可以自由旋转。

按照上述步骤操作，会顺利进入“万向节锁定”的状态。一旦进入此状态，物体旋转就会受限制。如果游戏系统是基于欧拉角设计的，那么在主角会俯仰运动的游戏，特别是空战游戏中，万向节锁定问题会显得非常严重，如飞机在俯冲时的操纵就会变得很奇怪，而且在其他类型游戏中也会带来各种各样的问题。

讲到这里，读者可能还没有完全理解 3D 旋转的奥妙，但它具有的复杂性已经毋庸置疑了。幸运的是，爱尔兰数学家、物理学家哈密尔顿在 1843 年提出的“四元数”能够让我们跨越欧拉角，彻底解决旋转难题。

4.5.2 四元数的概念

四元数包含一个标量分量和一个三维向量分量，四元数 Q 可以记作

$$Q=[w,(x,y,z)]$$

在 3D 数学中使用单位四元数表示旋转，下面给出四元数的公式定义。对于三维空间中旋转轴为 n，旋转角度为 a 的旋转，如果用四元数表示，则 4 个分量分别为

$$w=\cos(\alpha/2)$$
$$x=\sin(\alpha/2)\cos(\beta_x)$$
$$y=\sin(\alpha/2)\cos(\beta_y)$$
$$z=\sin(\alpha/2)\cos(\beta_z)$$

用四元数表示旋转一点也不直观，4 个分量 w、x、y 和 z 与绕各轴的旋转角度并没有直接的对应关系。在实际游戏开发中不要试图获取和修改某一个分量，应当只做整体处理。

前面提到，矩阵也可以表示旋转，而且矩阵也不存在万向节锁定问题。其实，旋转还可以用欧拉角和四元数表示，但是每一种表示方法都有其各自的优缺点，表 4-5 对这 3 种方式进行了对比。

表 4-5 3 种表示旋转的方法对比

	欧拉角	矩阵	四元数
旋转一个位置点	不支持	支持	不支持
增量旋转	不支持	支持，运算量大	支持，运算量小
平滑差值	支持（存在问题）	基本不支持	支持
内存占用	3 个浮点数	16 个数值	4 个浮点数
表达式是否唯一	无数种组合	唯一	互为负的两种表示

（续表）

	欧拉角	矩阵	四元数
潜在问题	万向节锁定	矩阵蠕变	误差累计

一方面，由于3种表示旋转的方法都有各自的优势和缺点，因此在实际中会根据具体需求进行考虑。另一方面，由于旋转的表示方法非常重要，因此应当尽可能在引擎层面进行统一，这样才能尽可能减少开发游戏时的问题。

小提示

编辑器里显示欧拉角是为了使用方便

Unity 内部旋转是用四元数，即结构体 Quaternion 表示的，但是在界面上很多地方会转为更直观的欧拉角，以便设计师直接指定旋转的角度。

这种方式兼顾了准确性和便利性。

4.5.3 Quaternion 结构体

下表详细介绍了 Quaternion（四元数）结构体的属性（表 4-6）和方法（表 4-7）。

表 4-6 四元数的属性

Quaternion 属性	说明
x	四元数的 *x* 分量，不应直接修改
y	四元数的 *y* 分量，不应直接修改
z	四元数的 *z* 分量，不应直接修改
w	四元数的 *w* 分量，不应直接修改
this[int index]	允许通过下标运算符访问 *x*、*y*、*z*、*w* 分量。例如 [1] 可以访问 *y*
eulerAngles	获得对应的欧拉角
identity	获得无旋转的四元数

表 4-7 四元数的方法和运算符

Quaternion 方法	说明
ToAngleAxis	将旋转转换为一个轴和一个角度的形式
SetFromToRotation	与 FromToRotation 类似，但是直接修改当前四元数对象
SetLookRotation	与 LookRotation 类似，但是直接修改当前四元数对象
*	四元数相乘，代表依次旋转的操作
==	判断四元数是否相等
!=	判断四元数是否不相等
Dot	两个旋转点乘
AngleAxis	根据一个轴和一个角度获得一个四元数
FromToRotation	获得一个四元数，代表从 from 到 to 向量的旋转
LookRotation	给定前方和上方向量，获得一个旋转

（续表）

Quaternion 方法	说明
Slerp	插值，根据比例在两个四元数之间进行球面插值
Lerp	插值，根据比例在两个四元数之间进行插值并将结果规范化
RotateTowards	将旋转 from 变到旋转 to
Inverse	返回四元数的逆
Angle	返回两个旋转之间的夹角
Euler	转换为对应的欧拉角

4.5.4 理解和运用四元数

在“位置与向量的关联”小节中，详细讲解了“位置”与“向量”的区别。接下来引出与之对应的另一对概念——“朝向”与“旋转”。

就好比“位置”是一个具体的坐标，“朝向”也是具体的状态，如朝南、朝北、朝欧拉角 (30, 30, 0)，都是表达物体的一个固定方向。只要 A 物体朝向世界坐标系的后方，就可以确定它的欧拉角为 (0, 180, 0)。由于欧拉角允许超过 360° 或者是负角度，因此严谨地说欧拉角应当是 ($360\times n$, $180+360\times n$, $360\times n$)，其中 n 为整数。

“旋转”有点像前文提到的“向量”，指的是一个旋转的变化量。例如“右转 90° ”就是一个旋转，如果面朝南，右转 90° 就是朝西；如果面朝东，右转 90° 就是朝南。将位置、向量与朝向、旋转类比，可以形成清晰的概念。

前文提到，位置和向量都是用 Vector3 表示。不出意料，朝向和旋转都是用四元数（Quaternion）表示。理解了 Vector3 加法的意义，就可以类比出四元数的旋转操作，只是加法变成了乘法。表 4-8 说明了四元数乘法的含义。

表 4-8 旋转和朝向的关系

元素 1	运算符	元素 2	一般意义
朝向	*	朝向	错误操作，意义不明
朝向	*	旋转	从某个朝向开始，旋转一个角，得到新的朝向
旋转	*	旋转	组合两次旋转，得到合并的结果

向量加法中，向量 $a+b$ 和向量 $b+a$ 没有什么不同，但在旋转问题中，$q_1\times q_2$ 与 $q_2\times q_1$ 的结果一般不相等。也就是说，四元数相乘不满足交换律，这也印证了三维空间中物体的旋转不是一个简单的问题。

更有意思的是，四元数乘法可以直接作用于向量，这样就可以方便地直接旋转向量了，如表 4-9 所示。

表 4-9 用四元数旋转向量的方法

元素 1	运算符	元素 2	一般意义
朝向	*	向量	错误操作
旋转	*	向量	将向量旋转一个角，得到新的向量

注意四元数乘以向量时，必须四元数在前，向量在后。不存在“向量 * 四元数”的操作，代码中写“向量 * 四元数”会报错。

下面补充一个演示程序，实际演示一下四元数旋转。

01 新建一个场景，然后在场景中新建一个胶囊体，位置归 0。

02 给胶囊体新建一个立方体作为子物体，可以给子物体赋予有颜色的材质。

03 将立方体移动到胶囊体前方，这是为了方便区分胶囊体的方向，模拟人形角色，如图 4-17 所示。

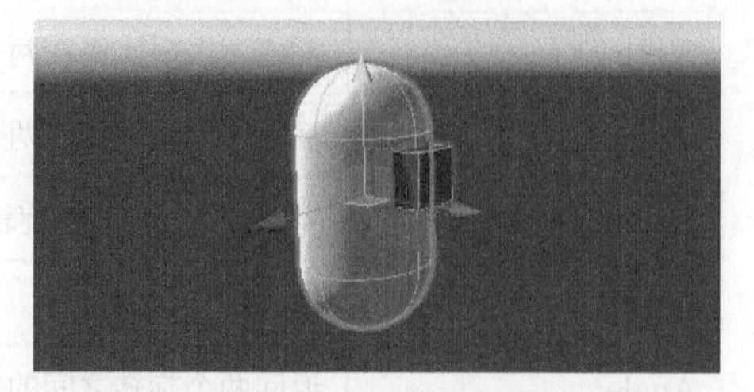

图 4-17 一个可以区分正面的胶囊体，方便测试

04 新建脚本 QuatTest，其内容如下。

```
using UnityEngine;

public class QuatTest : MonoBehaviour
{
    void Update()
    {
        float v = Input.GetAxis("Vertical");
        float h = Input.GetAxis("Horizontal");

        // 将横向输入转化为左右旋转，将纵向输入转化为俯仰旋转，得到一个很小的旋转四元数
        Quaternion smallRotate = Quaternion.Euler(v, h, 0);

        // 将这个小的旋转叠加到当前旋转位置上
        if (Input.GetButton("Fire1"))
        {
            // 按住鼠标左键或 Ctrl 键时，沿世界坐标轴旋转
            transform.rotation = smallRotate * transform.rotation;
        }
        else
        {
            // 不按鼠标左键和 Ctrl 键时，沿局部坐标轴旋转
            transform.rotation = transform.rotation * smallRotate;
        }
    }
}
```

05 将脚本挂载到胶囊体上，进行测试。

运行游戏，按 W、A、S、D 键或方向键可以看到胶囊体沿自身的坐标轴转动；如果按住攻击键（默认为鼠标左键或 Ctrl 键）再旋转，则会发现胶囊体沿世界坐标轴转动。

仔细观察代码，会发现用四元数表示旋转很方便。通过 transform.rotation 可以获取物体当前的朝向，通过 Quaternion.Euler() 方法可以借用角度创建出任意的旋转量。未来与旋转有关的操作都可以套用这两种基本方法。

但是细心的读者可能会发现一个问题：沿世界坐标轴旋转时，用的是“朝向 = 旋转 * 朝向”的操作，这一操作不符合前文所说的“朝向 * 旋转 = 新的旋转”的解释。

这里又再次体现出了三维空间中旋转的复杂性：首先，四元数相乘不符合交换律，相乘顺序不同会影响结果；其次，也可以认为相乘顺序的不同导致“旋转轴”不同。这样又了解到一个技巧：通过交换四元数相乘的顺序，可以让物体沿不同坐标系的坐标轴进行旋转。

4.5.5 四元数的插值

前文通过介绍“万向节锁定”，解释了使用四元数的必要性。其实四元数还有一个“绝活”，那就是做动画与插值。

物体的转向动画应该是直接的、均匀的，不能给人“绕远”的感觉。几何上，在球面上的两点之间移动，沿“大圆”的路径是最短的。大圆的定义是“过球心的平面与球面相交形成的圆”，换句话说就是能在球面上画出的最大的那一类圆。

以地球的经纬线为例，所有纬线中只有赤道是大圆，其他纬线都不是大圆，而所有的经线都是大圆，如图 4-18 所示。两个朝向之间的旋转动画，当旋转的路径符合大圆时，旋转路径就是最短的，看起来也最舒服。

欧拉角在制作旋转动画时具有很大缺陷。如果仅沿一个轴旋转，例如从朝南转向朝东，则用欧拉角的角度的线性变化也能做出正确的动画，而当旋转较为复杂，*x* 轴、*y* 轴和 *z* 轴都有旋转时，物体则不会按照“大圆”的路径运动，得到的效果会很奇怪。矩阵在表现旋转动画时，也很难计算正确的插值点。

而四元数就很擅长插值运算，在实际游戏开发中 Unity 提供了 Quaternion.Slerp() 方法，用于旋转的插值。它的函数定义如下。

小提示

回忆一下前文用到的向量插值

之前用过的 Vector3.Lerp 方法是取两个位置坐标（或者向量）之间的某个值。四元数的插值与之类似，就是在两个朝向（或者旋转）之间取一个值。

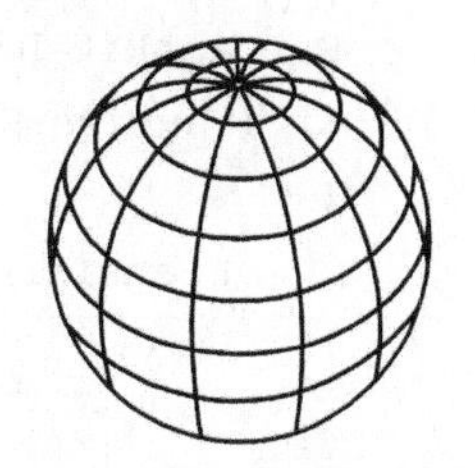

图 4-18 地球的经纬线

小提示

四元数有两种插值函数

四元数除了有 Slerp 方法，也有 Lerp 方法。

由于 Lerp 方法不是严格的球面插值，因此一般情况下使用 Slerp 方法。

```
static Quaternion Slerp(Quaternion a, Quaternion b, float t);
```

Quaternion 的第 1 个参数是第 1 个朝向（或旋转），第 2 个参数是第 2 个朝向（或旋转），t 取 0 到 1 之间的值。调用 Quaternion.Slerp 方法后就可以获得前面两者之间的一个四元数。

代码举例如下。

```
// 前方
Quaternion q = Quaternion.identity;  // identity 相当于 Eular(0, 0, 0),不旋转
// 改变物体的朝向,取当前朝向与正前方之间 10% 的位置
transform.rotation = Quaternion.Slerp(transform.rotation, q, 0.1f);
```

4.5.6 朝向与向量

朝向代表着空间中的一个方向，而向量也可以表示一个方向，因此有时也可用向量直接表示物体的朝向。例如，最常用的 transform.forward 表示指向物体前方（世界坐标系）。

不仅可以通过 transform.forward 属性获得指向物体前方的向量（已标准化，长度为 1 米），而且可以直接设置它以改变物体的朝向。例如在第 2.6 节的实例中，物体的转向是通过键盘控制的，这里可以很容易地改为鼠标控制。其步骤简单介绍如下。

01 搭建一个类似第 2.6 节的简单场景和角色。

02 为角色添加鼠标控制旋转的脚本 MouseRotation。

```
using UnityEngine;

public class MouseRotation : MonoBehaviour
{
    void Update()
    {
        Ray ray = Camera.main.ScreenPointToRay(Input.mousePosition);
        RaycastHit hit;
        if (Physics.Raycast(ray, out hit))
        {
            transform.forward = hit.point - transform.position;
        }
    }
}
```

这个脚本删除了所有不必要的代码，用最简单的方式实现了射线检测与专项，读者可以逐句分析。其中射线的原理可参考第 3 章物理系统的相关内容。

03 将脚本挂载到角色上，运行游戏，移动鼠标指针指向地面的不同位置，角色就会转向鼠标指针指向的位置，如图 4-19 所示。

图 4-19 跟随鼠标指针转向的角色

这里想说明的是，只要获取了前方向量，并将 transform.forward 赋值，就可以实现直接转向。向量没有标准化也没关系，赋值时会自动将它标准化。

这段代码有一个小问题，主角在旋转时会低头。这是因为角色有一定高度，地面上的点低于角色，因此角色会向下看。解决方案是将结果向量的 y 轴设置为与角色高度一致，其代码修改如下。

```
if (Physics.Raycast(ray, out hit))
{
    // 防止角色低头的代码
    Vector3 v = hit.point - transform.position;
    v.y = transform.y;
    transform.forward = v;
}
```

向量可以代表朝向，四元数也可以代表朝向，那么向量也就可以转化为四元数。

向量转化为四元数（朝向）的方法定义如下。

```
Quaternion Quaternion.LookRotation(Vector3 forward);
Quaternion Quaternion.LookRotation(Vector3 forward, Vector3 up);
```

在之前介绍的四元数使用方法中，都是借用物体的 transform.rotation 获取一个朝向，然后以它为基准继续旋转。Quaternion.LookRotation() 则提供了直接获得朝向的一种方法。

仔细思考会发现问题——难道四元数可以用向量代替吗？应该不可以，如果能代替就不需要发明四元数这种复杂的表示方法了。其实向量代表朝向有很大的局限性，例如，一个人躺在床上，面朝上，他的前方是世界坐标系的上方。这时候，他可以在保持面朝上的情况下在床上水平旋转，让头部朝东或朝西。而无论他的头部朝向哪里，他的前方都可以保持向上。

这说明，代表某个向量方向的四元数不是唯一的。如果只用一个向量代表前方，理论上有无数种四元数都指向该方向，但它们的“上方”不同。如果仅指定前方，即使使用 LookRotation() 方法只有一个参数的形式，Unity 也会用某种规则假定一个合适的“上方”；而如果要精确地控制，则需要用 Quaternion 的另一种形式，用两个参数分别指定前方向量和上方向量，这样就可以得到更符合要求的结果。

4.6 实例：第一人称视角的角色控制器

为了对前面所讲解的数学知识进行实践，本节做一个完整的 FPS（第一人称射击）游戏角色控制器。整个过程尽可能用简单的脚本代码实现，避免使用插件，从而充分体现出向量、四元数等知识在实践中的运用方法。

4.6.1 搭建简单场景

01 新建一个场景，放置一个平面作为地板，将地板放大 5 倍。

02 创建一个新的材质挂载在地板上，给地板一个较深的颜色。

03 在地板上放置一些立方体，主要是为了在测试时作为参照物使用，如图 4-20 所示。

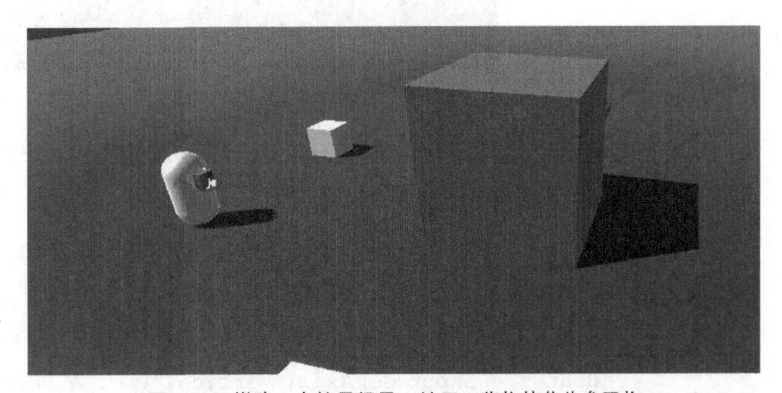

图 4-20 搭建一个简易场景，放置一些物体作为参照物

4.6.2 创建主角物体

这里依然用一个简单模型作为主角，能方便查看方向即可。

01 创建一个胶囊体，胶囊体默认高度为 2，代表一个角色。

02 创建一个立方体作为胶囊体的子物体，将立方体放在胶囊体的“脸”部。给立方体挂上材质，材质要设为显眼的颜色。

03 将胶囊体命名为 Player。

04 重点：拖曳场景列表中的主摄像机，让主摄像机变成胶囊体的子物体。

05 将主摄像机的位置归 0，也就是主摄像机与主角重合。然后微调主摄像机的位置到角色的脸部。

这样主角和场景就准备完成了。第一人称射击游戏的摄像机会完全跟随主角移动和转动，因此设置为子物体是一种比较简单的做法。

4.6.3 编写控制脚本——移动部分

（1）创建脚本 FPSCharacter，将其挂载于胶囊体 Player 上。

（2）编写脚本内容。脚本内容是重点，下面分步介绍。

角色的控制分为两大块：角色移动和摄像机旋转。

角色移动方面，玩家可以按方向键进行前后左右平移。问题是：玩家按上方向键时，对应哪个方向；玩家按右方向键时，又对应哪个方向。

图 4-21 所示的角色本身具有前方向量 transform.forward 和右方向量 transform.right。右方向量与右方向的移动直接对应；前方向量比较麻烦，因为存在抬头、低头的情况。如果玩家在抬头看天时直接向前方走，就会得到向天上飞的结果。

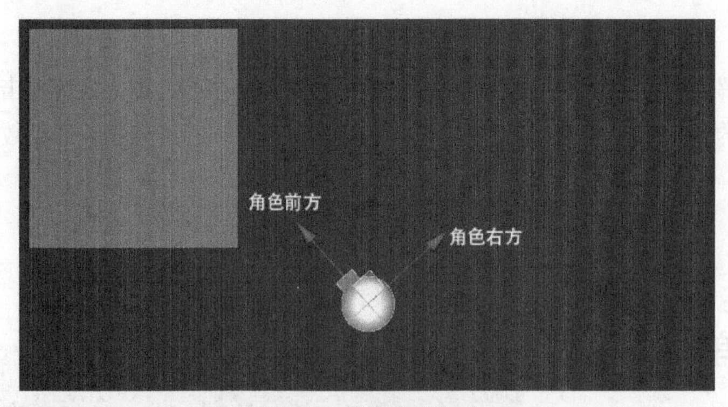

图 4-21 俯视角示意图

解决方案是得到前方向量后，略加修改，去除前方向量的 y 轴分量，这样就让前方向量保持水平了。完整代码在本章末尾，计算移动的部分代码如下。

```
void Move()
{
    float x = Input.GetAxis("Horizontal"); // 输入左右
    float z = Input.GetAxis("Vertical");   // 输入前后
    // 方向永远平行地面，角色不能走到天上去
    // 获得角色前方向量，将 y 轴分量设为 0
    Vector3 fwd = transform.forward;
    Vector3 f = new Vector3(fwd.x, 0, fwd.z).normalized;
    // 角色的右方向量与右方向的移动直接对应，与抬头无关，可以直接用
```

```
        Vector3 r = transform.right;
        // 用 f 和 r 作向量的基，组合成移动向量
        Vector3 move = f * z + r * x;
        // 直接改变玩家位置
        transform.position += move * speed * Time.deltaTime;
    }
```

这段代码中的“move = f * z + r * x”是一个很有用的技巧，***f*** 和 ***r*** 都是长度为 1 的方向向量。x 是左右方向向量的长度，范围为 -1~1；z 是前后方向向量的长度，范围为 -1~1。x 控制着 ***f*** 的长度，z 控制着 ***r*** 的长度。这样将前后与左右方向相加，就得到了移动向量。

4.6.4 编写控制脚本——旋转部分

接下来是旋转镜头部分。由于主摄像机已经挂在了角色身上，因此直接旋转角色，镜头就会跟着旋转。其旋转的关键代码如下。

```
    void MouseLook()
    {
        float mx = Input.GetAxis("Mouse X");
        float my = -Input.GetAxis("Mouse Y");

        Quaternion qx = Quaternion.Euler(0, mx, 0);
        Quaternion qy = Quaternion.Euler(my, 0, 0);

        transform.rotation = qx * transform.rotation;
        transform.rotation = transform.rotation * qy;
    }
```

鼠标移动旋转物体的思路并不简单，但是巧妙利用四元数之后，代码出乎意料的简短。首先，“Mouse X”和“Mouse Y”是两个特殊的输入轴，它们分别对应的是鼠标的横向移动和纵向移动（不是鼠标位置，而是鼠标位置的变化量）。

鼠标横向移动对应的是镜头水平旋转，即沿 *y* 轴旋转；鼠标纵向移动对应的是镜头俯仰旋转，即沿 *x* 轴旋转。因此可以将鼠标的横向、纵向移动当作欧拉角，并转化成四元数，这样就得到了两个“小旋转”，分别叫作 qx 和 qy。

之后只要用四元数乘法将小旋转应用于角色当前朝向，问题就解决了。难点在于，镜头水平旋转实际上是沿世界坐标系的 *y* 轴旋转，而镜头俯仰旋转则是围绕角色的局部坐标系的 *x* 轴旋转。这里需要认真揣摩，建议读者调换乘法顺序试一试，就可以很快理解为什么一定要这样写。

最后，因为人们在做低头、抬头动作时，不能超过 90° 看到自己的后面，所以要对俯仰角度做出限制。因此需要在 MouseLook() 函数尾部补上以下一段逻辑。

```
// angle 是俯仰角度
float angle = transform.eulerAngles.x;
// 使用欧拉角时，经常出现 -1° 和 359° 混乱等情况，下面对这些情况加以处理
```

```
if (angle > 180) { angle -= 360; }
if (angle < -180) { angle += 360; }

// 限制抬头、低头角度
if (angle > 80)
{
    Debug.Log("A"+transform.eulerAngles.x);
    transform.eulerAngles = new Vector3(80, transform.eulerAngles.y, 0);
}
if (angle < -80)
{
    Debug.Log("B"+transform.eulerAngles.x);
    transform.eulerAngles = new Vector3(-80, transform.eulerAngles.y, 0);
}
```

旋转功能只用了 6 行代码，而限制角度的代码却复杂得多。上面的代码的核心思路是判断当前的俯仰角 transform.eularAngle.x 是否小于 −80° 或大于 80° ，如果超出范围则强行设置为 −80° 或 80° 。但是，一旦涉及欧拉角，就会遇到一个棘手的问题——欧拉角对旋转的表示不是唯一的。

简单来说，−1° 、359° 和 −361° 这 3 个角度都代表同一个朝向。Unity 内部是用四元数代表旋转的，因此取 transform.eularAngle 时，实际内部存在一个四元数转化为欧拉角的隐含操作。用四元数表示的旋转角度是唯一的，但转成欧拉角就不唯一了，导致有时候是 −1° ，有时候又突然变成 359° 。如果 angle 是 359° ，那么后续判断就全乱套了。

解决方案就是通过巧妙的方式判断 angle 的范围，如果超出 −180~180，就要加上或减去一个周期（360° ），以控制 angle 的取值范围。

最后，还有一个小问题，最后一句代码如下。

```
transform.eulerAngles = new Vector3(-80, transform.eulerAngles.y, 0);
```

这里在强行设定角度时，欧拉角的 *x* 轴被设为 −80° ，*y* 轴不变，而 *z* 轴被强制改为了 0° 。如果这里 *z* 轴也写为 transform.eularAngles.z，那么就会出现奇怪的误差累积现象，*z* 轴会慢慢偏移，最后 *z* 轴不再保持 0° ，主角将会一直歪着头。因此这里强行把 *z* 轴角度设置为 0° 。

小提示

在实践中搜索

在编写代码时，一开始要在理论指导下形成某种思路。如果没有思路，可以做一些实验以帮助思考。

关键是，理论上无懈可击的思路，在实践中可能会遇到各种各样意想不到的问题，例如这里遇到的“欧拉角不唯一”“误差累计”问题，在实验之前是万万想不到的。

对于细节问题不可能一开始全部考虑周全，也没有必要。但需要在实践中摸索和积累经验，验证想法和实际之间哪里有偏差。

定位 bug、修正 bug 的技能体现了思维的深度，也是所有编程相关工作中最重要的技能之一。

编写完 FPSCharacter 脚本并将其挂载到 Player 物体上，就可以进行简单测试了。动一动鼠标，前后左右移动，观察是否正确。

4.6.5 隐藏并锁定鼠标指针

测试时，会发现鼠标指针会影响游戏体验，如单击到 Game 窗口之外的区域，Game 窗口就会失去焦点。解决方法是隐藏鼠标指针，并把鼠标指针锁定到屏幕中央，其代码如下。

```
void Start()
{
    // 隐藏鼠标指针
    Cursor.visible = false;
    // 锁定鼠标指针到屏幕中央
    Cursor.lockState = CursorLockMode.Locked;
}
```

在 Unity 编辑器中，只需要按下 Esc 键就会显示出鼠标指针了，而在实际游戏开发中，别忘了在合适的时机将鼠标指针重新显示出来，并取消锁定。

4.6.6 整理和完善

FPSCharacter 脚本的完整代码如下。

```
using UnityEngine;

public class FPSCharacter : MonoBehaviour
{
    public float speed = 5f;

    void Start()
    {
        // 隐藏鼠标指针
        Cursor.visible = false;
        // 锁定鼠标指针到屏幕中央
        Cursor.lockState = CursorLockMode.Locked;
    }

    void Update()
    {
        Move();
        MouseLook();
    }

    void Move()
    {
        float x = Input.GetAxis("Horizontal"); // 输入左右
        float z = Input.GetAxis("Vertical");   // 输入前后
```

```
        // 方向永远平行地面，角色不能走到天上去
        // 获得角色前方向量，将 Y 轴分量设为 0
        Vector3 fwd = transform.forward;
        Vector3 f = new Vector3(fwd.x, 0, fwd.z).normalized;

        // 角色的右方向量与右方向的移动直接对应，与抬头无关，可以直接用
        Vector3 r = transform.right;

        // 用 f 和 r 作向量的基，组合成移动向量
        Vector3 move = f * z + r * x;

        // 直接改变玩家位置
        transform.position += move * speed * Time.deltaTime;
    }

    void MouseLook()
    {
        float mx = Input.GetAxis("Mouse X");
        float my = -Input.GetAxis("Mouse Y");

        Quaternion qx = Quaternion.Euler(0, mx, 0);
        Quaternion qy = Quaternion.Euler(my, 0, 0);

        transform.rotation = qx * transform.rotation;
        transform.rotation = transform.rotation * qy;

        // angle 是俯仰角度
        float angle = transform.eulerAngles.x;
        // 使用欧拉角时，经常出现 -1° 和 359° 混乱等情况，下面对这些情况加以处理
        if (angle > 180) { angle -= 360; }
        if (angle < -180) { angle += 360; }

        // 限制抬头、低头角度
        if (angle > 80)
        {
            transform.eulerAngles = new Vector3(80, transform.eulerAngles.y, 0);
        }
        if (angle < -80)
        {
            transform.eulerAngles = new Vector3(-80, transform.eulerAngles.y, 0);
        }
    }
}
```

第5章 脚本与UI系统

GUI（Graphic User Interface，图形用户界面）指的是采用图形方式显示的用户操作界面。电子游戏界面普遍都是图形化的，一般称为UI。

Unity的UI系统经过大幅度的改动，到近年已经逐渐稳定下来，目前Unity内置的UI系统也被称为UGUI。本章主要讲解UI系统的使用方法，且着重介绍UI系统中脚本的编写方法。

5.1 用脚本操作常用 UI 控件

在界面系统的术语中，将一个具有独立的状态、外观和操作的对象称为控件。例如，常见的交互控件有按钮、输入框、滑动条等，常见的非交互控件有文本标签、图片等。之后要说到的控件，指的就是这些界面上的物体。

Unity 采用了父子物体和组件的设计思想，它的每个界面控件，往往也是由游戏物体挂载组件，以及一些子物体实现的。例如，按钮控件是由按钮物体加上一个文本子物体构成的，而按钮核心的功能组件也叫按钮（Button）。因此下文中有时会说“按钮组件”，有时会说“按钮控件”，用词会随上下文而变化，读者只需理解意思即可。

为方便学习，先搭建一个简单的界面，然后再分步介绍更多细节。

5.1.1 创建游戏界面

UI 系统对于 2D 游戏和 3D 游戏来说区别不大，读者可以随意创建一个 Unity 工程。这里编者创建的是更有代表性的 3D 工程。

创建好工程以后，在默认的场景中新建 UI 控件。控件实际上是一个游戏物体，因此只要在 Hierarchy 窗口空白处单击鼠标右键打开菜单，在菜单中选择 UI，其子菜单中的大部分物体都是可以直接使用的 UI 控件，如图 5-1 所示。

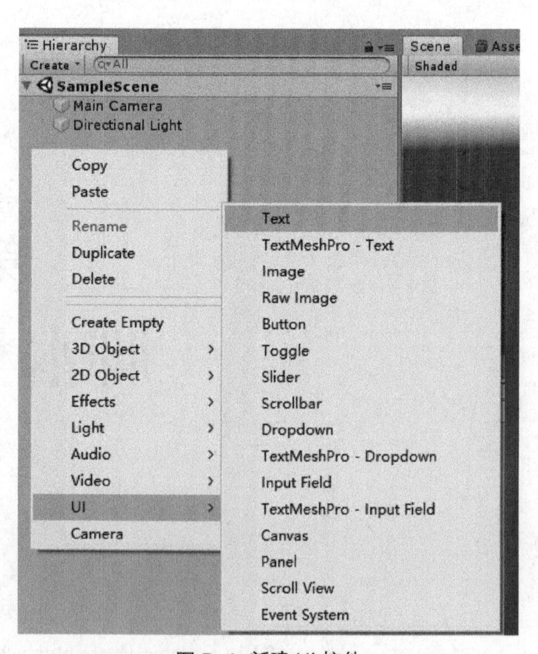

图 5-1 新建 UI 控件

先创建一个 UI Text（文本控件），然后观察 Hierarchy 窗口，会发现多了 3 个物体，分别是“Canvas（画布）”“Text（文本控件）”和“EventSystem（事件系统）”，如图 5-2 所示。

1.Canvas 与 EventSystem 简介

要想理解 Canvas 存在的必要性，便需要知道在一个游戏中，它和普通物体不同，界面上各种控件的布局会更复杂一些，如需要考虑未知对齐、适配、缩放等实际情况。因此，一般来说所有的 UI 控件都必须是 Canvas 的子物体，这样才能方便统一布局。

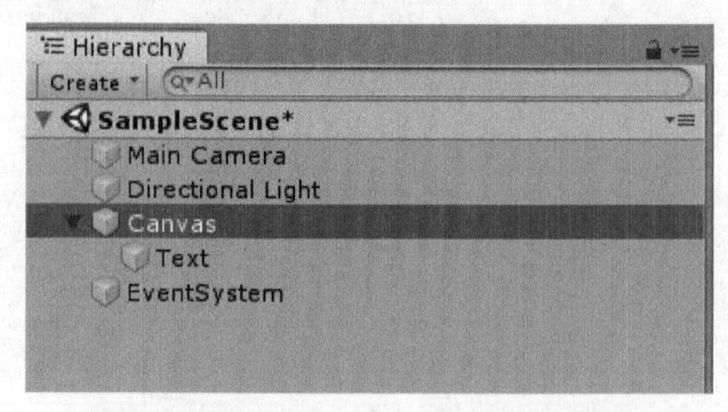

图 5-2 新建 UI Text 后 Hierarchy 窗口的变化

另外，Unity 也允许存在多个 Canvas，形成多个独立的界面层。例如，游戏中人物的血条就可以放在单独的 Canvas 中表示，但是过多的 Canvas 会影响游戏性能。

EventSystem 代表着事件系统。UI 系统一定会用到事件系统，例如单击按钮、输入文字等操作都需要事件系统的辅助。事件系统不是 UI 系统专用的，它本身也有其他用途。

2. 界面的比例问题

如果这时新建多个UI控件，读者会发现在Game窗口里能看到控件，而在场景中，UI控件会以非常巨大的比例展现，必须要将场景镜头拉得很远才能看清楚UI控件整体，如图5-3所示。

图 5-3 放大了 20 倍的立方体与按钮的比例差距

这是由于UI系统是以Canvas为载体，而Canvas很多时候和最终屏幕显示有直接的对应关系。UI的默认比例是以1像素为单位的，而之前提到过，正常三维场景是以1米为单位的。因此，UI的1个像素等价于三维世界的1米。对1920像素×1080像素的界面来说，横向就有1920米，这比一个标准尺寸的操场还要大几倍。

三维游戏场景的比例尺与默认界面系统的比例尺的差距很大，这就导致在编辑界面时感到很不自然。为了改善操作的便利性，Unity在场景中提供了2D按钮，为编辑界面带来了方便，如图5-4所示。

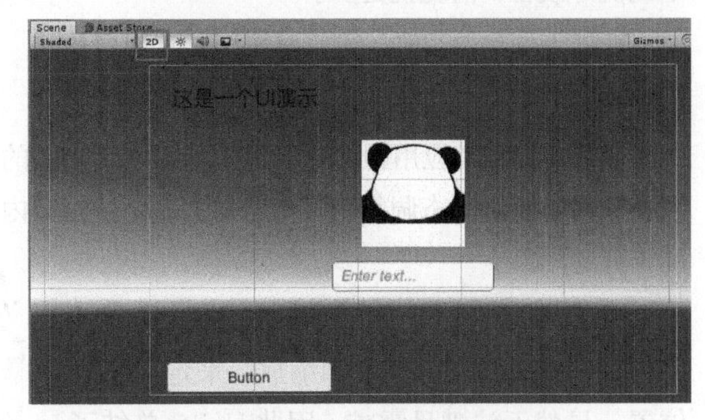

图 5-4 场景窗口的 2D 按钮和使用效果

3. 搭建UI测试场景

一个简易UI测试场景的效果如图5-5所示。

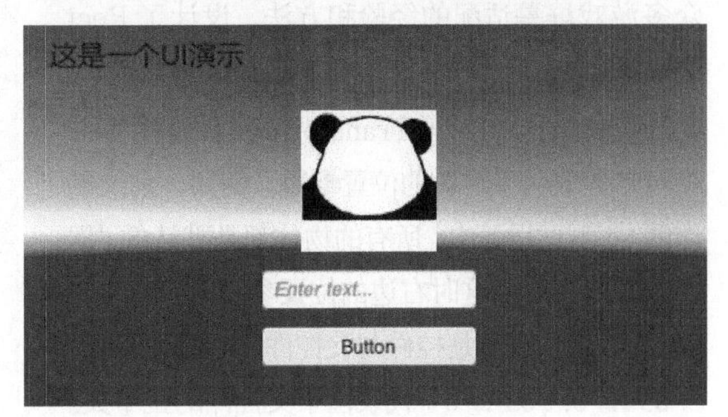

图 5-5 UI 测试场景效果

01 所有界面控件都必须是Canvas的子物体，以下不再赘述。

02 创建一个Text（文本）控件，将它移动到界面左上角。

03 创建一个Image（图片）控件，将它移动到屏幕中央。在Inspector窗口中改变物体的Image的Source Image（图片源）为任意一张合适的图片即可。

04 创建一个Input Field（输入框）控件，将它移动到图片下方。

05 创建一个Button（按钮）控件，将它移动到输入框下方。

这样就做好了一个简单的测试界面，中央的图片可以替换成任意图片。

> 小提示
>
> **导入自定义图片的设置**
>
> Unity支持多种图片格式，只需将图片素材拖曳到Project窗口，或者将图片复制到当前工程的Assets文件夹下，就可以实现导入。
>
> 关键是在图片导入以后，选中图片文件并在Inspector窗口中将Texture Type（贴图类型）设置为Sprite (2D and UI)。这是因为在3D工程中，图片被默认为材质贴图，这与UI系统或2D精灵需要的格式不同。

5.1.2 矩形变换（Rect Transform）组件

如果选中界面上的控件，读者会发现每个物体并不带有基本的Transform组件，取而代之的是Rect Transform（矩形变换）组件。其实Rect Transform组件是Transform组件的子类，因此并不违反“每个物体必须有且只有一个Transform组件”的规定。其中的Rect是Rectangle的简写，即“矩形”的意思。

在UI系统中不得不用Rect Transform组件，而不能直接用基本的Transform组件，是由于界面控件的位置、大小相对于游戏中的其他物体来说要复杂得多。

它的复杂性体现在很多方面，例如以下情况。

界面布局直接受到客户端屏幕大小、长宽比例的影响。例如，移动端显示屏具有多种分辨率和长宽比，分辨率有720P、1080P、1440P等多种情况，长宽比有4：3、16：9、18：9等情况，加上个人计算机、电视机等设备，情况就更多了。

界面上的控件位置、大小直接影响着用户体验。界面元素位置不合适或比例不合适，会直接导致糟糕的用户体验。

在很多游戏和应用程序中，用户可以拖曳窗口的位置或修改窗口的大小。例如，游戏的聊天窗口位置和大小通常是可以动态调整的。在这种情况下使窗口内部元素动态适应窗口大小、自动改变窗口内部元素的布局十分必要。

由于存在种种复杂的情况，如果UI控件还使用简单的“位置、旋转和缩放”来定义自身位置，显然无法满足需求。因此Unity总结了众多游戏屏幕适配的经验和方法，设计了Rect Transform组件，如图5-6所示。

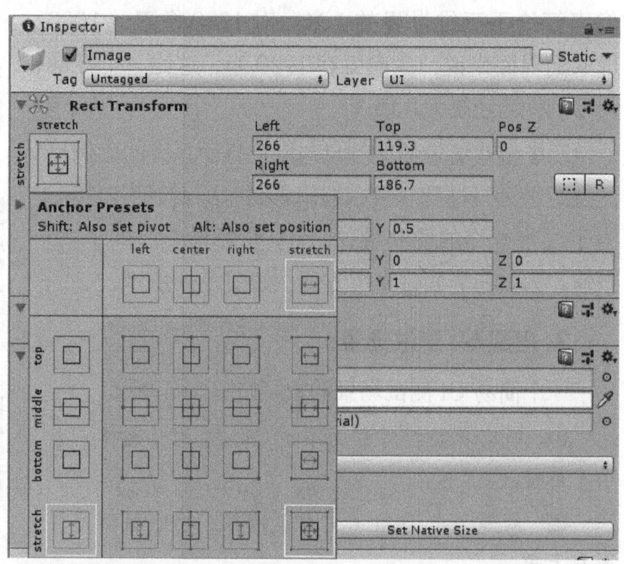

图5-6 Rect Transform组件中，Unity提供了多种基本对齐方式

简单来说，Rect Transform组件是用多种相对参数取代了绝对的位置参数。例如，前文制作的UI测试场景中，所有的物体都是默认的“居中对齐”方式。这时右边的位置参数为Pos X、Pos Y，其代表的是控件与父控件之间的偏移量，（Pos X=0, Pos Y=0）代表位于父控件的正中央。

举一反三，如果改为“上方对齐”，那么（Pos X=0, Pos Y=0）就代表位于父控件上方；如果改为“右下角对齐”，则（Pos X=0, Pos Y=0）代表位于父控件右下角。

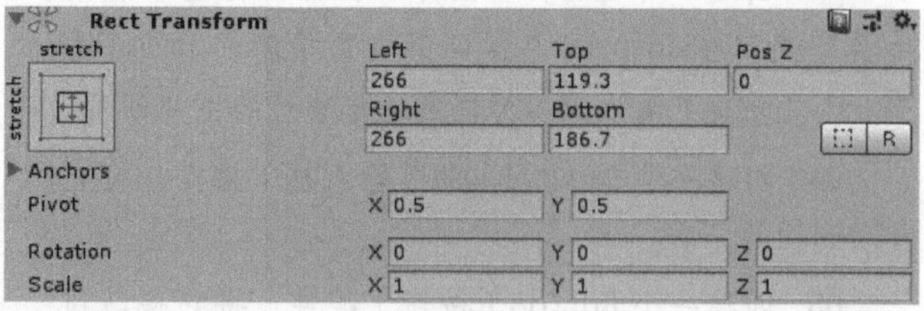

在图5-6中的各种对齐情况下（所有的非拉伸情况，用红色参考线表示），控件的大小都可以通过Height（高度）和Width（宽度）指定。也就是说，物体的位置是相对的，物体的大小是确定的。

图5-7 Rect Transform组件的拉伸模式，物体的定位方式有截然不同的变化

而当用户选择Stretch（拉伸）模式时，位置和大小的参数会发生根本的变化，如图5-7所示。例如，最典型的“上下左右都拉伸”的方式下，界面参数会发生变化。

在拉伸模式下，定位物体的Pos X、Pos Y消失了，取而代之的是Left（左偏移）、Top（顶偏移）、Right（右偏移）和Bottom（底偏移）。如果将4个偏移参数改为0，则代表这个控件将铺满父控件的全部空间，而且无论父控件扩大或缩小，依然会保持铺满的状态。

这时“左偏移”代表的是“离左边有多远”，“顶偏移”代表的是“离顶部有多远”，如左偏移文本框中填写10代表离左边10个单位，填写负数则表示可以超出父控件的范围。这种铺满的模式适合用于表示游戏中的主体窗口。

以上是利用 Rect Transform 组件实现 UI 适配的基本含义，第 5.3 节将在此基础上展开，用实例说明游戏界面的适配方法。

5.1.3 图片（Image）组件

图片组件（Image）用于展示 UI 上的图片。在界面上可以设置的属性如下。

①指定任意图片源（Source Image）。

②修改图片的叠加颜色（Color）。

③指定图片材质（Material），一般应该置为空。

④射线检测目标（Raycast Target），大部分的 UI 组件都包含这一选项，它决定了控件是否会被单击到。

⑤图片类型（Image Type），包括简单（Simple）、切片（Sliced）、瓦片（Tiled）与填充（Filled）4 种类型。其中的切片与瓦片类型需要对图片导入参数进行设置后才能正常使用。切片类型通常用于制作可以任意缩放但边缘不变形的图片（也称为九宫格图片），在本章实例中会涉及九宫格图片的使用方法。

⑥ Set Native Size（设为原始大小）按钮可以重置整个图片为原始像素大小。

⑦当图片类型为简单和填充时，会出现“Preserve Aspect（保留长宽比）”选项，勾选它能够保证图片在放大、缩小时长宽比例不变，这一功能比较常用。

为演示用脚本控制图片的基本方法，给图片增加一个脚本 ImageAnimTest，其内容如下。

```
using UnityEngine;
using UnityEngine.UI;       // UI 脚本要包含此命名空间

public class ImageAnimTest : MonoBehaviour
{
    Image image;
    // 可以在编辑器里指定另一张图片
    public Sprite otherSprite;

    float fillAmount = 0;

    void Start()
    {
        // 获取 Image 组件
        image = GetComponent<Image>();

        // 直接将图片换为另一张图片
        if (otherSprite != null)
        {
            image.sprite = otherSprite;
        }

        // 将图片类型改为 Filled，360° 填充，方便制作旋转动画
        image.type = Image.Type.Filled;
        image.fillMethod = Image.FillMethod.Radial360;
```

```
    }

    void Update()
    {
        // 制作一个旋转显示的动画效果，直线效果也是类似的
        // 取值为 0~1
        image.fillAmount = fillAmount;
        fillAmount += 0.02f;
        if (fillAmount > 1)
        {
            fillAmount = 0;
        }
    }
}
```

在运行之前，可以给脚本的 Other Sprite 字段指定一张新的图片，这样在运行时，就会将内容替换为新的图片，并产生旋转显示的效果，如图 5-8 所示。

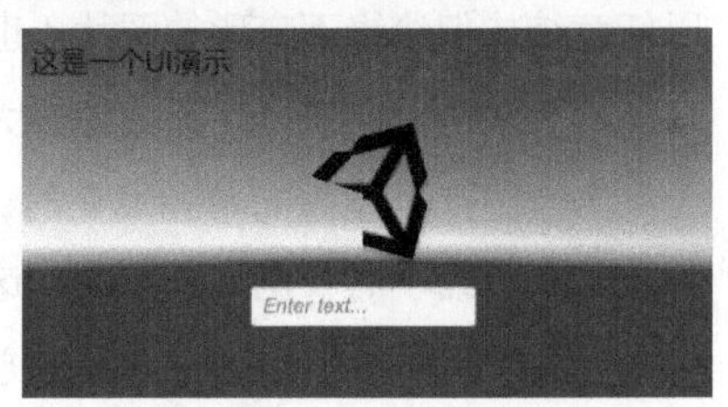

图 5-8 旋转显示的图片

5.1.4 文本（Text）组件

文本组件（Text）也是最常用的组件之一，用来显示文本信息。Unity 的文本组件功能十分丰富，在界面上可以设置的属性如下。

① Text（文本内容），就是要显示的文字内容，支持富文本标签。

② Font（字体），默认为 Arial 字体。Unity 支持用户安装其他类型的字体，只要将合适的字体文件复制到工程的 Assets/Fonts 文件夹下即可自动导入。

③ Font Style（字体风格），包括普通、黑体、斜体、黑体加斜体 4 种选择。

> 小提示
>
> **使用第三方字体务必注意版权问题**
>
> Unity 的 Asset Store 有很多免费和收费的字体可供使用，但大部分是英文字体，中文字体请自行寻找。
>
> 要强调的是，任何字体如果用于商业目的或互联网传播，都要小心授权协议，特别是中文字体。Windows 系统的字体也并非都可以用于商业用途，依据具体的字体授权方式有所不同。作为开发者应当具有法律意识，谨防侵权。

④ Line Spacing（行间距），行间距可调。

⑤ Rich Text（富文本），可以开启或关闭富文本功能。后文会举一个简单的例子说明富文本的简单使用方法。

⑥ Alignment（段落对齐方式），包括横向的靠左、居中和靠右对齐，以及纵向的靠左、居中和靠右对齐。

⑦ Horizontal Overflow（横向超出），指定横向超出控件大小的字符的处理方式，可以选择 Wrap（折行）或 Overflow（放任超出边界）。

⑧ Vertical Overflow（纵向超出），指定纵向超出控件大小的字符的处理方式，可以选择 Truncate（丢弃）或 Overflow（放任超出边界）。

⑨ Best Fit（最佳匹配），自动根据文本控件的大小改变字体的大小，可以限制自动调整的最大值和最小值。

⑩ Color（文字颜色），默认的文字颜色。

⑪ Material（材质），与 2D 图片一样，字体也可以指定材质，一般留空即可。

⑫ Raycast Target（射线检测目标），大部分的 UI 组件都包含这一选项，它决定了控件是否会被单击到。

下面举例介绍一下富文本使用方法。

文本控件支持用户给文字添加丰富的小变化，支持修改局部字体的大小、颜色、风格等。例如可以在文本框中输入以下内容，其效果如图 5-9 所示。

```
这是一段<color=#ff0000ff>富<b>文</b><size=50>本</size></color>
```

富文本是一种用特殊标签标记的字符串，语法类似于 HTML，支持常规的变色、加粗、改变大小等功能。

这是一段富文本

图 5-9 简单易用的富文本效果

如果文字不显示或显示不全，可以将文本框拉大一些。测试时会发现字体的颜色、大小和加粗风格都可以变化，更多细节功能可以查阅相关资料，自行尝试。

5.1.5 按钮（Button）组件

按钮是常用的交互 UI 组件，Unity 的按钮组件主要属性如图 5-10 所示。

按钮的主要属性介绍如下。

① Interactable（是否可交互）。

② Transition（外观状态切换），每个按钮都有普通、高亮、按下和禁用 4 种状态，这 4 种状态下按钮外观应该表现出区别。Unity 提供了几种方式来定义外观的变化，后文会展开说明。

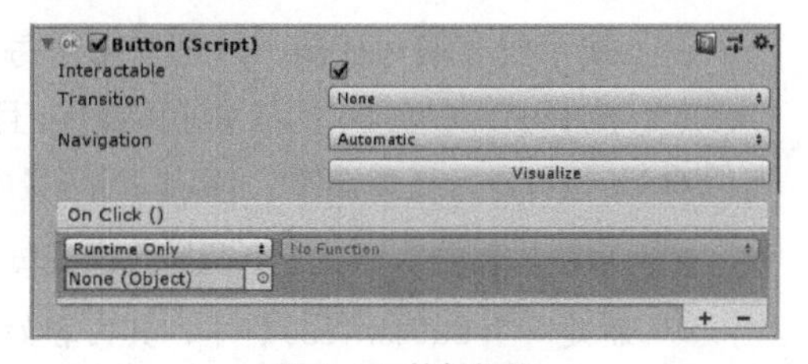

图 5-10 按钮组件

③ Navigation（导航顺序），当玩家使用键盘或手柄在 UI 控件之间切换时，按键切换的顺序会变成一个复杂的问题，“导航顺序”就是为了解决这一问题而存在的。Visualize（导航可视化）按钮也是为导航准备的，由于这一功能很多情况下用不到，因此本书不展开介绍。

1. 按钮外观状态切换的方法

按钮状态切换与按钮的实际应用密切相关，默认按钮的状态切换是 Color Tint（颜色叠加）。注意编者将 Color Tint 翻译为“颜色叠加”，实际上是对颜色做乘法运算。

在做简单测试时，用颜色叠加十分方便。因为只需要准备一张按钮图片，默认状态下乘以白色，也就是不改变图片颜色；在高亮时乘以亮灰色；在按下时乘以深灰色，按钮明显变暗；在禁用按钮时，乘以半透明的深灰色，按钮不仅变暗还会有透明效果。如此一来，就可以用一张图片代表 4 种状态，效果也不错，简单易行。

另一种效果更好的方式是根据需要准备 2~4 张图片，然后选择 Sprite Swap（切换精灵图）模式。在此模式下，需要对按钮的普通状态、高亮状态、按下状态和禁用状态分别指定不同的图片。当然，如果游戏中不会出现高亮或禁用状态，也可以不指定高亮或禁用对应的图片。

2. 按钮是组合的控件

仔细观察按钮在 Inspector 窗口中的详细信息，会发现它不仅具有 Button 组件，还具有 Image 组件，另外它还包含一个 Text 子物体，这说明按钮是由多种组件和父子物体组成的。其中的 Image 组件代表按钮默认的外观，而 Text 子物体决定了按钮上显示的文字。例如，需要一个不带文字的纯图片按钮，就可以删除 Text 子物体。

3.OnClick（点击）事件

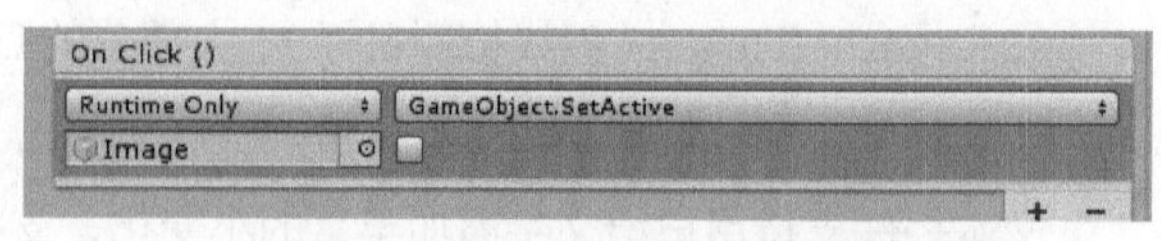

图 5-11 编辑按钮的 OnClick 事件

按钮最常用的功能就是单击，单击需要和脚本联动，一般是通过调用某个方法来实现的。

事件的关联可以直接在编辑器中操作，如图 5-11 所示。例如要在单击按钮时，隐藏上方图片，其操作步骤如下。

01 看 Button 组件的 On Click () 选项，第一个 Runtime Only 选项不变（Runtime Only 代表仅在游戏运行时有效，Editor And Runtime 则表示在编辑器中也会响应单击）。

02 单击左下角编辑框右侧的小圆圈，然后选择 Image 物体；也可以将场景列表中的图片物体拖曳到该编辑框中。小圆圈代表单击按钮后对哪个物体进行操作。

03 右边是一个下拉框，可以指定被调用的方法。指定物体后，该下拉框就变成了可编辑状态，这里选择 GameObject.SetActive。

04 细心的读者会发现在下方多出一个小方框，这个小方框正是 SetActive() 函数的 bool 参数。如果方框未被勾选，则表示 SetActive(false)，勾选则代表 SetActive(true)，这里保留不勾选的状态。根据选择的方法的参数不同，这里的选项也会随之变化。

05 编辑完成后，运行游戏，单击 Game 窗口中的按钮，会发现指定的图片消失了。

以上演示没有编写代码，只是借用了每个物体都拥有的 GameObject.SetActive() 方法。这恰好说明 OnClick 事件可以对场景中的任意物体操作，且可以调用物体的任何一个公开方法。也就是说，按下按钮以后，可以对 UI 控件进行任意操作，也可以对场景中的其他物体进行任意操作，灵活性很强。

接下来稍加改动，实验一下调用自定义脚本的方法。

01 新建一个 ButtonTest 脚本，其内容如下。

```
using UnityEngine;

public class ButtonTest : MonoBehaviour
{
    public void TestButtonClick(int param)
    {
        Debug.Log(" 按钮被点击 ");
        Debug.Log(" 事件参数为: "+param);
    }
}
```

02 将该脚本挂载到界面的图片上。

03 在按钮组件中，依然选中图片物体，在下拉框中找到 ButtonTest.TestButtonClick。由于此方法具有一个 int 参数，因此可以指定参数的值，如“233”。

04 运行游戏进行测试，单击按钮，会在 Console 窗口中看到输出的信息，如图 5-12 所示。

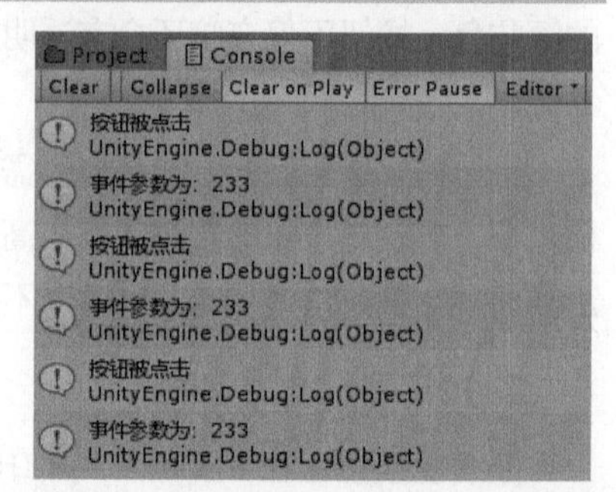

图 5-12 单击按钮后 Console 窗口的输出

以上就是按钮 OnClick 事件的基本用法，之后还会对事件系统做进一步解释。

小提示

OnClick 事件触发的方法可以有任意参数

按钮 OnClick 事件可以触发任意物体的任何方法，而且该方法可以是无参数的、有一个参数的或者有多个参数的，读者可以自行实验。

甚至还可以在按下按钮时触发多个方法。单击编辑框下方的加号即可添加更多方法。

5.1.6 单选框（Toggle）组件

单选框组件（Toggle）与按钮组件类似，只不过它具有“勾选”和“不勾选”两种状态。在创建物体的菜单中选择 UI > Toggle 即可创建单选框。

它在编辑器中提供的操作和按钮组件的非常相似，同样也有 Transition 选项，也具有几种切换外观状态的方法。

相比按钮组件，单选框组件多出几个选项，说明如下。

① Is On 选项，代表是否处于勾选状态。

② Transition（外观状态切换），用于定义外观和切换效果，类似按钮组件，不再赘述。

③ Toggle Transition 代表勾选时的动态效果，有“淡入淡出”和“无效果”两种选择。

④ Graphic 代表对钩图片对应的子物体。一般单选框对应的对钩图片是 CheckMark 子物体，如果需要替换小图片外观，修改 CheckMark 子物体即可。

⑤ Group 代表单选框组，可以让多个单选框组成多选一的结构。后文会详细说明。

⑥勾选或取消勾选单选框时，会触发 OnValueChanged 消息，带有一个 bool 参数。

在勾选或取消勾选单选框时会触发一个方法。读者可以参考以下测试代码，只要将 TestToggleChange 方法添加到单选框的响应方法中即可。具体请参考前文按钮组件的操作方法。

```
using UnityEngine;
using UnityEngine.UI;
public class TestToggle : MonoBehaviour
{
    Toggle toggle;
    void Start()
    {
        toggle = GetComponent<Toggle>();
        // 初始不勾选
        toggle.isOn = false;
    }
    public void TestToggleChange(bool b)
    {
        if (b)  {
            Debug.Log(" 勾选了单选框 ");
        }
        else    {
```

```
                Debug.Log("取消勾选单选框");
            }
        }
}
```

单选框不仅可以用来表示一个单独的状态，通常也用于从多个选项中选取一个选项的情况，例如常见的单项选择题。这种选项的特点是，多个单选框形成一个组，同一时间只有其中之一处于勾选状态，如图 5-13 所示。如果勾选了其中一个，另外几个选项会自动取消勾选。

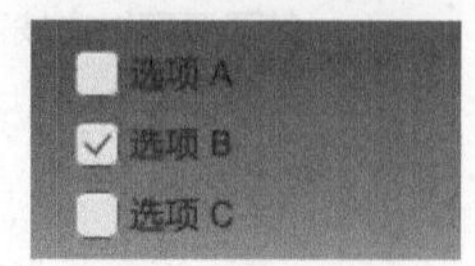

图 5-13 三选一示意图

尝试步骤如下。

01 创建 3 个单选框（Toggle）物体，摆在合适的位置。并修改子物体 Label 上的文字，以方便查看。

02 在 UI 画布中创建一个空物体，并取一个名字，如 Group1。

03 在场景列表中，将 3 个单选框拖曳到空物体上，使它们都作为 Group1 的子物体。

04 给这个父物体添加组件 Toggle Group，即单选框组组件。

05 将每个单选框的 Group 选项，都指定为这个空物体。这一步可以同时选中这 3 个单选框，统一操作，比较方便。

完成之后就可以运行游戏进行测试。勾选其中任意一个选项，另外两个选项都会自动取消勾选。如果初始状态下三者都是勾选状态，那么可以通过修改 Is On 选项来改变初始状态。注意在这个例子中为了管理方便使用了“父子”物体，其实不一定要用此方法实现，只要指定好分组即可。

5.1.7 滑动条（Slider）组件

Slider（滑动条组件）通常用来显示和编辑一定范围内的数据，一般左边是最小值，右边是最大值。另外也有垂直布局、异形布局的滑动条组件。例如很多游戏中的血条就具有特殊的形状，但它们依然可以利用滑动条控件制作。滑动条组件如图 5-14 所示。

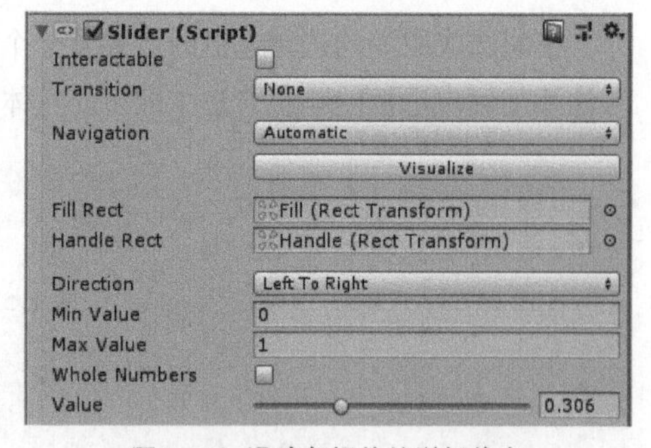

图 5-14 滑动条组件的详细信息

滑动条控件由多个物体组成，一是 Background（背景物体）作为滑动条的整体外观；二是 Fill Rect（已填充区域），滑动手柄时，左侧就是已填充区域；三是滑动条的 Handle Rect（手柄区域），用户可以拖曳手柄改变滑动条的值。

Slider 的属性如下。

① Interactable（是否可交互），不可交互的滑动条可以用来作为血条、进度条等。

② Transition（外观状态切换），用于定义外观和切换效果，类似按钮组件，不再赘述。

③ Fill Rect（填充区域），对应滑动条的左侧已填满区域。

④ Handle Rect（手柄区域），对应滑动条的手柄区域。单独定义这两个区域，目的是将 Slider 与子物体联系起来。

⑤ Direction（滑动条方向），支持从左到右、从右到左、从上到下、从下到上 4 种方向的滑动条。

⑥ Min Value（最小值）、Max Value（最大值），指定滑动条所表示的最小值和最大值。

⑦ Whole Numbers（整数），可以简单理解为“勾选之后数值都只能取整数”。

⑧ Value（值），是 Slider 中最重要的属性，是目前滑动条上的数值，这个值一定在最大值与最小值之间。直接修改这个值会引起滑动条显示的相应变化。可以用脚本修改这个值。

接下来做个有趣的实验。考虑实现这样一个功能：让滑动条控制上方图片的显示，滑动条的值越大，就显示越多的图片内容。

首先，选择中间的图片，删除或取消选择之前的 ImageAnimTest 脚本组件。

其次，编写脚本 TestSlider，其内容如下。

```
using UnityEngine;
using UnityEngine.UI;

public class TestSlider : MonoBehaviour
{
    // 所控制的图片
    public Image image;
    // 滑动条组件
    Slider slider;
    void Start()
    {
        slider = GetComponent<Slider>();
        slider.minValue = 0;
        slider.maxValue = 1;

        // 将图片类型改为Filled，360°填充
        image.type = Image.Type.Filled;
        image.fillMethod = Image.FillMethod.Radial360;
    }
    void Update()
    {
        // 每一帧都让滑动条的值决定图片的填充大小
        image.fillAmount = slider.value;
    }
}
```

最后，将编写好的脚本挂载到滑动条上，再指定 Image 变量为场景中的图片，即可进行测试。

5.1.8 输入框（Input Field）组件

用户在输入文字的时候，就会用到 Input Field（输入框组件）。

Input Field 也是由父子物体组成的，简单来说父物体上的 Input Field 用来定义外观、处理输入，而文本显示则由子物体的 Text 属性负责。

Input Field 的属性如下。

① Interactable（是否可交互）。

② Transition（外观状态切换），用于定义外观和切换效果，类似按钮组件，不再赘述。

③ Text Component（关联的文本组件），是对子物体的引用，将子物体的 Text 与父物体关联起来。

④ Text（文本内容），是一个字符串。用户输入的内容可以从此属性中获取，也可以用脚本设置它的内容。

⑤ Character Limit（字符数量限制），限制用户输入的最大字符数量。

⑥ Content Type（内容类型），指定输入的格式，例如 Standard（普通输入）、Password（密码输入）、Integer Number（只能输入整数）、Email Address（邮箱地址格式）等。各种应用场景中输入需求有所不同，例如输入密码时要隐藏字符，因此这个属性十分必要。

⑦ Line Type（换行方式），可以指定单行或多行文本。

⑧ Place Holder（占位符），也是对子物体的引用。默认占位符是显示一个灰色文本，例如灰色的“请输入姓名……”字样，起到指引和提示的作用。

⑨与光标相关的选项，包括 Caret Blink Rate（光标闪烁频率）、Caret Width（光标宽度）、Custom Caret Color（是否自定义光标颜色）。

⑩ Selection Color（选中颜色），用于指定用户选中的文字的背景色。

⑪ Hide Mobile Input（隐藏移动设备输入），用于隐藏移动设备的虚拟键盘。

⑫ Read Only（只读），只读状态下无法输入内容。

Input Field 有两种事件，如图 5-15 所示，上面是 On Value Changed（内容变化）事件，下面是 On End Edit（结束编辑）事件，分别在内容产生变化（添加、删除和修改文字）和用户结束编辑时触发事件。使用方法类似于按钮的 OnClick 事件。

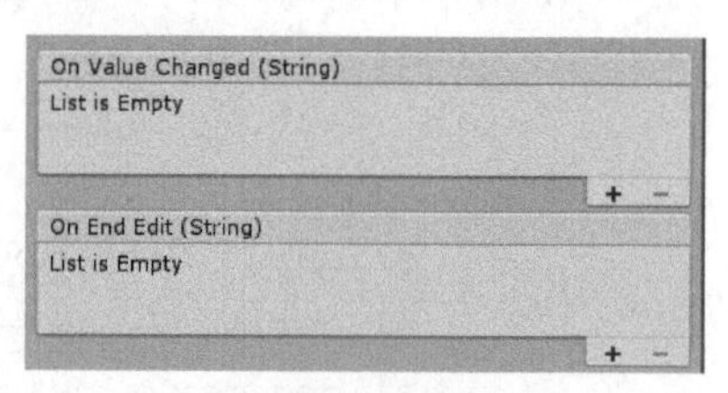

图 5-15 输入框的两种事件

5.1.9 滚动区域（Scroll Rect）组件

在实际中，经常会遇到信息显示长度远大于设备显示器大小的情况。例如手机中的通讯录、游戏中的道具列表等，往往都有几十条甚至上百条内容，但屏幕一次只能显示有限的条数。这时需要使用一种能够纵向、横向自由滑动，方便查看所有内容的控件，即 Scroll View（滚动视图控件），核心功能组件名为 Scroll Rect（滚动区域组件）。

可以在场景中新建一个 Scroll View，如图 5-16 所示。

观察 Scroll View 的子物体，可以看到它具有 3 个子物体，分别是 Viewport（视口）、Scrollbar Horizontal（横向滚动条）和 Scrollbar Vertical（纵向滚动条）。正确使用 Scroll View 的关键在于理解 Viewport 大小与 Content（内容）大小之间的关系，下面将详细讲解它的原理。

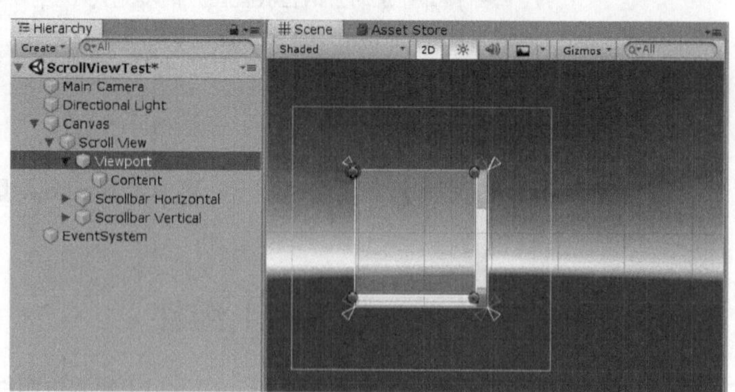

图 5-16 Scroll View

Viewport 区域是控件的显示主体，用户只能通过 Viewport 看到 Content 的一部分。Content 可以比 Viewport 小，也可以比 Viewport 大。

想象任意一个大型网站的首页：网页内容无法用一屏完全展示，大部分内容需要用户不断向下滑动才能浏览。这里用户当前能看到的部分，就是通过 Viewport 显示的，而所有能看到的和看不到的，就是 Content。

实际制作时，可以借用默认的 Content 物体，将图片、文字等内容作为 Content 的子物体，然后计算并设置 Content 的大小，让 Content 的大小刚好能容纳所有内容，这样就可以实现滚动浏览所有内容的效果了。Scroll Rect 如图 5-17 所示。

小提示

不要设计既能横向滑动，又能纵向滑动的滚动视图

一般来说，人们阅读较多信息时，习惯是从上到下，从左到右。需要显示更多内容时需要向下滑动，或者向右滑动，但只需要向一个方向滚动。

既能左右滚动、又能上下滑动的设计，往往是违背用户使用习惯的。这种设计不仅不易理解，而且用户在滚动时会找不到参照物，不清楚自己正在看的是哪个部分。

在实际设计时，可以让 Content 宽度不大于 Viewport 宽度，这样就只需要纵向滑动，不需要横向滑动。同理也可以固定 Viewport 高度，仅横向滑动而不纵向滑动。

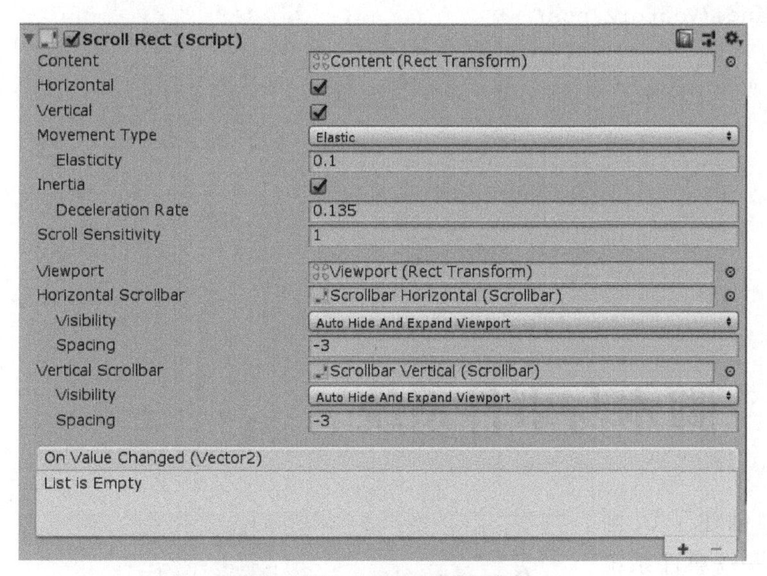

图 5-17 Scroll Rect 的详细信息

在现代界面中的滚动条有很多注重体验的设计，如流畅的动画、惯性和超出范围时的弹性效果等。这些细节实现起来非常麻烦，好在 Unity 已经提供了常用的动态效果，只需简单设置即可使用。Scroll Rect 的关键属性如下。

① Content（内容引用），指向子物体 Content，通过 Content 包含所有的内容。它是实现滚动功能的关键之一。

② Horizontal（是否可以横向滚动）。

③ Vertical（是否可以纵向滚动）。

④ Movement Type（移动方式），包含 Elastic（弹性）、Clamped（硬限制）和 Unrestricted（不限制）。这个选项指的是滚动窗口达到边缘时的效果。“弹性”效果常用于手机界面，“硬限制”常用于 PC 端界面，“不限制”效果不常用。

⑤ Elasticity（弹性），在使用弹性效果时，指定回弹力度的大小。

⑥ Inertia（惯性），快速滚动时，可以开启惯性效果。开启惯性后可以指定 Deceleration Rate（减速率）。

⑦ Scroll Sensitivity（滚动灵敏度），影响滚动速度。

⑧ Viewport（视口引用），指向子物体 Viewport，它是实现滚动功能的关键之一。

⑨ Horizontal Scrollbar（横向滚动条），指向子物体 Scrollbar Horizontal，该子物体又有一个组件 Scrollbar，以实现指示当前位置的功能。

⑩ Vertical Scrollbar（纵向滚动条），指向子物体 Scrollbar Vertical，与横向滚动条类似。

当指定了横向或纵向滚动条时，还可以指定当 Content 不超出 Viewport 范围时，是否隐藏滚动条。

可选项有 Permanent（始终显示）、Auto Hide（自动隐藏）、Auto Hide And Expand Viewport（自动隐藏并扩展）。Auto Hide And Expand Viewport 的方式可以自动根据 Viewport 大小调整滚动条长度，建议在实际开发中试验。

最后，Scroll Rect 默认含有 On Value Changed 事件，可以在用户滚动滚动条时调用脚本方法，方法参数为当前滚动的位置，类型为 Vector2。

```
public void OnScrollChange(Vector2 pos)
{
    Debug.Log("滚动位置：" + pos);
}
```

5.2 脚本与事件系统

细心的读者会发现，在场景中创建了 UI 画布之后，就会自动创建另一个物体——事件系统（EventSystem），如图 5-18 所示。界面上各个控件的响应事件，如按钮 OnClick 事件、输入文字事件等，它们的调用都离不开 EventSystem 的支持。如果不慎删除了 EventSystem 物体，就会得到界面控件都不响应的结果，按钮不能单击，输入框也无法输入。

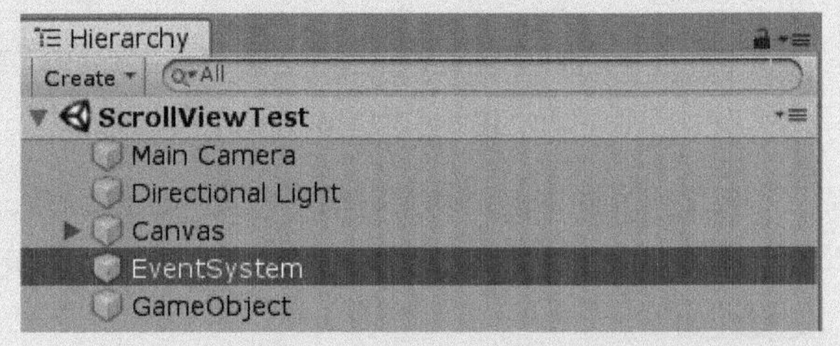

图 5-18 创建 UI 后多出一个 EventSystem 物体

EventSystem 提供了一种向游戏物体发送消息的途径，这些消息通常是输入消息，包括键盘、鼠标、触摸和自定义输入事件。EventSystem 包含了一系列组件，它们互相配合，以达到管理和触发事件的功能。

如果查看物体的 EventSystem，会发现可调参数并不多，这是因为 EventSystem 本身被设计为一种管理器，而不是事件的具体处理者。

EventSystem 的功能包含以下几个方面。

① Message System（消息分发系统）。

② Input Modules（输入模块）。

③提供多种常用输入事件接口。

④管理各种射线，包括图形射线（Graphic Raycaster，用于 UI 系统）、物理射线和 2D 物理射线。

小提示

EventSystem 不是 UI 专用的

EventSystem 在界面系统中最为常见，初学者也往往是在学习 UI 时学到 EventSystem 的。但这并不表示 EventSystem 只是 UI 的子系统，相反，EventSystem 是一个基础系统，为其他系统提供支持。例如，整个游戏的按键检测、触摸输入、射线检测等许多需要异步调用的系统背后都有着 EventSystem 的支持。

甚至还可以通过编写脚本创建自定义事件，让 EventSystem 为特定目标服务。

5.2.1 常用输入事件

Unity 至少支持 17 种常用输入事件，如表 5-1 所示。

表 5-1 Unity 常用输入事件

事件名称（接口名称）	说明
IPointerEnterHandler	鼠标进入
IPointerExitHandler	鼠标离开
IPointerDownHandler	鼠标按下
IPointerUpHandler	鼠标抬起
IPointerClickHandler	鼠标单击（按下再抬起）
IInitializePotentialDragHandler	发现可拖曳物体，可用于初始化一些变量
IBeginDragHandler	开始拖曳
IDragHandler	拖曳中
IEndDragHandler	拖曳结束
IDropHandler	拖曳释放
IScrollHandler	鼠标滚轮
IUpdateSelectedHandler	选中物体时，反复触发
ISelectHandler	物体被选择
IDeselectHandler	物体被取消选择
IMoveHandler	物体移动
ISubmitHandler	提交按钮按下
ICancelHandler	取消按钮按下

前文介绍 UI 控件时，读者会发现每种控件仅有一两个可自定义的事件函数。例如，按钮控件仅包含 OnClick 事件，输入框控件仅包含 OnValueChanged（内容改变）事件和 OnEndEdit（结束编辑）事件。那能否给控件加入更多事件以响应函数呢？

当然是可以的，不仅是控件，而且每个物体都可以支持十多种输入事件。下面用一个简单的例子演示大部分事件的调用方法。

各种输入事件不仅能用于 UI 控件，也能用于任意的游戏物体。下面以 UI 控件为例，其步骤如下。

01 新建一个场景，命名为 EventTest。

02 创建一个 UI Text，这时 Unity 会自动创建 Canvas 与 EventSystem。

03 新建脚本 SupportedEvents.cs，其内容如下。

```
using UnityEngine;
using UnityEngine.EventSystems;

public class SupportedEvents : MonoBehaviour,
```

```
    IPointerEnterHandler, IPointerExitHandler, IPointerDownHandler, IPointerUpHandler,
    IPointerClickHandler, IInitializePotentialDragHandler, IBeginDragHandler, IDragHandler,
    IEndDragHandler, IDropHandler, IScrollHandler, IUpdateSelectedHandler,
    ISelectHandler, IDeselectHandler, IMoveHandler, ISubmitHandler, ICancelHandler
{
    public void OnBeginDrag(PointerEventData eventData) {
        Debug.Log("OnBeginDrag");
    }

    public void OnCancel(BaseEventData eventData) {
        Debug.Log("OnCancel");
    }

    public void OnDeselect(BaseEventData eventData) {
        Debug.Log("OnDeselect");
    }

    public void OnDrag(PointerEventData eventData) {
        Debug.Log("OnDrag");
    }

    public void OnDrop(PointerEventData eventData) {
        Debug.Log("OnDrop");
    }

    public void OnEndDrag(PointerEventData eventData) {
        Debug.Log("OnEndDrag");
    }

    public void OnInitializePotentialDrag(PointerEventData eventData) {
        Debug.Log("OnInitializePotentialDrag");
    }

    public void OnMove(AxisEventData eventData) {
        Debug.Log("OnMove");
    }

    public void OnPointerClick(PointerEventData eventData) {
        Debug.Log("OnPointerClick");
    }

    public void OnPointerDown(PointerEventData eventData) {
        Debug.Log("OnPointerDown");
    }
```

```
    public void OnPointerEnter(PointerEventData eventData) {
        Debug.Log("OnPointerEnter");
    }

    public void OnPointerExit(PointerEventData eventData) {
        Debug.Log("OnPointerExit");
    }

    public void OnPointerUp(PointerEventData eventData) {
        Debug.Log("OnPointerUp");
    }

    public void OnScroll(PointerEventData eventData) {
        Debug.Log("OnScroll");
    }

    public void OnSelect(BaseEventData eventData) {
        Debug.Log("OnSelect");
    }

    public void OnSubmit(BaseEventData eventData) {
        Debug.Log("OnSubmit");
    }

    public void OnUpdateSelected(BaseEventData eventData) {
        Debug.Log("OnUpdateSelected");
    }
}
```

04 将脚本挂载到任意 UI 控件上，如刚创建好的文本框上。

此时运行游戏进行测试，读者会发现用鼠标指针在文本框上移动、单击、鼠标右键单击、转动滚轮、按滚轮、拖曳等操作，都会在 Console 窗口中输出对应的信息，这说明正确捕获到了各类事件。

捕获到这些事件需要以下多种组件的配合支持。

第 1 种，EventSystem 物体上挂载的 EventSystem 和 Standalone Input Module（独立输入模块组件）。

第 2 种，画布上挂载的 Graphic Raycaster，这种射线一般只对 UI 物体生效。

EventSystem 不仅支持单击、拖曳界面上的控件，还支持让场景中的 2D 物体、3D 物体也响应这些操作。只需稍加改动，就可以让场景中的 3D 物体也支持上文的事件，其步骤如下。

01 仍然在场景 EventTest 中，创建一个球体。

02 将球体放在游戏中可以看到的位置，注意不要被 UI 控件遮挡。

03 给球体挂载同样的 SupportedEvents 测试脚本。

04 给摄像机增加一个组件——Physics Raycaster（物理射线发射器），这种射线会对具有 3D 碰撞体的物体起效。

运行游戏，用鼠标对 Game 窗口中的球体做各种输入操作，得到与 UI 控件类似的事件响应，这说明 EventSystem 对 UI 物体与 3D 物体都能起作用。

5.2.2 常用输入事件的参数

上一小节中介绍的多种输入事件，它们的参数类型有所不同。参数是与事件相关的数据，目前有 BaseEventData、PointerEventData 和 AxisEventData 这 3 种。其中 BaseEventData 是所有事件数据的基类；PointerEventData 是用于表示指针滑动、单击的数据；而 AxisEventData 则是所有的轴类输入数据，如常见手柄的摇杆就属于轴类输入。PointerEventData 和 AxisEventData 都是 BaseEventData 的派生类。

这 3 个类中有一些属性比较实用，如表 5-2、表 5-3 和表 5-4 所示。

表 5-2 BaseEventData 属性表

BaseEventData 属性	数据类型	说明
currentInputModule	BaseInputModule	当前输入模块
selectedObject	GameObject	当前选中的物体，也就是“焦点”物体

表 5-3 PointerEventData 属性表

PointerEventData 属性	数据类型	说明
button	InputButton 枚举	触发此事件的按钮，鼠标的左、中、右键
clickCount	int	短时间内连击按钮的次数
clickTime	float	上次发送 OnClick 事件的时间
delta	Vector2	鼠标指针坐标在这一输入帧的变化量
dragging	bool	是否为拖曳状态
enterEventCamera	Camera	最后一个与指针进入事件关联的摄像机，可能为空
hovered	List<GameObject>	悬停的对象，可能有多个悬停对象，用列表表示
lastPress	GameObject	记录上一次单击的物体
pointerCurrentRaycast	RaycastResult	指针当前射线检测的信息
pointerDrag	GameObject	当前触发拖曳事件的物体
pointerEnter	GameObject	当前触发指针移入事件的对象
pointerId	int	指针 ID，例如 -1、-2、-3 对应鼠标左、中、右键，手机多点触摸也有对应 ID
pointerPress	GameObject	被单击的游戏物体
pointerPressRaycast	RaycastResult	单击时的射线检测信息
position	Vector2	当前鼠标指针位置
pressEventCamera	Camera	最后一个与 OnClick 事件关联的摄像机，可能为空

（续表）

PointerEventData 属性	数据类型	说明
pressPosition	Vector2	按下事件的指针位置，同一次 OnClick 事件只有一个
rawPointerPress	GameObject	原始的被单击物体，不管该物体是否响应 OnClick 事件
scrollDelta	Vector2	滚轮的滚动量（有一些滚轮支持横向滚动）

表 5-4 AxisEventData 属性表

AxisEventData 属性	数据类型	说明
moveVector	Vector2	输入的原始值。横向、纵向的值
moveDir	MoveDirection 枚举	将原始输入转化为上、下、左、右或无方向 5 种情况

5.2.3 动态添加事件响应方法

前文介绍的方法都有一个共同点，需要事先将每个物体和响应函数对应起来。某些时候需要在运行游戏时，给控件动态指定方法，例如在游戏中，当玩家选择不同技能时，按下攻击按钮会调用不同的技能函数。

可以在运行游戏时动态地给控件指定调用的方法，也可以删除、改变和添加响应方法。下面举例进行说明。

01 在任意场景中添加 3 个按钮，分别命名为 Button1、Button2、Button3，如图 5-19 所示。

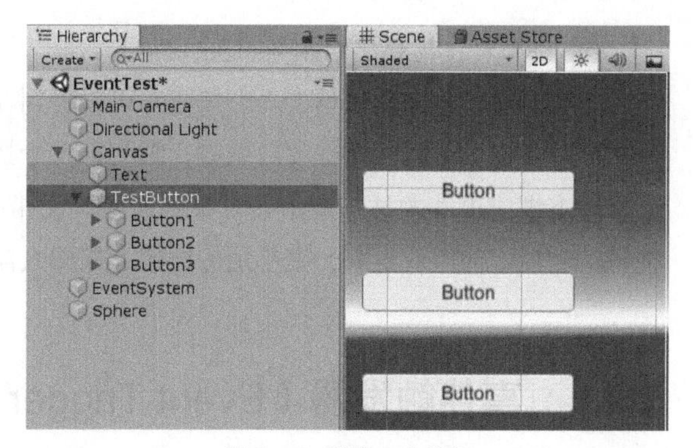

图 5-19 新建 3 个按钮

02 将这 3 个按钮置于同一个父物体下。

03 新建脚本 TestAddEvent，其内容如下。

```
using UnityEngine;
using UnityEngine.UI;

public class TestAddEvent : MonoBehaviour
{
    void Start()
    {
        Button btn;
        // 获取 3 个子按钮，分别添加 OnClick 事件
        btn = transform.GetChild(0).GetComponent<Button>();
        btn.onClick.AddListener(Btn1);

        // 用 lambda 表达式写也是一样的
        btn = transform.GetChild(1).GetComponent<Button>();
        btn.onClick.AddListener( () => { Debug.Log("按钮 2"); });

        btn = transform.GetChild(2).GetComponent<Button>();
```

```
        btn.onClick.AddListener(Btn3);
    }

    void Btn1()
    {
        Debug.Log("按钮1");
    }

    void Btn3()
    {
        Debug.Log("按钮3");
        Debug.Log("删除按钮3的响应函数");
        Button btn = transform.GetChild(2).GetComponent<Button>();
        btn.onClick.RemoveAllListeners();
    }
}
```

04 将脚本挂载到父物体 TestButton 上。

运行游戏，分别反复单击 3 个按钮，可以看到在 Console 窗口中输出的响应的信息。由于第 3 个按钮在被单击一次以后，就会删除响应函数，因此第 3 个按钮只会显示一次信息。

动态绑定事件的技巧会给较复杂的游戏开发带来极大便利，有很多大型游戏项目会利用 EventSystem 提供的功能，为游戏定制一套易用的框架，如加入自动绑定事件的功能，方便后续的开发工作。

5.2.4 事件触发器（Event Trigger）

在前文已经提到，Unity 支持至少 17 种输入事件，用脚本可以用到所有这些事件。但是编写专门的脚本绑定事件函数，还是显得比较复杂。那实际中有没有更方便的办法呢？当然是有的，使用 Event Trigger（事件触发器）即可。

可以为任意物体添加 Event Trigger 组件，添加该组件后，单击 Add New Event Type 按钮，就可以添加任意事件了，如图 5-20 所示。几乎可以为物体添加所有的输入事件类型，鼠标进入、离开、按下、滚轮和单击等功能皆可直接指定。

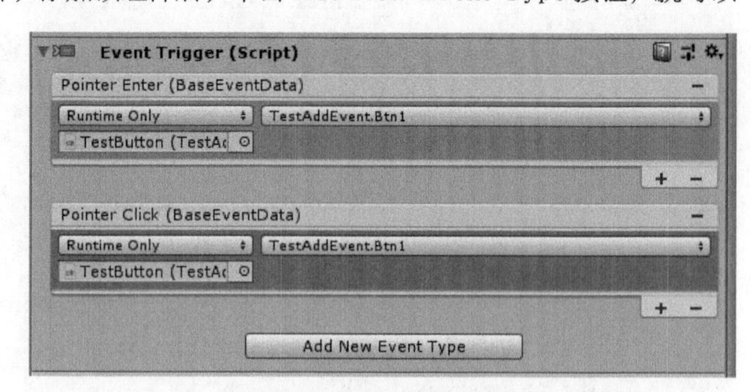

图 5-20 Event Trigger 组件

添加事件类型以后，响应函数的指定方法和按钮、输入框等控件是类似的。只是响应函数多了一个 BaseEventData 类型的参数，可以用它获取相关的事件信息，例如以下的响应函数。

```
    public void OnBtnEvent(BaseEventData evt)
    {
        Debug.Log("当前焦点物体为:"+evt.selectedObject);
```

```
        // 将基类变量转为派生类变量
        PointerEventData pevt = evt as PointerEventData;
        // 如果不是鼠标相关的事件，转换会失败
        if (pevt == null)
        {
            Debug.Log(" 转换 PointerEventData 失败 ");
            return;
        }
       // Pointer 类型的事件有更多信息，例如位置等
        Debug.Log(" 事件坐标: " + pevt.position);
    }
```

BaseEventData 类型的参数，本身的信息十分有限，仅有 CurrentInputModule（当前输入模块）与 SelectedObject（当前焦点物体）两个。

而很多时候需要注意的都是鼠标或触摸事件，如单击、拖曳、进入物体或离开物体的事件，这类事件往往都属于派生类 PointerEventData，可以通过类型转换的方法把它们转换为派生类变量，进而获取到更多有用的信息。

5.2.5 动态绑定事件的高级技巧

在实际游戏开发中仅对按钮添加 OnClick 事件可能仍然是不够的，可能还需要添加鼠标进入事件、鼠标离开事件、滚轮事件或拖曳事件等更多特定的事件。添加这些事件也都可以用脚本来完成。

接下来将演示动态添加 Event Trigger 组件的方法，体现极致的动态特性。

借用 5.1.1 小节的界面实例，实验步骤如下。

01 删除 TestButton 物体上的 TestAddEvent 脚本组件。

02 创建新脚本 TestAddEventTrigger 代替之前的脚本，并将其挂载到 TestButton 物体上。

03 新脚本 TestAddEventTrigger 的内容如下。

> 小提示
>
> **以下代码理解难度较高，可以暂时不做深究**
>
> 理解下文的代码对初学者来说会有一定障碍，但对于深入理解事件系统是有必要的。在阅读时可以花时间分析清楚，也可以暂时不做深究。

```
using System.Collections.Generic;
using UnityEngine;
using UnityEngine.UI;
using UnityEngine.EventSystems;

public class TestAddEventTrigger : MonoBehaviour
{
    void Start()
    {
        // ---- 先给第 1 个按钮添加 EventTrigger----
        EventTrigger et1 =
transform.GetChild(0).gameObject.AddComponent<EventTrigger>();
        et1.triggers = new List<EventTrigger.Entry>();
```

```
        EventTrigger.Entry entry1 = new EventTrigger.Entry();
        // 指定事件类型，PointerDown 指鼠标按下事件
        entry1.eventID = EventTriggerType.PointerDown;
        entry1.callback.AddListener(OnBtnEvent);    // 响应函数为 OnBtnEvent

        // 将 Entry 添加到事件列表中，可以添加多个
        et1.triggers.Add(entry1);

        // ---- 再给第 2 个按钮添加一些事件 ----
        EventTrigger et2 =
transform.GetChild(1).gameObject.AddComponent<EventTrigger>();
        et2.triggers = new List<EventTrigger.Entry>();

        EventTrigger.Entry entry2 = new EventTrigger.Entry();
        entry2.eventID = EventTriggerType.PointerExit;   // 鼠标离开事件
        entry2.callback.AddListener(OnBtnEvent);

        EventTrigger.Entry entry2_2 = new EventTrigger.Entry();
        entry2_2.eventID = EventTriggerType.PointerEnter;   // 鼠标进入事件
        entry2_2.callback.AddListener(OnBtnEvent);

        et2.triggers.Add(entry2);
        et2.triggers.Add(entry2_2);
    }

    void OnBtnEvent(BaseEventData evt)
    {
        // 上面的各种事件被绑在同一个函数上，必须想办法区分出各个事件
        // 将基类变量转为派生类变量
        PointerEventData pevt = evt as PointerEventData;
        // 如果不是 Pointer 相关的事件，转换会失败
        if (pevt == null)
        {
            Debug.Log("转换 PointerEventData 失败");
            return;
        }
        Debug.Log("事件坐标：" + pevt.position);
        // 获取这个事件对应的按钮
        // 假设当前具有“焦点”的物体就是事件发生的物体
        GameObject obj = pevt.selectedObject;
        if (obj == null)
        {
            Debug.Log("事件对应物体无法获取");
            return;
```

```
        }

        Debug.Log("事件对应物体："+obj.name);
    }
}
```

运行游戏进行测试，鼠标指针在滑过第 2 个按钮时，会产生两次事件，分别为“进入”和“离开”。同时，会显示鼠标指针进入和离开时的位置以及“事件对应物体无法获取”的信息，如图 5-21 所示。

用鼠标单击第一个按钮会触发事件，也会输出鼠标位置和按钮名称 Button1。

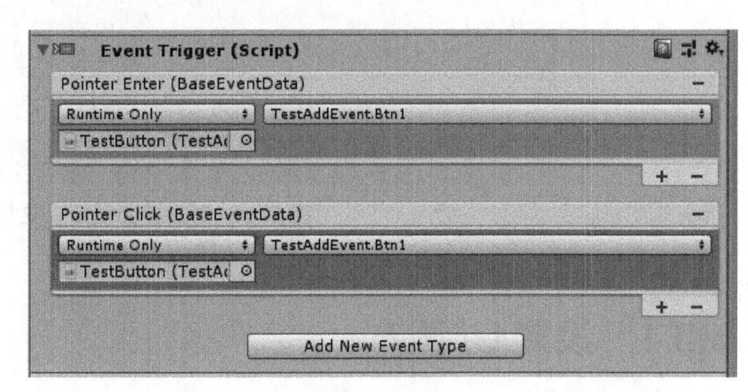

图 5-21 在 Console 窗口中查看 Event Trigger 测试信息

以上代码主要做了以下 4 件事。

第 1 件，给前两个按钮添加 Event Trigger 组件。

第 2 件，给第 1 个 Event Trigger 组件添加鼠标按下事件，给第 2 个 Event Trigger 组件添加鼠标进入和鼠标离开事件。且将这 3 种事件的响应函数设定为同一个函数。

第 3 件，将相应事件的响应函数设置为同一个函数，会带来一个问题——无法确定事件是由哪个物体产生的。因此 OnBtnEvent 函数还演示了获取事件信息的技巧。

第 4 件，第一次鼠标指针滑过按钮时，显示无法确定事件对应的物体。这是因为该按钮没有被单击过，导致获取不到当前的焦点物体。如果测试时单击一次第 2 个按钮，再进行测试，就可以获取到物体名称了。

本节介绍了事件触发器的高级使用方法，可以说用脚本添加事件的做法十分灵活，能获取到的事件信息也十分丰富，但相对来说也比较复杂。本节篇幅较短，但讨论的问题却比较深，希望能做到抛砖引玉的效果。读者可以先对事件系统有一个大概的认识，然后再了解它的功能，在未来使用时再深入研究，将其运用于实际游戏开发中。

5.3 实例：界面制作与适配

本节将讲解一个小游戏界面的制作过程，重点是展示屏幕适配的关键技术，如图 5-22 所示。读者也将体会到，屏幕适配并非是制作界面之后的一步简单操作，而是会贯穿界面制作的始终。

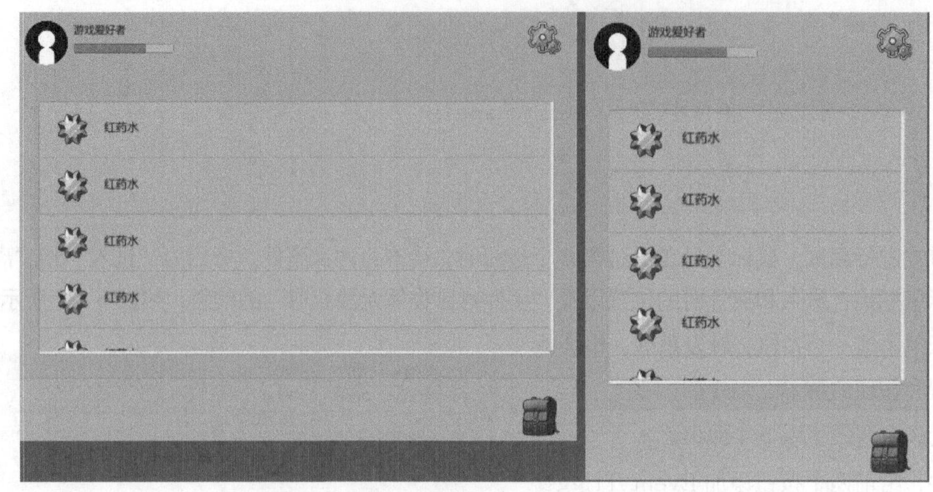

图 5-22 游戏界面展示，支持各种比例的显示屏

5.3.1 设置 UI 画布

由于不同的游戏设备显示屏差异很大，因此在制作界面之前，要先确定游戏平台是手机、平板、计算机还是游戏主机，至少是以其中一种为主。移动端有横屏、竖屏两种选择，它们的界面设计思路大有不同。

确定了基本的设计需求，就可以先设置好 UI Canvas（画布）。创建任意 UI 控件会自动创建画布，选中 Canvas 物体，查看它的详细属性，如图 5-23 所示。

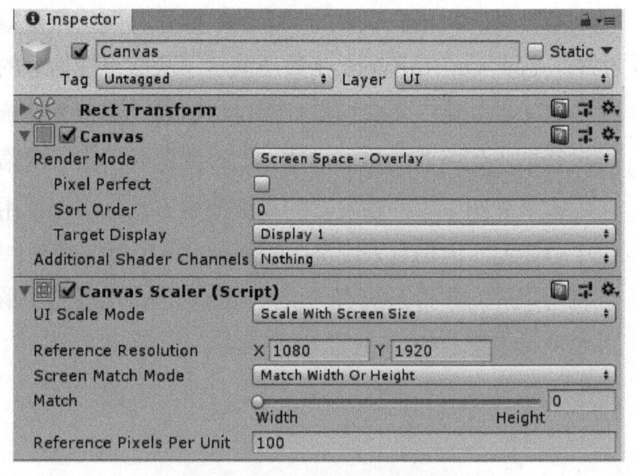

图 5-23 Canvas 的详细属性

画布的核心组件有两个，一是 Canvas（画布）组件，二是 Canvas Scaler（画布缩放器）组件。

1. 画布组件

画布组件有 3 种 Render Mode（渲染模式）。

第 1 种，Screen Space -Overlay（屏幕空间 - 覆盖）。这是默认的模式，画布完全与游戏场景无关，只是在渲染完场景之后，把 UI 层渲染到游戏的最上层。这种方式最为简单易用，适用性也很强。

第 2 种，Screen Space-Camera（屏幕空间 - 摄像机）。它是对覆盖模式的改进，需要指定摄像机。在实际游戏开发中，为了增强表现力，有时需要把场景中的粒子或动画放在 UI 层里播放，就像是在 UI 层的上面又多了一层。选择 Screen Space-Camera 模式后，整个画布会像普通物体一样被摄像机渲染，而且正好和摄像机视野一样大，贴合画面且具有一定的 *z* 轴深度。如此离镜头更近的物体就自然被渲染到 UI 层前面了。

第 3 种，World Space（世界空间）。在这种模式下，画布彻底变成了一层普通物体，UI 画布整体可以旋转、缩放或移动，适合于某些 UI 与游戏场景交融的互动式游戏。现代有些大型 3D 游戏已采用了这种新潮的 UI 设计。

这里选择有代表性的 Screen Space 模式，具体是 Overlay 还是 Camera 模式，对本项目影响不大。

2. 画布缩放器组件——UI 缩放模式

Canvas Scaler 与屏幕适配密切相关，它的第 1 个选项 UI Scale Mode（UI 缩放模式）有以下 3 种选择。

第 1 种，Constant Pixel Size（固定像素大小）。无论游戏屏幕是放大还是缩小，每张图片所具有的像素数不变。这样做的 UI 适应性不强。

第 2 种，Constant Physical Size（固定物理大小）。与固定像素大小类似，只是基于的单位不同。此选项是基于场景的长度单位。

第 3 种，Scale With Screen Size（根据屏幕大小缩放）。使用这一方式才有可能适应不同的屏幕分辨率和比例。

决定了 UI Scale Mode 后，还需要设置 Screen Match Mode（屏幕适配模式）。此时还需先了解画布缩放的原理。

3.Game 窗口缩放技巧

为了验证屏幕适配还需要一个好用的测试工具。Unity 早已考虑到了这一点，Game 窗口本身就是一个可以模拟各种显示屏的最佳工具。

Game 窗口上方有一个屏幕分辨率选项（默认显示为 Free Aspect），如图 5-24 所示。

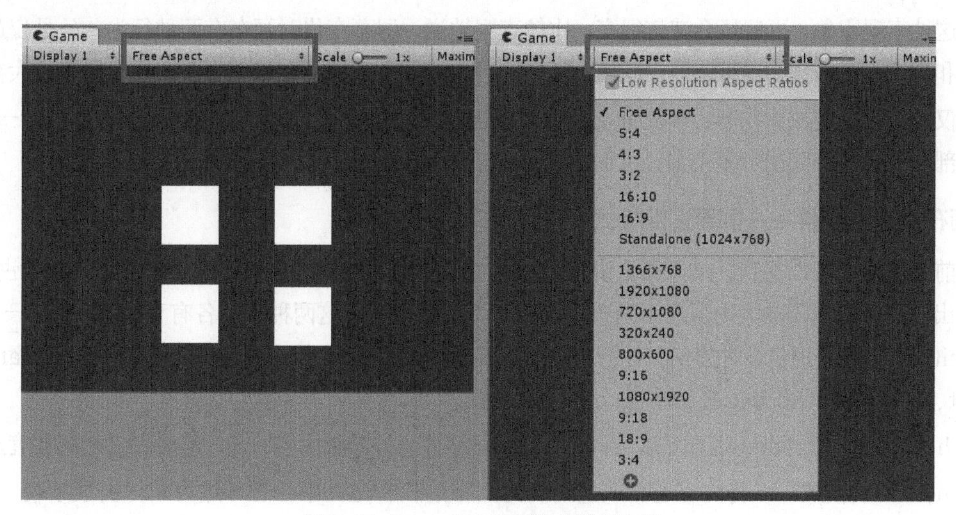

图 5-24 Game 窗口的屏幕分辨率选项

打开屏幕分辨率选项，会看到有各种分辨率和比例的列表，还有一个 Free Aspect（自由大小）选项。通过屏幕分辨率选项可以让 Game 窗口变身为各种各样的屏幕，如标准的 1080P 显示器，分辨率为 1920×1080，选择它之后窗口大小不会变化，但却模拟了显示器上的效果。列表还有只关心比例不关心实际像素分辨率的选项，如 4 ：3、16 ：9 等。还有一种在高级屏幕适配中很常用的 Free Aspect 方式，此方式下的 Game 窗口大小直接对应屏幕大小，开发者可以随意扩大或缩小 Game 窗口模拟各种各样的屏幕，一边变化屏幕大小一边观察屏幕适配情况。

在本实例中，读者就可以采用 Free Aspect 方式学习和验证屏幕适配。另外，还可以用菜单下方的加号添加各种比例或分辨率，以模拟各种各样的显示设备。

4. 画布缩放原理

为说明画布缩放原理，可以在 UI 中新建一张黑色图片，宽设置为 800 像素，高设置为 600 像素。将画布的参考分辨率设定为 800 像素 ×600 像素，因此这张图应该会占满整个 Game 窗口（几乎占满）。然后再新建 4 个图片控件，随意排成矩形，如图 5-25 所示。

将Canvas Scaler的UI Scale Mode设置为Scale With Screen Size，将Screen Match Mode保持默认的Match Width or Height（适配宽度或高度）。这时下面的滑动条默认在Width上，代表优先适配宽度。

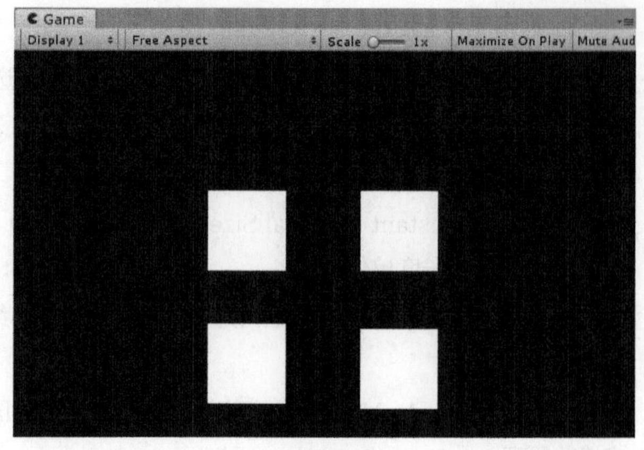

图5-25 适配测试

这时将Came窗口屏幕分辨率设置为Free Aspect，然后纵向扩大或缩小Came窗口，即只改变Came窗口高度。当窗口变高时，黑色背景可能不够大，上下露出空白的情形，而4个正方形的大小和间距不变。

最后再横向扩大或缩小Came窗口，会发现窗口宽度的变化会影响正方形本身的大小，且持续加大宽度时，黑色背景也会跟着变大，但不会露出空白。这正是选择了Match Width or Height，并选择Width的效果。

读者现在可以将Screen Match Mode的滑动条滑到Height（高度）上面，再次测试，也可以选择两者之间的任意位置测试。

有了这种直观印象，再解释会清楚很多。比较直观地说，屏幕变化时画布有两种行为：一是仅放大画布，二是画布和内容一起放大。也可以取中间值：画布和内容都放大，但画布放大得多一些，内容放大得少一些。

如果仅放大画布不放大内容，事先准备的背景有可能不够大，就会出现空白；而画布和内容一起放大，会导致一部分游戏内容超出屏幕范围，从而用户就看不全了。

5. 画布缩放器组件——屏幕适配模式

通过前文的分析可以得到，从原理上讲，缩放画布只有两种整体性方案：要么尽量放大内容占满画布，让内容超出范围；要么不放大内容任由画布放大，留下空白区域。这两种方案各有利弊，不存在一劳永逸的解法。Unity的方案是提供多种方法，让开发者根据游戏的特点选择合适的方案，方案总体有Match Width or Height、Expand和Shrink这3种。

Match Width or Height（适配宽度或高度），根据屏幕的方向和内容，自行选择优先匹配宽度还是高度。

Expand（扩展模式），将内容适当放大到满足画布的长和宽其中任意一边为止。当继续朝一个方向扩大画布时，内容就不再扩大了。

Shrink（另一种扩展模式），将内容放大，直到同时满足画布的宽和高。此模式相当于是同时匹配宽和高，无论哪一边有空白，都会扩大内容，直到占满画布为止。

小提示

对缩放算法更本质的理解

如果一边测试，一边查看画布物体的Rect Transform组件中的宽度和高度的变化，会更容易理解这种算法的本质。其中关键的是“实际分辨率”与“逻辑分辨率”的关系，它们之间有着变化的比例。

6. 分辨率参考值和每单位像素数参考值

画布随屏幕缩放时，还会出现Reference Resolution（分辨率参考值）和Reference Pixels Per Unit（每单位像素数参考值）两个参数。

关于Reference Resolution，画布缩放与内容缩放时，这个值会对算法有影响，因此应当取一个适合目标平台的，比较典型的值。例如，某个游戏的主要目标平台是屏幕分辨率为 1920 像素 ×1080 像素的手机设备，那么如果是竖屏游戏则填写 1080 像素 ×1920 像素，如果是横屏游戏则填写 1920 像素 ×1080 像素。其他屏幕比例为 18 ： 9 的手机，或者 720P 的手机，都会以参考值为基础自动调整。

Reference Pixels Per Unit 中的关键词 Pixels Per Unit 在图片导入设置里也有，它们是同一个意思。在同一个项目中，保持各种素材的单位长度像素数一致，画布比例也一致，有助于统一素材规格，避免图片模糊、图标大小不一等问题。

小提示

术语 Expand 和 Shrink 的翻译问题

术语 Expand 和 Shrink 无法简单直接地翻译，shrink 一词原意为“收缩”，而 expand 原意是“扩展”。文中所说的“扩大内容”也只是一种表达方式，也许还存在其他更好的用词。

5.3.2 制作游戏界面的准备

1. 准备资源

在 Unity 的 Asset Store 里可以找到一套不错的免费 UI 素材——Simple UI & icons，如图 5-26 所示。

图 5-26 免费 UI 素材——Simple UI & icons

将素材下载导入以后，在 Project 窗口的 Simple UI & icons 文件夹下，可以看到分别有 box、button 和 icons 等文件夹，文件夹里都是具体的图片素材。

文件夹里的素材都是没有设置过的原始素材，可以都按照图 5-27 进行简单设置。

用于 UI 的图片，贴图类型一般都是 Sprite (2D and UI)，根据这套资源的分辨率，将 Pixels Per Unit 定为 100，与画布保持一致。由于这套素材中没有一个文件中放多个图片的情况，因此 Sprite Mode（精灵模式）都是 Single（单图），如果使用多图合并的图片，就要选择 Multiple（多图）。

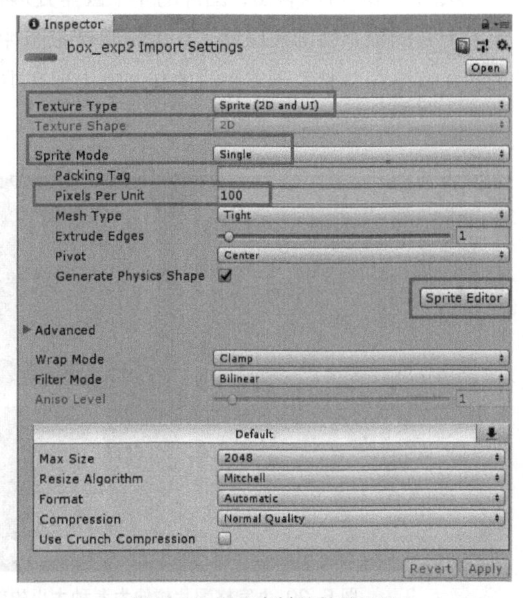

图 5-27 图片素材的简单设置

2. 九宫格设置

普通的图片进行拉伸时，整个图会均匀拉伸。以圆角方框为例，拉伸时圆角会出现变形、模糊的情况。而观察游戏中各种各样的窗口边框，包括用计算机都会看到的窗口边框，会发现窗口大小变化时，窗口的边和角都不会变形，只有中间的部分会伸缩。

为了让框图自由伸缩而不变形，可以将图片分成 3×3 共 9 个区域，其中的 4 个角、4 条边以及中心区域，在缩放时的行为是不同的。Unity 可以很方便地给图片指定九宫格分割。单击图片导入设置中的 Sprite Editor（精灵编辑）按钮，会打开一个图片编辑窗口，如图 5-28 所示。此处用到的图片是 Simple UI & icons\box\box_login1。

观察编辑窗口，在图片边缘可以分别找到 4 条绿色的边线，将绿色边线拖曳到合适的位置，就可以将图片分割成 9 份了。分割的关键是注意 4 个角落。

下面对九宫格的效果进行测试。新建一个 UI 图片，摆在合适的位置，然后指定图片内容为分割好的 box_login1 图片。注意图片组件的选项，Image Type 应当是 Sliced（切割的），如图 5-29 所示。

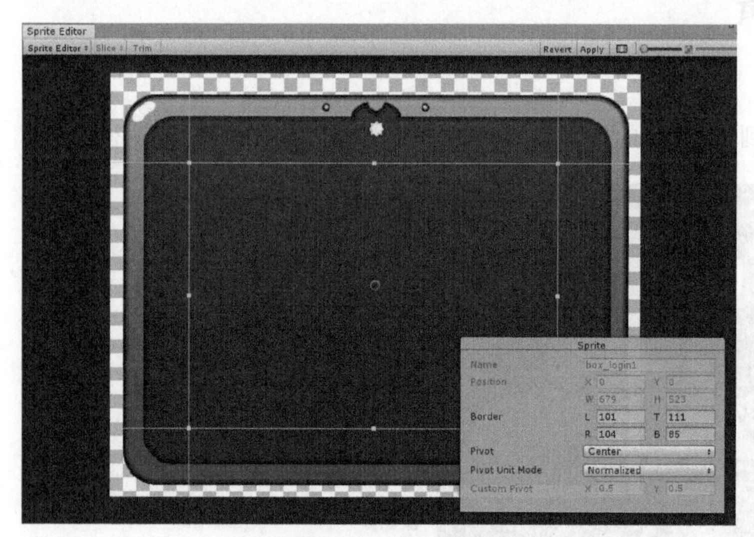

图 5-28 图片的九宫格设置方法

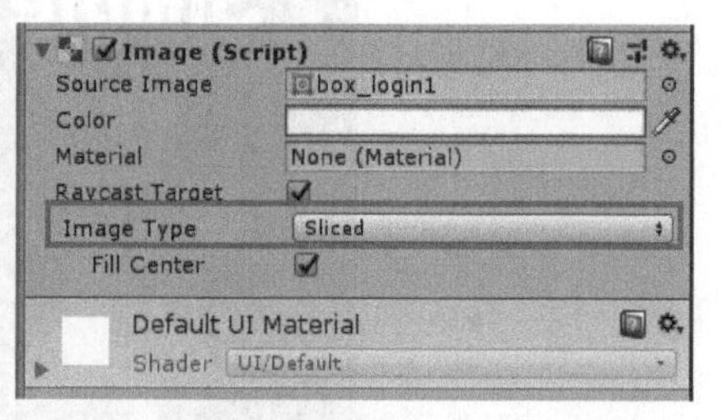

图 5-29 九宫格图片类型是 Sliced（切割的）

完成之后随意拉伸图片，观察缩放时的效果与一般的图片有什么不同，如图 5-30 所示。

从图 5-30 可以看出，图片的 4 个圆角处理得非常完美，不会因为框的大小变化而影响 4 个圆角的大小，但中上方的猫耳装饰被压缩了。这说明这张图片不太适合作为九宫格图，或者只适合小幅度的宽度变化。真正的九宫格图要避免不能缩放的装饰物出现在中间位置，如果需要装饰，可以用另一个小图标贴在边框上。

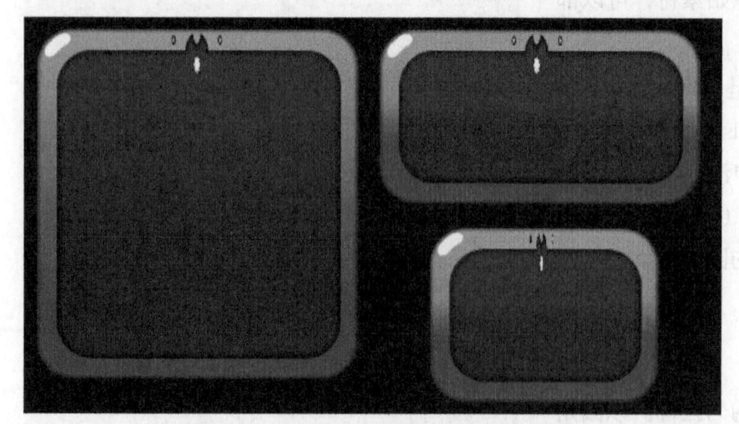

图 5-30 九宫格图片拉伸为各种大小的效果

小提示

调整 UI 控件大小时不要修改物体 Scale（缩放）

所有 UI 控件的位置和大小调整，都应当在 Rect Transform 组件中修改相应的位置、大小和边距，千万不要直接使用缩放工具修改图片大小，那样会与 UI 布局冲突。原始物体的 Scale（缩放）在 Rect Transform 组件的下方也有显示。

Unity 主工具栏中，在位移、旋转和缩放工具右侧还有一个矩形变换工具，专门用于缩放或移动 2D 物体和 UI 物体，在选中 UI 控件时会自动切换到此工具。

图片设置为Sliced模式后，会多出一个Fill Center（填充中央）选项。如果取消勾选则不填充九宫格中央的图片，留下一个空白，如图5-31所示，这适用于某些中央镂空的框图。

本小节详细讲解了九宫格图片的导入设置和使用方法，后面在制作UI时将不再赘述。

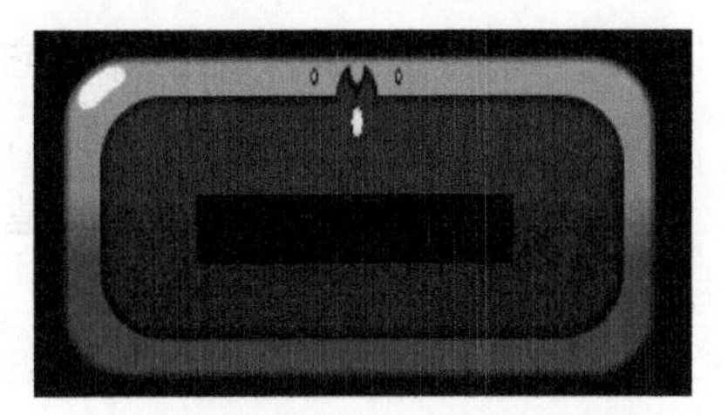

图5-31 九宫格图不填充中央的效果

5.3.3 制作游戏界面

有了前文大量的知识铺垫，接下来制作具体界面会更顺畅一些。在制作时会省略一些具体步骤，但也会详细讲解与屏幕适配有关的操作。

1. 界面分区

这个小游戏界面分为顶部信息栏、中部窗口区域和底部按钮栏3个区域，如图5-32所示。

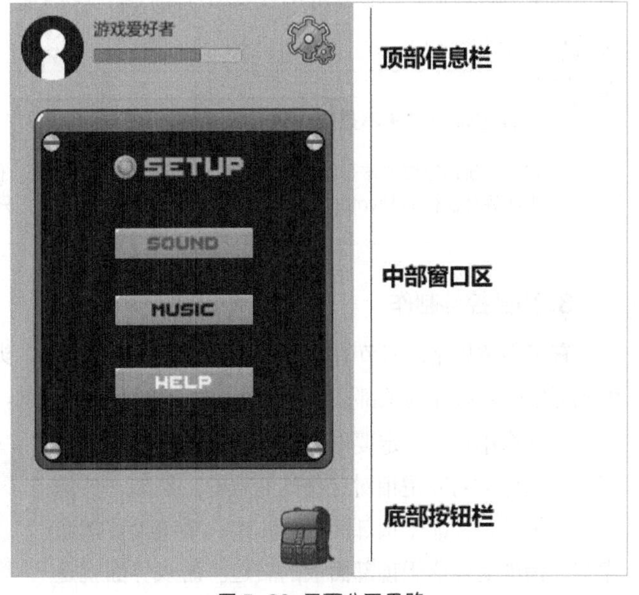

图5-32 界面分区思路

在做界面时也要贯彻整体思路，因为无论界面如何缩放，顶部区域一定是贴紧顶部，且绝对高度可以不变。底部与顶部类似，只是贴紧底部。而中间区域会为顶部和底部的适配而变大或变小。

首先，用Panel（面板）控件把大体区域划分出来，只划出顶部和底部，中间不用管。而且未来所有的顶部控件都是顶部Panel的子节点，设计逻辑与表现是一致的。以顶部Panel为例，它的参数如图5-33所示。

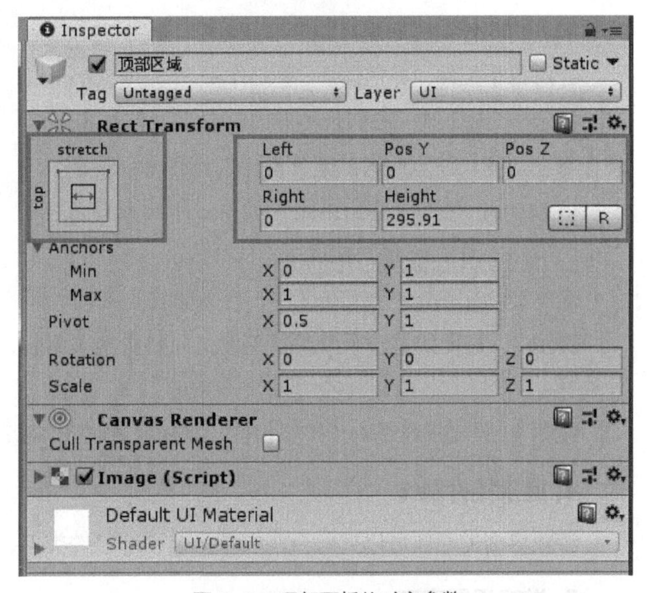

图5-33 顶部面板的对齐参数

每个控件的适配，最关键的选项永远是Rect Transform组件左上角的对齐方式。对顶部框来说，它的宽度要正好占满屏幕，因此横向是拉伸的，且左边距为0，右边矩为0；而在纵向上要始终位于屏幕最上方，因此纵向是靠上对齐，且Pos Y为0。高度则根据喜好调整，250～350都可以。读者对Pos Y可能会有一些疑问，接下来讨论锚点如何设置。

2. 锚点问题

当Pos Y设为0时，面板位置可能会超出上边缘。这是因为每个控件都有一个“锚点（Pivot）”，锚点就是以哪个点为准的意思。默认锚点在中心，而有些控件锚点应该在左上角，有些应该在正上方等。

对顶部面板来说，锚点应该在它的正上方，因此在Pivot的设置中，X是0.5（中间），Y是1（上方）。

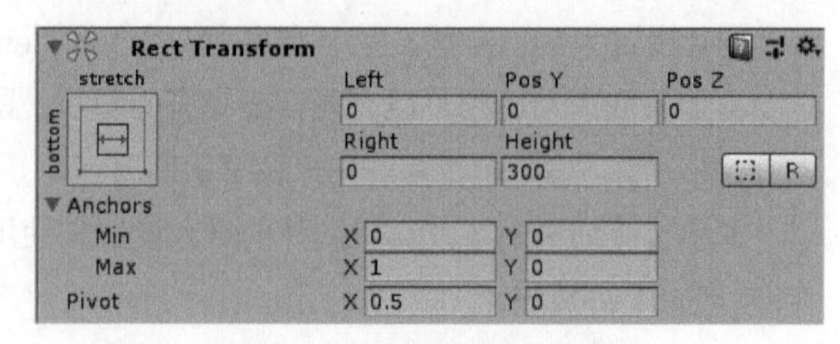

图5-34 底部面板的对齐参数

底部面板的Pivot设置中，X是0.5（中间），Y是0（下方）。

与顶部区域设置相似，底部区域设置如图5-34所示，即横向拉伸，纵向靠下对齐，左右边距都是0，Pos Y是0。

用Panel控件作为父物体有个好处是它带有一个图片组件，在定位时用户可以清晰地看到区域的大小。如果需要隐藏白框，只需要取消勾选图片组件就可以了。

小提示

控件定位的方法不是唯一的

以上给出的定位方法是编者认为思路比较清晰的一种方式。但只要能让控件正确停靠，都是可取的。例如，如果顶部面板和底部面板的Pivot的Y设置为0.5也不会有什么问题，只要设置合理，它们也能紧贴顶部和底部。

3. 顶部控件制作

有了整体思路，细节的制作就很顺畅了。在界面中，头像、名字、进度条和系统设置按钮都属于顶部框，因此把它们直接作为顶部区域的子物体，如图5-35所示。

为什么小控件一定要作为顶部区域的子物体呢？因为子物体的对齐是相对父物体而言的。例如，头像靠左，指的是停靠于顶部面板的左边；系统设置按钮靠右，指的是停靠于顶部面板的右边。游戏界面就是要这样分层排列，具有一定逻辑性，才能在布局时随心所欲，把定位问题层层化解。

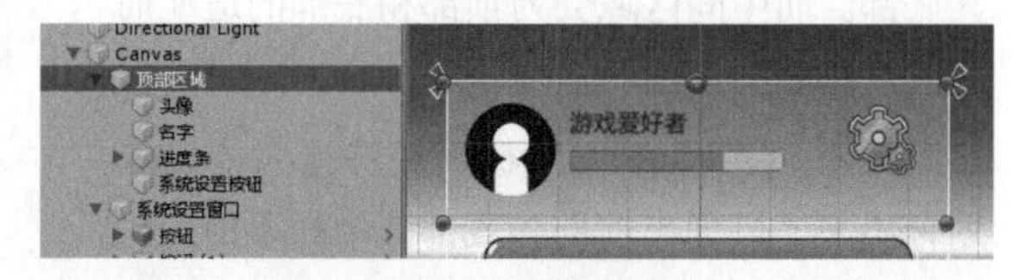

图5-35 顶部其他控件

针对每个控件，以下给出一些制作提示以供参考。

提示1，头像是一个图片控件。它靠左上角对齐，或者靠左对齐。注意所有的图片都要勾选图片组件的Preserve Aspect（保持长宽比）选项，防止在修改大小时变形，如图5-36所示。

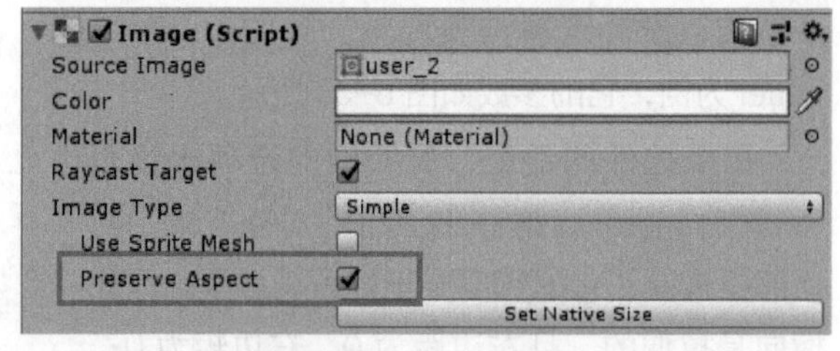

图5-36 勾选Preserve Aspect后防止图片变形

提示2，名字是一个文本控件，与头像对齐方式一样。

提示3，进度条是一个滑动条控件，只是更换了颜色，去掉了滑动手柄。滑动条的修改在本节末尾会展开解释。

提示4，设置按钮是一个按钮控件，靠右上角对齐，或者靠右对齐。在缩放屏幕时，它会一直靠在右上角。

4. 底部控件制作

游戏界面的底部可以排列一些按钮，与顶部控件类似，此处不再赘述。

5. 游戏设置窗口

游戏设置窗口是一个独立的小窗口，长宽固定，不怎么需要考虑屏幕适配。

01 整个窗口和底图用一个九宫格图片框制作即可，如素材中的box/box_option1图片。底图Pivot设

为 (0.5, 0.5)，居中对齐，且位置的 X 和 Y 都设为 0，这样就可以让窗口位于屏幕正中央了。

02 在设置窗口中需要一些文本控件和按钮控件，全都居中对齐即可。

因为设置窗口中所有控件都没有拉伸，所以窗口底图和按钮的相对位置不会变。效果可参考图 5-32，此处不再赘述。

Unity 自带的字体 Arial 和卡通风格的图片不是很搭配，可以在 Asset Store 中安装其他字体，如编者使用的 Free Pixel Font - Thaleah（像素风英文字体）素材。

5.3.4 制作背包界面

背包界面是此实例中的重点，因为它的屏幕适配比较有代表性。当屏幕比较“瘦高”时，道具列表中能显示更多道具项，而屏幕比较“矮胖”时，显示的道具项会变少。但这些都不影响玩家通过下拉滑动查看所有道具，如图 5-37 所示。

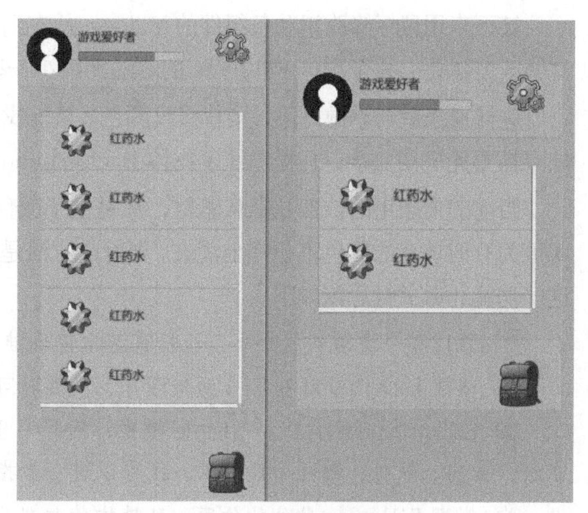

图 5-37 背包界面的屏幕适配效果

首先用一个 Panel 给整个道具框定位，由于窗口允许较大的伸缩幅度，因此可以采用让横向、纵向都拉伸的方式，如图 5-38 所示。

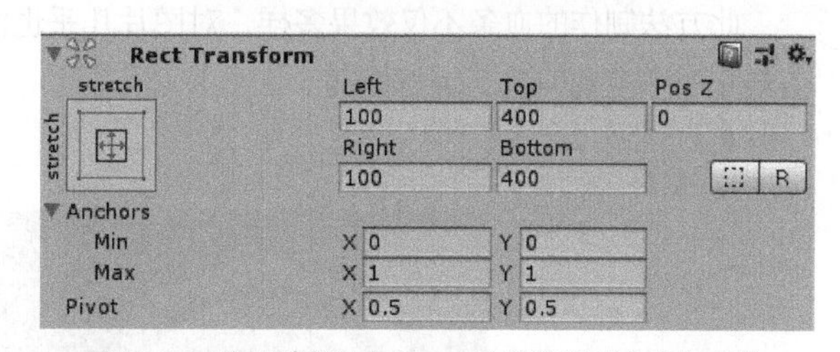

图 5-38 道具列表所在 Panel 的屏幕适配方式和参数

背包界面横向、纵向都采用伸缩方式，且距离上下左右都有一定距离。这样做出来的效果可适配范围会非常大。

大体位置确定了，接下来道具列表的主体就是一个单独的 Scroll View。由于已经做好了背包界面的整体定位，因此滚动区域作为子物体，只需要横向、纵向全拉伸，且距离上下左右都为 0，就可以填满整个背包界面。

接下来制作每个单独的小道具项目。为简单起见，每个道具项只用 1 张底图、1 个图标和 1 个文本组成，其中底图是父物体，图标和文本是底图的子物体。做好之后把整个物体作为 prefab，未来使用时根据背包里的道具创建更多项目，并填到 Scroll View 中即可。

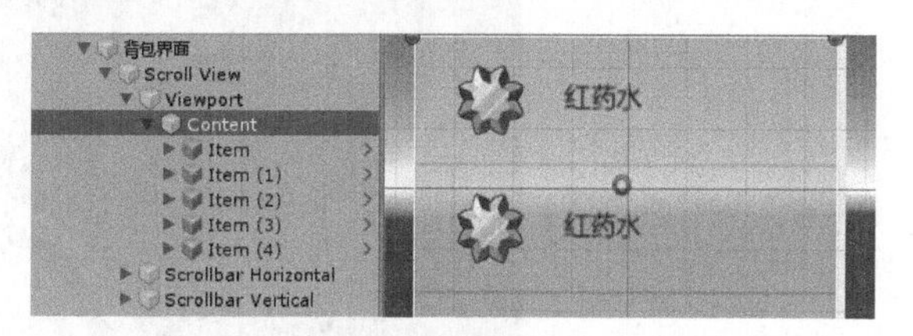

图 5-39 将道具项全部作为 Content 的子物体

Scroll View 的功能已经比较强大了，而且它的横向、纵向滚动条会自动隐藏。我们的主要工作就是把表示每一个道具的控件填在 Scroll View 里面。方法也很简单，就是把所有的内容都作为 Scroll View/Viewport/Content 的子物体，只要放在 Content 下，就会被自动识别了。

在实际项目中，需要用脚本创建道具项目，同样也是将创建好的项目作为 Content 的子物体即可，如图 5-39 所示。

背包制作完成后，就可以运行游戏进行测试。测试的重点是调节 Game 窗口大小时观察屏幕适配效果是否合理，以及背包界面的滑动效果是否正确。

到这里考虑屏幕适配的游戏界面就基本制作完成了，下一小节将对血条等细节进行优化。

5.3.5 利用进度条制作血条

Unity 提供的滑动条可以很方便地修改外形，因此改为血条也毫无问题，甚至还能做成环形、圆形，并加入扇形动画。

首先新建一个滑动条，将其拉伸至合适的长度和宽度。进度条大体都是用九宫格图片制作的，因此可以随意拉伸而不破坏其外形。

作为血条时不需要滑动手柄，将子物体 Handle Slide Area/Handle 隐藏即可，不需要删除。

接下来用鼠标修改滑动条组件的 Value，从左到右滑动，会发现到达最大值时，滑动条的外观没有全满。其修改方法是，将子物体 Fill Area 的右边距改小一些，如把默认的 15 改为 5。

这样血条就几乎做好了，接着修改颜色。只需找到子物体 Fill Area/Fill，然后修改其中的图片颜色即可。如果需要无底图血条，只需隐藏子物体 Background 即可。

当前的血条用的依然是默认素材，只是换了颜色。但它有一个缺点，由于九宫格图片不能无限缩小，因此值为 0 时填充的颜色不会完全消失。更好的方法是利用 Unity 的“Image Type : Filled（图片类型：填充）”这一功能，其关键思路如下。

01 修改整个滑动条的大小，让长宽基本符合准备的图片比例。

02 修改 Background 和 Fill 两张图片，必要时可以设置为保持长宽比。

03 Background 图片保持 Simple 模式，而 Fill 图片则改为 Filled（填充）模式，然后可以选择各种填充方法，横向、纵向、圆环等都可以，还可以进一步指定移动方向。

04 微调 Fill Area 物体的位置，让填充物与背景对齐。

此方法制作的血条不仅效果多样，对图片几乎也没有要求，如图 5-40 所示，而且不存在值最大时不满，值最小时不空的情况，值得尝试。

图 5-40 仅用滑动条就可以做出各种奇特的进度条

第 6 章
脚本与动画系统

动画是游戏中最吸引人的元素之一，人们很容易被精美的动画、华丽的特效所吸引。不过从纯技术的角度来看，动画算是一个辅助性的系统。大部分游戏，特别是早期游戏，即便去掉所有动画，游戏依然能够正常运行。

不过，现代的一些动作游戏采用了逻辑与动画深度结合的设计方法。在这类游戏中，人物的跑步、走路和攻击等动作直接控制着角色的位置，这种技术被称为“Root Motion（根骨骼动画）”。

现在 Unity 对 2D 动画、3D 动画、帧动画和根骨骼动画等类型均有较好的支持，本章会有所侧重地讲解它们。并且随着本章的学习，读者会发现在制作动画的过程中，脚本起到了联系逻辑与动画的作用，其地位至关重要。现代游戏应当具备生动、真实和流畅的动作，这对相关的编程技术也提出了挑战。

6.1 动画系统基本概念

动画的基本概念有帧、帧动画与 2D/3D 骨骼动画等，现代游戏开发中还加入了动画融合、动画状态机等相关的概念。本节将对这些概念做总体的阐述。

6.1.1 动画的基本概念

1. 帧

在古代一幅字画叫一帧，而在计算机中，每次渲染完毕一幅画面并显示出来，这一幅图就是一帧。

连续切换的帧就形成了动态的画面。每秒刷新帧的次数称为帧率，单位是“FPS（Frames Per Second，帧/秒）”，也可以简称为“帧”。传统电影每秒显示 24 帧就可以保证良好的动态效果。由于游戏与电影显示原理的不同，游戏至少需要 30 帧才能感到流畅，而要保证良好的视觉体验则最好是能达到 60 帧。在电子竞技领域中，也会追求更高的帧率，以获得比赛中的优势。

作为用户当然希望帧率尽可能稳定，但在游戏运行过程中，设备不一定能维持稳定的帧率。当运算负载较高时，Unity 就会降低画面和逻辑的更新次数。

小提示

帧间隔时间 Time.deltaTime

Unity 会记录每一帧开始时间与上一帧时间的差值，保存到 Time.deltaTime 属性中。开发者通过查询 Time.deltaTime，就可以知道实际上当前帧相比前一帧过去了多少秒（实际时间），利用此时间可以对逻辑速度进行修正。

在动画系统底层已经考虑了这种修正，让动画播放帧率与真实的时间流逝相匹配。

2. 帧动画

帧动画是最古老、也最容易理解的一种动画技术。它是事先准备好动画中的每一帧画面，然后依次播放，如图 6-1 所示。

图 6-1 经典的马里奥帧动画，走路动作由 3 帧组成

传统手绘动画片将帧动画技术发展到了很高的水平，2D 游戏也自然借用了这一技术，只不过将拍摄动画换成了计算机处理。帧动画至今活跃于许多卡通风格的游戏中，特别是“像素画”风格与帧动画是绝配，不仅风格讨巧，而且降低了美术工作量。

帧动画的优点：简单直接、技术门槛低，美术设计师在一定范围内可以自由发挥。

帧动画的缺点：美术制作的工作量较大，占用的存储空间也较大（每一帧都需要完整保存），目前主要用于 2D 游戏。

3. 3D 骨骼动画

早期的 3D 动画是由设计师编辑模型各部分的位置、旋转等，直接制作出动作。这有点类似于橡皮泥手工动画，要让人物走路就要不断调整头、身体、手臂和腿等各个部分的位置，这导致最初的 3D 动画工作量大，而且很难做出真实的人类动作。

随着技术的发展，出现了“骨骼动画”这一技术。骨骼动画的技术思想简单来说，是将人物模型与一个类似火柴棍组成的骨架绑定在一起，每一段火柴棍（骨骼）关联着模型的一部分，这样只需要移动和旋转骨架，人物就会跟着做出各种动作了。“骨骼动画”这一技术不仅节省了工作量，而且动作效果也变得更自然。三维模型的骨骼如图 6-2 所示。

另外，同一套骨骼数据可以应用于体型相近的不同角色模型上，这样就可以批量地制作更多的角色。实践中甚至可以将一套骨骼和动画适配到另一套不同的骨骼模型上，这称为“重定向”。

Unity 对 3D 动画、3D 骨骼动画均有较好的支持，如标准的 FBX 文件（一种常用的 3D 模型和动画文件格式）。

小提示

骨骼动画与第一部 3D 动画电影

根据维基百科的相关资料，骨骼动画技术最早于 1988 年被提出。

世界上第一部纯粹的 3D 动画电影是《玩具总动员》（*Toy Story*，反斗奇兵），于 1995 年上映。不过在它之前，也有一些影片和短片采用了 3D 动画技术。

在 Project 窗口中选中 FBX 文件，可以在 Inspector 窗口内看到导入设置，导入设置具有 Model（模型）、Rig（骨骼绑定）、Animation（动画）和 Materials（材质）4 个选项，如图 6-3 所示。其中的 Rig 选项中，可以选择的动画类型为 None（无骨骼）、Legacy（旧版系统）、Generic（通用型）和 Humanoid（人形），目前主要使用后两者。如果是人形骨骼模型，则选择 Humanoid 选项，在其他情况下（没有骨骼或不是人形角色）都可以选择 Generic 选项。Unity 对常用的人形骨骼有优化，功能更多，使用也更方便。

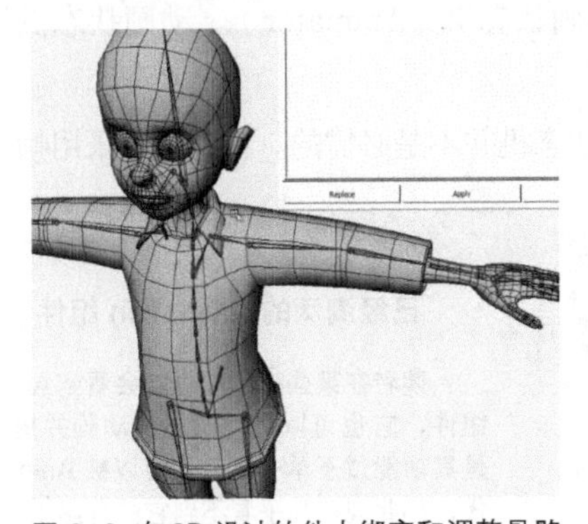

图 6-2 在 3D 设计软件中绑定和调整骨骼

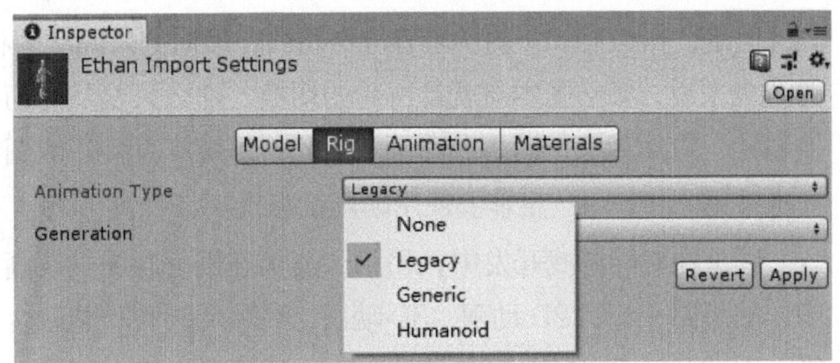

图 6-3 Unity 的 FBX 文件导入设置

4. 2D 骨骼动画

随着骨骼动画的发展，人们发现 2D 动画其实也可以借用骨骼动画技术。它的思路是，将 2D 角色身体的各个部分切割开，做成独立的图片，如头、胸、腹、臂和腿等，然后绑定一个 2D 的“火柴”组成的骨骼，通过调整骨骼，也可以让 2D 角色活灵活现地动起来，如图 6-4 所示。这种做法能够提高动画制作效率，同时也能提高资源利用率、显著节约存储空间。

目前 Unity 对 2D 骨骼动画也有较好的支持，可以借助官方扩展包 2D Animation 直接制作 2D 骨骼动画，也可以使用更专业的 2D 骨骼动画软件，如 Spine 和 Dragonbones，借助相关插件导入 Unity 中使用。

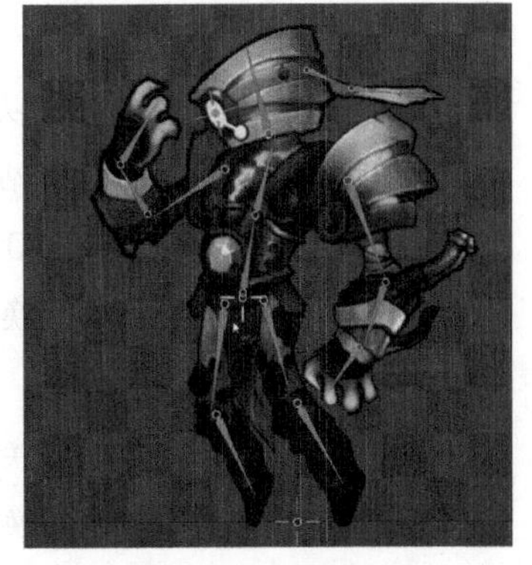

图 6-4 2D 骨骼示例

6.1.2 动画融合

3D 骨骼动画和 2D 骨骼动画都有一个共同的特点：动画被抽象化、数据化了，计算机能够表示帧与帧之间的联系，甚至能直接计算出两帧之间的过渡状态。动画设计师只需要指定一个动作中的关键几个帧（关键帧），其他的帧（过渡帧）可以利用数学算法进行插值计算（线性插值或其他插值算法）。

以此类推，不仅同一个动作的各个关键帧之间可以自动计算过渡帧，而且不同动作之间也可以计算过渡帧。再进一步，如果动画设计师提供了“慢走”和“疾跑”两个动作，甚至还可以通过插值计算出慢跑、中速跑等更多介于慢走和疾跑之间的动作。这种在不同动作之间自动计算过渡状态的技术称为“动画融合”。

Unity 对动画融合有很好的支持，在动画状态机中有专用的融合树（Blend Tree），它支持一个或两个维度的动画融合。“两个维度”指的是两种运动方式，如常用的“转身”和“前进”就是两个维度，利用 Blend Tree 可以混合出慢走并快速左转，或者快走并慢速右转等不计其数的动作。第 6.4 节会详细讲解 Blend Tree 技术。

注意，在帧动画中，动画的每一帧都是相对独立的。帧动画的数据没有抽象化、数据化，就不可能进行动画融合。因此，如果是采用帧动画技术制作的游戏，就不用考虑动画融合。

6.1.3 动画状态机

目前，几乎所有的 Unity 游戏在制作动画时都要用到动画状态机（Animator），动画状态机目前已经是游戏开发的标准配置。

但是，作为 Unity 的学习者应当明白，理论上来说动画状态机并不是必需的。特别是对采用帧动画制作的游戏来说，帧动画本质就是图片的切换，那么只要及时切换图片，自然就能正确播放动画。因此，用脚本直接修改图片也并无不可，不一定非要使用动画状态机。

只是在实际游戏开发中，利用动画状态机可以统一动画制作的思路，包括 2D 动画、3D 动画、骨骼动画和动画融合等。因此，Unity 逐渐摒弃了其他的动画管理方法，而统一用动画状态机组件管理所有动画。

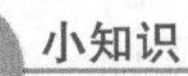

已经淘汰的 Animation 组件

读者在某些资料中可能会看到 Animation 组件，它也可以指定物体的动画并播放。但是其功能过于单一，完全可以被 Animator 替代，因此现在几乎看不到它的身影了。

1. 理解动画状态机

要理解使用“动画状态机”的必要性，需要思考一个问题：假设有站立、下蹲、走 / 跑和跳跃 4 种动画，那如何编程来描述动画状态，以便在不同的动画之间切换？其初步思考结论如下。

①在地面上速度为 0 时，站立。这是默认动画。

②在站立状态下速度大于 0，切换为走或跑的动画，根据移动速度改变帧切换速度。

③在站立状态下跳跃，切换为跳跃动画。

④在走 / 跑的状态下跳跃，也切换为跳跃动画。

⑤在跳跃状态下落地，切换为站立动画。如果速度不为 0，站立动画会立即切换到走 / 跑动画。

⑥在站立状态下下蹲，切换为下蹲动画。

⑦在下蹲状态下站立，切换为站立动画。

以此类推，逐个分析清楚每一个动画状态及转移条件，就可以得出动画切换的思路。“思路”有一种明显的模式：当前处于某个状态，如果发生某件事，就切换到另一个状态。

这种思路在编程中极其有用，它有一个专门的名称——状态机（State Machine）。虽然本文是在动画系统中初次提到状态机，但实际上状态机的应用极为广泛，包括在游戏逻辑架构和 AI 系统中都经常能用到它。

状态机在任意时刻都具有一个“当前状态”，并且默认会保持这一状态，只有在满足某个条件时，才会切换到另一个状态。也就是说，状态机有两个要素：状态和状态转移。

用脚本直接实现状态机，只需要用一个变量保存当前状态，根据游戏逻辑切换状态即可。而对于动画系统来说，将状态机思想应用于管理动画状态极为合适，具有很好的通用性。Unity 所提供的动画状态机组件，就是专门用来管理动画状态，以及动画之间的切换和过渡的。

2. 动画状态机设计举例

以一个简单的 2D 游戏——《超级马里奥兄弟》初代为例，介绍设计动画状态机的基本思路。

首先，假设有站立、走 / 跑、跳跃和下蹲 4 种动画（暂时去掉刹车、发射火球等其他动作）。如果将每种动画看成一种状态，用方框表示，状态之间的切换用箭头表示，那么就可以得到一个状态转移图，如图 6-5 所示。注意图中箭头有明确的方向，有些切换是双向的，而有些切换是单向的。

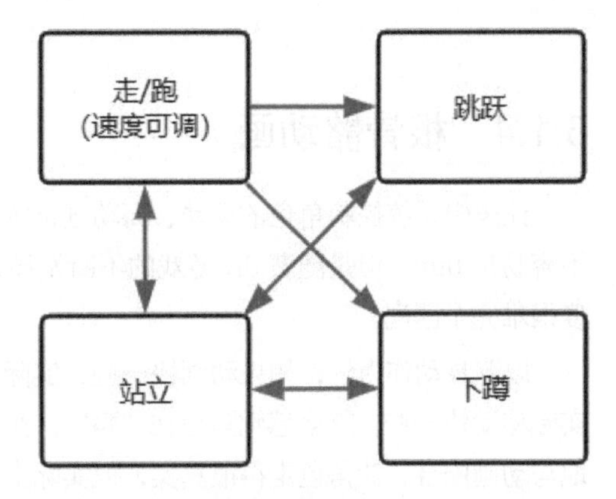

图 6-5 《超级马里奥兄弟》的动画状态转移图（有所简化）

从图中可以看出，站立可以切换到下蹲、跳跃或走 / 跑，但跳跃不能直接切换到下蹲。跳跃也不能直接切换到走 / 跑，跳跃状态唯一的出口是站立状态。与跳跃类似，下蹲状态也只能切换到站立状态。虽然看似少了一些状态转移，但在跳跃或下蹲时利用瞬间的站立作为中转状态，那么就可以过渡到走 / 跑的状态了。

图 6-5 是根据经验设计的，最终还要根据实际动画效果调整。虽然动画状态转移图的设计没有固定的方法，但是一定要符合实际需要。当然也完全可以在 4 种状态之间画满双向箭头，只不过那样做会增大逻辑处理的复杂性，得不偿失。

有了基本的状态转移图，之后还要具体指定状态转移条件。一般转移条件是用专门的变量表示的，如可以用一个 speed 变量表示角色当前的速度，用 crouch 变量代表下蹲，用 jump 变量代表跳跃。在站立状态下 speed 大于 0，就切换到走 / 跑状态；在走 / 跑状态下 jump 变成 true，就切换到跳跃。这些变量都是动画专用变量，只要在脚本中改变它们的值，就可以让动画状态机按需求改变状态。

注意，在下蹲状态下仅有让 crouch 变成 false，才能退出下蹲状态，除此以外即使速度变化，也不会退出下蹲状态。这种思路很清晰，进一步降低了用脚本管理的难度。

在 Unity 中，实际的动画状态机设计如图 6-6 所示，它包含了动画状态转移图和变量列表。

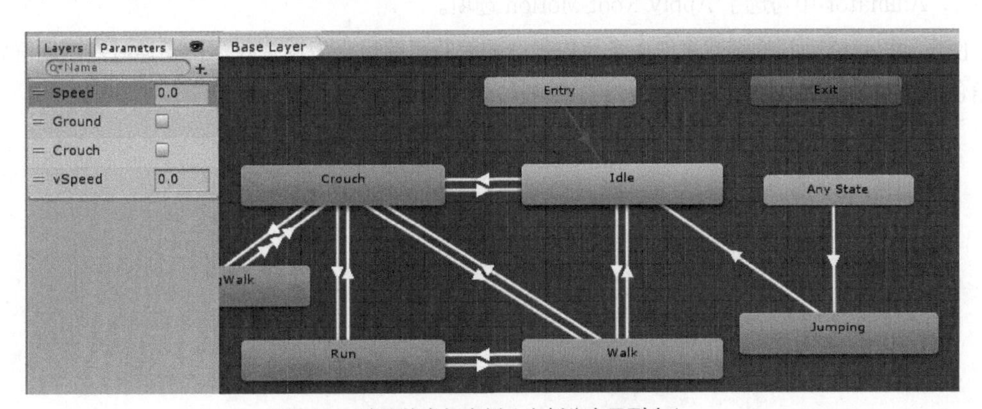

图 6-6 动画状态机实例（左侧为变量列表）

小提示

蹲下时跳跃会怎样？

玩过《超级马里奥兄弟》系列作品的玩家都知道，这部游戏是允许在下蹲时跳跃的。但前面的动画状态机在下蹲和跳跃之间没有箭头，如何解释呢？

再重新玩一遍游戏会发现，在下蹲时跳跃，虽然能够跳起来，但马里奥依然保持下蹲姿势，这与前面的设计相符。

这也印证了在很多游戏中（使用根骨骼动画的游戏除外），角色的运动与动画无关，动画只是表现层的东西。即使把主角变成一个小球，也不影响游戏的运行。

6.1.4 根骨骼动画

让逻辑系统控制角色的运动，而动画系统只是单纯地做表现，单从技术角度看，这种方式比较简单，也不容易出 bug。但是随着 3D 游戏的不断发展，有一个问题一直困扰着游戏设计师——角色的动画与移动速度很难完全匹配。

以跑步动作为例，如果动画快一些，实际移动慢一些，会感觉角色在走“太空步”；如果动画慢一些，实际移动快一些，就会感觉角色在“飘”。虽然理论上来说总能找到一个合适的参数，让移动速度能够完美地与动画配合，让角色走得很真实，但实际上要做到这一点并不容易。

而且，现代游戏具有攀爬、斩击、移动射击和冲刺等越来越多逼真的动作，让动画与移动配合的问题变得更加复杂。要想彻底解决这一问题，只能让动画设计师直接控制角色的移动。

Animator 的应用根骨骼动画（Apply Root Motion）选项就是为了解决这一问题而存在的，如图 6-7 所示，勾选它意味着开启根骨骼动画功能，物体会根据动画自带的位移改变自身的位置。而这个位移速度是由动作设计师决定的（直接记录在动画中），而非程序控制的。

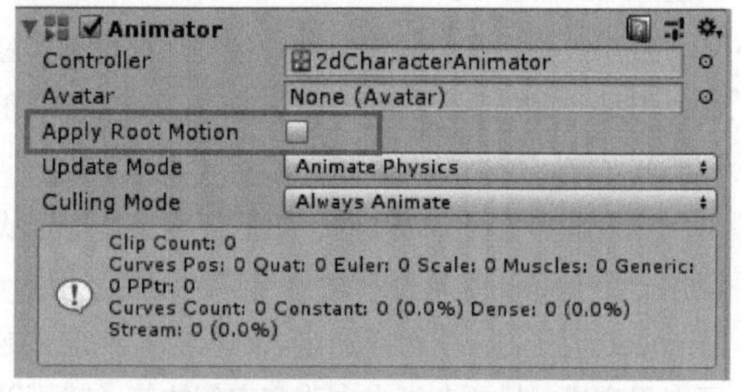

图 6-7 动画状态机的“应用根骨骼动画”选项

但是开启根骨骼动画功能需要以下 3 个条件，缺一不可。

条件 1，动画在制作时，本来就带有位移信息（一般 2D 动画不使用这种方式）。

条件 2，导入动画文件时，正确导入了根骨骼动画信息。例如在导入 FBX 文件时可以进行配置。

条件 3，Animator 中勾选了 Apply Root Motion 选项。

对于使用了根骨骼动画的游戏来说，角色控制器的编写思路也会发生变化。由于通过控制动画状态机就能控制角色的移动，那么直接移动角色位置的代码就需要删除或做出修改。

6.2 2D 动画实例分析

制作动画离不开完整的游戏逻辑。本节将借用 Unity 官方标准资源作为素材，尽可能完整地演示如何制作一个可控制的、带有各种动作的 2D 角色。

6.2.1 准备工作

1. 下载资源

Unity 提供了标准资源（Standard Assets）供初学者参考使用。初学者可以打开 Asset Store，搜索“Standard Assets”找到它。

下载并导入该资源到当前工程中，Assets 文件夹下就多了两个文件夹，分别是 SampleScenes 和 Standard Assets。

SampleScenes 文件夹里是一些完整的演示场景，可以直接参考。现在要参考的是 SampleScenes\Scenes\2dCharacter 场景，如图 6-8 所示。将此场景打开，可以看到一个简单的 2D 场景，以及场景中间的机器人。

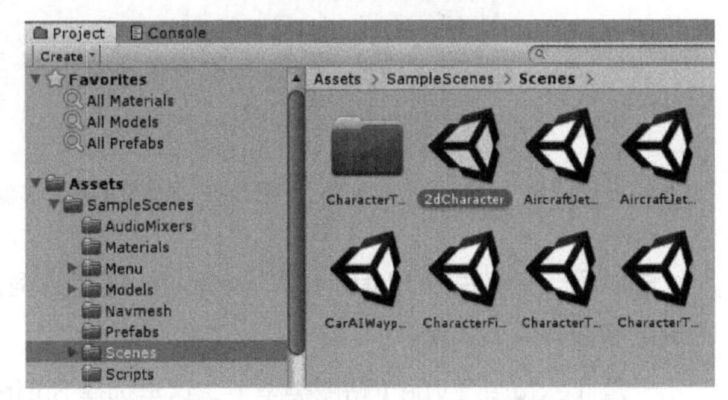

图 6-8 导入资源后可以找到 2dCharacter 场景

运行游戏，可以按 A、D 键或方向键控制角色的移动，空格键为跳跃，Ctrl 键为下蹲。接下来就要完整重现这一角色的制作过程，如果在制作中有疑问，可以重新打开 2dCharacter 场景参考。

2. 整理资源

标准资源包里已经设置好了导入参数，直接使用这些资源非常方便，但是可能会跳过一些重要的操作步骤。为了读者能学到整个操作过程，还是将资源拷贝出来，再设置一遍。

01 在 Project 窗口中的任意文件夹下单击鼠标右键，选择 Open In Explorer，打开操作系统的资源管理器。以下文件操作都要在资源管理器中进行，不要在 Unity 的 Project 窗口中进行。

02 在 Project 窗口中的 Assets 文件夹下，新建 Resources 文件夹，以后所有用到的资源都要复制到此文件夹。

03 在 Assets/Resources 文件夹下新建 sprites 和 anims 两个文件夹，sprites 文件夹存放所有图片资源，anims 文件夹存放动画资源。

04 找到 Assets/Standard Assets/2D/sprites 文件夹，

资源文件与 META 文件

一个完整的游戏中所用到的资源并不是纯原始资源。以图片为例，游戏引擎需要记录每张图片所必要的额外信息。如这张图片类型是 2D、UI 还是模型贴图，图片用哪种方式压缩，该图片是否要切分为多张图片等这些内容，都需要额外记录一些信息。

Unity 的管理方法：对每一个原始资源文件，都创建一个与文件名相同的、对应的 META 文件。常规的文件操作都应该在 Project 窗口中进行，由 Unity 负责资源与 META 文件的对应关系。用户不应该直接修改和移动 META 文件，这可能会造成资源管理出现混乱。

而这里的操作，就是跳过 Unity，直接复制原始的 png 图片，得到不包含设置信息的原始图片，以便自己重新做一遍。

将该文件夹下的PlatformWhiteSprite.png文件，以及所有以Robot开头的png图片文件，都复制到新建的Assets/Resources/sprites文件夹里。

经过以上操作，已经将需要用到的图片全部整理到了Resources文件夹下，方便查找。接下来对图片资源进行设置。

文件的基本操作提示

文件的基本操作虽然都是常识，但也是许多重大bug的罪魁祸首。

① 所有使用计算机进行专业性工作的人，都应该显示文件扩展名（文件名后缀），因为隐藏后缀会带来很多麻烦。

②一般不要用鼠标拖曳的方法移动或复制文件，这样很容易误操作，应尽可能使用复制、粘贴和剪切等操作。

③复制所有png文件时，可以按Ctrl键选择多个文件，也可以先按文件类型排序后再框选。

3. 图片设置

回到Unity，找到刚才复制的资源，如图6-9所示。

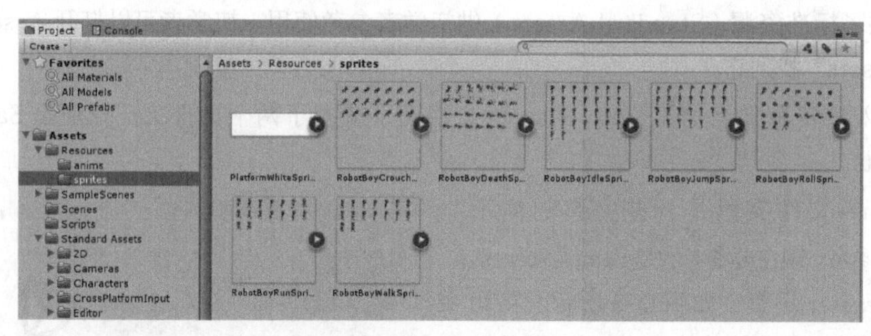

图6-9 准备好的图片资源，在sprites文件夹下

先以第一张白色的PlatformWhiteSprite图片为例，选中它，在Inspector窗口中确认它的参数。其最关键的参数有以下3项。

一是Texture Type（贴图类型），这里选择Sprite (2D and UI)，意思是2D精灵图片。其他常用的类型如Default是3D贴图，Normal是3D法线贴图。

二是Sprite Mode（精灵模式），有些图片一个文件对应一张图（Single），而还有些图片是将一组图片全都放在一个文件里（Multiple），这里的白色图片应该是Single的。将多张图片组合在一起，是出于优化的目的。

三是Pixels Per Unit（像素与图片大小的比例），保留默认的100即可，意思是图片上的100像素对应场景中的1米。出于规范性的考虑，在做游戏时最好保持素材规格的一致。

在修改图片参数以后，要记得单击右下角的Apply（应用）按钮，否则不会生效。如果忘记应用，在后续操作时会弹出提示框，那时再应用也可以。

可以看出，除了PlatformWhiteSprite这张图片以外，其他图片都不是单张图片，因此可以按住Ctrl键或Shift键，选中其他所有图片进行批量操作。首先也要先将它们的Texture Type设为Sprite(2D and UI)，然后确认Pixels Per Unit为100，如图6-10所示，最后将Sprite Mode设为Multiple。操作完毕后单击下方的Apply按钮。

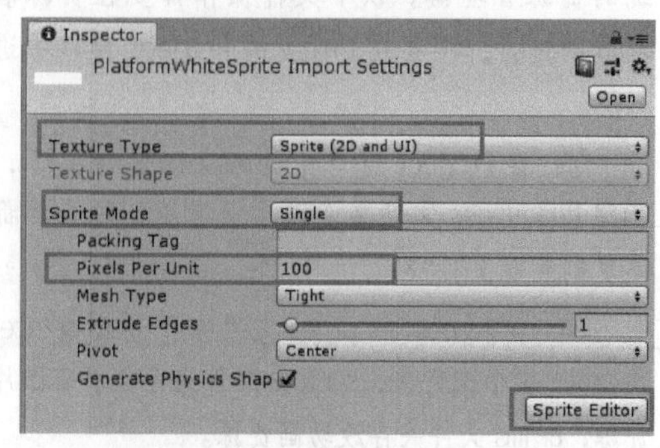

图6-10 图片导入选项（标出了重点）

当使用多图模式时，还存在一个问题：这些图片到底是如何排列的？那就要给编辑器表达清楚，到底如何把每

张小图从大图中切割出来。此时图片设置中的 Sprite Editor（精灵编辑器）就派上用场了。

使用 Sprite Editor 时只能一张一张地处理图片。例如，选中 RobotBoyIdleSprite，然后单击 Sprite Editor 按钮，会打开一个新的编辑器窗口，如图 6-11 所示，此窗口就是专门用于切分小图片的。

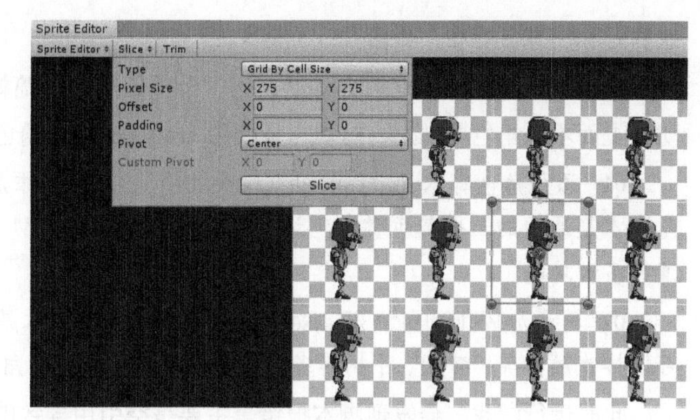

图 6-11 精灵编辑器界面

Sprite Editor 中最常用的功能是 Slice（切割），它提供 3 种类型，分别是 Auto（自动）、Grid By Cell Size（根据图片大小划分网格）和 Grid By Cell Count（根据行数列数划分网格）。在实际游戏开发中后两种方式比较常用。

这些图片的间隙较大，而且各种动作不完全对齐，不好得出合适的参数，这时最好参考原来的资源设置。查看原素材的设置会发现，选择 Grid By Cell Size 并将大小设置为 275 像素 ×275 像素比较合适。设置完成后单击 Slice 按钮，即可分割完成。分割后可以点选每一张图片，查看划分是否合理。

如果觉得合适，就单击编辑器右上方的 Apply 按钮，让设置生效。一张图片的设置就完成了。

接下来对所有的机器人动作图片做相同的设置。由于这套素材中各种动作布局完全相同，因此都按 275 像素 ×275 像素的标准进行切割即可。

通过这一系列设置，准备工作就完成了。

6.2.2 角色与控制的制作步骤

新建一个场景，命名为 Test2DAnim，单击场景窗口左上角的 2D 按钮，切换到纯 2D 视角。完成之后就可以开始制作场景和角色了。

01 将已经准备好的 PlatformWhiteSprite 图片，也就是白色的图片拖曳到场景中，位置归 0，添加组件 Box Collider 2D，这就是游戏的地板了。

02 可以将地板适当拉长，然后将其做成预制体。预制体都放在 Resources/prefabs 文件夹下。

03 每个图片文件的图标旁边都有一个小三角，点开小三角就可以看到所有的小图片。这里只需要一张机器人的图片，因此点开 RobotBoyIdleSprite 的小三角，随意拖曳其中一张小图到场景中，如图 6-12 所示。

04 将场景中新物体的名称改为 Player，因为要在这张图片的基础上制作玩家角色。

05 添加 Rigidbody2D 组件。由于需要玩家角色一直保持直立避免跌倒，因此要勾选 Constraints 选项中的 Freeze Rotation Z 选项。

06 添加 Capsule Collider 2D（2D 胶囊体）到玩家角色身上，然后单击 Edit Collider 按钮编辑胶囊体的形状。胶囊体要比人物略小、

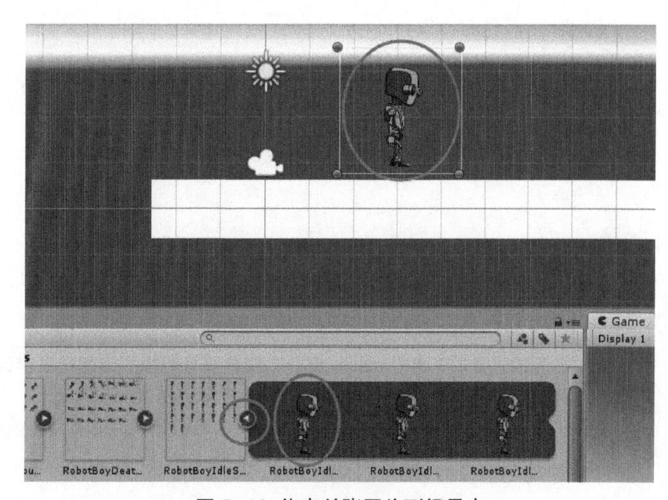

图 6-12 拖曳单张图片到场景中

左右对称、脚部对准，如图 6-13 所示。

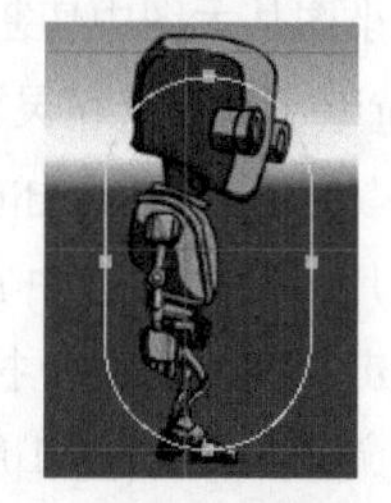

图 6-13 编辑胶囊体的形状

接下来让角色能根据输入移动。为了节约不必要的篇幅，同时把重点聚焦在动画上而不是角色控制上，这里尽量使用 Unity 提供的角色控制脚本。

01 添加角色脚本 Platformer Character 2D（可在添加组件时搜索名称）。此脚本是通用的，也是负责角色运动的脚本，包含了移动、落地检测、跳跃、下蹲等多种功能。

02 再添加 Platformer 2D User Control 脚本。该脚本是单纯负责输入的脚本，可以接收触摸屏、键盘、手柄等多种设备的输入，并调用角色的相关函数。因此以上两个脚本是配套使用的。

此时运行游戏，会发现脚本报错，主要是空引用导致的。因为这个角色脚本需要引用几个其他的组件和物体，必须一一指定它们。

03 添加 Animator，暂时用一个空的占位就可以。给玩家角色添加 Animator 组件。

04 现在还缺少一个 Animator Controller（动画控制器）。在 Resources/anims 文件夹下新建一个 Animator Controller 文件，然后将新建的文件拖到 Player 物体的 Animator 组件的 Controller 一栏中即可。这样，脚本对 Animator 的要求就基本满足了。

05 还需要给玩家物体创建一个子物体（空物体即可），名称必须为 GroundCheck，然后将它放在机器人的脚底。这一空物体是专门用来定位机器人脚底的，因为脚本中会不断发射射线检测脚部是否接触到地面。如果没有这个子物体，脚本就会报错。

06 仔细观察角色脚本的参数，会看到一个 What Is Ground 选项，默认是 Nothing（没有），将它改为 Everything。此选项的意思是“哪一层代表地面”，如果所有层都不是地面，玩家角色在逻辑上就无法落地了。

经过一系列设置以后，就可以测试玩家角色控制是否正常。运行游戏，如果按下 A 键和 D 键，角色能够左右移动，就说明设置成功。如果按下 A 键和 D 键，玩家角色不能左右移动，则可以勾选角色脚本的 Air Control（空中是否可以控制）选项。如果勾选以后能左右移动，不勾选就不能移动，则说明是检测地面的逻辑出了问题，需要进一步排查。

目前玩家角色无法跳跃，原因是角色脚本对动画的落地状态有依赖，等做好动画以后就不影响跳跃了。但是编者认为这种反向依赖是不合理的，建议修改角色控制脚本，取消角色对动画状态的依赖。修改 Platform Character 2D 脚本的第 93 行，将原来的

```
if (m_Grounded && jump && m_Anim.GetBool("Ground"))
```

改为

```
if (m_Grounded && jump)
```

也就是删除第 3 个判断条件即可。

小提示

错误和警告

在测试时要多查看 Console 窗口，红色叹号图标的信息代表错误，需要及时修正。

黄色叹号开头的信息代表警告，有时会影响游戏的正常运行，有时不会。由于此时例子还没有完成，因此会有大量类似“Parameter 'vSpeed' does not exist.”的信息，但这不会影响游戏的正常运行，等补上动画之后警告自然会消失。

6.2.3 动画的制作步骤

接下来为角色配上动画，整体思路分以下 3 个部分。

一是准备好单个的动画素材，包含站立、跑和跳等动作。也就是说，把原始素材中的图片串联起来，形成几个单独的动画。

二是用 Animator 把这些单独的动作有机地组合起来，形成一张状态转移图。

三是设置动画变量。用脚本控制动画变量，就能间接地控制 State Machine 了。

1. 编辑动画

在 Unity 里可以直接编辑简单的动画。在菜单栏中单击 Window → Animation → Animation，即可打开 Animation 窗口，并将它拖到合适的位置。一种值得推荐的窗口布局——Animation 窗口和 Game 窗口在界面的下方，如图 6-14 所示。

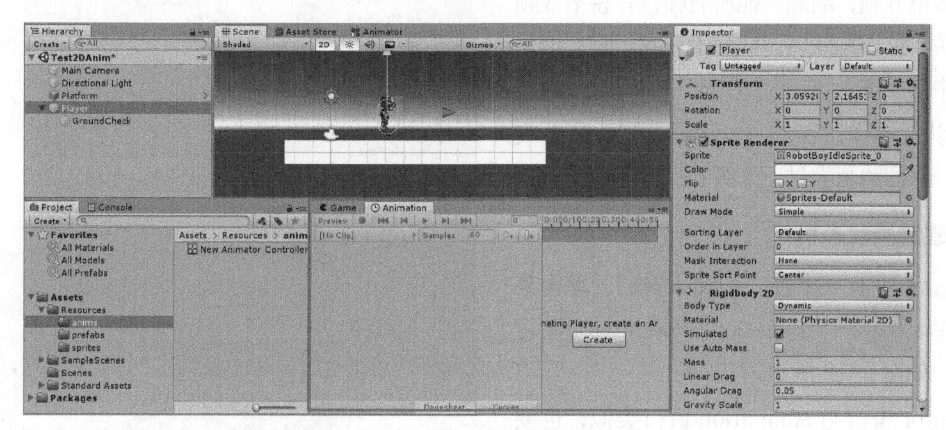

图 6-14 一种值得推荐的窗口布局

注意，Animation 窗口显示的一定是当前选中物体的动画，因此要选中 Player 物体后，再操作 Animation 窗口。

01 在选中 Player 物体的状态下，再在 Animation 窗口里单击中央的 Create 按钮，选择一个路径创建动画文件，如 Resources/anims。这里先做站立动画，命名为 Idle 即可。

02 在 Project 窗口中找到图片素材 Resources/sprites，然后再找到 RobotBoyIdleSprite 原始图片，单击文件左边的小三角，展开所有的 Idle 动作小图片。

03 选中所有的 Idle 动作图片，将它们拖入 Animation 窗口，会自动形成一个动画序列，如图 6-15 所示。

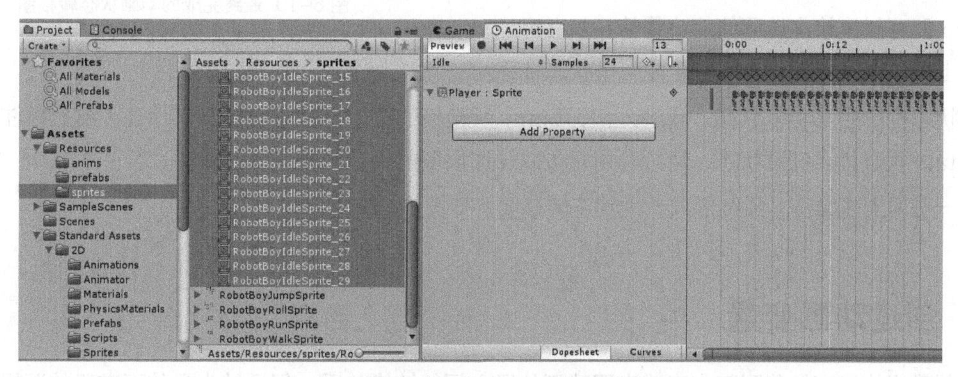

图 6-15 拖曳所有的 Idle 图片制作动画

04 修改动画播放速率，改动原来的 Samples（采样率、速率）参数，将默认的 60 改为 24。

05 单击Animation窗口中的三角形播放按钮，就可以播放Idle动画，并在场景窗口中预览效果（在选中了Player物体时才能操作）。这样站立动画片段就准备好了。

06 添加跑步动画，单击Animation窗口左上角的动画名称，打开一个菜单，选择Create New Clip即可创建新的动画文件，如图6-16所示。此处还可以切换多个动画片段。

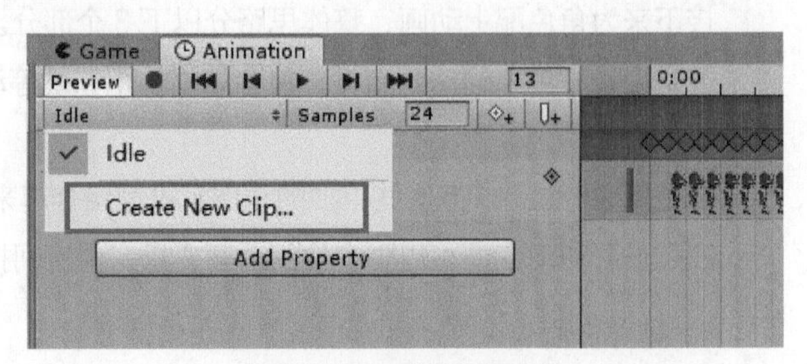

图6-16 创建新动画片段

07 与前面的操作完全相同，继续创建Walk（走路）、Run（跑步）、Jump（跳跃）、Crouch（下蹲）等动画，也可以暂时只创建一部分。

为了简化制作，Jump（跳跃）动画可以简化，只要表现出空中姿态即可。在编辑好的动画时间轴上，只保留第6帧，删除其他所有帧，并将第6帧左移到开头。这样跳跃动画实际上只有一帧，但足够表现空中的姿态。

经过以上操作，在Resources/anims文件夹下得到了一系列动画素材，如图6-17所示。

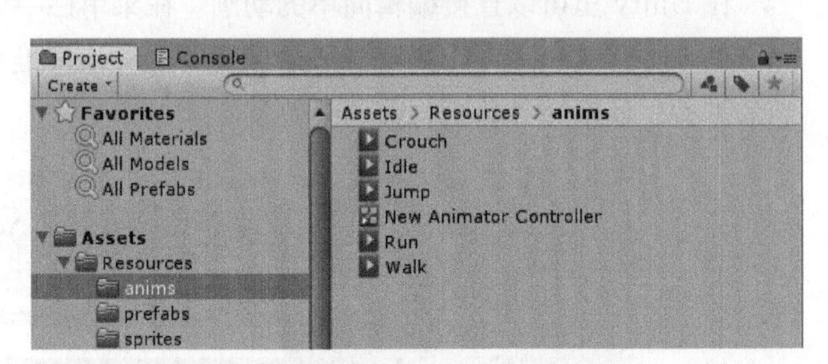

图6-17 得到的动画素材

2. 编辑动画状态机

Animator也有一个独立的编辑窗口，单击菜单栏中的Window → Animation → Animator就可以打开它，如图6-18所示。

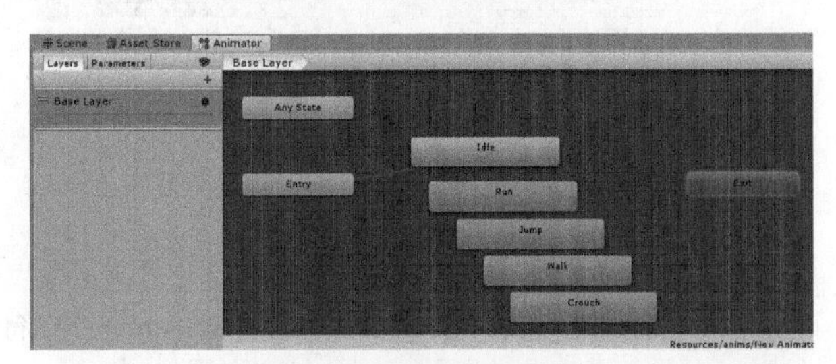

图6-18 动画状态机窗口

Animator窗口与Animation窗口类似，也要选中物体再操作。

首先，选中场景中的Player物体，观察Animator的内容，会发现新建的几个状态已经自动添加到里面了。当然也可以随时删除状态（选中状态按键盘上的Delete键），或者把动画文件拖曳进Animator窗口创建新的状态。

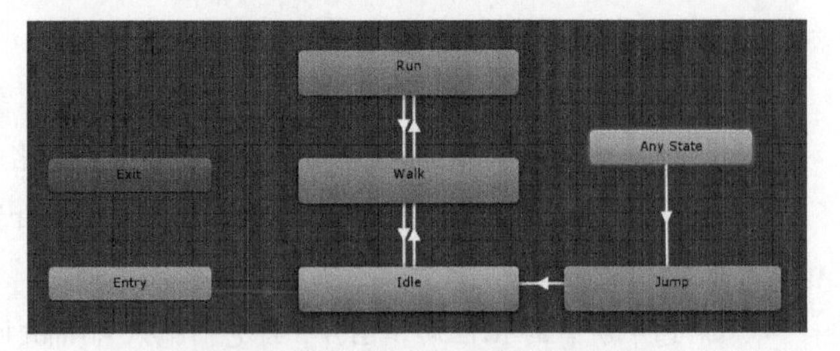

图6-19 最终完成的动画状态转移图

在Animator窗口中，状态的位置可以随意拖曳；在任意状态上单击鼠标右键，选择Make Transition即可创建状态转移箭头，将箭头放在另一个状态上再单击鼠标左键，即可生成一个状态转移。

动画状态机中的Entry状态，代表入口，Entry所连接的第一个状态就是默认状态（黄色标注）；蓝色的Any State状态代表任意状态，巧妙利用它可以少连很多箭头，比较方便。

进行一系列上述操作，最终形成一个状态转移图，如图6-19所示。

6.2.4 创建动画变量

初步创建好的状态转移图基本表达出了动画片段之间的转换关系，但还缺少具体而准确的逻辑定义。例如，在什么情况下，从站立状态转移到走路状态。

因此，需要创建一个“速度”变量，并明确设定：站立时，当速度大于0.01，则从站立切换到走路；走路时，当速度小于0.01，则从走路切换到站立；走路时，速度大于0.2则切换到跑步；跑步时，速度小于0.2则切换到走路。

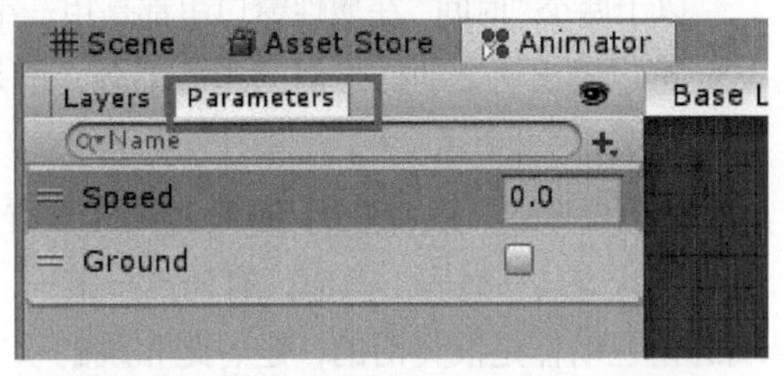

图6-20 Animator窗口的Parameters标签页

单击Animator窗口左上角的Parameters（参数）标签页（见图6-20），可以看到一个空白的列表。单击右侧的小加号就可以添加新变量了。这里暂时只需要float类型的变量Speed和bool类型的变量Ground。注意变量类型和大小写，这在写脚本时会用到。

有了这两个变量后，再将逻辑条件设置到状态转移的箭头上。

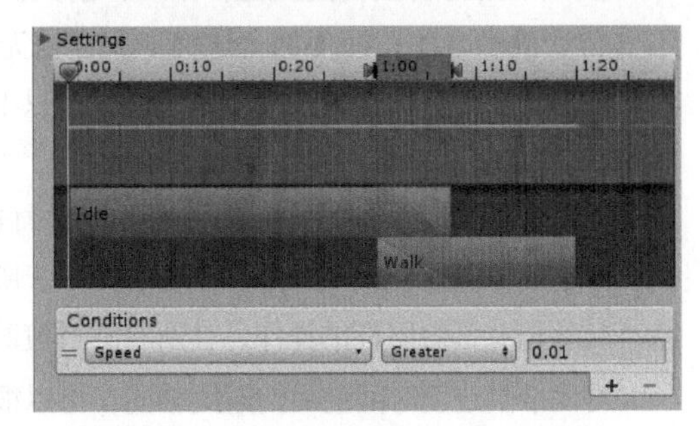

图6-21 填写状态转移条件（Conditions）

01 单击从Idle到Walk的箭头，在Inspector窗口下方找到Conditions（转移条件），再单击加号，选择变量名Speed，判断条件为Greater（大于），值填写0.01，如图6-21所示。这样填写的意思就是，当Speed大于0.01时，从站立切换到走路。

02 根据上文所述，与Speed相关的箭头共有4个。从Walk到Idle，Speed小于0.01；从Walk到Run，Speed大于0.2；从Run到Walk，Speed小于0.2。

03 之后只剩两个箭头了，它们与Ground参数有关。从Any State到Jump，Ground为False（假）；从Jump到Idle，Ground为True（真）。

由于采用了Platform Character 2D脚本，就不需要再编写，因此可以进行简单测试，仅测试走、跑和跳跃动作。如果制作顺利，那么应该能通过左右移动看到走和跑的动作，按空格键可以看到跳跃动作。要注意勾选角色控制器的Air Control属性，允许角色空中移动，以便测试。

经过多次测试，会发现角色的动画状态转移十分缓慢，从站立到走、从跑步到跳跃，都有着明显的延迟。这些延迟是因动画过渡而产生的，下一小节将解释原因和修正方法。

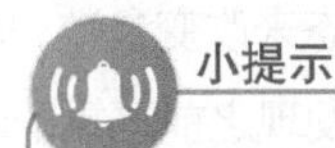

一种动画调试方法

读者可能在测试时会发现很多问题，通常是操作失误造成的。这里介绍一种非常重要的调试方法。

在游戏运行的过程中，同时保持Animator窗口也可见。这时选中Player物体，也就是Animator所挂载的物体，可以看到Animator窗口会随着游戏运行显示当前动画运行的情况。包括当前是哪一个状态，播放到什么时间都有明确的表示，非常方便。

在实践中，由于写错了变量等原因，经常会出现动画卡在某一个状态的情况，用这种调试方法可以快速分析出是哪一步出现了问题。

6.2.5 设置动画过渡

选中Animator窗口中的任意一个状态转移箭头，都会在Inspector窗口中看到该转移箭头的具体属性，其中包含了动画过渡信息。最重要的参数有两个：Exit Time（退出时间）与Transition Duration（状态转换时间）。

Exit Time指的是在切换到其他动画之前，先要继续播放一段当前动画，然后再切换。Exit Time常用于一些不可直接中断的动画，例如，某些游戏的攻击收招、拔枪或收枪等动作，出于真实感或游戏机制的原因，必须完整播放完毕，才能切换到另一个动画。

Transition Duration指的是从状态A切换到状态B时，要经过一个“A+B”叠加状态的一段时间。这段时间用于让两个动作完美过渡，例如在动作真实的3D游戏中，玩家角色从走切换到跑、从站立到跳跃，都需要一小段自然转换动作的时间。

以上两个“时间”在属性窗口里都是用一个时序图表示的，从而可以看出两个动作之间的重叠部分，就是动画过渡的时间，如图 6-22 所示。

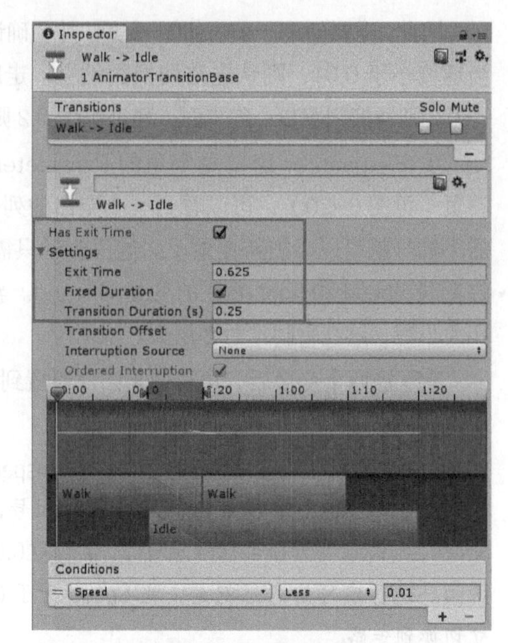

图 6-22 动画过渡选项

回到实际中，现在做的 2D 动画不应该有退出时间，也不应该有状态转移时间。其原因有两点：第一，2D 平台跳跃游戏的角色动作是很灵活的，走、跑和跳的状态本来就可以立即切换，不用特别强调真实性；第二，前文提到，帧动画是不支持动画融合的；即便加上过渡时间，也无法让动画系统自动插值计算过渡动作，最终玩家感受到的只不过是“延迟”而已。

因此，这里先取消 Has Exit Time 的勾选，然后再将 Transition Duration(s) 设置为 0，如图 6-23 所示。对所有的状态转移箭头都做同样的操作，让所有的过渡时间都变为 0。

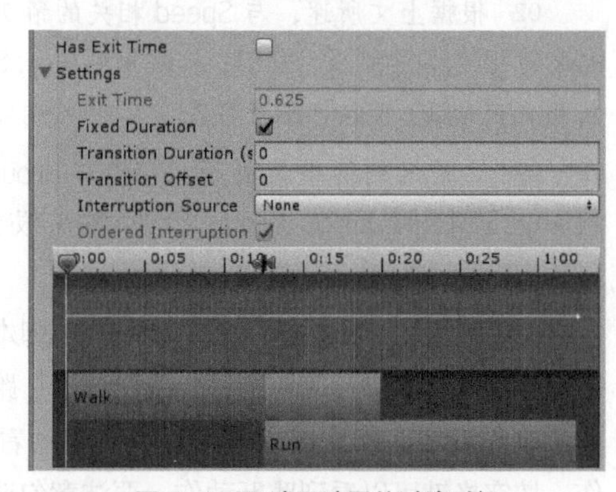

图 6-23 取消了动画的过渡时间

对比取消过渡时间前后的时间轴图，可以很清晰地看到动画状态被立即转换了。这个时间轴图的设计十分精巧，可以用鼠标直接拖曳小三角形或状态来改变参数，非常直观。

再次运行游戏进行测试，发现之前严重的动画延迟问题完全解决了，动画的转换十分迅速。

6.2.6 用脚本修改动画变量

由于采用了 Platformer Character 2D 脚本，因此只对关键的步骤做出解释。

要用脚本修改动画变量，首先要获得 Animator 组件的引用。事先声明 Animator 类型的变量 m_Anim，在 Awake() 方法中获取。

```
m_Anim = GetComponent<Animator>();
```

然后在脚本中搜索关键字 m_Anim，会发现很多对动画变量的操作，例如在 FixedUpdate 里有如下操作。

```
m_Anim.SetBool("Ground", m_Grounded);

// Set the vertical animation
m_Anim.SetFloat("vSpeed", m_Rigidbody2D.velocity.y);
```

这引出了 Animator 组件的常用脚本方法：设置动画变量。设置动画变量要用到一组函数，分别对应不同的变量类型：

```
void SetBool( string 变量名称 , bool 值 );
void SetFloat( string 变量名称 , float 值 );
void SetInt( string 变量名称 , int 值 );
```

```
void SetTrigger( string 变量名称);
```

动画状态机里的变量也分布尔值、浮点数、整数和触发器 4 种类型，以上 4 个函数也分别对应这 4 种类型。操作对应的变量必须使用相应的方法，而且特别需要注意变量名称完全一致，英文的大小写也不能错。类型不同或名称不同，都会在游戏运行时提示错误，因此要多注意 Console 窗口的警告或错误信息。

这些方法都类似，只是变量类型不同。布尔值适合表示“是否落地”这样的信息，浮点数适合表示“速度”“转身速度”等连续变化的值，而整数适合表示“第几种武器”“攻击动作的第几段”这种整型数值。

最后一个触发器比较特别，它与物理系统的“触发器”毫无关系，而是用于切换到会自动结束的动画。

例如，人物扣动扳机的动作。这个动作很短，而且每次触发都只播放一次，播放完成便自动结束，这类动作就很适合做成触发器控制。扔东西、开启闸门等一次性动作都很适合用触发器表示。而相对地，腾空的状态就要由脚本负责开启，也要由脚本负责关闭，而不能做成触发器。

6.2.7 脚本编程重点提示

动画系统真正的难点不在动画，而是角色控制器。角色控制器是 Unity 编程基础、3D 数学和物理系统的综合运用。初学者一开始可以通过多阅读、多试验来学习，不必刻意追求从零开始就做一个完整的角色控制器。

结合实例中用到的两个脚本 Platformer 2D User Control 和 Platformer Character 2D 来说，编程要点提示如下。

1. 负责用户输入的脚本 Platformer 2D User Control

①在 Update() 方法中，每帧检测是否按下了跳跃键，保存在 m_Jump 变量中。

②在 FixedUpdate() 方法中，先获取左右输入，再获取下蹲按键，然后调用角色控制器的 Move() 函数。注意 Move() 函数也是在 FixedUpdate() 中调用的，属于物理更新。

有个难点，为什么跳跃要单独在 Update() 中获取？这是一个很细节的时序问题。简单来说，Update() 和 FixedUpdate() 的运行时机不同。而且在 FixedUpdate() 中使用 GetButtonDown() 函数有时会失效（按下了按键，但物理更新时检测不到），因此代码中用 m_Jump 变量做了一次中转。

注意，关键是这个脚本用于处理玩家输入，且它调用了 Move() 函数。至于细节问题，仅仅是编写者采用了这种技巧，并不是一定要这么编写不可。检测按键按下的办法并不是只有这一种，可以借鉴这种方式，也可以改用其他方法。

2. 负责具体的角色控制的脚本 Platformer Character 2D

①负责输入的脚本调用了 Move() 方法，就从 Move() 方法看起。

②参数 float move 是横向输入，它的取值范围为 -1~1。

③忽略下蹲逻辑，move 参数用于关键的两个步骤：控制动画和实际移动。

```
// 用 move 参数作为动画的速度变量，控制站立、走、跑
m_Anim.SetFloat("Speed", Mathf.Abs(move));

// 实际的角色移动只用了一句代码控制
m_Rigidbody2D.velocity = new Vector2(move*m_MaxSpeed, m_Rigidbody2D.velocity.y);
```

④如果玩家朝向与输入方向相反，就调用 Flip() 方法转身。所谓的转身就是将 x 轴缩放改为 -1，让图片

镜像翻转。

⑤跳跃是重点，仅看 Move() 方法会看不明白，得先看 FixedUpdate() 方法。

```
private void FixedUpdate()
{
    // 先将落地设为false,如果真落地了再设为true
    m _ Grounded = false;

    // 从子物体 GroundCheck 的位置开始,检测一个小圆范围
    Collider2D[] colliders = Physics2D.OverlapCircleAll(m _ GroundCheck.position,
k _ GroundedRadius, m _ WhatIsGround);
    // 如果这个小圆范围内有碰撞体(排除机器人自身),就代表真落地了
    for (int i = 0; i < colliders.Length; i++)
    {
        if (colliders[i].gameObject != gameObject)
        m _ Grounded = true;
    }
    // 设置动画变量 Ground
    m _ Anim.SetBool("Ground", m _ Grounded);

    // 设置动画变量 vSpeed(与起跳、落地动画有关,也可以简化)
    m _ Anim.SetFloat("vSpeed", m _ Rigidbody2D.velocity.y);
}
```

⑥这里用到了第 3 章物理系统中的圆形射线检测，用一个半径为 k_GroundedRadius 的小圆判断 Player 物体的脚部是否与地面接触。而 m_WhatIsGround 就是 LayerMask（层遮罩），用于指定哪些层是地面。

⑦结合整体逻辑，可以看出只有检测到是否落地，正确设置了 m_Grounded 变量，才能在 Move() 函数中决定是否能起跳，因为只有落地状态才能起跳。如果 m_Grounded 变量不正确，就会产生无限跳跃或无法起跳的 bug。

以上这段代码虽少，但“五脏俱全”，不仅综合运用了物理射线检测、3D 数学等知识，而且逻辑严密，非常具有学习价值。在此基础上可以做出二段跳、踩踏敌人和顶箱子等多种功能，这些都是对基础知识的综合应用。

6.2.8 总结和拓展

本节利用 Unity 官方素材，以有限的篇幅解释了动画状态机的原理，以及动画制作中最基本但最重要的步骤。

总的来看，目前的动画只做了 4 种状态——站立、走、跑和跳跃，还缺少下蹲、下蹲移动和落地缓冲等动作。好在这些动作只是对现有动作的平行扩展，想要进一步学习，完全可以借用标准资源包中已做好的动画状态机，并参考已有案例制作，这样会事半功倍。

6.3　三维模型与动画的导入

从知识体系上来讲，3D 模型与动画资源的导入不完全属于动画系统。但在实践中，导入资源与制作动画息息相关，导入资源时的设置会对后续动画状态机制作、脚本编写都有很大影响。因此本节从实用的角度出发，对 3D 模型与动画的导入做一个详细的讲解。

6.3.1　导入示例

本节仍然使用标准资源作为学习参考，该资源的下载方法在第 6.2 节已经介绍过。导入资源后打开 Sample Scenes/Scenes/CharacterThirdPerson 场景，即可看到一个第三人称视角的场景，主角在屏幕中央，如图 6-24 所示。

运行游戏进行测试，可以用键盘控制角色的移动，用鼠标改变镜头的朝向；按住 Shifit 键可以走路，还可以按空格键跳跃，按住键盘 C 键下蹲，且下蹲时仍然可以慢慢移动。

图 6-24　标准资源中的第三人称视角场景

仔细测试和观察，特别注意以下几点。

第一，先向前跑，再突然向后跑，有转身、减速再加速的动作。

第二，观察跑步与转弯跑步（斜向移动并转动视角），在一边转弯一边跑步时，人物有真实的侧倾动作，而且转弯跑比直线跑速度慢一些。

第三，按住 Shift 键可以走路，走路比较慢，但动画过渡看起来更清楚。

此示例场景集中展示了 3D 角色的控制与动作，而且动作极为逼真细腻，符合现在流行的“3A”游戏的人物动作标准。但它的动画状态机比前面的 2D 动画更复杂，接下来就详细讲解其中的各个细节。

6.3.2　三维模型资源设置

目前，常见的 3D 角色动画都是骨骼动画，只不过有人形角色与非人形角色的区分。这些动画参数繁多，且有着复杂的规格，显然不能像 2D 动画那样在 Animation 窗口中简单制作，而是需要事先在专业的三维制作软件中制作，然后导出配套的模型和动画文件，供 Unity 使用。

示例场景中的角色的名字叫 Ethan，它的模型文件路径是 Standard Assets \Characters \ThirdPersonCharacter \Models \Ethan.fbx。可以看出 Unity 支持 FBX 格式的模型文件。

小知识

常用的 3D 文件格式

三维设计有着很多细分领域，人物建模、游戏建模、场景建模、雕刻和家装设计等。不同领域流行使用的软件不同，各种软件的保存格式也各有不同。

有一些模型格式相对通用，在各个软件之间有较好兼容性，如 FBX、DAE、3DS、DXF、OBJ 等。而仅适用于某个软件的特殊文件格式就更多了，不胜枚举。

从原理上来说，这些文件的内容具有相似性，都需要记录三维空间中的点、三角面、贴图、材质、UV、骨骼和动画等数据。某些文件规则简单，仅记录纯模型数据，不记录骨骼、贴图等其他数据。

Unity 对多种常用和不常用格式都有支持，但是某些格式只是部分支持。在实际游戏开发中，不统一的文件格式很容易带来各种各样的细节问题，因此应当尽可能使用相对完善、更通用的 FBX 三维模型格式。

FBX 格式可以保存模型、材质、贴图、骨骼和动画等多种信息，足以满足游戏开发的需求。而且目前大部分三维设计软件都支持导出 FBX 格式的文件，这样就打通了工作流程的上下游，统一了资源的规格。

对 Unity 使用者来说，虽然不需要关心模型的制作，但是要想将原始模型文件转化为 Unity 中可用的资源，还是需要了解资源的导入设置的。

选中任意 FBX 文件，可以在 Inspector 窗口中看到模型的导入设置，如图 6-25 所示。

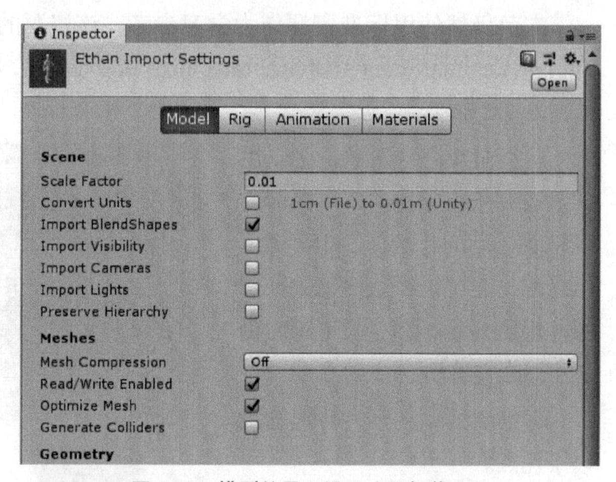

图 6-25 模型的导入设置（局部截图）

可以看出模型的导入设置主要分为 Model（模型）、Rig（骨骼绑定）、Animation（动画）和 Materials（材质）4 个部分。而选中每一部分又有很多选项，这里只对最重要的选项进行介绍。

首先是 Model 标签页。该部分最重要的选项是 Scale Factor（缩放系数），此系数用于对原始模型进行缩放，极为重要。

由于三维软件的导出设置不同，导致文件中的单位 1 在 Unity 中对应的长度不同，有可能是 1 米、2.54 厘米（1 英寸），也有可能是 1 厘米，因此必须在导入时设置缩放比例。

其他选项都非常细节，保留默认值即可，暂不介绍。

小提示

尽量不要在场景中改变物体的缩放比例

从理论上来讲，导入模型时将其缩小为原来的 1/100 与在场景中将物体缩小为原来的 1/100，看起来是一样的。但实际上，在场景中缩放物体会带来很多麻烦，如子物体也会一起被缩小，引擎无法判断模型的渲染精度，从而影响运行速度。而提前设置模型缩放，可以避免很多麻烦，也可以让引擎更好地优化物体的渲染。

其次是 Rig 标签页，如图 6-26 所示。3D 动画出现问题，往往是因骨骼设置不正确导致的。该部分的第一项 Animation Type（动画类型）可选 None（无骨骼动画）、Legacy（旧版本引擎支持的骨骼动画）（通常不再使用）、Generic（通用骨骼）、Humanoid（人形骨骼）。

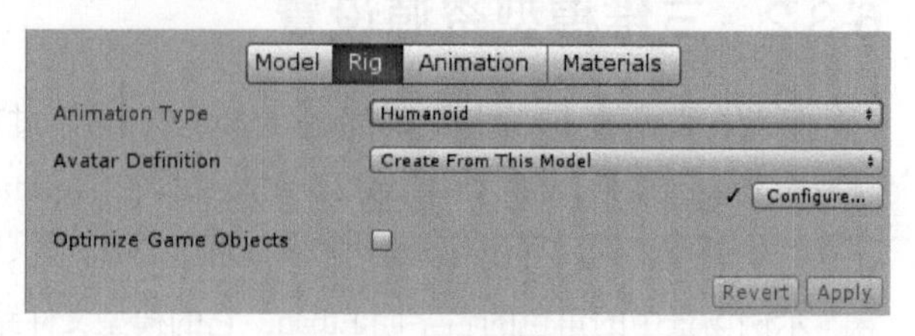

图 6-26 骨骼绑定设置

目前使用的 Animation Type 主要是后两者，开发者需要根据骨骼的类型决定使用 Humanoid 还是 Generic。

在选择了 Animation Type 以后，下方的 Avatar Definition（骨骼定义）则是用于设置骨骼数据来自哪一个模型。为什么需要选择它呢？这主要是由于3D骨骼动画的模型、骨骼定义与动画都允许独立保存，而且允许不同的模型复用同一个骨骼或动画（前提是能够匹配）。例如，有3个FBX文件A、B、C，完全可以让A文件提供模型，B文件提供骨骼，C文件提供动画，这种设计十分便利，但也让导入设置变得更复杂了。

如果选择Create From This Model(从该模型创建)，就会使用本文件提供的骨骼定义。如果是人形骨骼，则会出现一个Configure按钮，单击此按钮可以进行具体的骨骼定位操作。通常人形骨骼可以被自动识别，只有出现问题的时候才需要详细查看，因此具体的骨骼设置操作就不做介绍。

再次是Animation标签页，如图6-27所示。该部分很简短，在中间有一句提示信息“No animation data available in this model.”，意思是本模型不包含动画信息。这说明该模型的动画是由其他文件提供的。既然不包含动画数据，那么勾选或不勾选Import Animation（导入动画）选项都没有影响。

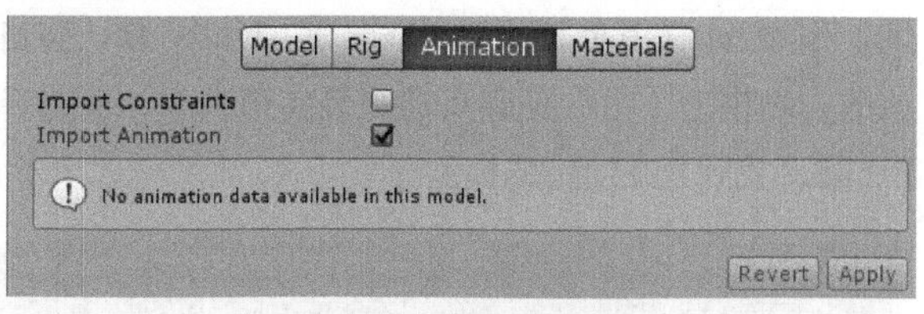

图6-27 动画导入设置

最后是Material标签页，如图6-28所示。该部分设置只影响材质的导入，不影响模型和动画。它的主要参数分别如下。

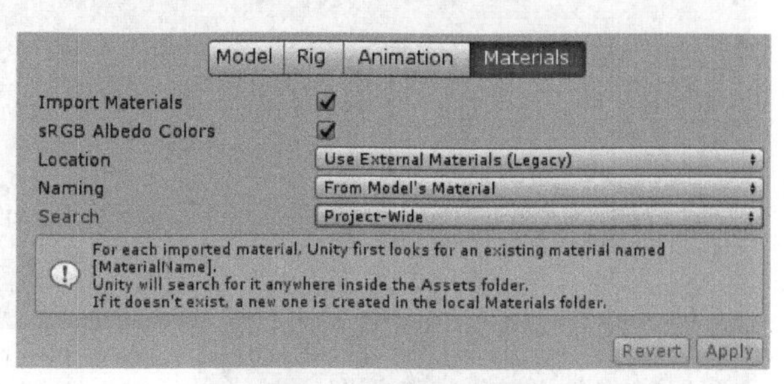

图6-28 材质导入设置

一是Import Materials（导入材质）。

二是Location（材质路径）。选择Use External Materials(Legacy)，Unity就会在其他文件中去查找材质，如果找不到还会在此素材的文件夹下创建材质；而选择From Model's Material，则会尝试导入当前模型文件所具有的材质数据。

三是Naming选项和Search选项，它们都是影响材质文件的查找算法。

实际上，即便没有正确定位材质，仍然可以在使用时指定模型的材质球，如创建材质并拖曳到物体上的操作。

正确设置模型导入参数以后，就可以使用了（注意单击Apply按钮让修改生效，单击Revert按钮取消修改）。如果出现设置错误，都会有详细的警告信息或错误信息。由于目前采用的模型已经设置好了，因此可以直接将模型文件拖曳到场景中进行测试，观察模型大小和材质是否正确。

6.3.3 三维动画资源设置

在模型设置中可以看到，主角的模型文件Ethan.fbx是不包含动画的，那么动画资源在哪里呢？标准素材中的动画资源位于Standard Assets \Characters \ThirdPersonCharacter \Animation文件夹下。

1. 动画文件中的多种内容

在Animation文件夹下可以看到很多动画文件，它们的文件类型都是FBX格式。而且在Unity中，FBX文件图标的旁边都有一个小三角，如图6-29所示。

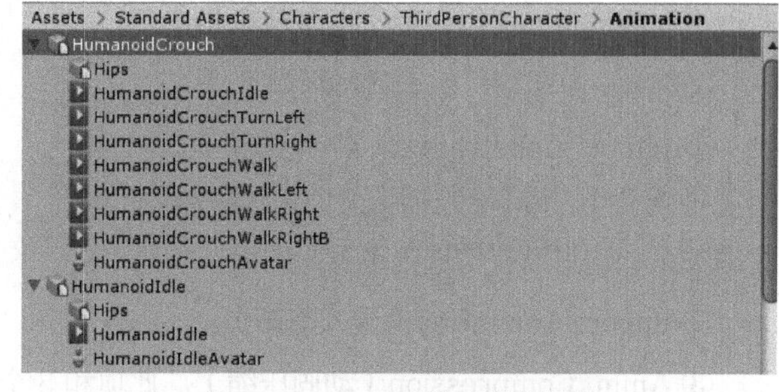

图6-29 FBX文件展开后的列表

单击下蹲动画HumanoidCrouch文件旁边的小

三角，可以看到详细的列表，下面将做大致的解释。

Hips 代表骨骼的根节点。Hips 的字面意思是臀部，人形骨骼常常以臀部作为骨骼的起始节点。

接下来的一系列小三角图标的资源，都是一个个动画片段，根据名称可以看到有下蹲静止、下蹲左转、下蹲右转、下蹲走路等。选中任意一个动画，都会在屏幕右下角显示一个预览窗口，如图 6-30 所示。

在该窗口中可以播放动画进行预览，还可以通过鼠标旋转和移动模型来进行观察。值得一提的是，在窗口的右下角，有一个小骨骼图标。单击该图标，打开菜单，其中有 Auto（自动）、Unity Model（默认模型）和 Other（其他模型）3 个选项。Unity 默认会自动搜索动画文件对应的模型，如果找不到则会使用默认的人物模型（图中身穿黑白服装的角色），而选择 Other 就可以指定模型。这里可以选择 Other，搜索 Ethan，找到正在使用的模型。

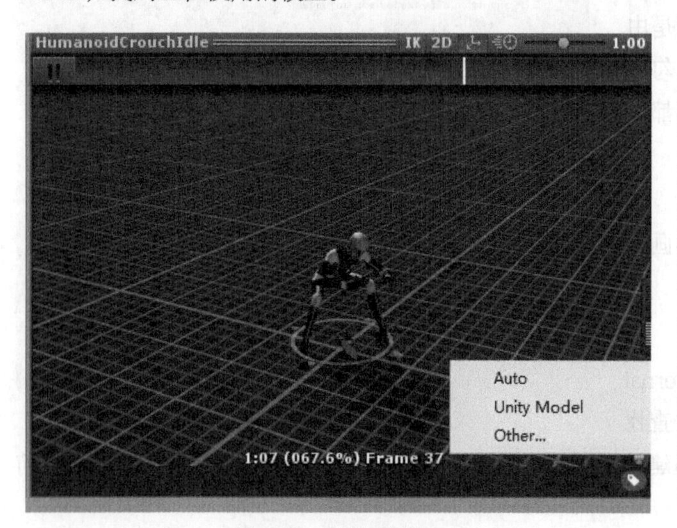

图 6-30 动画预览窗口

小提示

动画预览窗口的重要用途

在修改动画设置时，有时需要试验和调试，动画预览窗口可以帮助我们快速测试动画设置是否正确。

有些动画完全符合人形动画规则，用对应的模型或 Unity 提供的模型都可以正常播放，而还有些动画则只能用对应的模型播放。

如果在动画预览窗口中出现动画无法播放、原点位置不对等情况，往往是动画设置或者模型设置有问题。特别注意模型设置与动画设置要一致，例如同一套动画的 FBX 文件缩放比例不同，那么一定会影响动画播放。

回到模型文件，在列表的最后有一个骨骼图标，名为 HumanoidCrouchAvatar，它是动画对应的骨骼定义。这些动画资源和骨骼列表都只有在 FBX 文件导入设置完成后才会出现。

2. 动画导入设置

选中下蹲动画文件 HumanoidCrouch，在右侧可以看到熟悉的模型导入设置界面。因为 3D 模型和动画文件格式相同，所以设置界面也是一样的。Model 标签页与之前的模型文件 Ethan.fbx 的是一致的，Rig 和 Materials 标签页也不再赘述，而 Animation 标签页与之前大不相同，如图 6-31 所示。因为 Unity 已经识别到了模型中有很多动画数据，所以出现了很多信息和选项。

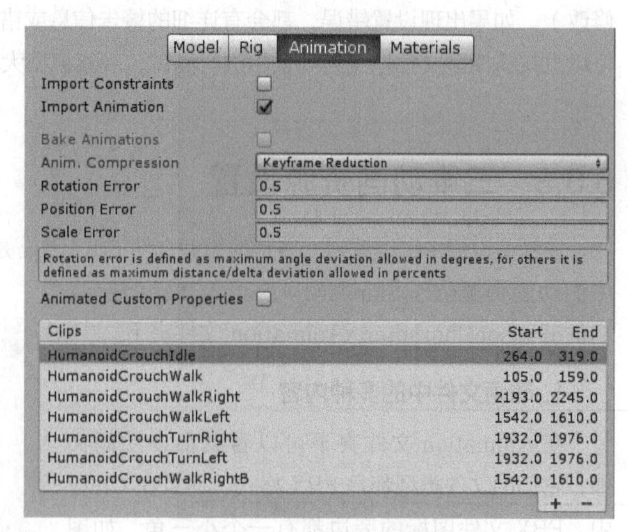

图 6-31 动画导入设置页

Animation 标签页的选项解释如下。

① Import Constraints（导入约束）。在某些三维软件中，动画设计师可以指定骨骼之间的约束关系，这里没有勾选则不导入约束。

② Import Animation（导入动画）。

③ Anim. Compression（动画压缩）。此项和 3 个以 Error 结尾的选项都与动画数据压缩有关，保留默

认值即可。其中 3 个以 Error 结尾的选项指的是允许的误差，值越小误差越小，也就越精确，建议取默认值。

④ Animated Custom Properties，FBX 文件支持添加自定义属性，特殊功能不做解释。

⑤ Clips（动画片段列表），能够看到一个 FBX 文件可以包含多个动画片段。

3. 动画片段的设置

观察图 6-31 中的每个动画片段，会发现每个片段都有一个开始时间和结束时间。再结合图 6-32 中的时间轴可以想到，原来一个动画文件可以看成一个很长的、完整的时间轴，每个动画片段都是整个动画的一小段。

知道了这一点，就可以根据实际需求修改动画的时间，如加长或减少动作的预备时间等，甚至还可以添加新的动画片段，在原有时间轴上截取即可。添加或删除动画片段，都是用列表右下角的加号或减号按钮操作。

选中了一个动画片段后，就可以查看和修改它的详细设置了，如图 6-32 所示。

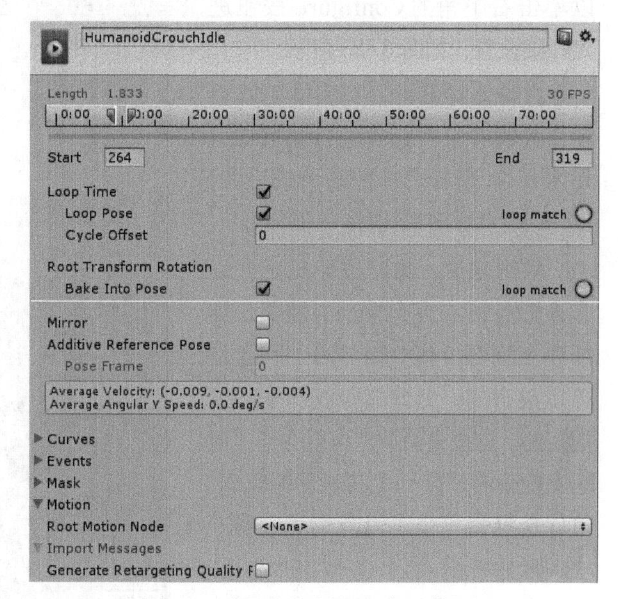

图 6-32 动画片段的设置（部分截图）

每一个动画片段都可以设置以下内容。

①动画片段的名称。

② Start（起始时间）和 End（结束时间）。

③ Loop Time（循环时间），可以让动画循环或不循环。子选项 Loop Pose 可以让开头和结尾平滑衔接，读者可以通过预览体会。而 Cycle Offset 选项可以让第二次循环的开头与动画开头有一个时间差，它也是为更流畅的循环衔接而准备的。

④ Root 开头的几个选项都与 Root Motion（根骨骼动画）有关，后面在解释根骨骼动画时再说明。

⑤ Mirror（镜像），可以让动画镜像翻转。

⑥ Curves（动画曲线），用曲线调整动画的播放速度，可以修改动画的播放节奏。

⑦ Events（动画帧事件），可以在动画播放到某一时刻时触发脚本函数，这在后面的进阶内容会讨论。

⑧ Mask（动画遮罩），可以让动画控制或不控制某些骨骼，这样可以仅使用动画的一部分。例如，下蹲动画中，可以利用遮罩仅让腿部下蹲，手部不动。

⑨ Motion 和 Root Motion Node，选择根骨骼动画以哪里为原点。

⑩ Import Messages（导入信息），设置时要注意查看提示信息和错误信息。

以上就是关于动画设置的全部内容了，某些高级设置会在本章末尾详细讲解。总的来说，动画设置涉及了美术设计师与技术人员的协作，因此内容比较繁杂，学习时建议先通过实例了解主要选项的作用；未来在导入其他资源时一定会遇到各种各样的问题，到那时可以再通过仔细阅读相关内容加以解决。

6.3.4 模型骨骼与动画骨骼的关系

在模型资源 Ethan.fbx 与动画文件 HumanoidCrouch.fbx 中，都需要在 Rig 标签页中进行设置。设置之后，打开两个文件的详细列表（单击文件左边的小三角），可以看到它们分别有独立的骨骼信息。在这里就存有一个疑问：既然是同一套角色模型和动画，那么能否改为同一套骨骼资源？

以标准资源的 Ethan 模型为例，如果试着让动画和模型用同一个骨骼，结果会处处碰壁。前文提到，骨骼动画是支持同一个动画应用于不同模型的（动画重定向），但是具体使用时需要理解原理。本小节将尝试解释此问题，为读者后续实践提供基本思路。

回到模型或动画资源的导入设置，在 Rig 标签页中，如果 Animation Type 是 Humanoid，可以单击右下角的 Configure 按钮进入详细设置，如图 6-33 所示。

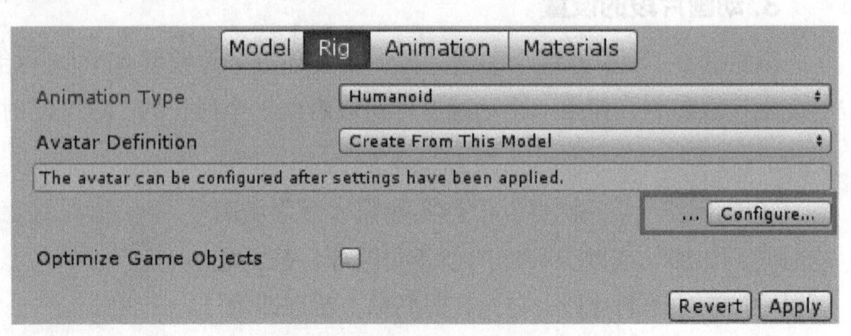

图 6-33 骨骼绑定的详细设置按钮

在骨骼详细设置页面中可以看到，人物有一个标准的骨骼框架，如图 6-34 所示。而框架中的节点与每一块具体的骨骼物体一一对应。

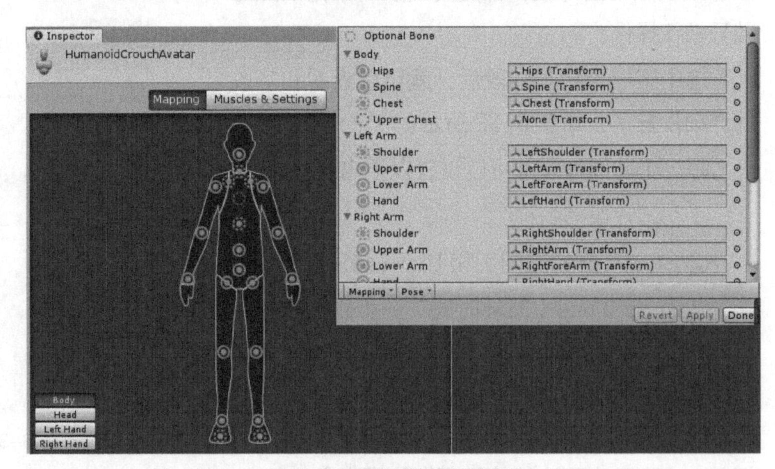

图 6-34 骨骼详细设置页面

举例来说，骨骼框架规定，每套人形骨骼应当有臀部、髋部、胸部和上胸部，其中胸部和上胸部是可以没有的，但臀部和髋部是必须指定的。这些骨骼节点可以看作“逻辑上的骨骼节点”。利用骨骼编辑框，可以选择每一个逻辑节点对应哪一块实际骨骼。

实际的骨骼是由美术设计师在其他软件中创建并命名的，最后保存在 FBX 文件中。因此逻辑节点和实际骨骼之间的对应关系需要在 Unity 中一一指定，好在 Unity 可以自动识别大部分模型。这里不要做任何修改，单击下方的 Done 按钮，关闭此页面即可。

如何详细设置骨骼已超出了本书的范围，但从技术角度看，得到了一个重要线索：原始的骨骼数据通过导入设置，与逻辑骨骼对应起来了。

通过查阅相关资料并思考，可以得出一张逻辑关系图，如图 6-35 所示。

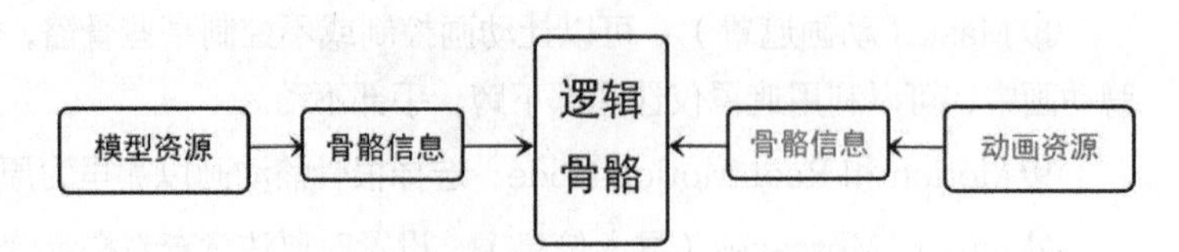

图 6-35 三维模型与动画中的骨骼关系

模型本身应当具有骨骼信息，并在 Unity 中正确设置；骨骼动画也应当具有骨骼信息，也需要在 Unity 中正确设置。模型资源与动画资源都正确设置以后，Unity 就知道了骨骼的对应关系。这样动画在旋转腿部时，对应的模型腿部也会旋转，两者就匹配了。

这也意味着，动画文件中的骨骼可以与模型文件中的骨骼略有不同——骨骼名称和骨骼位置可以略有不同，只要能被正确识别就至少能使用，不过实际效果可能有好有坏。例如，Q 版角色使用写实角色的动作，可能会得到奇怪的效果。

这就是对 3D 模型骨骼和动画骨骼理论上的一个简单解释，未来制作 3D 游戏时为了充分利用素材，会混合使用各种动画资源。理解以上原理，相信会让读者在实践时少走一些弯路。

6.4 动画进阶技术实例分析

本节通过对 Unity 官方示例资源的分析，详细讲解动画系统中更多有价值的技术，包括动画融合、动画帧事件和反向动力学等进阶技术。

前文讲解了标准资源中的第三人称角色，但没有涉及具体的动画状态机。在本节中读者将会看到，这名角色依然有很多可以挖掘的技术要点。

6.4.1 动画融合树

导入 Unity 标准资源后，打开 SampleScenes/CharacterThirdPerson 场景。选中主角物体 ThirdPersonController，然后打开 Animator（动画状态机）窗口，查看它的动画状态转移图。前文提到这个角色的动画十分细腻和多样，从动画资源数量来看也是相当丰富，但打开它的动画状态机，却只有几个状态，如图 6-36 所示。

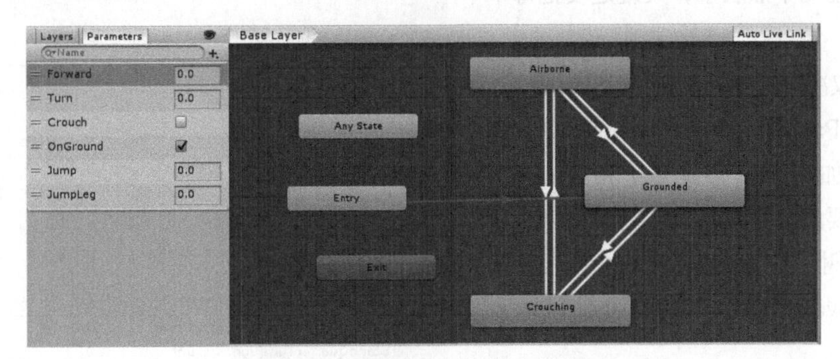

图 6-36 示例角色的动画状态转移图

从图中可以看出，从入口出发，这个角色仅有 Airborne（空中）、Grounded（地面）和 Crouching（下蹲）3 个状态，3 个状态之间可以互相转换。但是如果双击任意一个状态（如 Grounded 状态），则会弹出一个非常复杂的界面，这个界面所展示的正是动画融合树（Blend Tree），如图 6-37 所示。

总的来说，右侧的 15 条树枝，每条树枝对应一个动画片段，而左侧的树根则是把这些动画片段有机地结合在一起，并且用 Turn 和 Forward 两个变量控制动画片段的播放。

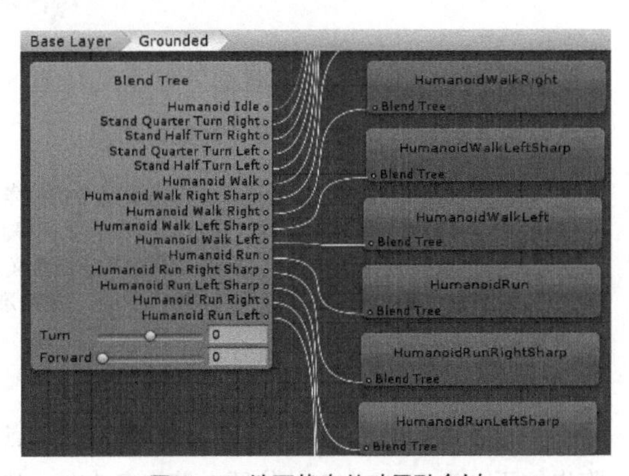

图 6-37 地面状态的动画融合树

选中某个动画片段节点，可以在动画预览窗口中看到该动画。仔细观察动画和动画片段的名称，会发现它们包括了以下几组动画。

①站立，原地右转，原地大右转，原地左转，原地大左转。

②走路，走路急右转，走路右转，走路急左转，走路左转。

③跑步，跑步急右转，跑步右转，跑步急左转，跑步左转。

总之这 15 个动画片段包含了所有人物直立状态下的动作，不包含跳跃和下蹲的动作。而且归纳一下可以看出，这 15 个动作从前进速度分，有站立、走、跑 3 组；而从转向速度来分，有不转向、小转向和急转向 3 组。很容易想到，如果设 x 轴为转向，y 轴为前进速度，则可以构成一个坐标系或表格，如表 6-1 所示。

表 6-1 动画融合表

<table>
<tr><td rowspan="3">↑速度轴
Forward</td><td>跑步急左转</td><td>跑步左转</td><td>向前跑</td><td>跑步右转</td><td>跑步急右转</td></tr>
<tr><td>走路急左转</td><td>走路左转</td><td>向前走</td><td>走路右转</td><td>走路急右转</td></tr>
<tr><td>原地大左转</td><td>原地左转</td><td>站立不动</td><td>原地右转</td><td>原地大右转</td></tr>
<tr><td colspan="6">← 转向轴 Turn →</td></tr>
</table>

把 15 个动画片段按表格排布，动画融合的核心思想就显而易见了，而在编辑器中需要做的就是把动画按表格的方式把动画内容排布出来，如图 6-38 所示。

从 0 开始编辑动画融合树时，先选择 Blend Type（融合模式）为 2D Freeform Cartesian，编辑器就会展示出一个 2D 融合图。在下面的 Motion 列表中，单击加号按钮，就可以添加动作到编辑器中。每个动作片段在图中都用一个点表示，关键是要把每个点摆在合适的位置。

如何确定位置取决于编辑器上方的 Parameters（参数），这里的 Parameters 就是动画变量。先在动画状态机里添加 Turn（转动量）和 Forward（前进量）两个必要的动画变量，它们都是浮点数类型。然后在融合树中选择第 1 个参数为 Turn，第 2 个参数为 Forward，即 x 轴为 Turn，y 轴为 Forward。

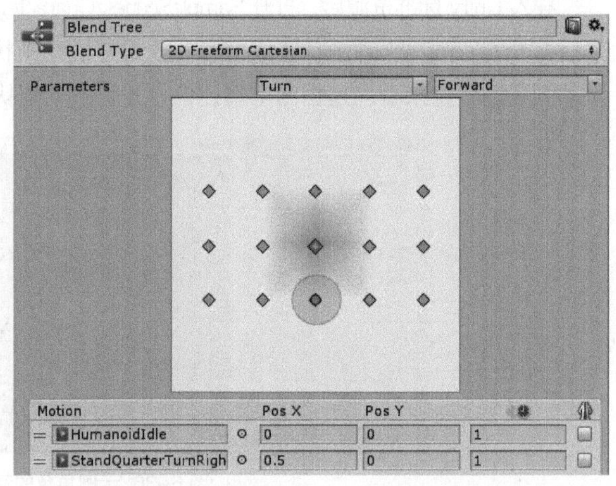

图 6-38 动画融合树中，动画节点的排布

小提示

动画融合后，自动生成了无数种动作

虽然融合树中只有 15 个节点，但拖曳红色的参考点，并在动画预览窗口中观察，可以看到在点与点之间有着动作的过渡状态。例如，走与跑之间、左急转与左转之间等。由于 Forward 变量和 Turn 变量的取值有无数种可能，那么理论上动作也会细分为无限多种。这就是动画融合的本质含义了——将多个动画混合在一起，并且可以调整每一个动画所占的比重。

动画融合有着非常多的应用技巧，如角色举枪瞄准各个方向的动作，可以用向左上、向左下、向右上、向右下瞄准的 4 个动作融合得到。

确定了轴代表的含义，就可以给每一个节点定位了。例如站立动作，应该位于 x 为 0、y 为 0 的位置；跑步位于 x 为 0、y 为 1 的位置；跑步急左转，则位于 x 为 -1、y 为 1 的位置。依次类推，将 15 个动作全部排好。排布动作时尽量采用直接输入数字的方式，不要用鼠标直接拖曳每个点，这样才能保证准确性。

值得一提的是，实例中变量的取值为 -1~1，但实际上变量的范围是没有限制的。可以设置前进速度（y 轴）为 0~100，50 代表走路，100 代表跑步；也可以让转向量（x 轴）的取值为 0~20，0 代表急左转，10 代表不转向。规定了取值范围后，脚本在控制变量时也要同其保持一致，如果 100 代表跑步，那么脚本给 Forward 变量赋值为 100 时才能播放跑步动作。

单击编辑窗口左上角的 Base Layer 按钮，可以回到动画状态机的第一级页面。同样的方法可以分析出空中与下蹲时的各种融合动作，其中在空中的动作——起跳、滞空、落地不太容易理解，需要结合实例的实际效果分析，此处不再赘述。

前文在制作动画融合时，直接选择了 2D Freeform Cartesian。为什么要选择它？其他的类型又有哪些用途？下面将做简单的解释。

1D 类型用于一维动画融合，这里的一维指的是只有一个融合变量的简单动作，如举手、抬腿或不含转向的简单移动。

2D Simple Directional（2D 简单方向性）类型最适用于动作具有不同运动方向的情况，如向前、向后、向左和向右移动的动作融合，也适用于瞄准上方、下方、左方和右方的动作融合。选择该类型时，甚至原点 (0，0) 位置的动作（如站立不动和瞄准）也可以不指定，直接通过融合得到。在此类型下不应该有同方向的多种动作，如向前走和向前跑的融合就不太适用。

2D Freeform Directional（2D 自由方向性）与 2D Simple Directional 类型类似，也适用于不同方向的动作融合。区别在于，它也适用于同一方向多种动作的融合，如向前走和向前跑。在此模式下，应当设置原点（0，0）位置的动作，如站立不动。

2D Freeform Cartesian（2D 自由笛卡儿）最适用于不代表不同方向的动作融合。在此模式下，*x* 轴和 *y* 轴可以代表不同的概念，如 *x* 轴代表旋转速度而 *y* 轴代表前进速度，本节所讲解的实例就属于此类型。

Direct（直接）类型可以让开发者直接控制每个动作的权重，在面部动作融合或随机表现站姿时很有用。

总结来看，融合类型的选择往往是由动画素材决定的，而动画素材如何制作又与具体的游戏设计相关，这是一个系统性的问题。

6.4.2 第三人称角色控制的脚本分析

选择场景中的主角 ThirdPersonController，可以看到它的身上有 Third Person User Control 和 Third Person Character 两个脚本组件，前者是用户输入处理，后者是角色控制器，它们都是为摄像机可自由旋转的第三人称游戏定制的。

1. 第三人称角色用户输入

3D 游戏的角色控制比较复杂，但处理输入的部分相对简单，值得学习。完整的输入脚本 ThirdPersonUserControl 和完整的注释如下，重点和难点在后面会进行解释。

```
using UnityEngine;
using UnityStandardAssets.CrossPlatformInput;    // 标准资源中的一个库，处理跨平台输入
namespace UnityStandardAssets.Characters.ThirdPerson
{
    // [RequireComponent(...)] 代表必须挂载该组件，如果没有挂载就自动挂载
    [RequireComponent(typeof (ThirdPersonCharacter))]
    public class ThirdPersonUserControl : MonoBehaviour
    {
        private ThirdPersonCharacter m_Character; // 角色控制脚本的引用
        private Transform m_Cam;                  // 主摄像机的 transform
        private Vector3 m_CamForward;             // 主摄像机的前方向量
```

```
        private Vector3 m _ Move;                        // 移动向量，根据用户输入和摄像机方向计算
        private bool m _ Jump;                           // 跳跃变量

// ...... Start 和 Update 方法略

        private void FixedUpdate()
        {
            // 原始输入值，横向、纵向和下蹲
            float h = CrossPlatformInputManager.GetAxis("Horizontal");
            float v = CrossPlatformInputManager.GetAxis("Vertical");
            bool crouch = Input.GetKey(KeyCode.C);

            // ----重点！----
            if (m _ Cam != null)
            {
                // 根据摄像机位置，确定横向和纵向到底指向哪里
                // m _ CamForward 是摄像机前方
                m _ CamForward = Vector3.Scale(m _ Cam.forward, new Vector3(1, 0, 1)).normalized;
                // v 乘以摄像机前方向量,h 乘以摄像机右方向量,得到实际的移动方向(在世界坐标系中的表示)
                m _ Move = v*m _ CamForward + h*m _ Cam.right;
            }
            else {
                // 看代码时先不考虑此情况，主摄像机肯定存在
                m _ Move = v*Vector3.forward + h*Vector3.right;
            }
#if !MOBILE _ INPUT      // 在移动平台下，下面这句代码不会被编译
            // 如果按下 Shift 键，速度减一半
           if (Input.GetKey(KeyCode.LeftShift)) m _ Move *= 0.5f;
#endif
            // 调用真正的角色控制器的移动函数，m _ Move 是已经根据摄像机方向转换过的移动向量
            m _ Character.Move(m _ Move, crouch, m _ Jump);
            m _ Jump = false;
        }
    }
}
```

在这段代码中，最值得说明的是如何将原始输入的 h 和 v 转化为以摄像机方向为基准的输入。首先，纵向输入 v 应该转为摄像机的前方。摄像机的前方向量是 m_Cam.forward，但摄像机有可能俯视或仰视，因此前方向量不是水平向前的。但游戏操作要求不能低头就向下走，抬头就向上飞，因此这里用了一个小技巧，其内容如下。

```
m _ CamForward = Vector3.Scale(m _ Cam.forward, new Vector3(1, 0, 1)).normalized;
// 等价于:
```

```
m _ CamForward = new Vector3(m _ Cam.forward.x, 0, m _ Cam.forward.z);
m _ CamForward = m _ CamForward.normalized;
```

实际就是将 *y* 分量归 0，取消俯仰角度。

其次，将横向输入 h 转化到摄像机右方。由于摄像机旋转时并没有改变绕 *z* 轴旋转的角度，因此摄像机右方向量 m_Cam.right 永远是水平的，直接用 h 乘以 m_Cam.right 即可。

将处理过的两个向量加起来，就得到了基于摄像机朝向的 m_Move。将 m_Move 作为参数传给角色控制器，再加上下蹲和跳跃的输入参数，调用角色控制器的 Move() 函数，输入脚本的任务就完成了。

2. 第三人称角色控制脚本

3D 游戏的角色控制器相对比较复杂，要考虑的问题很多，代码也比较冗长，因此通常借用成熟的范例，在它的基础上修改。

上面的输入脚本调用了 Move() 函数，接下来需要关心 Move() 函数如何处理角色运动。

```
public void Move(Vector3 move, bool crouch, bool jump)
{
  // 重点：将 move 向量转化为基于角色自身坐标系的 " 转动量 m _ TurnAmount" 和 " 前进量 m _ ForwardAmount"

    // 斜向移动时，向量长度可能大于 1，处理一下
    if (move.magnitude > 1f) move.Normalize();
    // 将世界坐标系表示的 move 转化到自身坐标系
    move = transform.InverseTransformDirection(move);
    // 检查是否接触地面
    CheckGroundStatus();
    // 为了避免 move 与地面不平行（考虑斜坡），用平面投影函数 ProjectOnPlane 让向量与地面平行
    move = Vector3.ProjectOnPlane(move, m _ GroundNormal);
    // 转动量可以通过前方和右方大小的比值确定，利用了特殊算法 Atan2
    m _ TurnAmount = Mathf.Atan2(move.x, move.z);
    // 前进量就是输入沿自身前方的量
    m _ ForwardAmount = move.z;

    // 动画的转身太慢，再补一点转身速度。可以注释掉这句代码试试效果
    ApplyExtraTurnRotation();
    // 跳跃相关处理，分地面和空中两种情况。略
    if (m _ IsGrounded) {
        HandleGroundedMovement(crouch, jump);
    }
    else {
        HandleAirborneMovement();
    }
    // 如果下蹲，要缩小角色碰撞体
    ScaleCapsuleForCrouching(crouch);
    // 在管道中行走，自动保持下蹲
    PreventStandingInLowHeadroom();
```

```
    // 重点：设置动画变量
    UpdateAnimator(move);
}
```

在这个角色控制脚本中，可以看到很多新奇的写法。关键是，为什么要把移动量转化为转身量和前进量呢？要理解这个问题，一定要多进行游戏测试，体会转身与输入的关系。

当角色面朝前，输入朝后时，角色的前进量为 0，转身量达到最大；而当角色面朝前，输入也朝前时，角色的转身量为 0，前进量达到最大。

这种输入逻辑特别适用于拟真类角色控制的游戏，它可以让角色控制非常细腻和真实。但这种控制有个特点：不断向左走、向右走时，会发现角色在前后方向也有位移。拟真类的角色动作会造成运动不精确，其实这也符合真实世界的逻辑。

以上代码将世界坐标系的向量 move，先转化到角色自身坐标系以便处理，转化之后 move.z 就是前进量了，但转身量是个难点。通过分析可知：当角色朝向与输入方向相反时，转身量达到最大；当角色朝向与输入方向相同时，转身量最小；当角色朝向与输入方向成 90° 时，转身量是一个中间值。大多数人不知道数学上哪种函数可以把比值转化为旋转，但通过阅读代码发现，Mathf.Atan2() 函数适用于此情形。有兴趣的读者可以研究一下 Atan2() 函数的定义，它也属于三角函数中的反正切函数，但与常见的反正切函数定义不同。

总之，可以通过计算得到转身量 m_TurnAmount 和前进量 m_ForwardAmount，而这里显然没有真正的移动代码，还需要继续分析。

以下是更新动画变量的 UpdateAnimator() 方法。

```
void UpdateAnimator(Vector3 move)
{
    // 更新动画变量
    // SetFloat 的第 3、4 个参数是为了给输入加缓冲，减缓输入跳变，让动画更顺滑
    m_Animator.SetFloat("Forward", m_ForwardAmount, 0.1f, Time.deltaTime);
    m_Animator.SetFloat("Turn", m_TurnAmount, 0.1f, Time.deltaTime);
    m_Animator.SetBool("Crouch", m_Crouching);
    m_Animator.SetBool("OnGround", m_IsGrounded);
    if (!m_IsGrounded)
    {
        // 人物在空中时，动画的 Jump 参数由角色竖直速度决定
        m_Animator.SetFloat("Jump", m_Rigidbody.velocity.y);
    }

    // 这是一段极为细致的代码，它的功能是确定跳起时哪条腿在前面
    // 思路是根据当前动画播放时间，估算出当前是哪条腿在前。而且跑步速度越快，跳起时腿就应该迈得越开
    // jumpLeg 参数是每一帧都要计算的，但只有在地面上时才会更新动画变量
    // 这里思路有点绕，在地面上时更新 jumpLeg 变量并没什么效果，它是在空中才起作用的
    // 一旦起跳，动画变量 jumpLeg 的值是最近一次更新的值，到了空中就不会再变了
    float runCycle =
        Mathf.Repeat(
                m_Animator.GetCurrentAnimatorStateInfo(0).normalizedTime + m_
```

```
RunCycleLegOffset, 1);
        float jumpLeg = (runCycle < k_Half ? 1 : -1) * m_ForwardAmount;
        if (m_IsGrounded)
        {
            m_Animator.SetFloat("JumpLeg", jumpLeg);
        }

        // 脚本留了一个微调角色速度的属性 m_AnimSpeedMultiplier,通过改变动画速度改变人物移动速度
        // 能够这样做的前提是该角色用的是根骨骼动画(Root Motion),动画决定了运动
        if (m_IsGrounded && move.magnitude > 0)
        {
            m_Animator.speed = m_AnimSpeedMultiplier;
        }
        else
        {
            // 改变速度不能影响空中的动画
            m_Animator.speed = 1;
        }
    }
```

这一段代码最好理解的只有前 6 行（不算注释），恰好最有用的也只有前 6 行。也就是说，删除从 runCycle 开始的后半段代码并没有太大影响，但是从后面复杂的代码中可以学到和体会到很多东西。

详细的代码分析已经写在注释中了，这里简单总结一下。第 2 段代码用了一种非常麻烦的方式，计算了角色移动时哪条腿在前面，而哪条腿在前、两腿分开的角度决定了跳跃时的动作效果。

最后一段代码对动画速度的处理揭示了一个隐含的意思：实际上，角色的移动并不是通过修改 transform 组件控制的，也不是通过施加力、改变刚体速度控制的，而是通过动画直接控制的。这就引出了 Root Motion（根骨骼动画）的实际用法。

小知识

角色控制脚本的其他部分

角色控制脚本是目前为止遇到的最复杂的脚本，共有 230 行左右且比较抽象。除 Move 方法和动画更新方法以外，最重要的方法就是 CheckGroundStatus，它是通过向角色下方发射射线判断角色是否接触地面。

除了主要函数以外，该脚本有很多代码是为了处理细节而存在的，先不考虑细节（如下蹲逻辑）才能更容易把握住逻辑的脉络。

6.4.3 根骨骼动画的运用

根骨骼动画（Root Motion）在第 6.1.4 小节已经做了详细的介绍，本节将讲解如何在实际工程中运用它。

1. 启用根骨骼动画的前提条件

根骨骼动画是将角色的运动交给动画负责，以达到运动轨迹完美贴合动作的目的。Root（根）运动了，场景中的物体也就发生了运动。

美术设计师在制作角色动画时，让角色相对定位点发生位移和旋转。这些位移和旋转会记录在动画资源中，在播放动画时，引擎会将同样的位移和旋转应用到游戏物体上，从而让物体实际发生移动和旋转。

因此首先可以想到，要使用根骨骼动画，动画资源中必须具有位移、旋转的信息。如果动画本身就不具

有必要信息，那就不可能使用根骨骼动画。其次，在导出动画资源时也要正确设置，这样才能让这些信息被引擎正确识别。根骨骼动画的导入设置在 3D 模型和动画导入的界面中，位于 Animation 标签页的下方。

以跑步动作资源 HumanoidRun 为例，选中其中的动画片段 HumanoidRun，可以看到以 Root 开头的选项有 3 个，如图 6-39 所示。

① Root Transform Rotation，根的旋转。

② Root Transform Position (Y)，根在 y 轴上的位移。

③ Root Transform Position (XZ)，根在水平面（ xz 平面）上的位移。

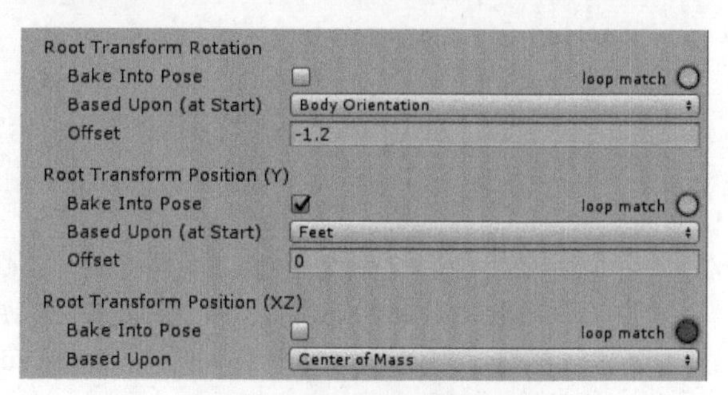

图 6-39 根骨骼动画相关选项

可以看出，要利用动画资源中的运动信息，还需要分别详细设置。如何设置与具体动画有关，这里给出重点的思路。

每种动画对角色的位置、旋转影响不同，设置之前首先要思考动作是否改变实际的物体朝向和位置。例如，如果是向前跑步的动画，就需要改变水平面（ xz ）的位置，不改变 y 轴位置，旋转不重要（直线跑没有旋转）；如果是原地转身动画，则要改变水平位置和旋转，y 轴不改变。

其次，根据需要勾选 Bake Into Pose（烘焙到骨骼）选项。对重要的、确定需要改变的位置或旋转，取消勾选 Bake Into Pose 选项，对不改变的值反而要勾选。

最后，如果动作基于的参考点不同，效果也会有区别。因此还要设置每种运动的参考点，也就是 Based Upon（基于的点），可以选择 Center of Mass（质心）、Feet（脚）等选项，但需要根据动画而定，并根据实际测试效果调整。

在所有设置的下方，还有一个 Motion → Root Motion Node，只有该选项设置为 <None> 的时候，才会出现前文提到的 3 个 Root 开头的选项。

建议读者借用跑步动画多尝试，改变其中的选项再运行游戏进行测试，这样会更清楚地理解每个选项的作用。例如，勾选 Root Transform Position (XZ) 的 Bake Into Pose 选项，在游戏中角色跑步会有奇特的效果。

小提示

对 Bake Into Pose 选项的解释

人物的运动细说起来有两部分：一方面是动画设计师关心的，表现层面的人物运动；另一方面是技术人员关心的，人物逻辑上的运动。

以跑步动作为例，逻辑上跑步直接影响水平方向的位置，这是显然的。但对动画设计师来说，人物跑步时高低重心是有变化的，上下颠簸才自然。但这种上下的颠簸只是视觉上的，不能真的去影响物体的位置，换句话说，跑步时逻辑上只做水平运动，不会上下运动。

这正是 Bake Into Pose 选项的作用。勾选了该选项，代表这个运动只是骨骼运动，不属于根节点；而不勾选该选项，则代表它是真正的根节点的运动。只有根节点的运动才会变成物体实际的运动。

2. 动画状态机与根骨骼动画

根骨骼动画正确设置后就可以直接使用了。不过游戏的需求比较灵活，有时需要开启根骨骼动画，有时需要关闭根骨骼动画，而控制的开关位于动画状态机里。选中角色，观察它的动画状态机组件，可以看到 Apply Root Motion（应用根骨骼动画）选项，它代表是否启用根骨骼动画。但是现在不能修改，提示信息是“Handled by Script（由脚本控制）”，其原因是在当前使用的脚本中有一个特殊的函数

OnAnimatorMove()。当 Unity 发现脚本组件中有此函数时，就会在编辑器上隐藏 Apply Root Motion 选项后方的方框。

为了进一步学习，可以先将整个 OnAnimatorMove() 函数注释掉。等待编译后再观察动画状态机组件，会发现方框出现了。

此时运行游戏进行测试，一边移动、跳跃，一边查看方框，会发现在跳跃时方框被取消勾选，而落地时又会被勾选，这是因为脚本中一直在修改这一属性，其修改如下。

```
// 启用根骨骼动画
m_Animator.applyRootMotion = true;
// 禁用根骨骼动画
m_Animator.applyRootMotion = false;
```

由于脚本一直在修改这一属性，因此在编辑器里取消勾选也没有效果。如果要试验没有根骨骼动画的效果，可以将脚本中对 applyRootMotion 的赋值都改为 false，这样一来角色就寸步难行了，这也说明了这个角色的确是由根骨骼动画控制运动的。

总结来说，本小节讨论了运用根骨骼动画的两个要素：第一，正确导入和设置动画；第二，在动画状态机中应用根骨骼动画。

6.4.4 动画遮罩

在实际游戏开发中，经常有这种需求：玩家可以跑步，而跑步的同时可以持枪、持剑、持棍棒或是空着手，拿着不同武器时上肢的动作不一样。为了 4 种武器做 4 种跑步动画非常麻烦，而且每多一种武器又多了一套动画，考虑到扩展性就更不现实了。

很容易想到，如果把腿部动作与上半身动作分离开，让手持各种武器的动作独立出来，叠加到跑步动作中，这样不就很容易扩展了吗？现代角色动画正是这样做的。这其中有一个关键技术，就是屏蔽动画的一部分——屏蔽跑步动作的上肢运动和持枪动作的腿部运动。

这种屏蔽角色的部分肢体运动的技术，就叫作动画遮罩，或称为肢体遮罩（Avatar Mask）。在 Unity 中，动画遮罩有两处可以运用：第一，每个动画在导入时都可以设置遮罩，此方法相当于只选用了动画的一部分；第二，创建新的遮罩文件 Avatar Mask，遮罩文件可以用在动画状态机里。第一种方法更为彻底，第二种方法比较灵活，下文依次讲解。

在模型和动画导入设置里的 Animation 标签页下部，有一个 Mask（遮罩）选项，打开它可以看到一个绿色的角色示意图，它可以用于设置人形角色的遮罩，如图 6-40 所示。这个图将模型分为头、双臂、手、躯干和腿 6 个部分，外加手和脚的“反向动力学（IK）”设置，再加上脚底椭圆形区域（会影响角色位置）。其中每一个区域都可以单击，使其在绿色与红色之间切换。其中绿色代表动画可以让这一肢体运动，红色则代表动画不会让这一肢体运动。

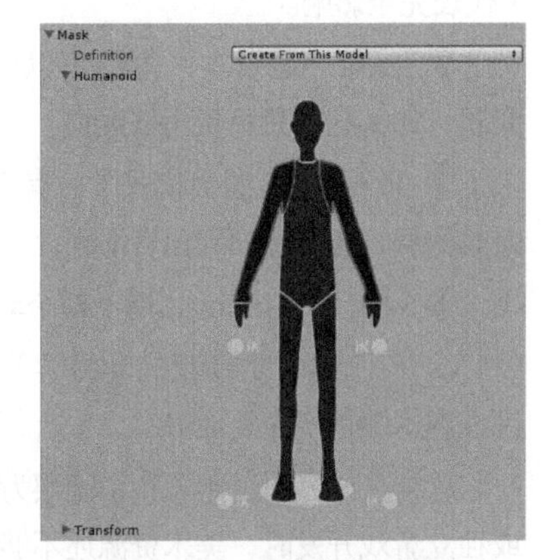

图 6-40 人形角色遮罩设置

很容易试验出遮罩的效果。选择 HumanoidRun 动画，然后单击遮罩中的两个手臂，最后单击 Apply（应用）按钮。可以在动画预览中看到角色跑动时不会摆动双臂，只会把双臂一直放在胸前，运行游戏后直线跑动也有同样的结果。

另一个用到动画遮罩的地方就是在动画状态机中的Layers（动画层）标签页里。在每一层右侧的设置栏，单击设置图标，可以看到一个Mask属性，如图6-41所示。需要给Mask属性一个“遮罩资源”，遮罩资源文件可以在Project窗口中直接创建（在Project窗口中单击鼠标右键，选择Create→Avatar Mask）。最后将遮罩文件赋给动画状态机里的Mask属性，就可以让这一层里所有的动画都被遮罩所控制。

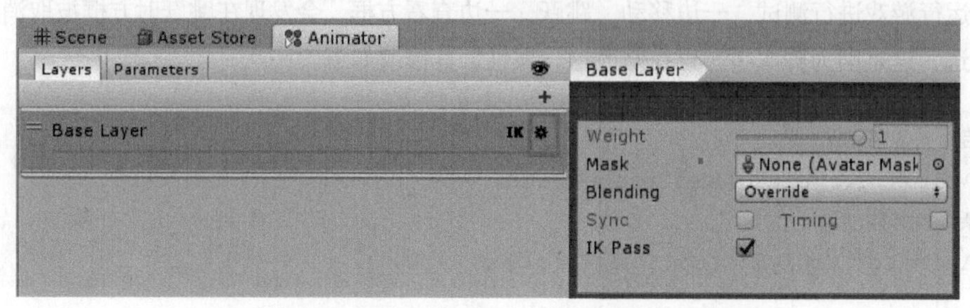

图6-41 可以给动画状态机的每个层级设置单独的遮罩

选中创建的遮罩文件，可以看到一个熟悉的绿色角色肢体示意图，而且也可以任意编辑该示意图。例如，如果将遮罩的手臂变为红色，屏蔽手臂动画，且将该遮罩文件赋给动画状态机的Base Layer，那么当前动画状态机里所有的动画都会屏蔽双臂运动。

利用动画遮罩，为随意搭配和组合动画带来了可能性。叠加不同的动画可以借用动画融合树，很多时候还需用到动画层级。

6.4.5 动画层

图6-42显示了动画层设置窗口。在动画状态机里可以添加很多层，层之间可以是覆盖关系也可以是叠加关系，当然也可以随时屏蔽一些层、启用另一些层。

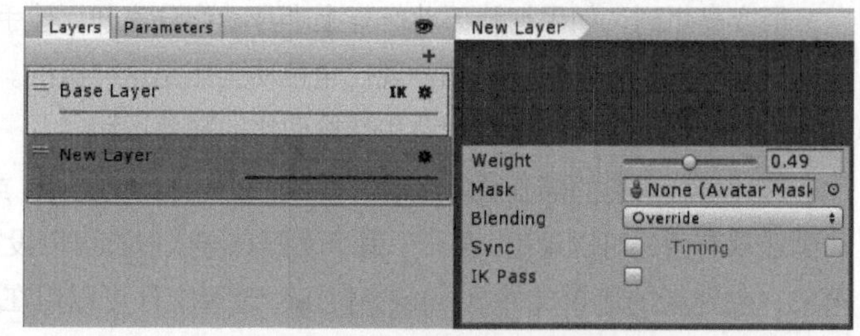

图6-42 动画状态机的动画层级设置

每一个动画层可以有单独的设置，其选项解释如下。

① Weight（权重），本层对总体动画效果的影响，取值范围为0~1。0代表没有影响，1代表完全影响。

② Mask（遮罩），每层可以单独设置遮罩，如某些层只负责上肢动画。

③ Blending（混合模式），有Override（覆盖）和Additive（叠加）两个选项，是指这一层的影响覆盖其他层，还是叠加到已有动画上。

④ Sync与Timing，用于两个动画层之间的同步。

⑤ IK Pass（更新反向动力学），如果勾选，则这一层动画会触发脚本中的OnAnimatorIK()函数，可以在脚本中进一步处理IK。

总结来说，动画遮罩和动画层为开发者进一步组合多种不同的动画提供了可能。另外，在游戏项目早期或独立游戏开发时，美术资源还不够丰富，这套系统可以帮助开发者尽可能组合出多种多样的动作。

6.4.6 动画帧事件

很多时候需要在特定的时机执行某种逻辑。例如，当玩家做挥砍动作时，在挥砍的某个时刻开始，需要持续判断是否击中了物体。这个时机要求比较精确，因为它和玩家的动作息息相关，不能在一开始抽出武器时就进行攻击判定，也不能在收招阶段判定。攻击判定的时间段只能是整个攻击动作中的一部分。

因此引擎需要提供一种机制，在动画的时间轴上做一个标记，在动画播放到特定帧的时候触发脚本函数。以挥砍动作为例，可以在挥出武器时执行“开启攻击判定”的函数，而在攻击收招时执行“关闭攻击判定”的函数。

小提示

帧事件让动画与游戏逻辑耦合

由于动画帧事件的标记必须在动画的时间轴上，因此会和动画数据本身耦合在一起。纯粹从程序逻辑的角度看，多种不同系统的耦合并不是好事，但为了增强游戏表现力，这么做也有充分的理由。

根骨骼动画也有同样的特点，根骨骼动画是将动作与物体运动耦合在了一起。

也许，正是这种无处不在的耦合，才会让游戏开发显得特殊和复杂。

下面以落地动作为例，给落地动作添加一个动画帧事件。

添加动画帧事件依然是在模型和动画导入设置中完成。首先找到落地动作，然后在动画状态机中找到Airborne（空中）状态，双击打开融合树。经过分析，融合树中的HumanoidFall动画就是落地动画。单击该动画，Project窗口会自动跳转到对应的资源文件，也就是HumanoidIdleJumpUp。选中该文件查看导入设置，在Animation标签页的下方有一个Events（事件）选项，动画帧事件就在这里添加，如图6-43所示。但一定要先选中需要修改的动画片段，即HumanoidFall，再继续设置。

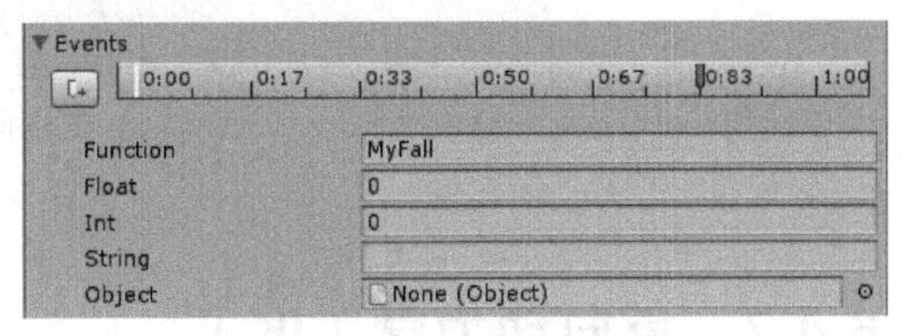

图6-43 动画帧事件设置

Events设置中包含一个时间轴，时间轴左侧有一个添加按钮，用于添加新的事件，其步骤如下。

01 单击添加按钮，会在时间轴上多出一个标记。

02 将该标记拖到需要触发事件的时刻。注意这里的时间轴并不对应动画的真实时间长度，无论动画本身时间长或短，都会统一为同样的长度，在程序中用一个0~1的值表示，这叫作“标准化时间”或“归一化时间”

03 将标记拖到合适的位置后，就可以填写事件信息了。Function字段必须填写，它既是事件的名称，也是会自动调用的函数名。例如，填写MyFall就会调用脚本组件中的MyFall函数，且这个函数还可以带多个参数方便后续使用，包括1个浮点数、1个整数、1个字符串和1个Object类型的引用。

进行了设置后，编辑器中的信息就准备完毕了，注意要单击Apply按钮让修改生效。接下来的一步是修改脚本，给脚本添加对应名称的函数。

在例子中，玩家角色已经挂载了ThirdPersonUserControl脚本，为了简单起见，直接给ThirdPersonUserControl脚本添加MyFall函数。

```
void MyFall()
{
```

```
        Debug.Log("触发帧事件，落地");
    }
```

运行游戏，按跳跃键进行测试。如果设置正确就会在 Console 窗口中显示“触发帧事件，落地”的信息。

这样帧事件的主要使用方法就介绍完毕了。但是如果深究，就还有一些小问题，首先是动画系统查找动画帧事件的函数的规则是怎样的？

简单来说，动画会查找当前对应物体的所有脚本，只要有名称和类型符合的函数，都会被调用。也就是说，如果玩家身上的两个脚本都有名为 MyFall 的函数（返回值不是 void 也可以），那么都会被调用；如果一个函数都没找到，就会产生一条错误信息。读者可自行试验。

其次，上文的 MyFall 函数没有参数，实际上可以带一个参数，但最多也只能带一个参数。参数类型可以是 float、int、string 或 Object 其中之一，参数的值可以在编辑动画帧事件时指定。

最后，动画帧事件不单是 3D 动画独有的，所有动画都可以添加动画帧事件。

一般给其他类型的动画添加帧事件是在 Animation 窗口中操作的。窗口中的 Add Property 按钮就是用于添加新事件的，如图 6-44 所示。添加的事件也具有前文所提到的参数，具体使用方法也类似。

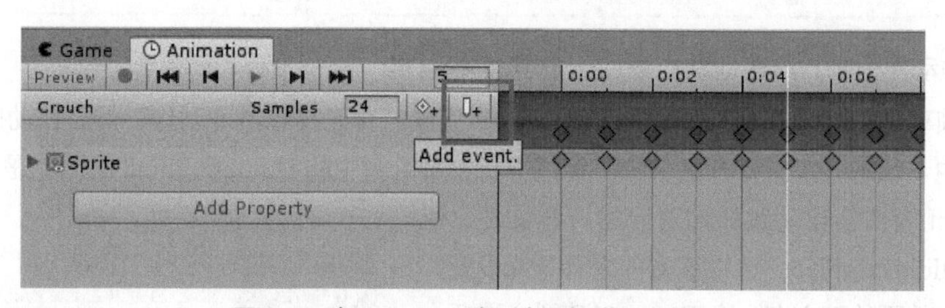

图 6-44 在 Animation 窗口中添加动画帧事件

6.4.7 反向动力学（IK）

IK 全称为 Inverse Kinematic，一般翻译为反向动力学。一般来说，它是一种极为细致的动画微调技术，例如在以下情景中的应用。

情景 1，角色在走上台阶时，利用 IK 让脚总是刚好踩在台阶上。

情景 2，角色手持不同形状的枪时，手总是刚好抓着枪柄。

情景 3，角色进行攀爬时，手部和脚步紧贴墙壁。

在上面的这些情景中，有两个关键：一是通过程序检测到合适的位置（台阶、枪柄），让手脚或其他肢体朝目标位置移动；二是当手脚或其他肢体移动时，其余所有的关节都能配合移动，如手部运动时也会带动手臂的运动。IK 会采用相关算法，尽可能让运动看起来合理。

1. 头部 IK

头部 IK 比较简单，只需要修改角色控制脚本 ThirdPersonCharacter 就可以立即看到效果。在该脚本中加入的函数如下。

```
private void OnAnimatorIK(int layerIndex)
{
```

```
        // 设置注视目标的权重为1
        m_Animator.SetLookAtWeight(1);
        // 一直注视(0,0,0)点
        m_Animator.SetLookAtPosition(new Vector3(0, 0, 0));
    }
```

运行游戏进行测试，会发现角色头部会保持转向某个方向，但目标在角色背后时，也不会过度转向。

使用IK有一些注意事项，也只有符合以下规则，IK才会生效。

一是IK与动画状态机中的动画层相关。在介绍动画层时，我们看到在每一层的设置中都有一个IK Pass选项，它用于开启或关闭IK功能。所有开启了IK Pass的层都会调用脚本中的OnAnimatorIK()函数。

二是有与IK相关的函数，如SetLookAtWeight()函数和SetLookAtPosition()函数都只能在专门的OnAnimatorIK()函数中调用。如果编写在其他地方而不起作用，Unity会给出提示信息。

上文的SetLookAtPosition()函数比较好理解，参数是注视的目标位置。而SetLookAtWeight()函数则是指IK运动的权重，可以理解为IK干预动画的程度。权重越高，IK运动就越明显，权重为0时相当于关闭了IK功能。

因为人物头部转动时，身体各部位都需要跟着配合，所以SetLookAtWeight()函数有很多参数可以调整，通常取默认值即可。

```
    // 参数依次为整体权重、身体权重、头部权重、眼睛权重。
    // 最后clampWeight是一个限制参数，防止转动过大，0代表不限制，1代表完全限制。
    void SetLookAtWeight(float weight, float bodyWeight = 0.0f, float headWeight = 1.0f,
float eyesWeight = 0.0f, float clampWeight = 0.5f);
```

2. 手脚IK

手部和脚部IK也很常用，其参考代码如下。

```
    private void OnAnimatorIK(int layerIndex)
    {
        // pos是目标位置
        m_Animator.SetIKPosition(AvatarIKGoal.LeftHand, pos);
        m_Animator.SetIKPositionWeight(AvatarIKGoal.LeftHand, 1);

        // rot是目标朝向
        m_Animator.SetIKRotation(AvatarIKGoal.LeftHand, rot);
        m_Animator.SetIKRotationWeight(AvatarIKGoal.LeftHand, 1);
    }
```

设置手脚IK时，有4个常用方法（见表6-2）。它们的第一个参数是AvatarIKGoal类型的枚举，只有4种取值：LeftFoot（左脚），RightFoot（右脚），LeftHand（左手），RightHand（右手）。

表 6-2 IK 常用方法列表

方法	用途	说明
SetIKPosition	设置手脚位置	让手或脚移动到目标位置
SetIKPositionWeight	位置的权重	IK 干预位置的权重，取值范围为 0~1
SetIKRotation	设置手脚朝向（旋转）	让手脚旋转到合适的朝向
SetIKRotationWeight	旋转的权重	IK 干预旋转的权重，取值范围为 0~1

在实际游戏开发中，找到合适的位置和朝向很麻烦，一般无法直接做到。通常有以下两种寻找 IK 定位点的方式。

一是用一个空物体作为参考点位置。例如，玩家角色举枪射击时，枪柄的子物体里有一个特殊的空物体，空物体的位置和朝向就是手部定位的点。编程时，指定手部 IK 的位置和旋转与空物体一样，然后根据需要再微调空物体即可。

二是利用物理射线定位。例如，制作上楼梯的动作时，可以从角色的脚朝下发射射线，射线碰到地面的位置就是脚部需要踩的位置。

从很有限的参数和方法可以看出，Unity 原生仅提供了很基本的 IK 功能，设计偏写实的游戏时可能会遇到功能不够用的情况，这时可以求助于 Asset Store 中的插件。某些 IK 插件的功能非常强大，可以实现更复杂的 IK 效果。

从整体游戏设计来看，IK 属于一个专注于细枝末节的技术。很多游戏出于性能等因素的考虑而没有使用 IK。

第 7 章 脚本与特效

美观且有特色的游戏画面在吸引玩家眼球方面非常重要，而游戏作为动态的艺术形式，动画与特效自然更为重要。精美的角色动作可以制造出极强的节奏感和打击感，但更需要特效进一步烘托氛围、增强效果。相对角色动作而言，特效受到的约束较少，可供发挥的空间较大。在风格合适的前提下，加入丰富多彩的特效能提升游戏表现力。

通常玩家所说的特效，从技术角度来看其实可能包含了各种粒子、光效、动效和氛围动画等，然而各个系统之间可能并没有什么联系，仅仅只是搭配在一起形成了综合的特效而已。本章将分别讨论这些特效的用法和相关的编程要点，侧重点是如何使用和管理各种特效素材，而不是特效本身的制作方法。

7.1 特效总览

提到 Unity 中的特效，首先想到的是粒子系统。其实广义地看，只要能增强游戏表现力的效果都可以称为特效。按照具体技术分类，可以包含粒子、动画（非角色动画）、动效、贴花、拖尾和后期效果等。

7.1.1 粒子

Unity 中的粒子组件叫作 Particle System，如图 7-1 所示。

粒子系统顾名思义，与“微粒”有关。粒子系统会生成和发射很多粒子，通过控制粒子的生成数量、大小、角度、速度、贴图和颜色等众多属性，可以实现或真实或炫酷的各种效果。其中，粒子的每一种属性还可以根据时间变化而随机变化，充分释放特效设计师的创造力。

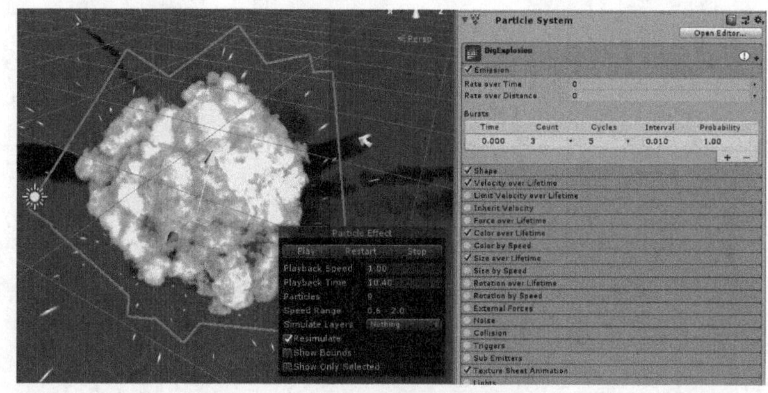

图 7-1 爆炸粒子效果与粒子组件

例如，用粒子系统可以实现火焰、雨、雪、气流等自然现象，也可以实现能量球、魔法弹等幻想中的效果。而且现代的粒子系统也支持基于 3D 模型的粒子，可以实现模型破碎、模型聚合、模型消散等丰富的视觉效果。

7.1.2 动画

Unity 的粒子系统有它自身的局限性，因此美术设计师经常结合动画系统和粒子系统来制作特效。有经验的美术设计师利用图片和模型素材，配合精心调整的旋转、位移、缩放等基本变换，做出华丽的表现效果。

而且，由于动画可以直接对帧进行编辑，相比只能调整参数的粒子系统控制力更强，从而让设计师更容易调整动态节奏，因此某些情况下动画特效是不可替代的。

7.1.3 动效

动效一般是场景或界面中元素的小幅度动态。例如，UI 中文字的弹跳、缩放，图片的淡入淡出，界面从屏幕外飞到屏幕内，这些都可以算作动效。

动效看似不起眼，但对于提升用户体验来说作用巨大，而且很多休闲类游戏都十分注重动效设计。动效是用户体验（UE）中举足轻重的一个环节，例如现代手机端操作系统都非常重视用户操作的动态效果，如图 7-2 所示。

在 Unity 中，动效的实现有两个基本方式，一是使用动画，二是使用 Tween（缓动动画）。缓动动画是直接用脚本代码控制的动画，具有易添加、易维护、易修改的特点，它只需添加少量的代码就能做出各种生动的动画，而不用管理大量琐碎的动画资源，非常方便。

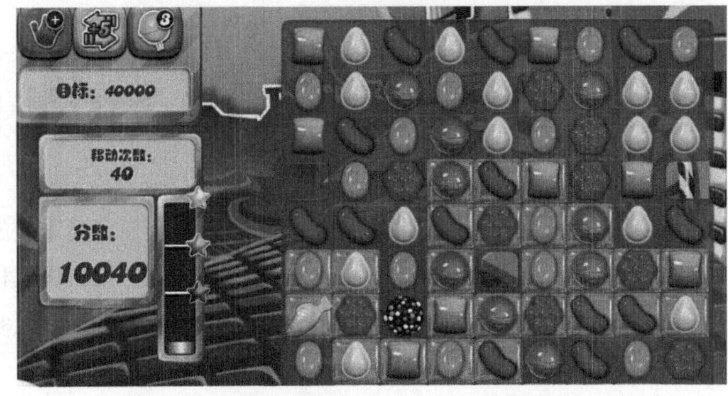

图 7-2 《糖果传奇》游戏中加入了大量精美的动效

7.1.4 贴花

简单来说，贴花就是给模型表面贴上一个小贴图，如给人物加上文身、在墙上喷漆、颜料溅在地板上等，这些效果都可以用贴花表现。

把贴花也看作一种特效是因为很多粒子发射之后，理应配合一些贴花。例如，爆炸后地面留下黑色印记，下雨后留下水痕，颜料喷溅后在地面留下颜色等。

贴花在技术实现上，需要将小贴图沿着模型表面贴上去，涉及较复杂的图形学计算。因此贴花一般通过插件解决，如 Asset Store 的 Easy Decal 插件就是一个简单易用的选择。

7.1.5 拖尾

拖尾也算是一种粒子效果，用于表现物体运动后在空间中留下的轨迹或视觉残留。例如，车灯在黑暗中高速移动、快速挥舞的光剑都适合加上拖尾效果。

Unity 有专门的组件——Trail Renderer（拖尾渲染器）制作拖尾效果。

7.1.6 后期处理

在摄影和摄像中，会在后期处理影像，如调色等。电子游戏同样也有后期效果，可以理解为在渲染的最后阶段对图像加一层处理。

游戏后期效果的制作包括调色、环境光遮蔽、自动白平衡等影视行业常见的画面调整手段，另外还有一些与特效有关的方法，如 Bloom（眩光）。眩光用于表现场景中非常亮的物体，这种表现方法会引发人的错觉，让人有一种亮得刺眼的感觉。眩光需要配合 HDR Color（高动态范围颜色）使用，在颜色的基础上额外加入亮度强度的信息，如图 7-3 所示。

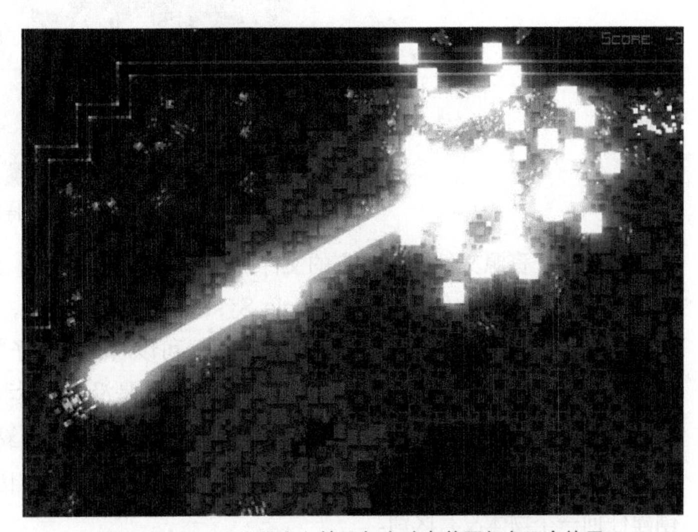
图 7-3 Bloom（眩光）效果与高动态范围颜色配合使用

7.2 特效的使用方法

特效是游戏制作不可或缺的一环，作为游戏开发者最重要的工作就是将特效添加到游戏中，并在合适的时机、合适的位置将特效播放出来，同时还要注意特效的管理和销毁。

某些种类的特效，如动效、贴花，还需要编写脚本代码以实现更细节的控制。因此本节将简单介绍各种特效的使用方法。

7.2.1 各种特效的基本使用方法

特效和动画的播放本身没有什么难点，很多时候只需要实例化物体即可。

1. 创建粒子特效

在 Asset Store 中有一套适合学习和使用的免费粒子资源，名为 Unity Particle Pack。这套素材在导入后可能会提示重启 Unity，按提示操作即可。以下借用这套素材进行说明。

在导入资源包后，找到粒子素材的 prefab，例如 EffectExamples\Magic Effects\Prefabs\EarthShatter，这是一个地裂魔法的特效。

将它拖入场景即可立即预览效果，如图 7-4 所示。在选中特效物体时，还会在场景中出现一个小的工具窗口，可以方便地暂停、播放和重放粒子，而且还可以调整预览速度等。

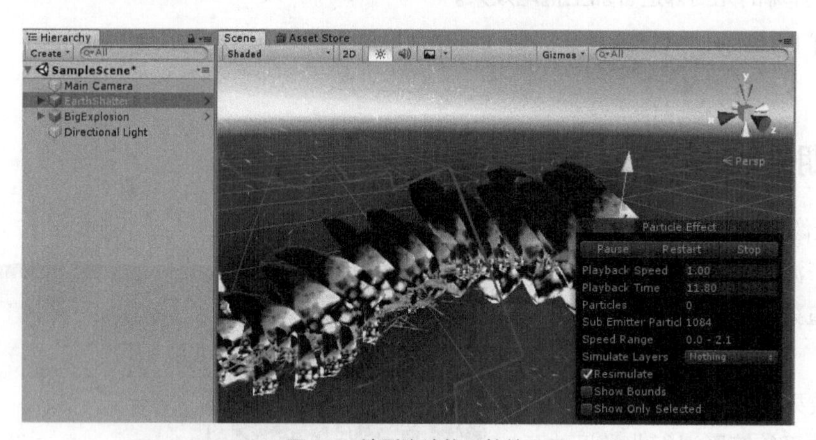

图 7-4 地裂魔法粒子特效

查看这个资源文件，发现它的文件扩展名为“.prefab”，选中后也可以看出，它确实只是一个普通的 prefab 文件。这个物体挂载了 Particle System（粒子组件），而且具有 5 个子物体，每个子物体也分别挂载了粒子组件。通过分别禁用每一个子物体，可以看到每个子物体的作用。例如，Rock Spike 是生成的岩石的主体，Fire Embers 是飞散的火花，Fire Ball 是沿路径运动的火球等。如果分析了更多粒子特效，会发现特效设计师往往是通过多个小特效的叠加来实现一个华丽而复杂的特效的。

从使用特效的角度来看，由于特效素材只是一个 prefab，因此唯一要做的只是将它实例化出来而已，与创建任何一个物体没有区别。

创建一个空物体并挂载以下代码，运行游戏时按空格键就可以播放粒子了。

```
using UnityEngine;
public class CreateParticle : MonoBehaviour
{
    public GameObject prefabParticle;
    void Update()
    {
        if (Input.GetButtonDown("Jump"))
        {
            GameObject particle = Instantiate(prefabParticle);
        }
    }
}
```

2. 粒子特效的生命期

物体的生命期主要是指物体从创建到销毁的过程。作为技术开发人员，可以不关心资源的制作，但一定要关心资源生命期的管理。

粒子组件具有一定的播放时间，而且加入了与生命期有关的选项，用于设置播放完成后的循环播放、停止播放或销毁自身。这些选项大体都在粒子组件的第一个编辑栏中，如图 7-5 所示。

粒子组件的绝大部分选项都影响着粒子的播放效果，由特效设计师负责，而某些选项则与粒子生命期相关，需要技术开发者负责。

① Duration，粒子播放的总时间。

② Looping，是否循环。该选项用于某些持续性特效，如篝火。

③ Play On Awake，创建时立即播放。如果没有勾选此项，在脚本创建子物体后需要调用 Play 函数。

④ Stop Action，粒子播放完成后的行为。此项非常重要，后文会展开详细讲解。

⑤ Ring Buffer Mode，是否启用环形缓冲区。环形缓冲区是一种类似对象池的程序优化技术，可以实现资源回收复用，极大减小创建和销毁资源的开销。这一选项与 Max Particles（最大粒子数量）相关，是对当前粒子物体中大量微粒的优化。

如果粒子创建后不自动播放，则用脚本播放的代码如下。

小知识

销毁资源和创建资源同等重要

在专业的技术领域有一种说法是，在创建物体之前，应先考虑何时销毁。

资源何时加载到内存，使用完毕后及时释放，对技术开发者来说至关重要。使用后没有及时销毁、释放的物体，会长期占用内存和计算资源，从而导致无意义的内存占用，甚至造成游戏程序死机、闪退等严重问题。

现代编程语言，如在 C# 中就有完善的内存管理和垃圾回收机制，开发者很少考虑销毁物体、释放内存的问题，但是在使用外部文件和美术资源的时候还是要多考虑这一点。例如，飞出视野外的子弹和长期不使用的素材都应当销毁。本书的后续内容还会探讨对象池等高级的资源复用技术。

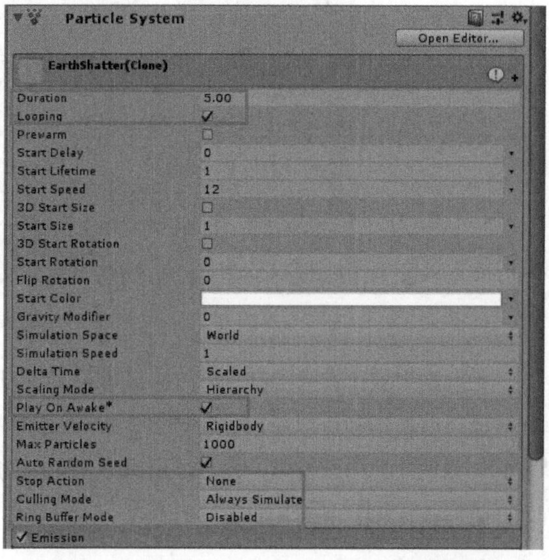

图 7-5 粒子属性，重点是与生命周期相关的属性

```
GameObject particle = Instantiate(prefabParticle);
// 如果粒子没有勾选 Play On Awake 选项，就需要手动调用 Play
ParticleSystem ps = particle.GetComponent<ParticleSystem>();
ps.Play();
```

粒子选项中的 Stop Action 有以下几种选择。

① None，什么都不做。

② Disable，将当前物体禁用。如果稍后还要再播放，可以让粒子先自动禁用。

③ Destroy，销毁当前物体。这是最简便易行的销毁粒子方法，不用写脚本。

④ Callback，调用脚本方法，让脚本进行下一步处理。需要在该粒子组件的物体上挂载脚本，其中粒子的回调方法如下。

```
public void OnParticleSystemStopped() {
Debug.Log(" 粒子停止 ");
}
```

一般来说，如果粒子播放一遍以后就没用了，最常用的办法应该是将 Stop Action 选项设置为 Destroy，自动销毁物体。如果有其他特殊需求，就有多种销毁的思路。例如，可以让脚本定时执行销毁，时间为 Duration（粒子总时间）；也可以选择 Callback，让粒子播放完成后通知脚本，在脚本的 OnParticleSystemStopped 方法中进一步处理。

定时销毁粒子的代码，在下文介绍动画特效时一起给出。

3. 创建动画特效

可以下载素材尝试使用动画特效，这里使用 Asset Store 的 Free Pixel Effect 素材，如图 7-6 所示，它只有单纯的几张图片和几个动画，方便测试。

图 7-6 动画特效素材 Free Pixel Effect

导入素材后，找到素材自带的测试场景 Free Pixel Effect/Effect，打开场景运行就可以看到动画。

通过分析动画可以看出，每个名为 Path 的物体都有动画状态机，而动画状态机中只有一个默认动画。因此如果使用此动画特效，只需要用脚本把对应物体创建出来即可，此处不再赘述。

4. 定时销毁动画或动效

让动画或动效都能在一定时间后销毁，可以用组件化思路，设计一个通用化的脚本，事先指定销毁时间，给所有创建的粒子或动画都挂载上。

```
using UnityEngine;
public class TimeDestroy : MonoBehaviour
{
    public float time = 1;
    void Start() {
        Invoke("Destroy", time);
    }
    void Destroy() {
        Destroy(gameObject);
    }
}
```

上文的代码用了Invoke方法延时调用，也可以用协程实现。这种思路非常通用，可以用在游戏中的粒子、子弹等各种物体上。

当然对于动画还可以用“动画帧事件”的方法。在动画最后一帧加上一个帧事件，调用脚本来销毁动画，但编辑大量动画会比较烦琐。

5. 调整动画和粒子参数

大部分情况下不需要调整动画和粒子的参数，直接播放即可。有时会有一些特殊需求，如动画加减速播放、粒子改变整体时间等，实际的例子如下。

```
GameObject particle = Instantiate(prefabParticle);
// 如果粒子没有勾选 Play On Awake 选项，就需要手动调用 Play
ParticleSystem ps = particle.GetComponent<ParticleSystem>();

// 注意！不要在播放后修改参数，不支持
// 因此测试本脚本必须取消勾选粒子的 Play On Awake 选项

// 获取主参数，即粒子组件界面上的第一组参数
ParticleSystem.MainModule main = ps.main;
main.duration = 1;            // 改变总持续时间
main.startSpeed = 40;         // 改变初始速度
main.stopAction = ParticleSystemStopAction.Destroy; // 改变播放一次后的行为

// 同理，获取发射参数
ParticleSystem.EmissionModule emission = ps.emission;
emission.rateOverTime = 1000;         // 加大发射频率


ps.Play();
```

如上文的代码所示，粒子的绝大部分参数都可以通过脚本修改。由于相关函数有改动，因此很多开发者遇到了编译错误。

以上代码中，必须把每个参数组先赋值给一个临时变量（如main变量或emission变量），然后再修改

变量。然而不能用一行表达式直接修改参数，编者的猜想是因为 MainModule 和 Emmision 等类型都是结构体，而粒子系统用了特殊语法实现结构体数据和粒子组件的绑定，导致出现这种很少见的语法现象。

修改动画播放速度也是常见的需求，示例代码片段如下。

```
// 创建动画 prefab
GameObject obj = Instantiate(prefab);
// 给动画物体加上定时销毁脚本，并定时 1 秒
obj.AddComponent<TimeDestroy>().time = 1;

// 修改动画播放速度为 2 倍速
Animator anim = obj.GetComponent<Animator>();
anim.speed = 2;
```

7.2.2 动效与缓动动画

游戏体验是综合性的，音效、剧情、界面设计、美术风格和玩法内涵都是游戏体验的组成部分。而且一些细节上的美化，会出乎意料地带给用户愉悦感和满足感。这些细节包括跳动的图标、闪烁的文字、流畅滑动的通讯录等，可以统称为动态效果或动效。

早期游戏受硬件条件限制，无法做出太复杂的动效，但在重要部分还是尽可能改善表现力。例如，马里奥吃蘑菇时逐渐变大的效果，魂斗罗中击中 BOSS 时的闪烁效果。

再如，iPhone 在智能手机中更受消费者喜爱，在很大程度上要归功于它的操作体验，而操作体验很大程度上来自当时处于行业领先水平的界面动态效果。无论滑动桌面、拖曳图标还是滚动页面，流畅而细腻的动态效果给用户留下难忘的印象，如图 7-7 所示。

图 7-7 iPhone 的界面控件有着丰富的动效

在游戏中，界面动效最为常用，而其他物体也可以添加动效。游戏中的动效还有以下多种用途。

一是采用震动或放缩动画来强调重要信息。

二是用不同的动态效果来区分信息的重要程度。例如，《魔兽世界》中伤害值越高显示效果越明显。

三是表示逻辑上的因果关系。例如，道具图标从场景飞到背包里，代表获得了新道具；还有在“三消”类游戏中，会用动画清晰地展示是哪些物体连在一起满足了消除条件。

四是单纯为了美观也可以使用动效。

动效在游戏中非常重要，特别是在一些休闲类游戏中有着举足轻重的地位，但制作动效本身是比较烦琐的。传统的制作动效的思路主要有两种，一是用动画资源制作，二是直接用协程等方式编写定时运动。

使用动画的缺点在于，游戏中很多动效是不固定的。例如，移动的起点和终点不确定、移动的速度不确定、显示的文字内容不确定等，都无法套用事先做好的动画；而如果采用协程方式制作动画，则会让代码变得冗长，而且可能还会引入很多难以调试的 bug。

面对制作动效的需求，出现了一种非常简单实用的技术——Tween（缓动动画）。

7.2.3 DOTween 插件使用方法简介

缓动动画既是一种编程技术，也是一种动画的设计思路。从设计角度来看，可以有以下描述。

①事先设计很多基本的动画样式，如移动、缩放、旋转、变色和弹跳等。但这些动画都以抽象方式表示，一般封装为程序函数。

②动画的参数可以在使用时指定，如移动的起点和终点、旋转的角度、变色的颜色，还有关键的动画时间长度等。

③动画默认是匀速播放，也可以指定播放的时间曲线。如可以做出先快后慢、先慢后快等效果，甚至还可以让时间在正向流逝和倒流中交替，实现弹簧式的效果。

④可以按时间顺序任意组合这些动画，如先放大再移动、先缩小再变色再移动等。

⑤可以同时播放多个这些动画。例如，一边放大一边移动、一边缩小一边变色一边移动等。总之，可以按时间顺序组合，也可以同时组合。

采用上文的思路，可以封装出易用的缓动动画库。例如 DOTween 就是一种常用的缓动动画插件。

1. 导入 DOTween 插件

在 Asset Store 中搜索“DOTween”即可找到 DOTween（HOTween v2）插件，如图 7-8 所示，使用免费版即可，下载并导入。

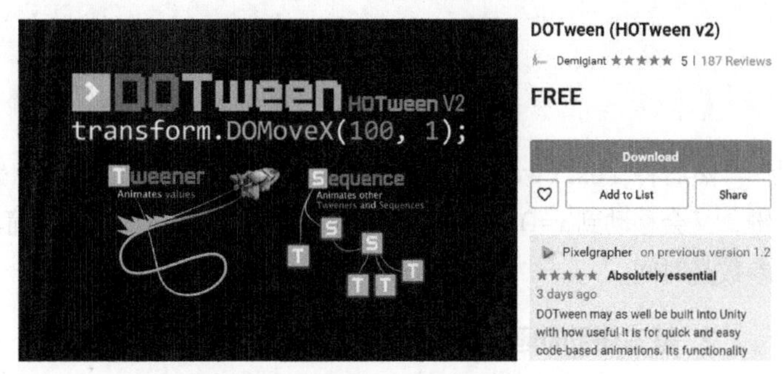

图 7-8 Asset Store 中的 DOTween 插件

导入插件后，会自动打开一个插件窗口。单击窗口下方的按钮即可再打开一个 DOTween 的工具面板。由于目前插件的功能越来越强大，因此特意增加了一个设置面板，如图 7-9 所示。

第一次打开设置面板时，中间有一个红色的“DOTWEEN SETUP REQUIRED”提示，它表示插件需要设置才能使用。单击绿色的设置按钮，会弹出一个新的页面，等待插件编译完成，会让开发者选择导入的模块，如图 7-10 所示。

这里列出了音频、物理等多个 DOTween 的模块，选或不选都不影响基础功能的使用，单击 Apply 按钮应用即可。

图 7-9 DOTween 的欢迎页面和设置面板

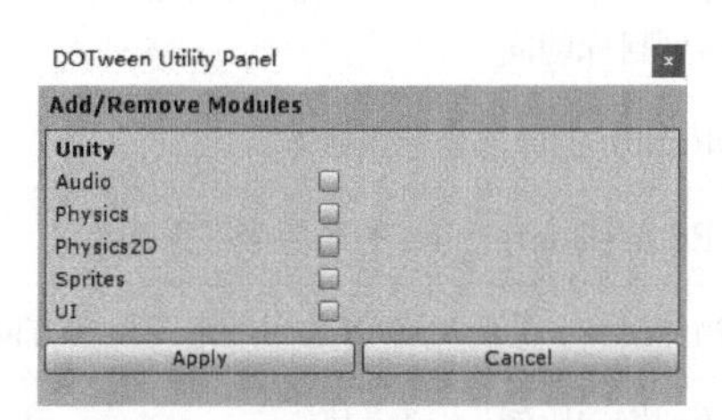

图 7-10 选择需要导入的模块

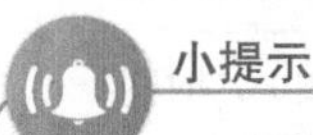

小提示

DOTween 的多个模块

DOTween 包含了很多好用的模块，甚至可以对音频做处理。

但在大部分情况下，只需要常规的移动、缩放、旋转和改变材质的颜色，就足以做出大量的动效了。不导入以上模块，就已经默认包含了很多基本的缓动动画。

顺利应用之后，试验一下它的基本使用方法。创建脚本 TestTween，其内容如下。

```
using UnityEngine;
using DG.Tweening;

public class TestTween : MonoBehaviour {
    void Update()  {
        if (Input.GetKeyDown(KeyCode.D))
        {
            // 1秒时间移动到在 x 轴上坐标为 5 的位置上
            transform.DOMoveX(5, 1);
        }
        if (Input.GetKeyDown(KeyCode.A))
        {
            // 1秒时间移动到在 x 轴上坐标为 0 的位置上
            transform.DOMoveX(0, 1);
        }
    }
}
```

然后将 TestTween 脚本组件挂载到任意物体上，按下 D 键，物体会沿 x 轴平移到 x=5 的位置，按下 A 键，又会移动到 x=0 的位置。可以看出，DOMoveX 是一个简单的平移动画，第 1 个参数是 x 坐标，第 2 个参数是时间。

2. 基本缓动动画

前文已经试验了简单的平移动画，DOTween 还提供了大量类似的动画模式，最常用的旋转、位移和缩放都是直接对 Transform 组件操作的。各种动画使用方法大同小异，列举如下。

首先是 Transform 组件的动画，如表 7-1 所示。

表 7-1　Transform 组件的动画

函数	参数	作用
DOMove	目标坐标，时间	移动到目标位置
DOMoveX	目标坐标 x，时间	仅向一个方向移动。同理还有 y 和 z
DOLocalMove		DOMove 的局部坐标系版本
DOLocalMoveX		DOMoveX 的局部坐标系版本，同理还有 DOMoveY 和 DOMoveZ
DORotate	目标角度（欧拉角），时间	旋转到目标朝向
DORotateQuaternion	目标朝向（四元数），时间	旋转到目标朝向
DOLocalRotate		DORotate 的局部坐标系版本
DOLocalRotateQuaternion		DORotateQuaternion 的局部坐标系版本
DOLookAt	目标朝向（向量），时间	让物体旋转，直到物体前方为指定向量的方向
DOScale	目标比例，时间	缩放到指定比例

（续表）

函数	参数	作用
DOScaleX	目标比例 X，时间	仅向一个方向缩放。同理还有 Y 和 Z
DOPunchPosition	震动方向和强度，时间，震动次数，弹性	用于表现被强力击打后的震动，沿震动方向反复移动。时间之后的参数都可以省略
DOPunchRotation	震动方向和强度（旋转的轴），时间，震动次数，弹性	用于表现被强力击打后的震动，沿指定旋转轴来回旋转
DOPunchScale	震动方向和强度（缩放比例），时间，震动次数，弹性	用于表现被强力击打后的震动，根据指定比例缩放
DOShakePosition	时间，力度，震动次数，随机性（0~180）	表现随机性的震动。除时间外的参数都可以省略
DOShakeRotation	时间，力度，震动次数，随机性（0~180）	类似 DOShakePosition，用旋转表现震动
DOShakeScale	时间，力度，震动次数，随机性（0~180）	类似 DOShakePosition，用缩放表现震动
DOBlendableMoveBy	位置变化量，时间	与 DOMove 类似，但它能更好地处理动画混合，而且参数是变化量而不是目标值
DOBlendableRotateBy	旋转变化量，时间	DORotate 的动画混合 + 变化量版本
DOBlendableScaleBy	缩放变化量，时间	DOScale 的动画混合 + 变化量版本
DOBlendablePunchRotation		DOPunchRotation 的动画混合版本

以上函数基本涵盖了所有的 Transform 组件缓动动画方法。除简单的移动、旋转和缩放动画外，常用的还有摄像机缓动动画，作用于 Camera 组件，如表 7-2 所示。

表 7-2 摄像机缓动动画表

函数	参数	作用
DOShakePosition	时间，力度，震动次数，随机性	让摄像机随机性震动。时间以外的参数可以省略

可以用缓动动画慢慢改变材质的颜色、透明度等，表 7-3 是作用于材质（Material）的缓动动画。

表 7-3 材质的缓动动画表

函数	参数	作用
DOColor	颜色，时间	渐变到指定颜色
DOFade	透明度（0~1），时间	渐变到指定透明度
DOGradientColor	颜色梯度，时间	根据指定的颜色梯度渐变
DOOffset	材质偏移（Vector2），时间	材质偏移，可以做贴图动画效果
DOBlendableColor	颜色，时间	DOColor 的可混合版本

UI 文本通常需要一些动态效果，如打字机效果（文字一个接一个出现）和改变文字颜色等。DOTween 还有一些专门用于 UI 文本组件（Text）的缓动动画，如表 7-4 所示。

表 7-4 文本组件的缓动动画表

函数	参数	作用
DOText	文本内容，时间	打字机效果，逐字显示文本内容
DOColor	颜色，时间	改变文字颜色
DOFade	透明度，时间	改变文字透明度
DOBlendableColor	颜色，时间	DOColor 的可混合版本

3. 动画曲线（Ease）

通过试验会发现，前面的动画效果都不是匀速运动的，而是有一个从快到慢的变化。这是因为 DOTween 默认的动画曲线不是 Linear 曲线，而是 Out Quad 曲线。

在缓动动画中，动画曲线称为 Ease，它有多种内置的模式，包括通过修改 DOTween 设置可以改变默认的动画曲线。选择主菜单中的 Tools → Demigiant → DOTween Utility Panel 可以重新打开 DOTween 的设置页面，其中的 Ease 选项就是动画曲线。可以将默认的 Out Quad 改为简单的 Linear 试试效果，如图 7-11 所示。

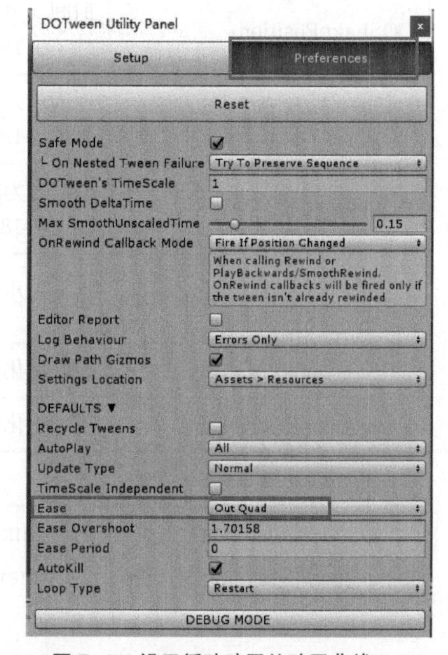

图 7–11 设置缓动动画的动画曲线

DOTween 提供了非常多的缓动动画曲线模式，这里不一一详述。不过常用的几种模式有明显的命名规则，如 In Sine、Out Sine、In Out 等，以下进行概括的解释。

In 指的是一种由慢到快的方式，Out 则指的是由快到慢。Sine（正弦曲线）指的是比较平滑的过渡；而 Quad 则指的是会有更明显的快慢变化；比 Quad 速度变化更剧烈的，还有 Cubic、Quart、Quint 等。Expo 代表指数曲线，还有更多特殊的曲线，如有弹性的 Elastic、先后退再前进的 Back，以及 Bounce（弹跳曲线）。

当然，如果直接修改默认的动画曲线，那会导致所有动画都使用统一的曲线。实际上每个动画都可以用不同的动画曲线，示例写法如下。

```
if (Input.GetKeyDown(KeyCode.A))
{
    Tweener t = transform.DOMoveX(10, 1);
    t.SetEase(Ease.OutQuad);
}
if (Input.GetKeyDown(KeyCode.D))
{
    transform.DOMoveX(0, 1).SetEase(Ease.InOutSine);
}
```

DOMove 等缓动函数的返回值用 Tweener 类型的变量接收，然后再对 Tweener 进行设置即可。除了 SetEase 以外还有其他更多可调用的方法。

4. 动画的组合

使用Sequence（缓动动画序列）可以让多个动画依次播放，也可以在动画之间插入等待时间，其示例如下。

```
// 创建动画序列
Sequence seq = DOTween.Sequence();

// 添加动画到序列中
seq.Append(transform.DOMove(new Vector3(3,4,5), 2));

//添加时间间隔
seq.AppendInterval(1);

seq.Append(transform.DOMove(new Vector3(0, 0, 0), 1));

// 按时间插入动画
// 下面代码的第1个参数为时间，表示插入动画到规定的时间点
seq.Insert(0, transform.DORotate(new Vector3(0, 90, 0), 1));
```

缓动动画序列有多个常用方法，Append可以在序列后面添加动画，AppendInterval用于添加等待时间，而Insert则是在指定时间处插入动画。

特别要注意，使用Insert插入的动画并不像猜想的那样会将原有动画推迟到后面，而是会和原来的动画同时播放。这就引出了一个关键问题：DOTween的动画是可以同时播放的，而且Sequence虽然名为“序列”，但实际上也支持多个动画同时播放。

除了利用Sequence顺序播放动画或同时播放动画外，实际上直接创建多个动画，它们也会同时播放，其示例如下。

```
// 两个动画同时播放，向斜上方移动
Tweener t = transform.DOMoveX(10, 1);
t.SetEase(Ease.OutQuad);
transform.DOMoveY(10, 1);
```

大部分缓动动画可以做到合理混合的效果，但有时同时播放多种动画也会产生不合理的结果。某些缓动方式带有Blendable关键字，如DOBlendableMoveBy，这类缓动动画能够确保融合效果的正确性。

5. 控制动画的播放

缓动动画最大的优势在于它是完全由程序控制的，它的背后是一套简洁的数学算法，因此缓动动画很容易实现暂停、重放和倒放等功能。DOTween也提供了多种方法控制动画的播放，其示例如下。

```
//播放
transform.DOPlay();

//暂停
transform.DOPause();
```

```
// 重播
transform.DORestart();

// 倒播，此方法会直接退回起始点
transform.DORewind();

// 删除动画
transform.DOKill();

// 跳转到指定时间点。参数 1 表示跳转的时间点，参数 2 表示是否立即播放
transform.DOGoto(1.5f, true);

// 倒向播放动画
transform.DOPlayBackwards();

// 正向播放动画
transform.DOPlayForward();
```

6. 动画回调函数

为了更好地让动画与逻辑配合，与动画帧事件类似，也可以为缓动动画添加一些回调函数。最常见的是在播放结束时自动调用一个函数，其示例如下。

```
// 动画完成回调，为方便起见回调函数写成了Lambda 表达式
transform.DOMove(new Vector3(3,3,0), 2).OnComplete(() => {
    Debug.Log("Tween 播放完成");
});

// 无限循环震动
Tween t2 = transform.DOShakePosition(1, new Vector3(2, 0, 0));
t2.SetLoops(-1);
// 每次循环完成时回调
transform.DOMove(Vector3.zero, 2).OnStepComplete(() => {
    Debug.Log("Tween 单次播放完成");
});
```

7.2.4 拖尾特效

拖尾是一种很酷的特效。拖尾的原理来自人类的视觉残留：观察快速移动的明亮物体，会看到物体移动的轨迹。摄像机通过调整快门时间，也可以拍出具有拖尾效果的照片，如在城市的夜景中，汽车的尾灯拖曳出红色的线条。

在较老的 Unity 版本中，拖尾效果需要用插件实现。现在 Unity 已经内置了 Trail Renderer（拖尾渲染器）组件，可以方便地制作出拖尾效果。

拖尾渲染器组件的使用比较简单，其步骤如下。

01 新建一个球体，为它添加 Trail Renderer 组件。

02 不需要运行游戏，直接在场景中改变球体位置，就会看到拖尾效果。但由于没有指定拖尾材质，显示是紫红色（紫红色代表材质错误或缺失）。

03 在 Trail Renderer 组件中找到 Materials 选项，展开该选项，可以指定材质的数量和材质资源。如果在前面的例子中已经导入粒子特效素材，那么通过搜索“Trail”可以找到多个拖尾专用的材质，任选一个即可。

04 选择材质，再拖曳物体，就会看到拖尾效果了，如图 7-12 所示。

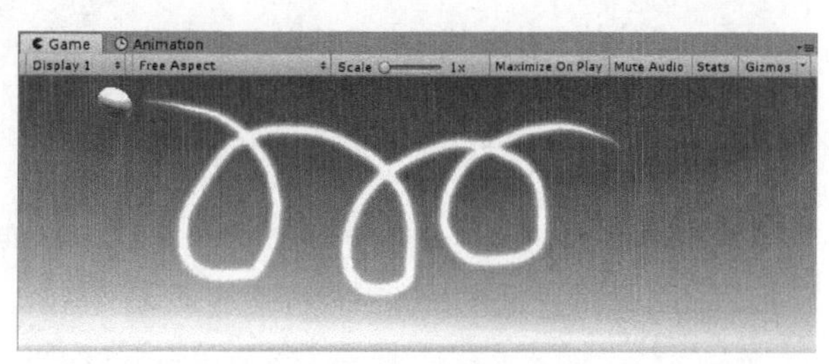

图 7-12 拖尾效果

要让拖尾达到较好的效果，就要对拖尾的长度（停留时间）、宽度、材质和颜色渐变等参数进行细致调节。表 7-5 将逐一对 Trail Renderer 组件的属性做说明。

表 7-5 Trail Renderer 组件的属性

属性	含义	说明
Cast Shadows	是否投射阴影	拖尾本身也可以像实体一样投射阴影，但实际上能否投射阴影与材质有关，某些材质本身不投射阴影（一般不需要阴影）
Receive Shadows	是否接收阴影	拖尾会显示被其他物体投射的阴影（一般不需要阴影）
Materials	材质	拖尾的材质。最重要的属性之一
Time	时间	拖尾持续的时间。它决定了拖尾的总体长度
Min Vertex Distance	最小顶点距离	拖尾本身和模型一样，顶点是有限多的。此选项指定拖尾两个顶点之间的间距，间距越小顶点就越多、拖尾越顺滑，但性能消耗也更大
AutoDestruct	自动销毁	游戏对象空闲时销毁拖尾，可以节约资源
Width	宽度	Width 属性是一个曲线，可以控制拖尾从头部到尾部的粗细变化
Color	颜色	用一个颜色梯度控制拖尾颜色的渐变
Corner Vertices	角顶点	增加这个值，使拖尾的小拐角更圆润
End Cap Vertices	端盖顶点	增加这个值，可以让拖尾的端点更圆润
Alignment	对齐	拖尾本身是一个“广告板”，从各个角度看是一样的。可以选择让它朝着摄像机或是 z 轴
Texture Mode	纹理模式	控制材质贴图如何贴到拖尾上。包括 Stretch（拉伸）、Wrap（重复纹理）等。贴图方式与材质有关，有些材质适合重复，有些材质适合拉伸

还有一些与光照、高级渲染相关的属性，它们的使用与光照和渲染有关，此处不再详述。

将拖尾设置完成以后，会在物体运动时自动出现，不需要额外设置。脚本主要是开启或关闭拖尾，以及改变拖尾的时间、材质等，其示例如下。

```
using UnityEngine;

public class TestTrail : MonoBehaviour
{
```

```
    TrailRenderer trail;

    public Material mat1;
    public Material mat2;

    void Start()
    {
        trail = GetComponent<TrailRenderer>();
        trail.sharedMaterial = mat1;
    }

    void Update()
    {
        if (Input.GetKeyDown(KeyCode.Space))
        {
            if (trail.sharedMaterial == mat1)
            {
                trail.sharedMaterial = mat2;
                trail.startColor = Color.red;
                trail.endColor = Color.red;
            }
            else
            {
                trail.sharedMaterial = mat1;
                trail.startColor = Color.blue;
                trail.endColor = Color.blue;
            }
        }
    }
}
```

将上文的脚本挂载到有 Trail Renderer 组件的物体上，并给脚本设置两种拖尾材质。运行游戏，并在场景中改变物体位置来测试拖尾。再单击 Game 窗口并按空格键，就可以动态修改拖尾的材质和颜色。

7.2.5 后期处理举例

Post Processing（后期处理）并不属于特效，但现代的特效表现离不开后期处理的支持。本小节以眩光（Bloom）为例，展示一种明亮的激光的制作方法，其效果如图 7-13 所示。

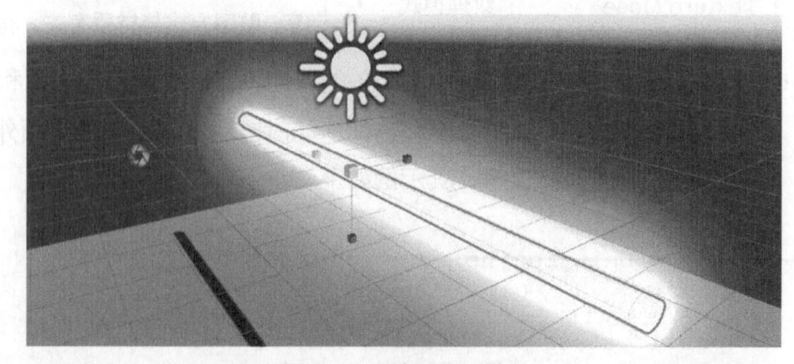

图 7-13 明亮的激光效果

1. 安装后期处理扩展包

较新的 Unity 版本（如 2018.4 版本）

已经内置了新版的后期处理扩展包。通过添加组件可以判断是否已经安装了新版的后期处理扩展包。

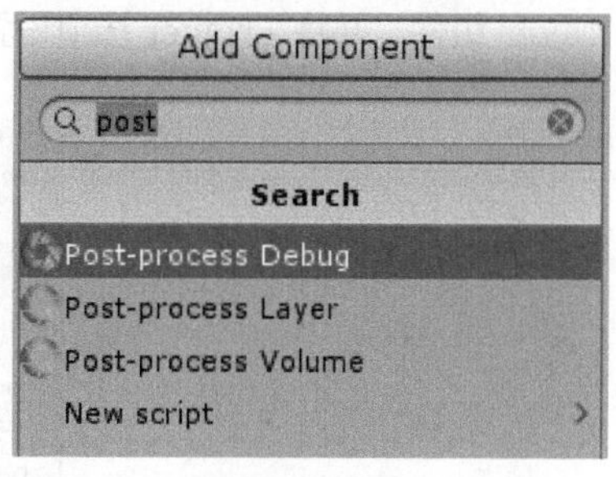

图 7-14 后期处理相关的 3 个组件

在任意物体下新建组件，搜索“post”，如果看到 Post-process Debug 等 3 个后期处理相关的组件，就说明已经安装了该扩展包，如图 7-14 所示。

如果没有相关组件可以用 Package Manager（包管理器）单独安装，而且升级该扩展包时也需要使用 Package Manager。下文将简单介绍 Package Manager 的使用方法。

选择主菜单中的 Window→Package Manager，打开 Package Manager 窗口，等待加载完毕后，可以看到大量的扩展包。在搜索框中搜索“Post”就可以找到 Post processing 扩展包，也可以 Update（更新）或 Install（安装）该扩展包。

小提示

显示扩展包列表时可能有网络卡顿

打开 Package Manager 窗口后可能只会看到少数几个扩展包，这时要稍加等待，待加载完毕后才会看到大量扩展包信息。

由于服务器和网络原因，有时会遇到较长时间的网络卡顿，列表迟迟加载不全。如果 2 分钟后还是没有完全加载，则需要完全关闭 Unity 之后再重试。

2. 添加 Post Process Volumn 组件

Unity 的后期处理支持在场景中指定多个后处理区域，每个区域称为一个 Post Process Volumn。创建它的方法是先新建一个空物体，可以命名为 pp，然后给空物体添加 Post Process Volumn 组件，如图 7-15 所示。

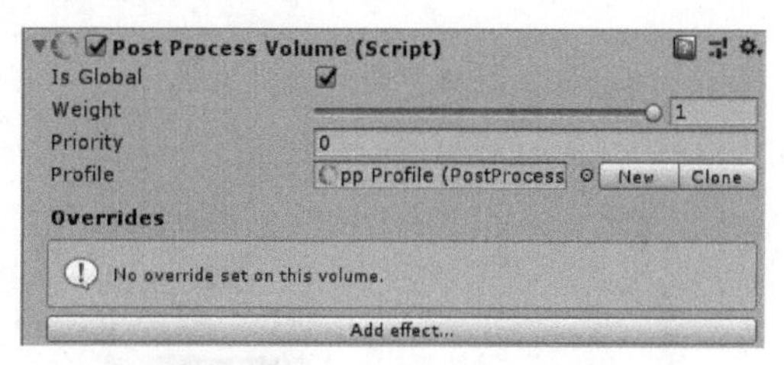

图 7-15 Post Process Volumn 组件

添加组件后勾选第一个属性 Is Global，它表示这个后处理设置会应用于整个场景。由于这个例子比较简单，只需要让全场景使用同一个后期处理配置就可以了。

之后单击 Profile（配置档案）右边的 New 按钮，则会在工程中新建一个配置文件。单击配置文件的名称，则系统会在 Project 窗口中自动定位该文件。

选中 Profile 文件，然后在 Inspector 窗口中编辑，单击 Add effect 按钮，选择 Unity→Bloom，添加 Bloom 效果，如图 7-16 所示。

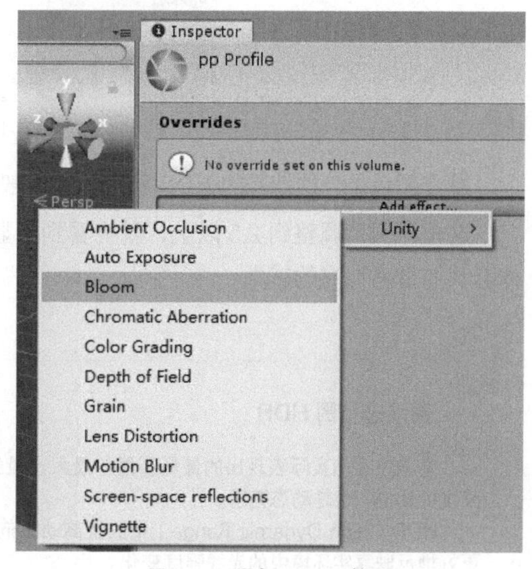

图 7-16 添加 Bloom 效果

Bloom 特效的具体参数，可以在配置文件里设置，也可以回到物体 pp 的组件中设置。勾选该后期效果组件的 Intensity（强度）选项，并将它改为 2，其他选项可以保留默认或者以后再修改。

3. 添加 Post Process Layer 组件

有了场景中的设置，还需要在摄像机上进行设置才能让后期效果生效。给场景的主摄像机添加 Post Process

Layer 组件，并将 Trigger 选项设置为 Main Camera，再将 Layer 选项设置为 Everything 即可，如图 7-17 所示。

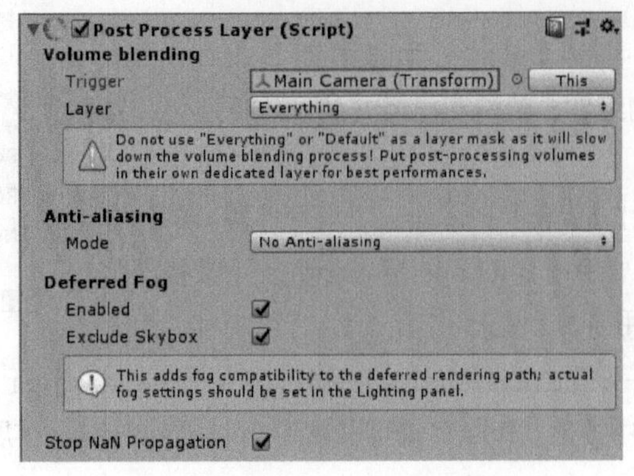

图 7-17 Post Process Layer 组件

4. 创建激光物体

万事俱备，只差物体本身了。为简单起见，直接新建一个圆柱体，缩放成细长条状，旋转到合适的角度，然后再创建一个新的材质赋给圆柱体。

修改该材质，使用默认的 Standard 着色器，修改 Albedo（漫反射颜色）为红色；再勾选 Emission（发光），勾选后会多出一个发光颜色的选项，修改该颜色为红色，并注意要选择颜色窗口下方的 Intensity（强度）选项，如图 7-18 所示。

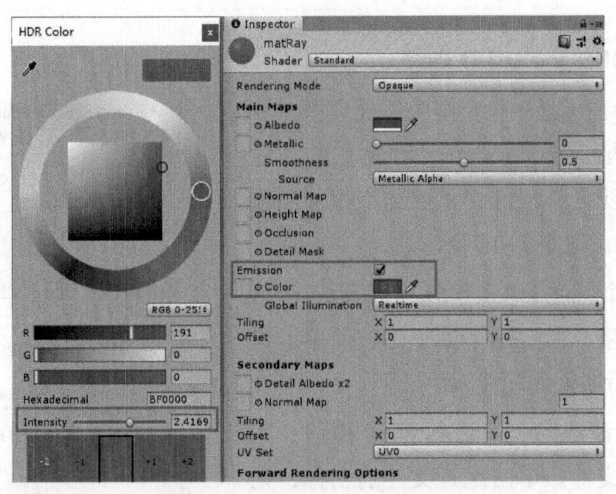

图 7-18 设置材质的发光颜色

发光颜色是一种特殊的 HDR 颜色，比一般的颜色多了 Intensity 属性。

这里将强度调整到 2.5 以上，就会看到明显的发光效果了。再结合 HDR 颜色与后期的 Bloom 效果，物体会具有非常明亮的感觉。

小知识

高动态范围 HDR

音响设备能实际表现出的最低音量与最大音量的比例是音量的动态范围，同理，显示屏所能表现的最低亮度与最高亮度的比例，也是动态范围。

HDR（High Dynamic Range）指的是高动态范围图像，相比普通图像可以提供更多的动态范围和图像细节。它能够更好地反映真实环境中的光线强度变化。

本节的粒子利用 HDR 颜色配合 Bloom 效果得到激光效果。未来的显示设备也会从硬件上更好地支持 HDR 效果。

第 8 章
脚本与音频

对于很多游戏来说，动听的音乐、恰当的音效与精美的画面同样重要。本章将介绍音乐和音效如何使用，以及利用脚本控制音频播放的方法。此外，由于音频资源适合用各种方式加载，因此本章也会讲解用脚本管理各类资源的方法。

8.1 音频基础概念

Unity 的音频播放功能主要是通过音源（Audio Source）与音频侦听器（Audio Listener）这两个组件实现的。

8.1.1 音源与音频侦听器

游戏画面能够被观众看到，是因为有渲染器和摄像机，同样音频能够被听到，也要有声音的发出者与声音的接收者。声音的发出者叫作音源，而声音的接收者叫作音频侦听器。Audio Source 与 Audio Listener 都是组件，可以挂载到任意物体上发挥作用。

一般音频侦听器整个场景只有一个 Audio Listener，默认挂载在主摄像机上。根据具体设计需求，Audio Listener 也可以挂载到主角身上，或其他适合接收音频的位置。

而要播放音乐，只需要创建一个带有 Audio Source 组件的物体，并准备播放的音频资源文件，其步骤如下。

01 准备一个音乐文件，复制到当前工程的 Assets 文件夹下。音频格式可以是 WAV、MP3、OGG 或 AIFF 等常用格式。

02 在场景列表中单击鼠标右键，选择 Create → Audio → Audio Source 即可创建一个音源物体。也可以在任意物体上添加 Audio Source 组件。

03 选中音源物体，可以看到 Audio Source 组件的第一个属性为 AudioClip（音频片段），将 Project 窗口中的音频文件拖曳到该属性上即可。

04 运行游戏，在默认设置下该音频会被播放一次。

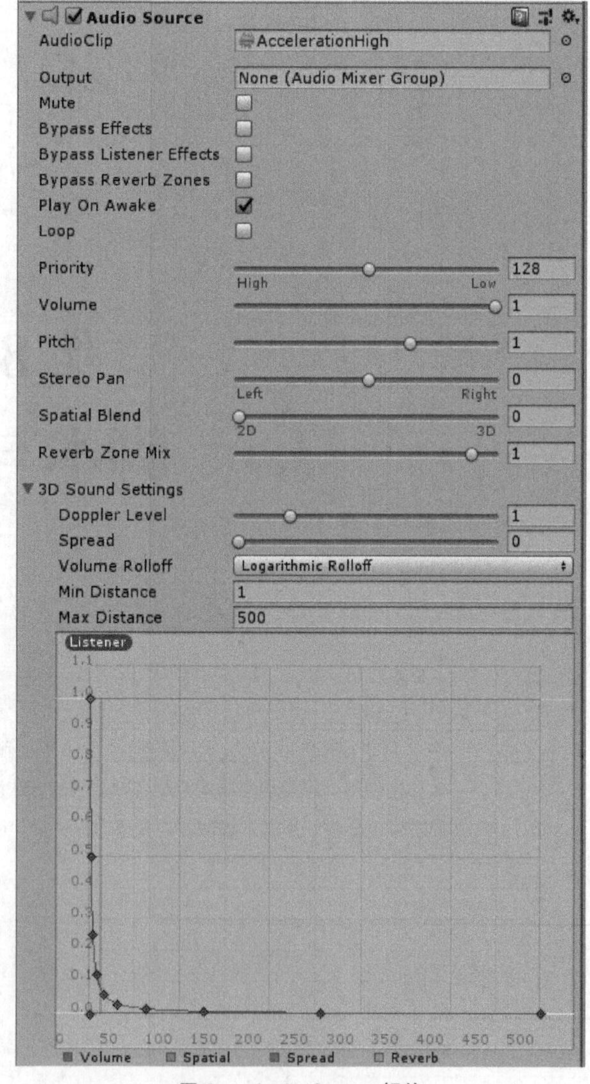

图 8-1 Audio Source 组件

8.1.2 音源组件详解

Audio Source 组件可调节的参数较多，而且大部分参数都可以直接改变声音的播放效果，如图 8-1 所示。

下表将详细解释 Audio Source 组件每一个属性的作用，如表 8-1 所示。

表 8-1 Audio Source 组件属性表

音源组件属性	含义	说明
AudioClip	音频片段	要播放的音频资源
Output	输出	默认设置为空，表示直接播放声音。也可以设置为一个声音混合器（Audio Mixer），混合器一般用于统一调节音源的音调和音量等
Mute	静音	勾选表示静音
Bypass Effects	忽略音频特效	
Bypass Listener Effects	忽略侦听器特效	
Bypass Reverb Zones	忽略混响区域	
Play On Awake	初始播放	勾选则在该物体创建时立即播放音效
Loop	循环	勾选则循环播放音频
Priority	优先级	同时播放的音源较多时，低优先级音效会被高优先级音效顶替
Volume	音量	音量大小，范围为 0~1，按比例调节
Pitch	速度	可以改变声音播放的速度。速度变化时频率也会变化，因此会导致音调升高或降低
Stereo Pan	立体声平衡	调节左右声道的音量比例
Spatial Blend	空间混合	可以从纯 2D 音频逐步调节到纯 3D 音频。2D 表示用户听到的声音与音源的空间位置完全无关，3D 表示声音效果会因音源和侦听器的相对位置而变化。 例如，背景音乐应当用纯 2D 音源，而 3D 音效用于增强真实感
Reverb Zone Mix	混响区域参数	改变混响区域对声音效果影响的程度
3D Sound Settings	3D 音频设置	具体的 3D 音频参数设置，附带直观的图标。可以对声音传播范围、滚降曲线甚至多普勒效应做细节调整

8.2 脚本与音乐、音效

在游戏运行的过程中，音效的播放时机与游戏当前内容密切相关，而且随着场景的变化、剧情的推进，背景音乐也需要适时切换，所以恰当地控制音乐和音效的播放非常重要。音乐和音效的播放、停止、切换和音量变化等，都需要由脚本控制。

8.2.1 用脚本控制音乐播放

前文已经说明了音乐的播放方法，简单来说只要有 Audio Source 组件和音频资源就可以播放音乐了。但通常还需要停止背景音乐或切换音乐等，下文用一个示例脚本说明音乐的播放方法，其步骤如下。

01 创建脚本 TestAudio，挂载到任意物体上。

02 创建音源物体，默认物体名称为 Audio Source。

03 脚本内容如下。

```
using System.Collections.Generic;
using UnityEngine;

public class TestAudio : MonoBehaviour
{
    // 从外部指定声音片段
    public List<AudioClip> clips;

    // 音源组件
    AudioSource audio;

    void Start()
    {
        // 获取音源组件
        GameObject go = GameObject.Find("Audio Source");
        audio = go.GetComponent<AudioSource>();
        // 先停止播放
        audio.Stop();
        // 不循环
        audio.loop = false;
    }

    void Update()
    {
        if (Input.GetKeyDown(KeyCode.Alpha1))
        {
            // 切换到音乐 0 并播放
            audio.clip = clips[0];
            audio.Play();
        }
        if (Input.GetKeyDown(KeyCode.Alpha2))
        {
            // 切换到音乐 1 并播放
            audio.clip = clips[1];
            audio.Play();
        }
        // 按空格键 暂停 / 继续
```

```
        if (Input.GetKeyDown(KeyCode.Space))
        {
            if (audio.isPlaying)
            {
                audio.Pause();
            }
            else
            {
                audio.UnPause();
            }
        }
    }
}
```

脚本的功能是按数字键 1 播放第一段音频，按数字键 2 播放第二段音频，按空格键可以暂停或继续播放当前音频。

脚本用到了一个公开的列表字段保存音频资源。要为变量 clips 赋初始值，只需要在编辑器中找到该脚本组件，将 Size 填为 2，然后就可以具体指定两个元素的内容了。这里给两个元素指定对应的音乐片段，如图 8-2 所示。

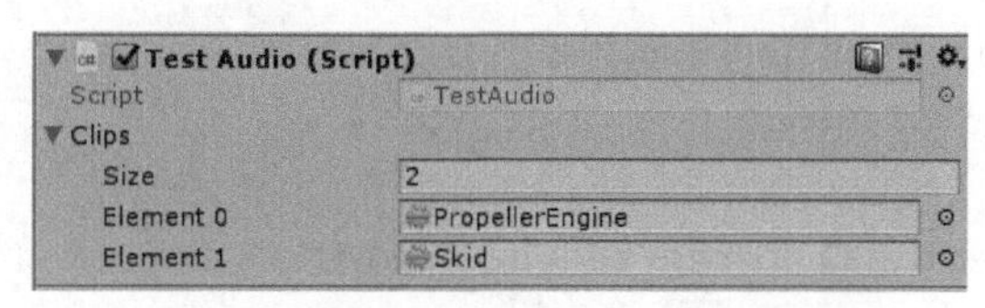

图 8-2 在编辑器中指定脚本的列表中的数据

以上代码演示了 Audio Source 组件的常用方法，音源的属性都可以用脚本修改。

8.2.2 添加音效实例

在 Unity 中使用音乐和音效的方法是相同的，但有一些关键点需要注意。

首先，一个音源同一时刻只能播放一个音频。换句话说，如果有 10 个音效同时播放，就至少需要 10 个音源。因此一般游戏中的每个角色都带有一个 Audio Source 组件，如敌人会叫喊，主角会挥动武器，那么就在每个敌人和主角的身上都挂载一个 Audio Source 组件。如果主角的武器音效、跳跃音效和受伤音效可能会同时播放，那么可以在主角身上挂载 3 个 Audio Source 组件，分别对应一种音效（当然，也可以把 Audio Source 组件放在其他物体上）。

其次，添加音效的难点在于音效播放的时机，音效比角色动作稍早或稍晚播放都不好。而且根据游戏逻辑，同样的动作有时需要配合音效，有时又不需要，那么弄清楚播放音效的条件也很重要。

下面以第 6.2 节的 2D 动画工程为例，给它配上跳跃音效。

1. 准备音效素材

01 打开第 6.2 节的 2D 动画工程。

02 在 Asset Store 中搜索“Sound”就可以找到许多音效素材，这里选用的是一个免费的复古音效素材包 Sound FX - Retro Pack，如图 8-3 所示。

图 8-3 音效素材包 Sound FX – Retro Pack

03 将音效素材包下载并导入。导入后的音效文件在 Assets/Zero Rare/Audio 文件夹下，有金币、爆炸等多个分类，每个类别又有多种音效。

2. 给角色添加音源组件

给玩家物体添加 Audio Source 组件，取消勾选 Play On Awake（立即播放）选项。

3. 修改脚本代码

思考一下，什么时候需要播放跳跃音效呢？似乎是按下空格键时，但在空中按下空格键依然会播放跳跃音效，就不合适了。也就是说，简单修改输入脚本很难合适地播放音效。

经过思考发现，要想在“真的跳跃时播放音效”，就必须要修改角色控制脚本 Platform Character 2D，找到该脚本的第 98 行左右，对刚体施加弹跳力的那一段进行修改，其修改如下。

```
    // If the player should jump...
    if (m_Grounded && jump)
    {
        // Add a vertical force to the player.
        m_Grounded = false;
        m_Anim.SetBool("Ground", false);
        m_Rigidbody2D.AddForce(new Vector2(0f, m_JumpForce));

        // 获取音源组件
        AudioSource audio = GetComponent<AudioSource>();
        // 动态加载音效资源
        audio.clip = Resources.Load<AudioClip>("jump_01");
        audio.Play();
    }
```

如果在实际跳跃时才播放音效，就只能将播放的时机放在这里。注意修改代码以后，不能立即试验，因为系统会找不到音效文件 jump_01。需要将 Zero Rare/Retro Sound Effects/Audio/Jump/jump_01.wav 文件复制到当前工程的 Resources 文件夹下，系统才能正确找到此文件。（如果 Resources 文件夹不存在就新建，名称的大小写和拼写必须完全正确。）

上文的代码使用了动态加载音效资源的技术，即 Resources.Load 方法，它对资源路径有着严格要求。当然也可以使用前面的公开变量的方法指定音效文件，但音效资源比较适合使用动态方式加载，之后本书会继续讲解资源管理相关的问题。

小提示

用事件机制避免函数臃肿

在例子中，为了在跳跃时播放音效，在跳跃的代码中添加了几行代码。想象一个完整的 2D 游戏，为了实现多种功能很可能会在跳跃时添加更多代码，例如，不同地形的音效变化、踩敌人或控制机关等。随着功能越来越多，这一小段代码会不可避免地膨胀下去。这种局部的代码膨胀不仅影响代码可读性，而且影响多人协作，还会成为 bug 滋生的温床。

如果把跳跃看成一个特定的事件，完全可以利用 Unity 的事件和消息机制设计代码，让所有"关心"跳跃的系统订阅跳跃事件。当跳跃发生时，通知这些系统即可，这些系统的相关函数也会被调用，并做出相应的处理。这样做的最大好处是，让逻辑分散在各个子系统，而不是所有子系统都集中在唯一的地方，互相影响。

Unity 的事件机制会在第 13 章进阶编程技术中进行讲解。

8.2.3 音频管理器

在实际游戏开发中，音效既是一个相对独立的部分，又与其他游戏逻辑密切关联。也就是说，与音效相关的代码会插入很多细节代码中。

而且在音效非常丰富的情况下，如果每一个游戏模块都单独播放音效，那么可能会带来一些问题。例如，Audio Source 组件很多，但大部分闲置，同时播放的音效太多会显得混乱。

成熟的技术开发者的思路是：如果音效不多、没有造成问题，则完全可以简单处理；而如果音效已经引起了代码的混乱和性能问题，就有必要统一管理所有的音源和音效，也就是设计一个易用的音频管理器。有了音频管理器，所有的 Audio Source 组件都会统一创建，而所有音效播放的需求都要通过调用音频管理器的方法间接实现。

音频管理器有很多设计思路，其中一种比较简洁的思路是，事先指定游戏中最多同时播放多少个音频，然后创建若干个音源。例如，最多播放 8 个音频，那么就创建 8 个 Audio Source 组件，这 8 个 Audio Source 组件可以看作 8 个频道。需要播放音频时，只要找到任意一个空闲的频道播放即可；而如果 8 个频道都正在播放，那么就可以用某种策略替换音频（如将播放时间最早的音频替换成新的音频）。用这种简单的思路创建音频管理器的代码如下。

```
using UnityEngine;
// 音频管理器
public class AudioManager : MonoBehaviour
{
    // 整个游戏中，总的音源(频道)数量
    private const int AUDIO_CHANNEL_NUM = 8;
    private struct CHANNEL
    {
        public AudioSource channel;
        public float keyOnTime;      // 记录最近一次播放音乐的时刻
    };
    private CHANNEL[] m_channels;

    void Awake()
    {
        m_channels = new CHANNEL[AUDIO_CHANNEL_NUM];
        for (int i = 0; i < AUDIO_CHANNEL_NUM; i++)
        {
```

```
            // 每个频道对应一个音源
            m_channels[i].channel = gameObject.AddComponent<AudioSource>();
            m_channels[i].keyOnTime = 0;
        }
    }

    // 公开方法：播放一次。参数为音频片段、音量、左右声道、速度
    // 这个方法主要用于音效，因此考虑了音效顶替的逻辑
    public int PlayOneShot(AudioClip clip, float volume, float pan, float pitch = 1.0f)
    {
        for (int i = 0; i < m_channels.Length; i++)
        {
            // 如果正在播放同一个片段，而且刚刚才开始，则直接退出函数
            if (m_channels[i].channel.isPlaying &&
                m_channels[i].channel.clip == clip &&
                m_channels[i].keyOnTime >= Time.time - 0.03f)
                return -1;
        }
        // 遍历所有频道，如果有频道空闲直接播放新音频，并退出
        // 如果没有空闲频道，先找到最早开始播放的频道（oldest），稍后使用
        int oldest = -1;
        float time = 1000000000.0f;
        for (int i = 0; i < m_channels.Length; i++)
        {
            if (m_channels[i].channel.loop == false &&
                m_channels[i].channel.isPlaying &&
                m_channels[i].keyOnTime < time)
            {
                oldest = i;
                time = m_channels[i].keyOnTime;
            }
            if (!m_channels[i].channel.isPlaying)
            {
                m_channels[i].channel.clip = clip;
                m_channels[i].channel.volume = volume;
                m_channels[i].channel.panStereo = pan;
                m_channels[i].channel.loop = false;
                m_channels[i].channel.pitch = pitch;
                m_channels[i].channel.Play();
                m_channels[i].keyOnTime = Time.time;
                return i;
            }
        }
```

```
    // 运行到这里说明没有空闲频道。让新的音频顶替最早播出的音频
    if (oldest >= 0)
    {
        m_channels[oldest].channel.clip = clip;
        m_channels[oldest].channel.volume = volume;
        m_channels[oldest].channel.panStereo = pan;
        m_channels[oldest].channel.loop = false;
        m_channels[oldest].channel.pitch = pitch;
        m_channels[oldest].channel.Play();
        m_channels[oldest].keyOnTime = Time.time;
        return oldest;
    }
    return -1;
}

// 公开方法：循环播放。用于播放长时间的背景音乐，处理方式相对简单一些
public int PlayLoop(AudioClip clip, float volume, float pan, float pitch = 1.0f)
{
    for (int i = 0; i < m_channels.Length; i++)
    {
        if (!m_channels[i].channel.isPlaying)
        {
            m_channels[i].channel.clip = clip;
            m_channels[i].channel.volume = volume;
            m_channels[i].channel.panStereo = pan;
            m_channels[i].channel.loop = true;
            m_channels[i].channel.pitch = pitch;
            m_channels[i].channel.Play();
            m_channels[i].keyOnTime = Time.time;
            return i;
        }
    }
    return -1;
}

// 公开方法：停止所有音频
public void StopAll()
{
    foreach (CHANNEL channel in m_channels)
        channel.channel.Stop();
}

// 公开方法：根据频道 ID 停止音频
public void Stop(int id)
{
```

```
        if (id >= 0 && id < m_channels.Length)
        {
            m_channels[id].channel.Stop();
        }
    }
}
```

以上代码可以作为创建音频管理器的一种思路参考。

实际上，根据游戏类型的不同，音频管理器的创建思路也有区别。例如，在很多3D游戏中，需要考虑音效播放的空间位置（目的是营造真实感），这时统一创建音源就不是很合适了。

第 9 章 脚本与资源管理

由于游戏中包含大量美术、音乐、数据等类型的资源，因此资源管理一直是游戏开发的重点技术。

游戏中的资源管理包含了多重含义，如静态资源的组织方式，资源的打包和压缩，资源何时加载到内存、何时释放都属于资源管理的范畴。本章主要讲解一些与资源管理相关的基本概念。

9.1 工程与资源

之前的章节已经介绍了多个 Unity 实践工程，但我们还没有仔细了解过这些工程的文件夹结构。本节将详细讲解 Unity 工程的文件夹结构，以及动态加载资源的技术要点。

9.1.1 Unity 项目的文件夹结构

1. 工程文件夹

在新建工程时，Unity 会创建所有必要的文件夹。第一级文件夹如图 9-1 所示。

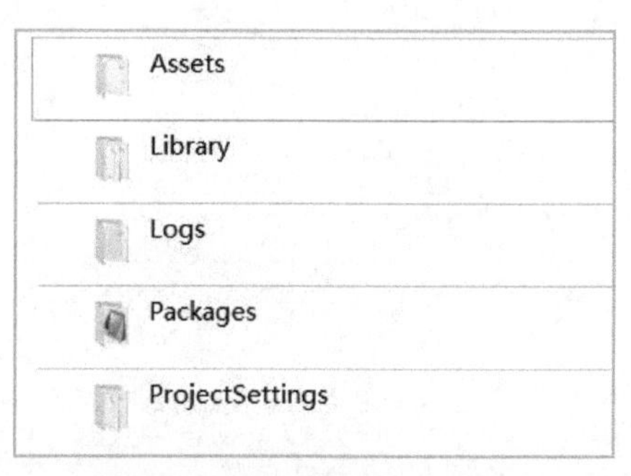

图 9-1 Unity 工程的第一级文件夹

Assets（资产）是最主要的文件夹，保存着所有游戏用到的资产。

Library（库）文件夹用于存放引擎必需的程序集和缓存资源。Library 不存在时会自动生成，不需要也不建议上传到版本仓库（如 SVN 或 Git 仓库）中去。

Logs（日志）文件夹用于存放使用时产生的日志。

目前大部分 Unity 的官方功能扩展都通过扩展包提供，如 Post Processing（后期处理）、Text Mesh Pro（高级文本渲染）等常用的扩展包。Packages（包）文件夹虽与扩展包有关，但里面只保存配置文件。

所有的工程设置，包括工程对应的 Unity 版本都在 ProjectSettings（工程设置）文件夹中。不能直接改动该文件夹中的内容，不然会造成版本兼容性的问题。

如果该工程正在被编辑，则会多出一个 Temp（临时）文件夹，一旦关闭工程，该文件夹会自动消失。不要上传 Temp 文件夹到版本仓库。

2. 资产文件夹

由于 Asset 和 Resource 的含义相近，而且它们在 Unity 中都有特定的含义，因此翻译时将 Asset 称为资产，Resource 称为资源，以示区分。

Assets 文件夹下所有的文件都是资产的一部分，但某一些资产不会被“打包”到最终发布的程序中，而其他资产则会被“打包”。

小提示

“打包”是指包含在发布版本中

“打包”一词也有多种含义，如有时是指将多个文件打成压缩包。这里的“打包”特指将资产放入最终发布版程序中。一个文件会被打包，是指它会成为发布版的一部分，而不打包则是指它不会进入最终发布的程序，仅在开发阶段使用。

被打包的资源可能会被压缩，也可能不会被压缩。

要理解 Assets 文件夹的结构，首先要了解 Assets 文件夹下的几个特殊文件夹，如表 9-1 所示。

表 9-1　Assets 文件夹下的特殊文件夹

文件夹	是否被打包	说明
Editor	否	存放 Unity 编辑器专用的脚本和资源，如开发期用的扩展工具
Plugins	是	存放第三方程序库
Resources	全部	资源文件夹。该文件夹下所有资源都会被压缩并打包。只有此文件夹下的内容才可以用 Resources.Load 加载
Streaming Assets	全部	该文件夹下的所有资源会被打包到最终的发布版中，但会保持原样，不会被压缩和加密。不需要让 Unity 处理的文件（如一些数据配置文件）适合放在此文件夹

除以上特殊文件夹，在其他非特殊文件夹中的资产，Unity 会根据是否引用了该资源而决定是否打包。

所有非编辑器专用的脚本资产文件都会被打包。这是由于非组件脚本也可能会被引用，不能依据是否挂载到物体上来确定一个脚本是否被用到。

被打包的资产都可以看作是发布的程序的一部分，但它们都是只读的，不能在运行时改写它们。换句话说，以上文件夹都不能用于做热更新，热更新的概念在后文会提到。

9.1.2　META 文件

在游戏的开发阶段会存在大量原始的资源和素材，如何管理它们是引擎需要考虑的。市面上的游戏引擎对原始资源的管理有以下两种主流方案。

第 1 种，引擎统一打包和管理所有资产。添加新资源时，通过统一的导入流程打包到专门的文件中，原始文件不再使用。

第 2 种，虽然引擎管理所有资产，但依然会使用原始资源文件。一些必要的信息（如模型的导入设置）会写在另外的配置文件中。

无论哪种方案，都必须对所有资产统一管理，而不能使用未处理、无记录的原始资源。

小提示

为什么资源一定要有组织

如果直接使用原始资源文件，那么就只能通过路径和文件名定位资源，这会带来很多麻烦。首先，资源不能随意更改路径，一旦移动到其他文件夹，就会找不到资源。

其次，不容易确定资源之间的引用关系。例如，预置体资源 A 用到了预制体 B 和模型 C，引擎就必须建立它们之间的联系，而且它们之间的引用信息在打包和游戏运行时都需要用到。

Unity 所采用的方案属于上文第 2 种，它会对 Assets 文件夹下的所有文件生成一个名称相同，扩展名为 meta 的文件，包括文件夹也会生成对应的 META 文件。META 文件是一个文本文件，里面记录了很多必要的信息，包括资产唯一标识符 GUID、引用关系和资源导入设置的信息等。

其中资产唯一标识符 GUID 非常重要，它会在资源初次导入时生成，有了它就能准确定位资源文件，文件的改名、移动和内容修改都不会使 GUID 变化。

小提示

在 Unity 之外修改文件要注意

Unity 的 Project 窗口的功能齐全，支持文件的移动、重命名和复制等操作。关键是，在 Project 窗口中进行文件操作，Unity 会妥善处理这些改动。而如果在 Unity 之外操作，很可能会因找不到对应的 META 文件而失去对应关系。

很多时候材质丢失、导入信息被重置和引用丢失等问题，都是不恰当的文件操作引起的。

脚本的 META 文件内容通常比较简单，只有十几行，而某些资源（如 3D 模型动画）往往有上千行，里面记录了必要的设置信息。以下是一个脚本文件对应的 META 文件的内容。

```
fileFormatVersion: 2                                   文件格式版本
guid: 42850487fa989b342bcb1cb935a1f43d  资源唯一标识符 GUID
MonoImporter:                                          脚本导入信息
  externalObjects: {}
  serializedVersion: 2
  defaultReferences: []
  executionOrder: 0
  icon: {instanceID: 0}                                图标
  userData:                                            自定义数据
  assetBundleName:                                     Asset Bundle(资源包)名称
  assetBundleVariant:                                  资源包参数
```

理解了 META 文件的重要性，在实际工作中还要注意以下几点。

一是 META 文件与原始资源文件要一起管理。例如，新增 Assets 文件或文件夹时，一定要连同生成的 META 文件一同提交到版本仓库。

二是重命名和移动文件要在 Unity 内进行，这样可以保证相应的 META 文件自动完成相应操作。

三是不能直接复制 META 文件，否则会导致 GUID 重复。复制资产时应尽量在 Unity 内用复制命令（快捷键 Ctrl+D）进行，这样会自动生成 GUID 不同的 META 文件。

四是用脚本操作资产时要注意 META 文件的同步，尽量使用 Unity 提供的 API，而不要使用原始的文件进行读写操作。这一点主要针对编辑器脚本，因为编辑器脚本有时会修改资源文件的内容。

9.1.3 动态加载和释放资源

在本书的实例中，通常使用公开变量加拖曳的方式引用资源，实际上动态加载资源的方法适用范围更广，也方便在运行时切换不同的资源。

1. 动态加载资源

位于 Resources 文件夹下的资源都可以动态加载。动态加载资源的方法主要有 Resources.Load() 和 Resources.LoadAll() 两种，前者用于加载单个文件，而后者可以加载一个文件夹内的所有资源，结果以数组形式返回。

值得一提的是，重复加载相同的文件不会导致文件被多次加载，引擎可以判断哪些资源已经被加载过了。

2. 卸载资源

加载的资源会占用内存空间，不再使用资源的时候应当卸载。卸载方法有以下两个。

```
// 卸载一个资源
public static void UnloadAsset(Object assetToUnload);
// 自动卸载所有未使用的资源
public static AsyncOperation UnloadUnusedAssets();
```

UnloadAsset() 方法用于强制卸载一个资源，不管它是不是正在被使用。如果卸载了正在使用的资源，则会直接影响当前场景的表现。

而 UnloadUnusedAssets() 方法会用异步方法自动卸载未被使用的资源。但问题是，如果脚本中有一个变量正引用着某个资源，或是场景中某个忘记销毁的物体引用着某个资源，则该资源会因还在使用中而不会被自动卸载。

可以看出，卸载背后隐含的问题要比加载多得多，对编程方法也提出了更高要求。

3. 代码实例

以下用一段简单的代码演示加载和卸载资源的编程方法。

```
using UnityEngine;

public class TestResources : MonoBehaviour {

    void Start () {
        /*--- 加载资源 ---*/
        // 预制体资源用 GameObject 类型表示，路径不包含 "Resources" 和扩展名
        GameObject go = Resources.Load<GameObject>("Prefabs/Cube");
        // 资源加载和实例化是不同的
        GameObject go2 = Instantiate(go);

        // 加载其他类型的资源
        Texture2D image = Resources.Load<Texture2D>("Images/1");
        Debug.Log(image.name);

        /*--- 卸载资源 ---*/
        // 强制卸载资源
        Resources.UnloadAsset(image);
        // 销毁物体
        Destroy(go2);
    }
}
```

9.2 资产包与热更新

对很多单机游戏来说，游戏的所有资源往往是与游戏本体一同发布的，资源不需要独立出来。但对于大型商业项目来讲，游戏产品还需要在发布之后进行维护和更新，这就引出了 Unity 资产包的概念。

9.2.1 资产包（Asset Bundles）

根据前文的介绍可以看出，在发布游戏时，只要把资源放在合适的文件夹下，Unity 就会妥善处理。一般不会出现资源丢失、资源重复等问题，开发者完全不必关心资源打包的细节。但是，对于大型商业项目来讲，资源的打包和管理又是不得不考虑的问题，其主要原因有以下几点。

一是资源文件有必要与程序主体解耦。在程序主体不变的情况下可以方便地单独修改资源。

二是资源文件有必要单独压缩和加密。

三是资源文件单独存在后，可以不随程序主体一起发布，而是在用户使用时再联网下载。这样有利于减小安装文件体积，也有利于后续的版本更新。

Asset Bundles（资产包）就是为了更好地解决资产管理问题而存在的。下文用一个简单的例子解释资产包的使用方法。

1. 创建资产包

01 新建一个工程。

02 创建一个立方体和一个球体，再创建一个材质，并把材质赋给立方体和球体。

03 导入任意一张图片，新建两个精灵物体 Sprite，指定为同样的图片，分别命名为 icon1 和 icon2。

04 将 4 个物体分别拖入 Project 窗口，作为 4 个不同的预制体。这样操作后，就有了 4 个预制体资源、1 个材质和 1 张图片，如图 9-2 所示。

图 9-2 创建两组资源有关联的物体

05 删除场景中的 4 个物体，稍后会利用资产包来还原它们。

06 在 Assets 文件夹下创建一个文件夹，命名为 Editor。注意大小写和拼写应完全一致，这样该文件夹才能被识别为编辑器专用文件夹。在该文件夹中创建脚本 BuildAssetBundle，其内容如下。

```
using UnityEditor;
using System.IO;

public class BuildAssetBundle
{
    // 在主菜单中增加选项
    [MenuItem("Asset Bundles/Build AssetBundles")]
    static void BuildAllAssetBundles()
    {
        // 要创建的文件夹名称
        string dir = "AssetBundles";
        // 如果不存在该文件夹则新建它
```

```
            if (Directory.Exists(dir) == false)
            {
                Directory.CreateDirectory(dir);
            }
            // 该资产包是发布用于 Windows 平台的资源用的
            BuildPipeline.BuildAssetBundles(dir, BuildAssetBundleOptions.None,
    BuildTarget.StandaloneWindows64);
        }
    }
```

这个脚本与一般的组件脚本不同，它是一个编辑器脚本。首先它应当出现在编辑器专用文件夹中，其次它引用了命名空间 UnityEditor。而代码开头括号中的 MenuItem 特性，会修改 Unity 编辑器的主菜单。

保存后切换到 Unity，正确编译后，在主菜单中会多出一个 Asset Bundles 选项，如图 9-3 所示。

图 9-3 主菜单中新增的 Asset Bundles 选项

单击 Asset Bundles 选项后，就会在工程文件夹的 Assets 文件夹之外创建一个 AssetBundles 新文件夹。但是没有设置哪些资产打入哪些包，因此还没有实际效果。接下来设置每个资产所属的资产包。

选中 Cube，会在编辑器右下角看到预览窗口，预览窗口下方有两个菜单，这两个菜单都与资产包相关。单击左侧的按钮，选择 New 为资产包命名，如命名为 ab。然后确认 prefab 所属的资产包已经设置为 ab 资产包，如图 9-4 所示。

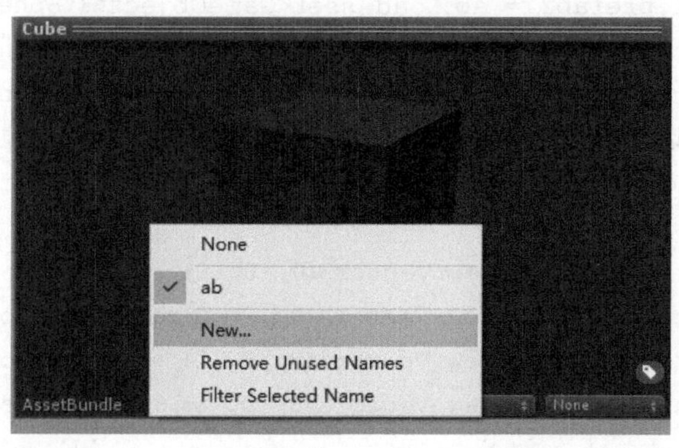

图 9-4 设置文件所属的资产包

同样，分别选择另外 3 个预制体，也将它们所属的资产包设置为 ab。但这里不需要设置图片和材质的资产包，设置或不设置并不影响结果。原因在后文提到资产依赖关系时会详细讲解。

有了工具脚本，设置好了资产包，准备工作就完成了。接着再单击主菜单中的 AssetBundles → Build AssetBundles，编辑器就会自动打包。

打包后在资源管理器的工程文件夹中找到 AssetBundles 文件夹（在 Assets 文件夹外面），文件夹里可以看到两个无扩展名的文件，其中 ab 就是指定的资产包，而 ab.manifest 则是资产的相关信息，如图 9-5 所示。注意与 META 文件类似，两者也需要一起使用。

图 9-5 查看生成的资产包文件

Unity 默认将资产包的根目录放在 Assets 文件夹之外，侧面说明资产包已经可以独立存在，不再像普通资源那样需要被引擎管理，而可以将它放在硬盘中任意位置。例如，下面的实例要求将 AssetBundles 文件夹复制到 D 盘根目录下。

2. 加载和使用资产包

之前使用预制体时只有两种方案，要么用公开变量直接引用预制体，要么用 Resources.Load 动态加载预制体，而现在有了第三种更灵活的方法——从资产包中加载资源。

新建脚本 TestLoadAB，其内容如下。

```
using UnityEngine;

public class TestLoadAB : MonoBehaviour
{
    void Start()
    {
        // 从文件中加载到 AssetBundles
        AssetBundle ab = AssetBundle.LoadFromFile("D:/AssetBundles/ab");
        // 分别加载 4 个预制体资源
        GameObject prefab1 = ab.LoadAsset<GameObject>("Cube");
        GameObject prefab2 = ab.LoadAsset<GameObject>("Sphere");
        GameObject prefab3 = ab.LoadAsset<GameObject>("icon1");
        GameObject prefab4 = ab.LoadAsset<GameObject>("icon2");
        // 以上 4 句话可以用下面一句话代替，它会查找所有预制体，返回所有预制体组成的数组
        //GameObject[] prefabs = ab.LoadAllAssets<GameObject>();

        Instantiate(prefab1, new Vector3(0, 0, 0), Quaternion.identity);
        Instantiate(prefab2, new Vector3(1, 0, 0), Quaternion.identity);
        Instantiate(prefab3, new Vector3(2, 0, 0), Quaternion.identity);
        Instantiate(prefab4, new Vector3(3, 0, 0), Quaternion.identity);
    }
}
```

以上代码从文件中加载到资产包 ab，注意路径要与实际位置一致，否则会找不到文件。

加载到资产包后，还要把具体的资源从包里获取出来，可以使用 LoadAsset() 方法单独获取，也可以用 LoadAllAssets() 方法获取一批资源。获取到预制体之后，它们的使用方法就与普通方法没有区别了。

9.2.2 资源的常用路径

在上文的代码中，把路径写成了绝对路径。在实际游戏开发中不能使用绝对路径，因为每台计算机、每

部手机的文件夹结构都可能有所不同，所以必须采用间接的方式指定路径。而且，由于 Windows、Mac、Android 和 iOS 等操作系统的文件夹结构都有所不同，因此应当使用 Unity 提供的方法来间接指定文件夹。常用的系统路径主要有以下 3 种。

一是 Application.dataPath，数据路径。它指的是程序的数据所在的路径，如在开发阶段，Assets 就是数据文件夹。在移动平台上此路径用处不大。

二是 Application.streamingDataPath，原始数据路径。它对应的就是特殊文件夹 StreamingAssets，用于存放不需要压缩处理的数据文件。但在移动端中，StreamingAssets 文件夹也是只读文件夹，不能写入数据。

三是 Application.persistentDataPath，持久化数据路径。这是一个可读、可写的路径，所有游戏的存档、下载的资产包都应当放在此路径中。

如果游戏需要发布到移动端，而且又需要保存数据，那么常用路径的作用就必须要了解。但是，对于商业项目来说还会遇到更多更复杂的问题，例如，安卓系统的可写文件夹分为主存储区和 SD 卡区两部分，苹果系统的持久化数据文件夹会被 iCloud 自动备份。还有很多细节问题本文无法展开说明，实际使用时可查阅其他更详细的资料。

9.2.3 资产的依赖关系

在前文的例子中，无论是否设置图片和材质文件所属的资产包，都不会影响打包和加载的效果。为了确认这一点，可以删除 Assets 文件夹中的原始资源文件，以确认是否所有的资源都是从资产包中动态获得的。

从表面上看，需要打资产包的资源都应该设置资产包，但实际上，很多没有设置资产包的资源也会进入资产包，这是因为 Unity 可以识别出资产包依赖哪些资源。例如，立方体和球体预制体都需要材质资源，两个精灵 prefab 都需要图片，因此图片和材质会被一起放到资产包中，如图 9-6 所示。

如果所有的资产进入同一个资产包，那么每一个资产最多只存在一份（要么进入资产包，要么不进入资产包），这没什么需要考虑的。但实际上，一个游戏不可能只有一个资产包，很可能有许多个资产包，这时候再考虑依赖关系，会出现一个棘手的问题。

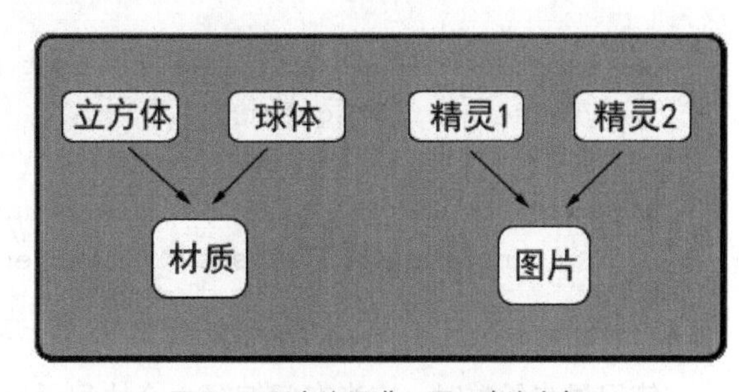

图 9-6 所有资源进入同一个资产包

例如，在上文的例子中，把 4 个预制体分别打入 4 个资产包：立方体、球体、精灵 1 和精灵 2。其中立方体和球体都依赖材质文件，精灵 1 和精灵 2 都依赖图片文件，而材质和图片不打包，这时候 Unity 会怎么办呢？

答案是，为了保证资产包可以独立使用，必须在每个资产包中加入所有依赖项。也就是说，立方体和球体的资产包都要包含一份材质，两个图片资产包都需要分别包含那张图片，如图 9-7 所示。这样的方案解决了资产包独立使用的问题，但又造成了资源重复的新问题。在某些大型项目中，资产之间的依赖关系错综复杂，错误的设置可能造成资源重复打包多次、资源体积翻倍的情况。

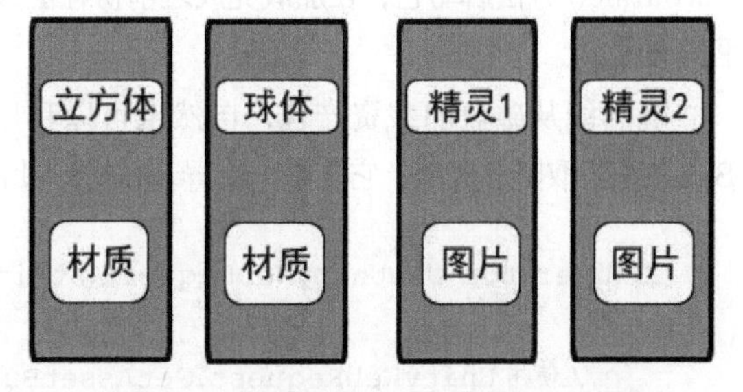

图 9-7 每个预制体单独打资产包的示意图

解决此问题需要更合适的打包策略，其中解决问题的关键是，把公用的资源也打到单独的资产包中去。例如，在上文的例子中，如果立方体和球体预制体都需要单独打一个包，那么材质也应该单独打一个包。这样操作后，Unity 会发现依赖项已经单独打包了，就不会把材质再分别打包到立方体和球体资产包中，也就不会造成资源重复打包的问题，如图 9-8 所示。

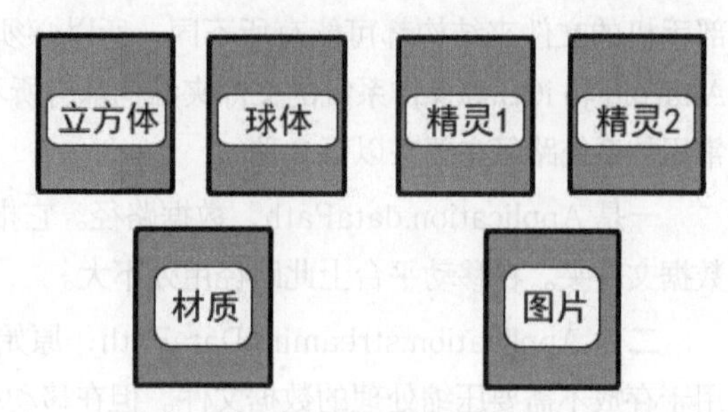

图 9-8 所有资源全部单独打资产包的示意图

注意，使用的时候，在实例化球体之前，务必先把材质资产包加载好。如果没有加载材质而直接实例化球体，就会出现球体丢失材质的现象（显示为紫红色）。

总之，为了更好地管理资产，就不得不使用资产包，一旦单独管理资产，又会引出很多新的问题。针对资产管理问题，很多有经验的开发团队已经积累了完整的解决方案可供借鉴，另外 Unity 官方也在积极改进资产包管理方式。

本小节侧重于原理层面的讲解，读者在实际游戏开发中可能会遇到更多细节问题，到时可以借鉴其他成熟的解决方案。

9.2.4 从网络加载资源

第 9.2.1 小节中展示了加载资产包的代码，其中用到了 AssetBundle.LoadFromFile() 方法，它是一种常用的从本地文件加载资产包的方法。如果加载的文件较大，该方法会造成主线程卡顿，因此 Unity 提供了另一种利用协程的加载方法 AssetBundle.LoadFromFileAsync()，它的用法如下。

```
IEnumerator LoadFileAsync()
{
    AssetBundleCreateRequest request = AssetBundle.LoadFromFileAsync(path);
    yield return request;

    AssetBundle ab = request.assetBundle;
    Instantiate(ab.LoadAsset<GameObject>("CubeWall"));
}
```

使用异步函数时，应当专门编写一个协程函数，如上文的 LoadFileAsync()。只需要用开启协程的 StartCoroutine() 方法启动它，在加载完成之前协程函数不会运行到第一个 yield return 后面，但同时也不会影响程序的运行。

既然能从磁盘加载资产包，自然也可以利用网络加载资产包。推荐使用 UnityWebRequest.GetAssetBundle() 获取网络资源，它也是一个异步函数，使用方法如下。

```
IEnumerator UseUnityWebRequest(string path)
{
    // 使用 UnityWebRequest.GetAssetBundle( 路径 ) 加载资源。这个路径是资源地址 URL，同样也支持本地文件
    UnityWebRequest request = UnityWebRequest.GetAssetBundle(path);
```

```
    yield return request.SendWebRequest();

    //运行到这里代表加载完成，从 request 对象中获得资产包
    AssetBundle ab = DownloadHandlerAssetBundle.GetContent(request);

    //之后的使用方法与本地加载没有区别
    GameObject obj = ab.LoadAsset<GameObject>("Wall");
    Instantiate(obj);
}
```

可以看到，虽然获取资产包的方法和路径格式有所区别，但使用资产包的方法是一样的。网络资源的路径要用 URL 表示。本地资源也可以用 URL 表示，如“file:///D:/files/ab”。

9.2.5 热更新浅析

知道了资产包以及网络加载资产包的原理，热更新就比较容易理解了。

热更新的思想从本质来讲，要考虑一些问题。例如，一个完整的游戏最多可以有多大比例的资源通过网络加载？能否让尽可能多的资源通过网络加载？

通过网络加载资源有很多好处，不仅可以极大减小安装包的体积，而且有助于游戏的推广传播。更重要的是，以后游戏更新都不再需要重新安装，只要有网络，打开游戏后自动加载新版本的资源就可以了。

那么哪些资源需要通过网络加载呢？首先，理论上几乎全部资源都可以通过网络加载；其次，Unity 脚本本身不支持动态加载。针对这两点，技术前辈们想出了各种解决方案。

1. 过渡场景

最容易想到的是，要想减小安装包体积，应该在游戏中做一个最简单、最基本的过渡场景。过渡场景本身需要的素材非常少（如只有一个加载进度条），其作用也只有一个——联网下载所有必要的资产包，等下载完成后再切换场景，正式启动游戏。如果采用这种设计，游戏的安装包只需要包含 Unity 引擎本身的资源、加载程序的资源和过渡场景的资源就足够了，从而安装包的容量可以做到非常小。

2. 脚本的动态加载

脚本资源最好也能通过网络加载和更新。如果脚本不能更新，就只能更新美术资源和数据文件，而绝大部分游戏逻辑都无法改动，旧版本中的程序 bug 也无法修复。

脚本动态加载涉及动态编译和执行的问题，属于很深入的技术问题。现代脚本动态加载的思路分为以下两大类。

第一类思路，将脚本编译成动态链接库（DLL），然后把 DLL 当作资源打入资产包。使用脚本时，利用 C# 的反射机制，让 DLL 中的程序动态执行。

这种思路的优点是不需要改变原本的脚本编程方法，仅仅在打包和加载时需要做一些额外的处理。也就是说，对开发者几乎不会带来额外的负担。但它也有着致命的缺点，在 iOS 平台上，出于安全性的考虑，不允许利用反射加载网络代码，因此这种做法在 iOS 等安全性要求较高的操作系统中无法使用。

小知识

为什么反射机制存在安全隐患

在 iOS 等平台上，应用程序安装包包含的代码已经通过了平台的检测和审核，很大程度上降低了病毒或木马程序存在的可能性。

利用 C# 反射机制加载的代码具有和常规代码相同的权限，如果下载的动态链接库中存在恶意代码也会被执行。虽然游戏开发者并不会让用户下载恶意代码，但网络中的代码资源存在被恶意植入木马的可能性，如资源服务器被非法入侵、用户的网络被劫持等。

“千里之堤，溃于蚁穴。”作为技术开发者，也应当具备一定的网络安全意识。

第二类思路，换一种全新的脚本框架，甚至可以换一种脚本的开发语言。现在流行的热更新框架中，采用 Lua 作为开发语言比较常见。另外，也有采用 C# 语言的热更新框架，好处是不需要学习和使用另一种新的编程语言。

这种思路是在运行的环境中创建一个新的虚拟机，由虚拟机负责热更新脚本的运行。由于这些脚本只能调用有限的程序接口，而不会拥有过多权限，因此是相对安全的。

下面列举两个简单的代码片段，希望读者能消除对热更新的陌生感。利用 C# 反射机制加载脚本的代码片段如下。

```
AssetBundle ab = www.assetBundle;
try
{
    //先把 DLL 以 TextAsset 方式取出来，再把纯数据（bytes）交给 Assembly.Load 方法动态加载
    Assembly aly = System.Reflection
        .Assembly.Load(((TextAsset)www.assetBundle.mainAsset).bytes);

    //获取 DLL 下全部的类型
    foreach (var i in aly.GetTypes())
    {
        //添加组件到当前 GameObject 下面（演示用）
        Component c = this.gameObject.AddComponent(i);
    }
}
catch (Exception e)
{
    Debug.Log(" 加载 DLL 出错 ");
    Debug.Log(e.Message);
}
```

一段游戏项目中的 Lua 代码片段采用 ToLua++ 框架，看起来和 C# 脚本有相似之处。

```
Login = {}
local this = Login
require('Music')

local ui
```

```
local manager

function this.Awake(object)
    manager = GameObject.Find('LuaManager')
    manager: AddComponent(typeof(AudioSource))

    coroutine.start(Music.PlaySound)

    print('object'..object.name)
    ui = object

    local startBtn = ui.transform: Find("StartBtn").gameObject
    UIEvent.AddButtonOnClick(startBtn, StartOnClick)
end

function StartOnClick()
    SceneManagement.SceneManager.LoadScene("Jump")
end
```

3. 版本资源列表

在热更新技术中，有一个技术值得学习——版本资源列表。

需要版本资源列表的原因是，每次版本更新都需要对本地资源和远程服务器的资源进行版本比对。而且，如果用户的本地资源有一部分是新的，一部分是旧的，也需要某种机制保证快速、准确地更新旧的资源。

版本更新首先要以版本号作为基础。客户端有一个版本号，如 1.0 版，如果发现服务器端版本号是 1.1 版，则客户端就要下载 1.1 版的资源到本地。最简单的思路是，在服务器上存放一个从 1.0 版到 1.1 版有变化的文件列表，客户端根据该列表逐个更新资源即可，更新完成后版本号变为 1.1 版。

这种思路可以达到效果，但不够灵活。更好的思路如下。

（1）服务器端的每一个资源文件都计算一次 MD5 码，并将结果保存在资源列表里。

（2）本地的每一个文件也要计算一次 MD5 码，为避免重复计算，可以在计算一次后就保存到本地的列表文件中。

（3）升级版本时，对比服务器端每个文件的 MD5 码和本地文件的 MD5 码，只下载 MD5 码不一致的文件。

（4）下载完成后可以重新计算 MD5 码，这样可以顺便检验在下载过程中数据传输是否出错。

（5）确保资源一致以后可以修改本地版本号，避免重复检查。

小知识

MD5 码

MD5 码是一种数据加密算法，它会遍历文件中的所有数据，并将所有的数据以一种特殊算法合并，形成一个 128 比特（16 字节）的数字。

相同数据计算出的 MD5 码也相同，如果文件中有任何一个比特变化，则生成的 MD5 码都会完全不同。现实中随意修改一个文件，但 MD5 码不变的概率接近 0。这里借用的正是 MD5 码的这一性质。

虽然 MD5 码是一种加密算法，但它的碰撞算法已经被山东大学的王小云教授破解，因此现在不再作为加密算法使用。由于 MD5 码具有算法简单、计算快的优点，因此作为文件一致性比较算法非常合适。

本小节从思路上讲解了热更新这一技术产生的原因和它的设计思想，可以看出热更新是以动态资源管理技术为基础的，也包含其他编程技术。热更新技术包含很多细节，因此市面上出现了多种功能齐全的热更新框架。

这些框架主要有以下功能。

①提供执行热更新代码的虚拟机环境。

②把引擎提供的类型、方法和属性导出，让开发者可以在热更新代码中访问引擎功能。

③将开发者编写的 Unity 脚本接口导出，让热更新代码可以调用 C# 中的类型、方法和属性。

④提供一些方法，让 Unity 脚本可以使用热更新代码中的类型、函数和属性，打通两套代码之间的桥梁。

一般来说，由于运行原理不同，动态加载的代码的执行效率会低于原生脚本。如果确实发现因动态脚本代码发生性能热点，可以将运算压力较大的部分用原生脚本编写，并封装成函数，然后让动态加载的代码调用该函数。

在实践中建议参考某些流行的热更新框架，以实现资源和代码的热更新功能。

第 10 章 数据的保存与加载

游戏中除了模型、贴图和音乐等资源外，还有大量运行时产生的数据。这些数据主要分为两种：一是角色位置、生命值等运行时的实时数据，它们位于内存中且时刻在变化；二是转化为可存储格式的数据，用于保存到磁盘或进行网络传输。本章主要讲解可保存、可传输的数据。

10.1　脚本与序列化

本节从序列化的概念出发，讨论多种保存和读取数据文件的方法。重点是介绍一种轻量级通用数据交换格式 JSON（JavaScript Object Notation，JS 对象简谱）。

10.1.1　序列化的概念

计算机硬盘中的文件只能保存纯数据，不能直接保存对象，网络传输亦是如此。在游戏存档、发送网络数据包的时候，都需要先将数据转化为纯粹的二进制数据，才能进行发送。反之，读取存档、接收数据包的时候，要进行相反的操作——把二进制数据转化为对象。

将对象转化为二进制数据的操作就叫作“序列化（Seriallize）”；相反的过程，将二进制数据转化为对象就叫作“反序列化（Deseriallize）”。

常用的序列化方案有以下几种。

一是自定义二进制序列化。例如，一个只有基本数据类型的对象，可以依次将字段写入字节数组（可利用 C# 的 BinaryWriter 写入二进制数据）。反序列化时，也按顺序、按字段类型读取出来即可。

二是 C# 提供的序列化方案。在类前面加上 [Serializable] 标记，就可以让类变成可序列化的。这种方案可用于任意对象，但通常只在 C# 语言环境中使用，跨语言通用性有一定限制。

三是 JSON。JSON 是一种通用的数据格式，本章会详细讲解此方案。

四是 XML。XML 也是一种通用的数据格式，功能比 JSON 强大，但复杂性也要远大于 JSON。

五是 ProtoBuf。ProtoBuf 是一种流行的网络数据表示方法，也是一种序列化的技术方案。

序列化的方案还有很多，也可以自己定义独特的序列化方案。理论上来说，只要能保存并正确读取数据的序列化方案都是合理的。在第 10.2 节中将重点讲解比较常见的 JSON 格式，也会介绍易用的 C# 序列化。

10.1.2　简单存储 PlayerPrefs

除了通用的序列化方法外，在很多游戏和应用程序中还需要保存一些简单的偏好数据（Preference）。例如，音乐音量、音效音量、屏幕分辨率或画质设置等，某些小游戏的最高分、游戏进度也可以用简单的方式保存在设备上。

Unity 提供了 PlayerPrefs，以满足保存简单数据的需求。它的功能比较单纯，用一个键（字符串类型）对应一个值，值的类型只支持整数、浮点数和字符串 3 种。PlayerPrefs 不擅长保存复杂数据类型，它的常用方法如下。

```
/// 保存
PlayerPrefs.SetInt("abc", 199);
PlayerPrefs.SetFloat("f", 3.14f);
PlayerPrefs.SetString("name", "Robot");
```

```
/// 读取
int intVal = PlayerPrefs.GetInt("abc");
float floatVal = PlayerPrefs.GetFloat("f");
string strVal = PlayerPrefs.GetString("name");

/// 删除所有数据
PlayerPrefs.DeleteAll();
/// 删除"name"数据
PlayerPrefs.DeleteKey("name");

/// 判断键"score"是否存在
bool exist = PlayerPrefs.HasKey("score")
```

PlayerPrefs 使用非常简便，下面做一个能够在游戏退出时仍然保存数值的计数器。

01 在场景中创建一个 3D Text（3D 文字物体）。

02 默认的 3D Text 有点模糊，建议将 Font Size(字体尺寸)设置为 50，然后缩小 Character Size(字符尺寸)为 0.2。

03 创建脚本 TestPrefs 并将其挂载到 3D Text 上。

```
using UnityEngine;

// 这个写法的用途是强制物体具有 TextMesh 组件
[RequireComponent(typeof(TextMesh))]
public class TestPrefs : MonoBehaviour
{
    int counter = 0;
    TextMesh textMesh;
    void Start()
    {
        counter = PlayerPrefs.GetInt("counter");
        textMesh = GetComponent<TextMesh>();
        textMesh.text = counter.ToString();
    }

    void Update()
    {
        if (Input.GetButtonDown("Jump"))        // 默认空格键，计数器加 1
        {
            counter++;
            PlayerPrefs.SetInt("counter", counter);
            textMesh.text = counter.ToString();
        }
        if (Input.GetButtonDown("Cancel"))      // 默认 Esc 键，计数器清 0
        {
            counter = 0;
```

```
            PlayerPrefs.SetInt("counter", counter);
            textMesh.text = counter.ToString();
        }
    }
}
```

完成之后就可以测试计数器效果了。运行游戏，按空格键可以让数字加 1，按 Esc 键数字清 0。停止游戏后再次启动游戏，数字会还原成上次退出时的值。

小知识

PlayerPrefs 的实际保存位置

可运行 Unity 程序的平台较多，在不同平台上 PlayerPrefs 实际保存的位置都不一样。例如，Windows 平台会把 PlayerPrefs 保存在注册表里；macOS 会将其保存在 ~/Library/PlayerPrefs 文件夹中；Android 与 iOS 也会将其放在特定的有修改权限的文件夹下。

一般不应该直接从原始位置读取 PlayerPrefs，而是通过上面介绍的方法获取数值。需要删除所有的键时，调用 PlayerPrefs.DeleteAll() 方法即可。

10.2 脚本与 JSON

JSON 是比较常用的一种序列化格式，因此本节选取 JSON 作为重点介绍的技术。本节主要涉及了 LitJSON 库的安装、JSON 的读取和写入等技术。

10.2.1 JSON 简介

JSON 全称为 JavaScript Object Notation，是一种轻量级的数据交换格式。从全称中可以看到 JSON 与 JavaScript 语言有着千丝万缕的联系，但实际上 JSON 并不仅限于在 JavaScript 中使用，它是一种通用的数据格式。

在 JSON 出现之前也有其他各种流行的数据格式（如 XML），但人们逐渐发现 JSON 格式简单、轻量化，既易于人们阅读和编写，也易于机器解析和生成。随着互联网的快速发展，JSON 被应用于越来越广泛的领域，当然也包括游戏领域。

下面是一个 JSON 的例子。

```
{
  "people":[
```

```
    {
      "firstName": "Yao",
      "lastName":"Ma",
      "age":11,
      "married":false
    },
    {
      "firstName":"Yan",
      "lastName":"Shen"
    }
  ],
  "message":"hello world!"
}
```

1.JSON 的数据类型

JSON 的内容是用文本表示的，便于直接阅读。用 JSON 可以方便地表示以下数据类型。

①数字。包括整数和浮点数。

②字符串。用双引号括起来的一串字符，可包含转义字符（反斜杠转义符“\”）。

③ 3 种字面值。分别是 false（假）、true（真）和 null（空）。

④数组。用方括号括起来的数据序列，数据以逗号分隔。

⑤对象。用大括号括起来的数据，每组数据是“键 : 值”的形式，两组数据之间用逗号分隔。特别注意，标准 JSON 要求键只能是字符串，不能是数字。

对有编程基础的人来说这个设计非常容易理解，特别是数组和对象。简单来看，JSON 数组就像是 C# 的数组或列表，JSON 对象就像是 C# 的“字典”。在下文的描述中，JSON 对象也直接称为“字典”，与熟悉的 C# 语言保持一致。

JSON 的通用性非常强，数组和字典都可以任意嵌套，唯一的要求是字典的键必须是字符串。例如，一个长度为 3 的数组，可以包含 1 个数字、1 个字符串和 1 个对象，而对象里又可以包含其他数组或对象。

```
{
  "name": " 长度为 3 的数组 ",
  "value": [
    999,
    "Hello",
    {
      "name": " 长度为 3 的数组 ",
      "value": [
        1, true, "3"
      ]
    }
  ]
}
```

这样的设计让 JSON 可以表示任意复杂的对象，而且数据分级保存，便于阅读或自动化处理。

2. 电子表格与 JSON

在游戏开发中往往有大量配置数据，如大型网络游戏中有成千上万种道具，每种道具又有各种各样的属性。当数据量较大时，直接用 JSON 等格式保存，内容会非常长且包含多层嵌套。想象一下，数十万行嵌套的 JSON 文本，几乎无法阅读和修改。

现代流行的游戏数据配置格式有两大类：电子表格（如 Excel 的 xlsx 格式）和数据库。无论电子表格还是数据库，它们都属于二维表，即由行和列组成的表格。二维表非常适合展示大批量同类型的数据。

游戏设计师准备好了配置数据后，还需要将原始表格转化为适合程序直接读取的数据。这时也有多种选择，如可以借助 CSV 格式（一种用逗号、制表符和换行符组成的文本表格格式），也可以借助 JSON 格式。图 10-1 展示了一个简化的游戏道具配置表。

id	name	type	attack	defence	data
1	红药水	1			100
2	蓝药水	2			100
1000	铜剑	10	50		
1001	铁剑	10	100		
1002	钢剑	10	150		
2001	布衣	20		10	
2002	皮甲	20		20	

图 10-1　道具配置表的电子表格范例

可以将电子表格转化为 JSON 格式，其内容如下。

```
{
    "1": {
        "id": 1,
        "name": "红药水",
        "type": 1,
        "attack": 0,
        "defence": 0,
        "data": 100.0
    },
    "2": {
        "id": 2,
        "name": "蓝药水",
        "type": 2,
        "attack": 0,
        "defence": 0,
        "data": 100.0
    },
    "1000": {
        "id": 1000,
        "name": "铜剑",
        "type": 10,
        "attack": 50.0,
        "defence": 0,
        "data": 0
    },
```

```
    "1001": {
        "id": 1001,
        "name": "铁剑",
        "type": 10,
        "attack": 100.0,
        "defence": 0,
        "data": 0
    },
    "1002": {
        "id": 1002,
        "name": "钢剑",
        "type": 10,
        "attack": 150.0,
        "defence": 0,
        "data": 0
    },
    "2001": {
        "id": 2001,
        "name": "布衣",
        "type": 20,
        "attack": 0,
        "defence": 10.0,
        "data": 0
    },
    "2002": {
        "id": 2002,
        "name": "皮甲",
        "type": 20,
        "attack": 0,
        "defence": 20.0,
        "data": 0
    }
}
```

表格转化成 JSON 格式也有两种常用的结构，一是整体用字典表示，表格每行的 ID 作为键；二是将表格转换成一个大的列表，每一行用一个字典表示。这两种表示方法区别不大，仅仅是读取时的代码不同。后续的例子都是以字典方式为准。

10.2.2 安装 LitJSON 库

LitJSON 是一种常用的 JSON 程序库。它使用纯 .NET 平台语言编写，便于跨平台使用（常见的 .NET 平台语言有 C#、VB.Net、C++ CLI、F# 等）。导入 LitJSON 库比较简单，本小节重点讲解如何从 Visual Studio 等官方渠道下载 LitJSON 库。

1. 导入第三方程序包

假设已经有了像 LitJSON 这样的库，现在只需要在 Unity 的 Assets 文件夹下新建一个名为 Plugins 的文件夹（注意英文拼写和大小写），再将 LitJSON.dll 文件复制到 Plugins 文件夹下即可，如图 10-2 所示。完成之后 Unity 会像添加新脚本一样自动编译工程，编译之后就可以使用了。

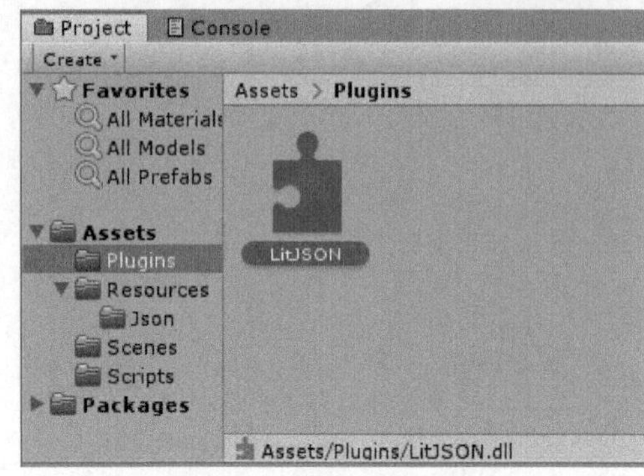

图 10-2 导入 LitJSON.dll

> **小知识**
>
> **某些程序库要区分运行的平台**
>
> LitJSON 等纯 .NET 库使用比较方便，而某些库由于是用平台原生语言编写的，因此不同的平台上要使用不同的版本。
>
> 例如，常用的 Lua 语言库 toLua，就需要针对 X86（32 位 PC 系统）、X86_64（64 位 PC 系统）、iOS、Android 编译不同版本的动态链接库，并分别放在相应的子文件夹下。

导入完成后就可以编写一个简单的测试程序进行测试，其示例如下。

```
using UnityEngine;
using LitJson;

public class TestJson : MonoBehaviour
{
    void Start()
    {
        JsonData json = new JsonData();
        json["a"] = 3;
        json["b"] = 2;
        Debug.Log(json.ToJson());
    }
}
```

如果库导入成功，则不会出现编译错误。而且挂载到物体上运行后，会在 Console 窗口输出“{“a”:3,“b”:2}”。

2. 下载 LitJSON 库的一种方法

历史上出现过常用的库和引擎被植入木马，导致大量用户隐私泄露的情况。因此游戏开发者也应当具有足够的网络安全意识，在引入第三方库时，尽可能验证来源，不要下载或导入来历不明的第三方库。

LitJSON 作为一种常用的库，已经加入了 NuGet 包管理器中。除了可以在一些可靠渠道下载到 LitJSON.dll，也可以从 NuGet 包管理器中获取它。NuGet 包管理器包含了大量可用的程序库，掌握它对了解和获取其他程序库也有帮助。下面将简单介绍使用 NuGet 包管理器下载 LitJSON 库的方法。

01 通过打开 Unity 脚本的方式启动 Visual Studio，或启动 Visual Studio 后新建任意类型的 C# 语言项目，如 C# 控制台项目。

02 选择 Visual Studio 主菜单的工具→NuGet 包管理器→管理解决方案的 NuGet 程序包，如图 10-3 所示。

03 打开管理页面后，单击左上角的浏览标签，待网络加载完毕后，搜索“LitJson”就可以找到 LitJson 库。

04 选中 LitJSON 库，在左侧窗口中勾选当前使用的项目，然后选择版本（建议使用最新稳定版），最后单击安装按钮，就会自动安装该程序库，如图 10-4 所示。

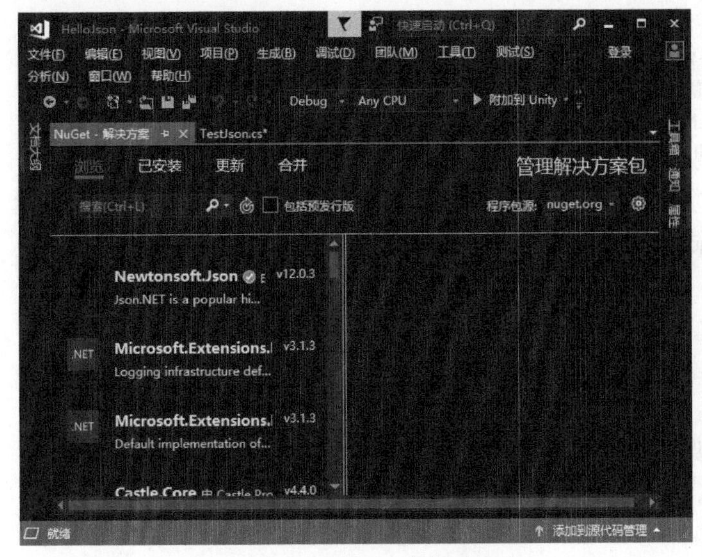

图 10-3 NuGet 包管理页面

图 10-4 安装 LitJSON 库

05 用资源浏览器打开工程所在文件夹。无论是 Unity 工程还是控制台工程，都可以在工程根目录下找到 Packages 文件夹，再找到 Packages\LitJson\lib 文件夹，里面会有根据 .NET 版本区分的多个文件夹。

06 对于新版 Unity 来说，可以选择 net40 或 net45 文件夹下的 LitJSON.dll，它就是所需要的动态链接库文件了。把这个文件用前文的方法放在 Plugins 文件夹下即可。

07 获取到库之后，建议删除 Packages\LitJson 文件夹。

3. 查看 .NET 版本的方法

不同版本的 Unity 默认的 Mono 虚拟机版本不同，可能需要导入不同版本的程序库。选择主菜单的 Edit→Project Settings，打开 Project Settings 窗口，选择左侧 Player（播放器），然后在右侧的 Other Settings（其他设置）中找到 Scripting Runtime Version（脚本运行时版本），可以看到当前脚本运行环境的版本，如图 10-5 所示。

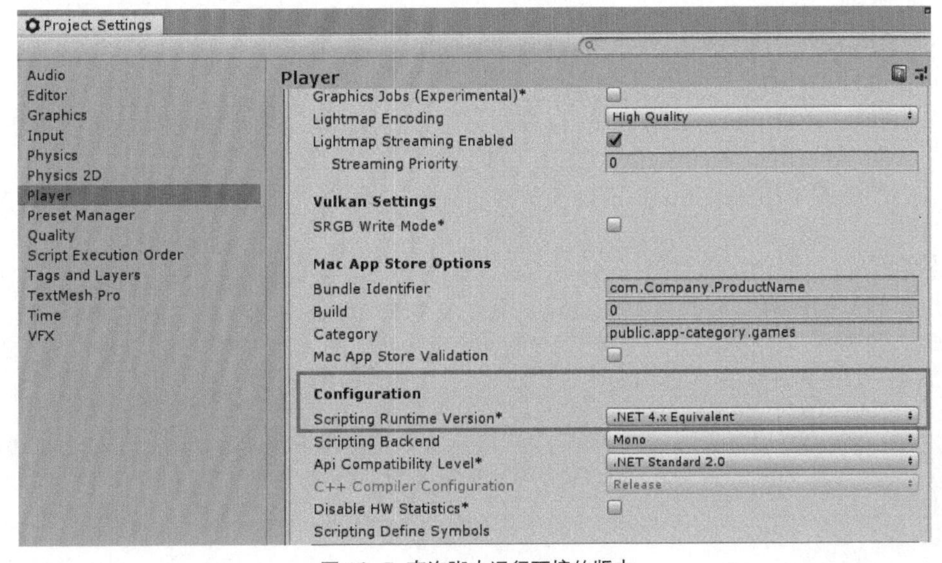

图 10-5 查询脚本运行环境的版本

小知识

什么是 .NET、Mono？

C# 这种语言编译后无法直接运行，它的运行需要借助于一种“虚拟机”。“虚拟机”可以理解为一个普通的应用程序，它的作用是执行代码，根据代码做各种操作。只要某个平台有符合标准的虚拟机，编译后的 C# 程序就能在该平台上运行。

能够运行编译后的 C# 代码的虚拟机应符合 .NET 标准。.NET 标准与操作系统平台无关（可跨平台），但微软官方没有推出可用于 Linux、Android 和 iOS 等的虚拟机。为了在更多平台上运行编译后的 C# 代码，现在最常用的解决方案是用 Mono 虚拟机。Mono 是一个著名的开源项目，现在已经支持了多种操作系统，Unity 默认采用 Mono 虚拟机，同时也支持更多技术方案。

正因如此，界面中的选项叫作“.NET 4.x Equvalent”，可理解为“符合 .NET 4.x 标准”。

10.2.3 读取 JSON

在实践中，读取 JSON 比保存 JSON 重要得多。因为存档、发送数据包往往可以采用其他序列化方法，但游戏的配置文件使用 JSON 格式比较常见。游戏的配置数据不属于动态数据，属于游戏资源，但很适合用 JSON 表示。

本小节以一个简单的 JSON 数据文件为例，演示读取 JSON 的方法。从整体上看有两种思路，一是直接整体反序列化为数据对象；二是通过写代码逐步读取内容。示例如下。

```
{
    "1": {
        "id": 1,
        "name": "红药水",
        "type": 1,
        "attack": 0,
        "defence": 0,
        "data": 100.0
    },
    "2": {
        "id": 2,
        "name": "蓝药水",
        "type": 2,
        "attack": 0,
        "defence": 0,
        "data": 100.0
    },
    "1000": {
        "id": 1000,
        "name": "铜剑",
        "type": 10,
        "attack": 50.0,
        "defence": 0,
        "data": 0
    },
```

```
    // 略
}
```

1. 整体反序列化

LitJSON 库支持直接将 JSON 字符串反序列化为 C# 对象，但是为了方便使用，最好先准备一个数据结构与 JSON 完全对应的对象。例如，可以定义一个与上文的道具信息对应的 ItemJson 类，其内容如下。

```
public class ItemJson
{
    public int id;
    public string name;
    public int type;
    public float attack;
    public float defence;
    public float data;
}
```

这个类的每个字段名称与原始 JSON 中的内容完全一致，包括大小写。另外，特别注意数据类型，常用的有整数、字符串和浮点数（旧版本的 LitJSON 库仅支持 double 类型，如果遇到错误可将浮点数都改为 double 类型重新尝试），任何一点小的不匹配都会导致反序列化失败。

观察原始的 JSON 数据，会发现整体 JSON 是一个大的字典，字典的键（Key）是以字符串表示的数字，值是道具数据。因此应该用一个字典表示整体信息，其内容如下。

```
Dictionary<string, ItemJson> dict;
```

反序列化 JSON 可以使用 LitJson.JsonMapper() 方法，其完整脚本如下。

```
using LitJson;
using System.Collections.Generic;
using UnityEngine;

public class ItemJson {
    // ……见前面的定义，略
}

public class LoadJson : MonoBehaviour
{
    void Start()    {
        // 准备好与 JSON 对应的数据结构
        Dictionary<string, ItemJson> dict;

        // 读取 JSON 字符串。注意路径不加文件扩展名
        TextAsset jsonText = Resources.Load<TextAsset>("Json/items");

        // 直接反序列化，JSON 内容必须与对象完全一致
```

```
            dict = JsonMapper.ToObject<Dictionary<string, ItemJson>>(jsonText.text);

            // 测试字典内容
            foreach (var pair in dict)
            {
                Debug.LogFormat("{0}:{1}, {2}, {3}", pair.Key, pair.Value.id, pair.Value.
name, pair.Value.attack);
            }
        }
    }
```

JSON 源文件 items.json 应当放在 Resources/Json 文件夹下，将上文的脚本挂载到任意物体上即可进行测试，系统会在 Console 窗口中输出所有道具的信息。

可以看到，直接序列化对象的优点是简单易行，只要定义好了数据类型，就可以直接将 JSON 转化为方便使用的对象。但缺点也很明显，JSON 对数据类型的要求十分严格，如上文的例子中，如果字典的键改为 int 类型，就会导致转换失败。此方法在灵活性上略有不足。

2. 分步获取数据

除了直接把整个 JSON 的内容转化为对象，也可以分步读取 JSON 中的信息，示例如下。

```
using LitJson;
using System.Collections.Generic;
using UnityEngine;

public class ItemData
{
    public int id;
    public string name;
    public int type;
    public float attack;
    public float defence;
    public float data;
}

public class LoadJson2 : MonoBehaviour
{
    Dictionary<int, ItemData> LoadJson(string text)
    {
        Dictionary<int, ItemData> dict = new Dictionary<int, ItemData>();

        JsonData json = JsonMapper.ToObject(text);
        foreach (KeyValuePair<string, JsonData> pair in json)
        {
            int id = int.Parse(pair.Key);        // 字符串转整数
            ItemData item = new ItemData();
            item.id = id;
```

```
                JsonData v = pair.Value;
                item.name = (string)v["name"];
                item.type = (int)v["type"];
                item.attack = float.Parse(v["attack"].ToString());
                item.defence = float.Parse(v["defence"].ToString());
                item.data = float.Parse(v["data"].ToString());
                // 由于LitJson对double和int的要求过于严格，因此上面不得不采用float.Parse方法进行转换
                dict.Add(id, item);
            }
            return dict;
        }

        void Start()
        {
            // 准备好与JSON对应的数据结构，类型没有严格限制
            Dictionary<int, ItemData> dict;

            // 读取JSON字符串。注意路径不加文件扩展名
            TextAsset jsonText = Resources.Load<TextAsset>("Json/items");

            // 分步读取JSON内容到字典中
            dict = LoadJson(jsonText.text);

            // 测试字典内容
            foreach (var pair in dict)
            {
                Debug.LogFormat("{0}:{1}, {2}, {3}", pair.Key, pair.Value.id, pair.Value.
name, pair.Value.attack);
            }
        }
    }
```

可以看到，为了单独分析每一个值，多写了一个LoadJson()函数，它深入了JSON数据内部，对每个变量都进行了单独的处理。这种写法的好处是对ItemData类与字典的类型没有特殊要求，使用int型数据作为字典的键也是可以的。

唯一不好的地方是，LitJson读取数值时非常严格，整数不能当作浮点数，浮点数也不能当作整数，这会给转换带来一点麻烦。上文的代码采取先转换为字符串再转换成float的两步操作，对程序性能有影响。

10.2.4 保存JSON

JSON可以转化为对象，对象也可以转化为JSON数据。前文用到的JsonMapper.ToObject()方法可以直接将JSON转化为对象，而使用JsonMapper.ToJson()方法则可以直接将对象转化为JSON字符串。为缩短篇幅，新建一个简单的对象PlayerData，并将它转化为JSON，其内容如下。

```
    using UnityEngine;
```

```
using LitJson;
using System.IO;

class PlayerData
{
    public float posX;    // 位置 x
    public float posY;    // 位置 y
    public int hp;      // 血量
    public float progress;        //  进度
}

public class SaveJson : MonoBehaviour
{
    void Start()
    {
        // 创建一个测试用的对象
        PlayerData pd = new PlayerData();
        pd.posX = 1;
        pd.posY = 15;
        pd.hp = 100;
        pd.progress = 50;
        // 将对象转化为 JSON,用字符串表示
        string json = JsonMapper.ToJson(pd);

        // 输出 JSON 内容
        Debug.Log(json);

        // 将 JSON 转换回对象
        PlayerData pd2 = JsonMapper.ToObject<PlayerData>(json);

        // 将 JSON 内容写到文件中
        string path = Application.persistentDataPath + "/player _ data.json";
        using (FileStream fs = new FileStream(path, FileMode.Create))
        {
            // 字符串转化为原始字节码,需要指定编码
            byte[] bytes = System.Text.Encoding.UTF8.GetBytes(json);
            // 全部写入文件
            fs.Write(bytes, 0, bytes.Length);
        }
        Debug.Log("JSON 写入了" + path);
    }
}
```

以上代码的后面部分还展示了将 JSON 字符串写入文件的方法。特别需要注意文件路径的写法，有关文件路径的问题请参考第 9.2 节的相关说明。

打开文件时使用 using 语法可以确保文件被妥善关闭，简化异常处理。

实际游戏开发中的数据类型会出现一个类中包含了其他类的对象的情况。例如，玩家中包含了道具对象，甚至很多道具对象。

```
class PlayerItemData
{
    public float posX;    // 位置 x
    public float posY;    // 位置 y
    public int hp;      // 血量
    public float progress;        //  进度
    public ItemData item;
    public List<ItemData> items;
}
```

上文的定义中，只要类的每个字段都能被 JSON 序列化，那么整个对象就能被序列化。LitJSON 会以递归方式序列化每个嵌套的数据，不需要特殊处理。以下是 PlayerItemData 对象序列化之后的样子。

```
{
  "posX":1,"posY":15,"hp":100,"progress":50,
  "item":{"id":333,"name":"test","type":0,"attack":0,"defence":0,"data":0},
  "items":[
    {"id":0,"name":"test2","type":0,"attack":0,"defence":0,"data":0},
    {"id":0,"name":"test3","type":0,"attack":0,"defence":0,"data":0}
  ]
}
```

10.2.5 在网络中使用 JSON

JSON 作为一种通用的数据格式，可以用在网络消息传递、记录数据和存档等多种场合。虽然前文没有讲解 JSON 如何应用到网络消息传递中，但实际上只要知道如何保存和加载 JSON，就自然知道如何将数据打包和解包。

举一个例子，在网络游戏中，从商店购买道具是一个重要的事件，玩家可以发起购买道具的操作。

在这个功能中，客户端需要发送一个“购买道具”的消息，消息中包含玩家 ID、商品 ID 和数量。

服务器则返回一个购买结果信息，包含成功或失败（通常成功用 0 表示，失败则是用小于 0 的数字表示）、代表失败原因的代码、道具信息和购买后的金币数量等。

消息包定义如下。

```
// 客户端向服务器发包
public struct C2S_ShopBuy
{
    public int player_id;
    public int shop_id;
    public int num;
```

```
}
// 服务器的返回包
public struct S2C_ShopBuy
{
    public int error;    // 0 代表成功，失败则返回小于 0 的错误码
    public ShopItem item;
    public int money;
}
```

购买流程分析如下。

（1）玩家进行购买操作。客户端创建 C2S_ShopBuy 对象，填写必要的信息。

（2）将填写好的 C2S_ShopBuy 信息用 JsonMapper 转化为 JSON 字符串，再进一步转化为字节数组。

（3）将字节数组放入网络包。网络包有专门的封包格式，可以参考相关资料。

（4）服务器接收到网络包，将数据转为 JSON 字符串，再用 JsonMapper 反序列化转成 C2S_ShopBuy 对象。

（5）服务器处理购买逻辑，将结果填写到 S2C_ShopBuy 对象中。完成之后用同样的方法将数据包发给客户端。

（6）客户端接收到 S2C_ShopBuy 数据后完成购买。

以上流程的关键是，所有的数据包定义在客户端和服务器都需要一份，而且内容要完全一致，这样才能让两边都进行正确的序列化和反序列化。

10.3 其他序列化方法

除 JSON 外，C# 编程实践中也经常采用 XML 作为序列化格式。另外 C# 还提供了一种易于使用的二进制序列化方案，其具有很高的执行效率。本节对这些方法进行简要介绍。

10.3.1 C# 的序列化库

C# 作为一种广泛使用的语言，已经内置了不止一种完善的序列化库。C# 中，常用的序列化格式有二进制和 XML 两种。

1.C# 的二进制序列化

一般来说，二进制序列化的格式是为了让计算机高效保存和读取数据而设计的，里面保存的数据是原始数据，用常规的文本编辑器打开是乱码，无法直接阅读。

二进制文件读写是一种基本功能，C# 的 IO 库提供了 BinaryReader 和 BinaryWriter，实现了基本类型

的读写。直接使用基本的二进制读写函数非常灵活，但需要针对不同的类型写不同的读写代码。下文介绍的 BinaryFormatter 则可以自动序列化任意对象，更为实用。

二进制序列化最大的优点是读写速度快。设计良好的二进制读写程序的运行速度可达到 LitJSON 等通用方法的十倍以上，因为存储的是纯数据，文件体积比较小，且读写数值时不需要频繁进行字符串转换。

二进制序列化最大的缺点是兼容性较差。例如，用 BinaryFormatter 序列化的文件用其他语言读取就比较困难，缺乏兼容的库。不同语言常用的二进制序列化格式都有区别，如 Python、Java 都有各自常用的二进制序列化方法。

极致的性能与良好的兼容性，在现实中两者存在矛盾。

小知识

通用的二进制序列化 ProtoBuf

现在也有一些比较通用的二进制序列化库，如比较有名的 ProtoBuf。

ProtoBuf 由 Google 公司设计并推出，有着较为完善的语法定义和配套工具，特别适用于需要高效传输数据的场合，当然也可以用于数据存盘。

ProtoBuf 的主要优点是与特定语言无关（跨平台）、性能较强、扩展性较好。

2.XML 序列化

与 JSON 类似，XML 也是一种广泛使用的数据表示格式。XML 提供的功能比 JSON 多得多，但是语法也要复杂得多。以下是一个 XML 文件的例子。

```
<?xml version="1.0" encoding="UTF-8"?>
<schema xmlns:xs="http://www.w3.org/2001/XMLSchema">
    <xs:element name="email">
          <xs:complexType>
            <xs:sequence>
                    <xs:element name="to" type="xs:string"></xs:element>
                    <xs:element name="from" type="xs:string"></xs:element>
                    <xs:element name="title" type="xs:string"></xs:element>
                    <xs:element name="body" type="xs:string"></xs:element>
                    <xs:element name="date" type="xs:date"></xs:element>
             </xs:sequence>
         </xs:complexType>
    </xs:element>
</schema>
```

可以看到 XML 文件中有大量的标签、属性等，显得比较复杂。由于 XML 的使用场景与 JSON 重合度较高，近年来在游戏开发中的应用也不如 JSON 广泛，因此不作为重点讲解。

10.3.2 二进制序列化实例

下文用一个实例讲解 C# 二进制序列化的使用方法。

还是以编写的 PlayerData 为例，要启用二进制序列化，需要略微修改类定义。

```
[Serializable]
public class PlayerData
{
    public float posX;    // 位置 x
```

```
    public float posY;    // 位置 y
    public int hp;      // 血量
    [NonSerialized]
    public float progress;        //  进度
    // 重写 ToString 方法，方便输出内容
    public override string ToString()
    {
        return string.Format("PlayerData pos:({0},{1}), hp:{2}, progress:{3}.", posX,
posY, hp, progress);
    }
}
```

可以看到，类名、字段定义都不需要修改，需要做的仅仅是在类或字段的开头用中括号加一些类似注释的东西。C# 的这种中括号语法叫作特性（Attribute），它属于 C# 中的高级语法，可以提供各种丰富的功能，而且 C# 也支持自定义新的特性。

这里用到的特性主要有以下两种。

一是 [Serializable]，意思是“可序列化的”，用于修饰“类”。如果希望 BinaryFormatter 能序列化一个类的对象，就应该在该类前面加上此特性。

二是 [NonSerialized]，意思是“不需要序列化”，用于修饰字段或属性。加了该特性的字段或属性会在序列化时被忽略。

也就是说，上文的写法让PlayerData类可以序列化，且序列化时不包含progress字段，而其他字段都包含。

修改完类型定义，接着就可以编写具体的序列化代码了。下文在 Unity 中创建一个脚本组件 SeriallizeTest 进行测试。

```
using System.IO;
using UnityEngine;
using System;
using System.Runtime.Serialization.Formatters.Binary;

public class SeriallizeTest : MonoBehaviour
{
    public PlayerData testPD;
    void Start()
    {
        // 创建一个测试用的对象
        PlayerData pd = new PlayerData();
        pd.posX = 1;
        pd.posY = 15;
        pd.hp = 100;
        pd.progress = 50;

        /////////// C# 二进制序列化 //////////////////
        // 创建内存流
        MemoryStream stream = new MemoryStream();
```

```
        // 二进制格式化器 BinaryFormatter
        BinaryFormatter formatter = new BinaryFormatter();
        // 将对象 pd 序列化到内存流中
        formatter.Serialize(stream, pd);

        // 可以把内存流转化为 byte[]，方便写入文件或发包
        byte[] binData = stream.ToArray();

        /////////// C# 二进制反序列化 ///////////////////
        // 前面的 stream 已经写到了末尾，用 Seek 方法回到流的开头
        stream.Seek(0, SeekOrigin.Begin);
        PlayerData pd2 = formatter.Deserialize(stream) as PlayerData;
        Debug.Log("PD2 " + pd2);

        // 也可以借助 byte[] 还原内存流
        MemoryStream ms = new MemoryStream(binData);
        PlayerData pd3 = formatter.Deserialize(ms) as PlayerData;
        Debug.Log("PD3 " + pd3);

        // 以上 pd2 与 pd3 内容相同
    }
}
```

以上代码新建了一个 PlayerData 对象，利用 BinaryFormatter 将这些数据写到了一个内存流（MemoryStream）中，之后用两种略有区别的方法从内存流中还原了 PlayerData 对象。值得一提的重点有以下 3 个。

一是内存流与文件流类似，也用于按顺序读写一些数据，只不过这些数据保存在内存中。内存流填写完毕后，可以方便地转换为字节数组，也可以将字节数组转换为内存流。这在拼接二进制数据时非常有用。

二是某些类型的"流"有 Seek 方法，用于在流中定位，如快速定位到开头或结尾。

三是 BinaryFormatter 和 BinaryWriter 类似，可以在绑定一个流之后使用（文件流、内存流或其他类型的流都可以）。它所在的命名空间名字比较长，全名为 System.Runtime.Serialization.Formatters.Binary。

最后，C# 的二进制序列化有一个非常重要的特点——在序列化和反序列化时，必须提供完全相同的类定义，包括类的命名空间也要一致。这在实际使用时会带来一些问题，如客户端与服务器共享类的定义、原来的类添加了新字段等情况。这些细节问题不展开讨论，在必要时可参考相关资料。

10.3.3 序列化与 Unity 编辑器的联系

专门讲解 C# 序列化还有一个原因，就是 C# 序列化与 Unity 编辑器之间是有联系的。

首先，如果脚本组件的字段或属性是公开的，就会被 Unity 编辑器识别并出现在界面上，从而方便查看和修改。其次，如果一个字段不希望被其他脚本修改，但又希望可以在 Unity 中编辑，那么可以将该字段申明为 private（私有的）或 protected（受保护的），再加上一个 [SerializeField] 特性即可。从这个特性的

名称可以看出，Unity 在编辑器中与对象的数据进行交换时，用到了序列化。

更为特殊的是，如果一个脚本组件中有一个自定义类型的字段，同时希望该字段能在 Unity 中编辑，那么就把这个类型标记为公开，并加上 [Serializable] 特性。可序列化的类型会被 Unity 识别并展示在编辑器中。

例如，将前文的 Seriallize Test 脚本挂载到任意物体上，就可以在 Unity 中看到一个 Test PD 的可编辑属性，如图 10-6 所示。

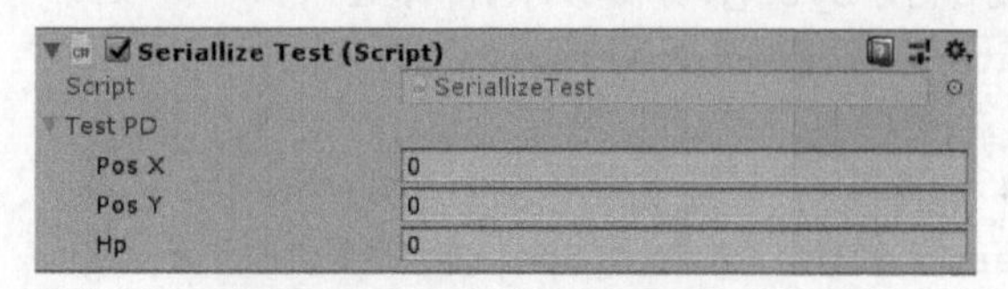

图 10-6 自定义的可编辑属性

用这种方式可以在一定程度上扩展编辑器的功能，方便填写较复杂的自定义数据。

第 11 章 脚本与游戏 AI

许多游戏的玩法都包含了玩家与计算机角色之间的对抗或协作，而只要有玩家与计算机角色之间的互动，就一定要设计一套计算机角色的行为规则和逻辑。而计算机角色的行为规则和逻辑都是由程序实现的，也就是通常所说的游戏 AI。

11.1 游戏 AI 综述

游戏人工智能并非普遍意义上的人工智能，无论从目的的角度看，还是从实现手段的角度看，它们都有所不同。本节将主要讲解两者的区别。

11.1.1 游戏 AI 的特点

随着深度学习等技术的突破性进展，现代的人工智能技术进步神速，已经在自然语言处理、机器翻译和图像识别等众多方面取得了进步，而且已经影响到了现实生活。

如果把围棋也看作游戏，那么大名鼎鼎的 AlphaGo 系列人工智能，已经体现了人工智能在围棋项目中的较高水平。另外，也有一些人工智能在竞技类电子游戏中取得了良好的成绩。

但从概念上讲，游戏 AI 指的并不是此类 AI。

电子游戏在早期就开始包含了计算机控制的敌方角色，但设计精妙的游戏 AI 在电子游戏的早期历史中比较少见。其中一个受到广泛欢迎的作品是著名的《吃豆人》（*Pac-Man*），如图 11-1 所示。

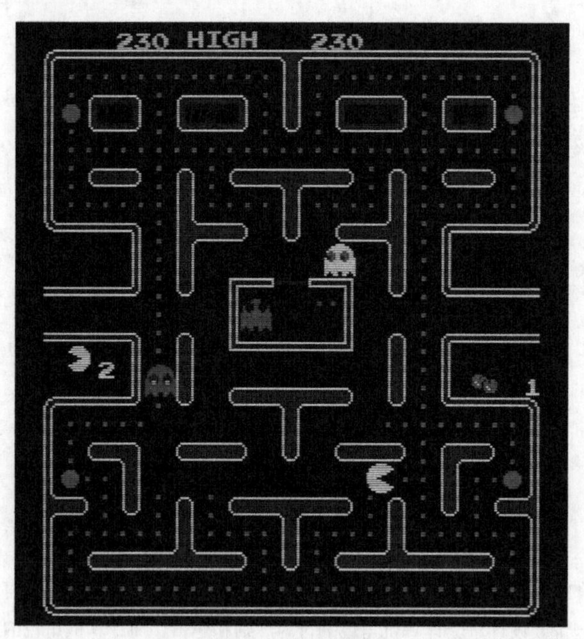

图 11-1 吃豆人游戏

在《吃豆人》游戏中，玩家扮演吃豆人在平面迷宫中移动，目标是走过迷宫中所有的位置，吃光所有的豆子。而敌人角色则会阻止玩家，吃豆人被敌人碰到就会失败一次。

在此游戏中，设计师制作了多种类型的 AI，每种敌人的行为逻辑都有所不同。例如，有些敌人会随机漫游，有些敌人会沿最短路径追击吃豆人的当前位置，有些敌人会以吃豆人前方为目标，还有一些敌人则以吃豆人的旁边或后方为目标。多个不同行为逻辑的敌人同时行动，迫使玩家不断观察、快速决策并付诸行动。虽然敌人总是遵循某种特定逻辑，但因敌人速度不同、关卡设计不同以及玩家的行为不同，局面会时刻发生变化。因此虽然敌人行为模式相同，但每一局游戏都会给玩家新的体验。

从原理上来看，用 4 个敌人围住吃豆人并不是非常困难的事情。例如，在吃豆人进入某些出口较少的局部区域时，让敌人角色分别把守几个出口，玩家就很难找到突破的方法了。那为什么游戏开发者不从“如何彻底困死玩家”的角度考虑设计呢？显然，如果敌人真的足够聪明，那么这个游戏就不会令人着迷了，就像不太会有人喜欢一直与 AlphaGo 下围棋一样。

明白了这个例子，再与广义的人工智能对比，就很容易理解游戏 AI 的主要目标是什么了，以及它与普遍意义上的人工智能之间的区别。

通常人工智能的目标是解决具体问题。无论是语音识别、图像识别，还是机器翻译，这类问题都是有具体目标的。无论 AI 得到的结果正确与否，但至少有一个确定的答案或者相对确定的答案。

而游戏 AI 的目标是：让计算机角色与玩家有效交互，鼓励玩家积极尝试和探索，表达设计师的想法和理念，最终让玩家经历某种体验并收获乐趣。换句话说，游戏 AI 的核心不是“智能”，而是“乐趣”。

如果以乐趣和体验作为主要目的，那么我们对于游戏 AI 的认识就更清晰了。

11.1.2　常用 AI 技术

由于核心目标不同，设计游戏 AI 常用的技术也不同。游戏 AI 开发最基本也最常用的方法是 FSM（Finite State Machine，有限状态机）。

FSM 本质上只是机械化的程序逻辑，只需要用最基本的分支语句就可以实现。设计 FSM 的难点在于针对需求设计状态转移图，并设计精确的从一个状态转移到另一个状态的条件。只有有了清晰的状态转移图，才可能用明确的代码描述规则。本章会详细讲解 FSM 的编程方法并展示一些实例。

另外，在重度 AI 游戏中（如足球或现实模拟类型的游戏），行为树（Behaviour Tree）也是一种常用的 AI 架构方法，而理解行为树的设计思路，依然需要状态机思想作铺垫。

11.1.3　AI 的层次

人们在考虑问题时，思路是“分层”的。例如在《吃豆人》游戏中，玩家在开局时要先观察地图，确认主角和敌人的位置；然后再做整体性决策，如先去哪一个区域，再去哪一个区域；最后才是具体操作，输入方向指令让主角沿着道路前进，朝预期的方向移动。当敌人和主角的位置发生变化时，需要再重复一次从观察、决策到具体操作的过程。每一次过程可能非常短暂，毕竟游戏高手习惯于这种快速的观察、决策和行动。

游戏 AI 亦是如此，一般来说稍微有点智能的 AI 角色，至少有决策和行动两个层次的“思路”。如果只有一个层次的思路，行为就会变得极为单一，就如第 2 章的 3D 射击游戏实例中的敌人一样，敌人只会朝玩家移动、射击，毫无智能可言。

而思维层次的高低与编程难度往往不成正比。例如，AI 角色对当前局势进行判断和切换当前状态的操作，看上去很高级，但实现并不困难。而低级行为，如沿着地图移动到合适的位置，这种基本的寻路行为却涉及多种复杂算法。

通用的自动寻路并移动的算法，涉及了搜索算法、三角形剖分（处理场景中的障碍物）、路径优化和动态避障等多种算法，而且在各种具体场景中会有大量细节需要处理。亲自动手实现一套导航系统难度相当大，好在 Unity 已经提供了较完善的导航系统，设计游戏 AI 可以从学习导航系统开始。

11.2 脚本与导航系统

Unity 内置了一个比较完善的导航系统，一般称为 Nav Mesh（导航网格），用它可以满足大多数游戏中角色自动导航的需求。

11.2.1 导航系统相关组件

Unity 的导航系统由以下几个部分组成。

第 1 部分，Nav Mesh（导航网格）。Nav Mesh 与具体的场景关联，它定义了场景中可以通过的三角面和非三角面的通路。Unity 可以自动构建出 Nav Mesh。

第 2 部分，Nav Mesh Agent（导航代理）。Nav Mesh Agent 作为组件，要挂载到需要自动导航功能的角色上，它会为角色添加朝目标移动和避开障碍的功能。Nav Mesh Agent 必须位于 Nav Mesh 之上才能发挥作用。

第 3 部分，Nav Mesh Obstacle（导航障碍物）。该组件将物体标记为障碍物，如阻碍角色行动的木桶或箱子。障碍物有两种起效的途径，一是动态障碍，让 Nav Mesh Agent 利用避障算法尽可能规避它；二是静态障碍，静态障碍会在 Nav Mesh 上挖洞，Nav Mesh Agent 会围绕着这个洞修改寻路路径。如果障碍完全阻挡了路径，那么 Nav Mesh Agent 会去寻找一条新的路径。

第 4 部分，Off Mesh Link（导航链接）。某些通路用普通方法无法通过，但可能根据游戏设计是可以通过的。例如，一条阻断了 Nav Mesh 的水沟，在游戏中可以跳过去；从较低的平台无法走上较高平台，但可以通过梯子爬上去。导航系统允许在不连通的区域之间建立链接，这种链接关系通过 Off Mesh Link 进行标记。

11.2.2 构建导航网格

场景中的可移动区域一般包含了地形、平面、楼梯和斜坡等。要让导航系统自动处理这些地形，必须要事先在几何地形上搜集数据，预先计算参数，确定好导航面才可以。从几何关卡创建 Nav Mesh 的过程称为导航网格 Bake（烘焙）。

小知识

烘焙指的是对素材或数据的预处理

虽然初学者是在导航系统中第一次看到“烘焙”这个名词，但实际上它并不是导航系统专有的，在计算机技术领域的其他地方也会出现。

烘焙的本义是通过干燥加热的方式让物料脱水变干的过程，如湿润的木材需要烘焙后才能使用。而它的引申含义为，对原始素材做预处理，以便后续使用。

例如，在图形学中有一种常见的技术叫“光照烘焙”，即对一个具有光源的场景，事先把光照后的效果计算并记录下来。这样就可以提高游戏运行时的性能，同时还能保证良好的光照效果。

烘焙技术的最大限制是某些数据只有到了游戏运行时才能确定，无法预先烘焙。例如，玩家拿着火把移动，火把作为移动光源对场景的影响无法烘焙，而且寻路系统中的动态障碍物也无法事先烘焙。

Unity 中有一个专门的 Navigation（导航）窗口用于烘焙操作，其基本的烘焙操作只需以下两个步骤。

01 将所有场景中与导航有关的物体设置为 Navigation Static（导航静态）。一般来说这些物体包含地形、平面、斜坡、楼梯、墙和静态障碍物，但不应包含运动的物体。选中物体后，单击 Inspector 窗口右上角的小三角，打开菜单，可以看到 Navigation Static 选项，如图 11-2 所示。

02 打开 Navigation 窗口，选择主菜单中的 Window → AI → Navigation。然后打开其中的第 3 个标签页 Bake，再单击下方的 Bake 按钮即可开始烘焙。如果场景较小，烘焙会立即完成。烘焙后可以看到淡蓝色标记的可移动区域，如图 11-3 所示。

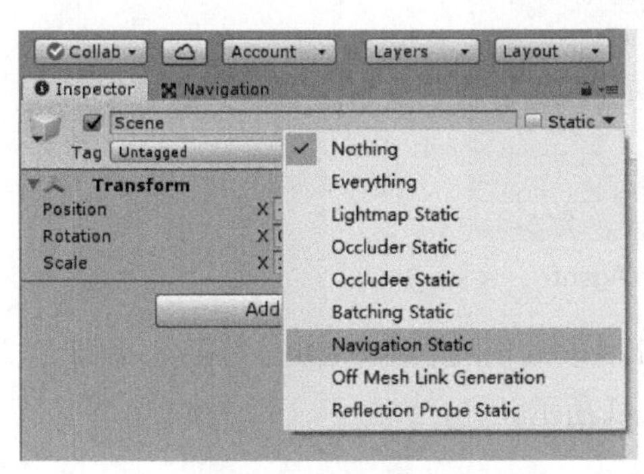

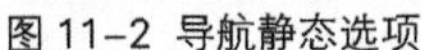
图 11-2 导航静态选项

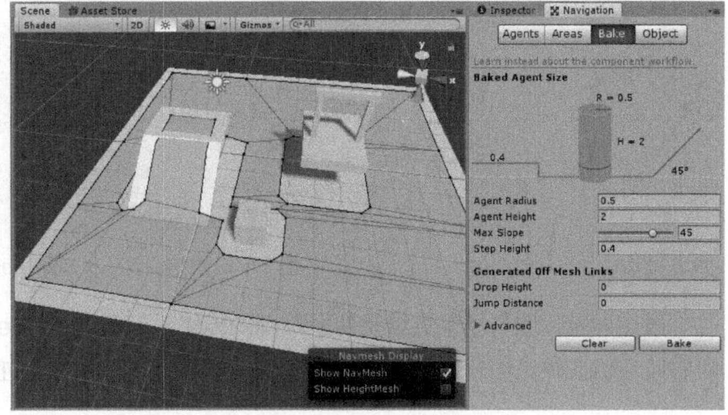

图 11-3 烘焙后淡蓝色标记的可移动区域

有淡蓝色覆盖的部分就是可行走区域，而且仔细观察可以看到一些连线，这些连线把区域划分成了凸多边形与三角形。烘焙时计算的主要信息正是这些凸多边形或三角形区域，以及每个区域与周围区域的连通关系。

小知识

导航系统的工作机制介绍

在 Unity 官方文档中介绍了导航系统的工作原理，配合烘焙后的网格来看不难理解。导航系统负责的工作从烘焙开始，然后到具体的角色移动路线（包含移动中避障），到角色移动到目的地为止，主要分为以下 4 个步骤。

01 根据设置将地形或模型烘焙，形成用很多凸多边形表示的“小平面”。这其中用到的主要算法是三角形剖分算法。

02 运行游戏时，在指定了起点和终点以后，计算角色应当通过哪些面。这其中需要用到搜索算法，如常用的 A*。

03 只有连通的平面的信息还不够，还需要形成具体的路线。这里的算法主要考虑的是各种拐角，尽可能按照距离最近而且平滑的路线移动，不能让角色绕得太远，如图 11-4 所示。

04 在具体移动的过程中，还需要考虑躲避动态障碍物，以及集体排队导航时互相阻挡的问题。

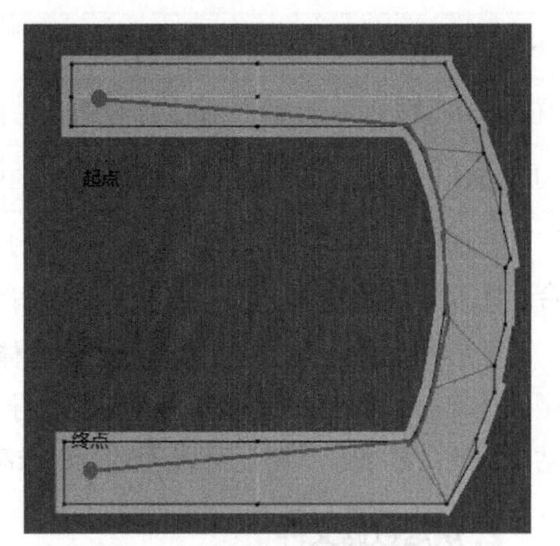

图 11-4 从导航网格到具体路径

可以明显看到，生成的导航区域在地图边缘、墙壁边缘都有一定收缩。这是因为 Nav Mesh Agent（可以理解为自动移动的角色）本身具有一定的半径，换句话说，由于角色有一定体积，角色的中心不可能紧贴在墙边。

不仅是宽度，代理的高度也会影响哪些区域能够通过，哪些不能通过，甚至斜坡的坡度、楼梯的高度也对是否能通过有影响。在 Bake 标签页中也可以对这些参数进行设置。

1. 烘焙设置——导航代理的尺寸

在导航系统的 Bake 标签页里，可以看到一个尺寸示意图，如图 11-5 所示。

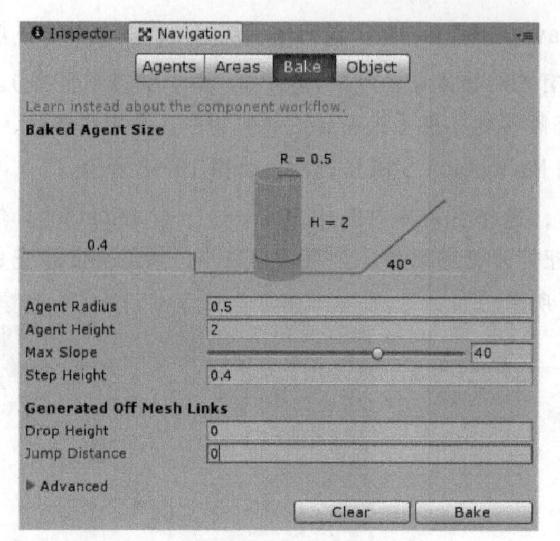

图 11-5 烘焙设置——Nav Mesh Agent

虽然导航代理与场景烘焙是两个不同的模块，但是 Nav Mesh Agent 的尺寸确实对烘焙有影响，因此在烘焙阶段就应该给出代理的参考尺寸。相关参数及其解释如表 11-1 所示。

表 11-1 尺寸相关参数及其含义

名称	中文名称	含义
Agent Radius	角色半径	代理的半径，如半径 0.5 米的角色无法通过宽度小于 1 米的通道
Agent Height	角色高度	代理的高度，代理无法通过低于此高度的通道
Max Slope	最大坡度	代理无法登上角度大于此值的斜坡
Step Height	台阶高度	代理无法踏上高度高于此值的台阶
Drop Height	最大掉落高度	与自动生成导航链接有关，最大能从多高的高度跳下
Jump Distance	最远跳跃距离	与自动生成导航链接有关，设定最远跳跃的距离

在修改这些参数时，既要考虑到场景尺寸，又要考虑到角色本身的尺寸，包括角色碰撞体的尺寸。通过合理的设置让可导航的路线符合游戏设计的需要，包括楼梯、坡道和通道等。

一般来说，角色的碰撞体积是用胶囊体表示的，这个胶囊体半径应该与代理半径一致或更小一些。例如，碰撞体半径大于代理半径，就可能出现导航系统认为能通过的窄路却被碰撞体阻挡的情况。再例如，角色站立时有 1.8 米，下蹲后可以通过 0.9 米高的小洞，那么导航参数也应当考虑到角色下蹲移动的情况。

2. 烘焙数据文件

当烘焙完成后，在场景所在文件夹下，会多出一个与场景名称相同的文件夹，文件夹中有一个 NavMesh.asset 文件，里面就是烘焙保存的数据了。

11.2.3 创建导航代理

烘焙好 Nav Mesh 以后，就可以添加 Nav Mesh Agent 了。Nav Mesh Agent 也是一个组件，它可调整的参数比较多。下面先做一个可以随鼠标单击移动的例子，根据实例讲解。

01 创建一个胶囊体代表玩家，紧贴地面（已经烘焙好的导航面）放置。

02 给胶囊体添加 Nav Mesh Agent 组件，参数默认即可。

03 创建脚本 MoveTo，让物体向鼠标单击的位置移动。

```
using UnityEngine;
using UnityEngine.AI;

public class MoveTo : MonoBehaviour
{
    NavMeshAgent agent;
    void Start()
    {
        agent = GetComponent<NavMeshAgent>();
    }

    private void Update()
    {
        if (Input.GetMouseButtonDown(0))
        {
            Ray ray = Camera.main.ScreenPointToRay(Input.mousePosition);
            RaycastHit hit;
            if ( Physics.Raycast(ray, out hit) )
            {
                agent.destination = hit.point;
            }
        }
    }
}
```

04 将脚本挂载到胶囊体上，将摄像机升高并低头，改为半俯视角。

05 运行游戏，通过鼠标左键单击地面，胶囊体会朝着目标寻路移动。

在运行游戏的同时打开导航烘焙窗口，可以一边观察导航网格一边测试游戏，从而方便观察前往不同目的地的导航效果差异，如图 11-6 所示。特别是当单击没有被导航网格覆盖的白色区域时，物体依然会尽可能靠近目的地，停留在接近目的地的位置。

以上脚本通过摄像机发射射线，得到鼠标单击的位置。其操作导航代理的关键代码只有一句，如下所示。

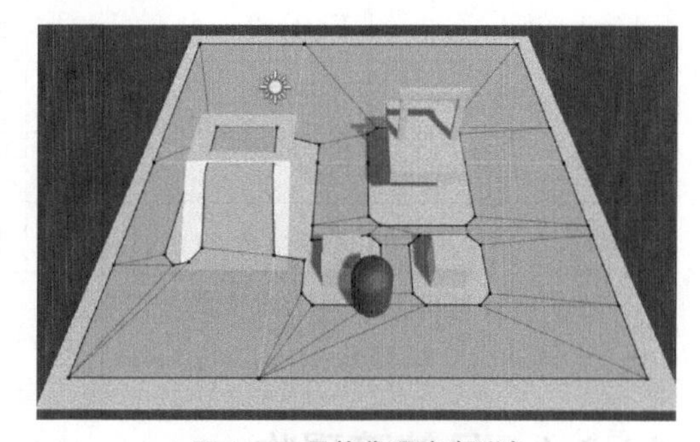

图 11-6 导航代理移动测试

```
agent.destination = hit.point;
```

只要设置了目的地，导航就会自动朝目标移动。

关于 Nav Mesh Agent 组件还有很多值得说明的参数和使用方法。下文先介绍 Nav Mesh Agent 组件的参数（表 11-2），再介绍 Nav Mesh Agent 组件的常用属性（表 11-3）。

表 11-2 Nav Mesh Agent 组件的参数

说明	名称	中文名称	说明
位置	Base Offset	中心偏移	代理中心与物体中心点的 y 轴偏差距离。由于代理会自动贴在导航面上移动，如果有偏差就需要调节这个值
Steering（运动和转向）	Speed	移动速度	导航移动的速度受此参数控制
	Angular Speed	角速度	导航移动的转身速度
	Acceleration	加速度	模拟角色由慢到快的加速度
	Stopping Distance	停止距离	当离目标的距离小于此值时，就算到达了。此值控制允许误差的范围
	Auto Braking	自动刹车	减速效果
Obstacle Avoidance（躲避障碍）	Radius	避障半径	躲避障碍时的自身半径参考值，较大的值代表尽可能远离障碍
	Height	避障高度	避障时自身高度的参考值
	Quality	避障品质	可调节避障算法的精度。精度越高，效果越好，对性能影响也就越大
	Priority	避障优先级	当多个代理一起避障移动时，数值小的代理优先级更高

表 11-3 Nav Mesh Agent 组件的常用属性

属性	类型	用途
hasPath	bool	当前是否有路径。也可以根据它判断是否到达目的地
isStopped	bool	设置为 true 可以终止寻路
path	NavMeshPath	获得当前路径对象
speed	float	Nav Mesh Agent 组件设置的速度，其他参数也可以用脚本控制
angularSpeed	float	Nav Mesh Agent 组件设置的角速度
remainingDistance	float	当前位置到终点的距离
destination	Vector3	终点位置，设置它可以启动寻路
stoppingDistance	float	Nav Mesh Agent 组件的停止距离（即误差距离）
isOnNavMesh	bool	是否处于导航面上
velocity	Vector3	代理当前实际运动的速度向量，非常有用的属性

以上属性都可以通过脚本读取或设置。

11.2.4 导航障碍物

静态障碍物，如墙、水沟可以在烘焙时就处理好，而在场景中动态添加的障碍物就无法预先烘焙了。Nav Mesh Obstacle（导航障碍物）组件正是为标记动态障碍物而生的。Nav Mesh Obstacle 组件的属性如图 11-7 所示。

Nav Mesh Obstacle 组件可修改的参数不多，简单调整后即可使用。

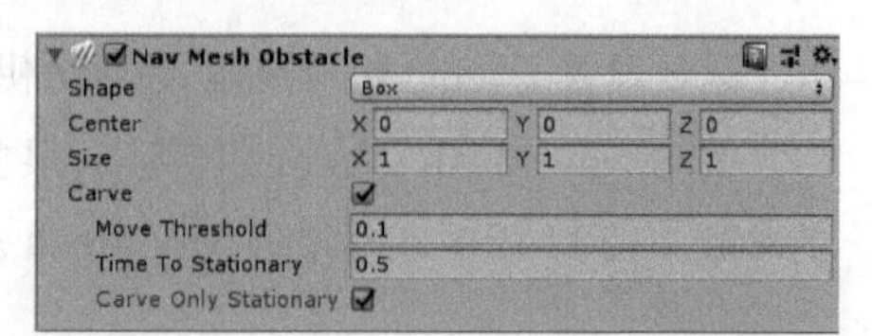

图 11-7 Nav Mesh Obstacle 组件的属性

障碍物的形状只有Box（盒子）与Capsule（胶囊体）两种选项。由于Nav Mesh Agent组件也有一定体积，因此没有必要定义精确的形状。选择盒子或胶囊体后可以分别对位置、大小和半径等参数进行体积设置。

障碍物的存在会对导航产生影响，可选两种影响方式：阻碍和打洞。不勾选 Carve 选项就是阻碍方式，勾选之后则是打洞方式。

阻碍方式对导航层本身没有影响，就像是地图上的普通障碍物一样，Nav Mesh Agent 组件会用避障算法尽量规避障碍物。阻碍方式的优点是不影响导航层，没有重新计算导航层的性能开销；缺点是避障效果取决于 Nav Mesh Agent 组件的具体移动，当障碍物较多、障碍物体积较大时，避障效果可能会不理想。

打洞方式则会影响导航层本身的信息，就像是障碍物被烘焙到导航层上一样。Nav Mesh Agent 组件在计算路径的阶段就会避开有洞的位置。

可以创建两个 Nav Mesh Obstacle，测试勾选或不勾选 Carve 选项的效果。图 11-8 所示的是在一个导航层上新建两个 Nav Mesh Obstacle，其中一个是阻碍方式，另外一个是打洞方式。

在开启导航窗口的情况下，两个 Nav Mesh Obstacle 的影响的区别显而易见。如果移动设置为打洞的那个障碍物，导航层会随之变化。

阻碍方式对性能影响较小，适合有一定运动速度、体积不太大的物体。打洞方式会引起导航层局部重新计算，带来一定的性能开销，因此适合于静态的、长期的地形变化。

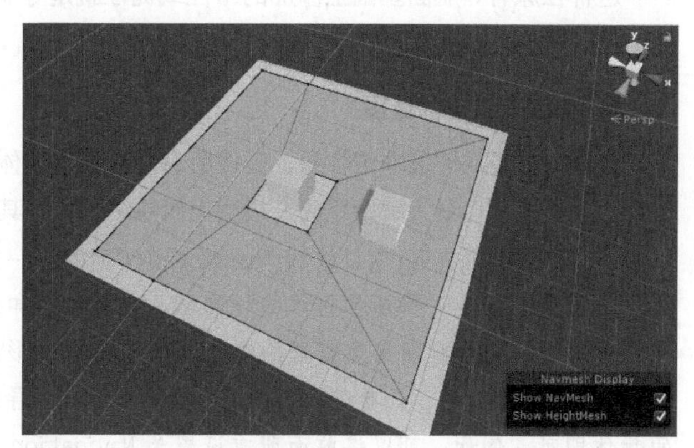

图 11-8 导航障碍物，阻碍与打洞的区别

例如，游戏中道路被掉落的石块堵死，适合用打洞方式实现；而角色过马路时路上的汽车等运动的小障碍，适合用阻碍方式实现。

下面介绍一下自动打洞设置。

在实际游戏中，障碍物的情况可能介于“快速变化”与“静止不变”之间，因此障碍物还支持更细节的控制。通过判断物体移动的距离和静止不动的时间，来确定打洞的时机，这一功能是通过 Move Threshold（移动阈值）、Time To Stationary（固定时间）和 Carve Only Stationary（仅固定时打洞）3 个参数实现的。简单来说，在勾选了 Carve Only Stationary 的前提下，当物体移动距离超过了 Move Threshold 的值则取消打洞；当物体的静止时间超过了 Time To Stationary 的值，就可以被看作暂时固定，切换到固定状态时会进行打洞。

以上参数用文字解释比较抽象，有一个好方法可以快速直观测试这些参数的作用。

01 在一个烘焙好的地形上放置两个导航障碍物，其中一个设置为打洞模式并勾选 Carve Only Stationary，另一个设置为阻碍模式作为对照，如图 11-9 所示。

02 运行游戏，在场景中移动打洞障碍物的位置，当速度高于某个值时，导航的孔洞就会消失；当物体静止以后再经过一点时间，导航的孔洞又会出现。这里的速度阈值和静止时间正是由 Move Threshold 与 Time To Stationary 分别控制的。

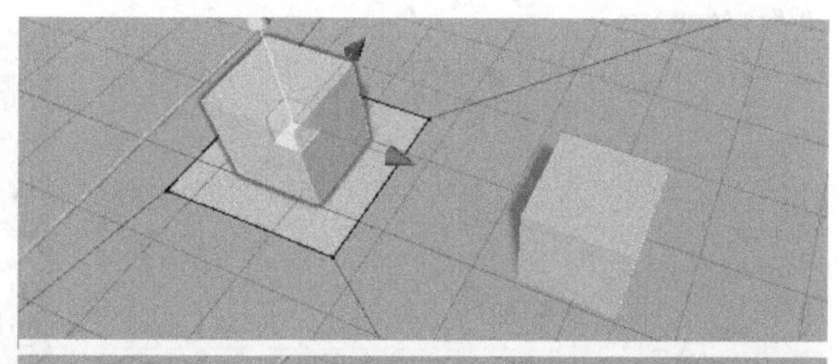

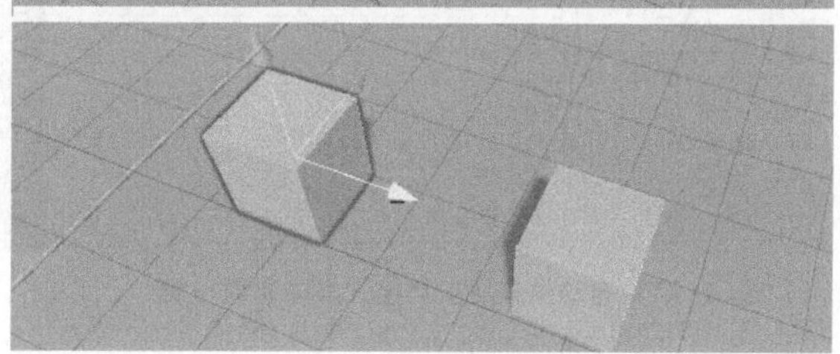

图 11-9 实际测试自动打洞功能

这些参数与实际游戏设计相关，只有在实际游戏开发中遇到了性能问题或效果问题时再仔细调整。通过这些参数可以控制打洞的频率，平衡性能与导航效果之间的矛盾。

11.2.5 导航链接

游戏中的角色不仅会平面移动、爬楼梯和斜坡，有时还会跳跃，甚至瞬间移动。一旦有跳跃等情况，直接结果就是导航中会出现一些特例。第一种情况是走捷径，如角色不用走楼梯下楼，直接从二楼跳下更快。第二种情况是直接跨越两个独立的导航面，走过导航面不连通的路径。

这种在原有导航面基础上添加的路径或捷径就是导航链接。Unity 支持自动生成导航链接和手动生成导航链接，下面分别简述其制作方法。

1. 自动生成导航链接

自动生成导航链接非常容易，先将所有静态导航物体设置为“可生成链接”，再在烘焙窗口中设置角色的最大下落高度、最大跳跃距离，最后重新烘焙即可。其具体操作如下。

01 打开 Navigation 窗口的 Object 标签页（见图 11-10）。这个页面实际上是一个场景物体的过滤器，方便过滤和选择物体，如筛选所有具有网格渲染器的物体或所有具有地形组件的物体。无论是否过滤，只要在场景中选中所有需要生成导航链接的物体即可。例如，可以将前面所有设置为 Navigation Static 的物体选中，然后再在标签页中勾选 Generate OffMeshLinks（生成导航链接）。

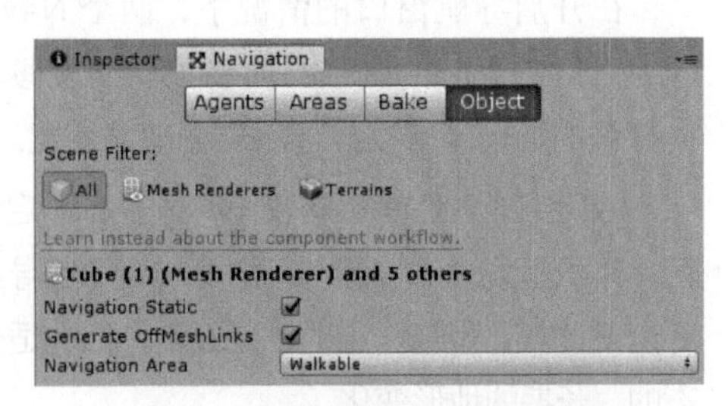

图 11-10 导航窗口的 Object 页面

02 完成之后回到 Bake 标签页，设置角色最大 Drop Height（下落高度）和最远 Jump Distance（跳跃距离），如图 11-11 所示。为了效果明显，可以将它们的值设置得大一些，如将 Jump Distance 设置为 10。

03 完成之后再次烘焙，烘焙结果中会多出很多小箭头，每个箭头都代表着一处导航链接，如图 11-12 所示。仔细观察会发现某些箭头是单向的，代表只能单向跳跃，如只能从平台上跳下，不能跳回去；而某些箭头是双向的，代表既能跳过来又能跳过去。

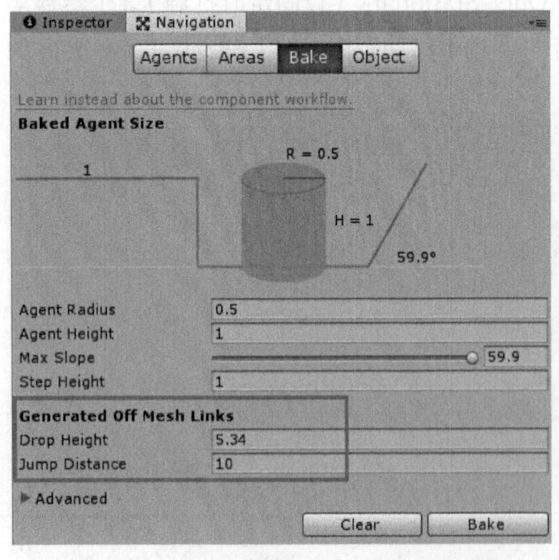

图 11-11 自动生成导航链接，具体参数设置

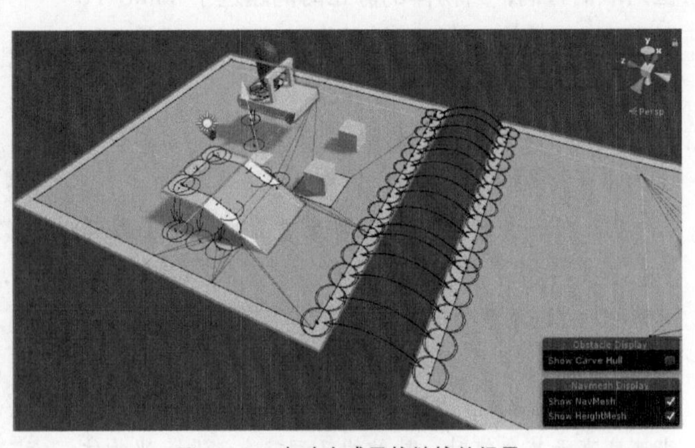

图 11-12 自动生成导航链接的场景

生成导航链接后依然可以用之前的导航代理脚本进行测试，此处不再赘述。

2. 手动生成导航链接

自动生成导航链接很方便，但不易控制，很容易生成大量链接。如果仅在个别地方需要链接，建议手动生成导航链接。手动操作的方法很简单，其操作步骤如下。

01 为方便起见，新建一个空物体，位置归 0。

02 新建两个物体作为它的子物体，这里分别命名为 NodeA 和 NodeB。

03 给父物体添加 Off Mesh Link（导航链接）组件，Start（起点）设置为 NodeA，End（终点）设置为 NodeB，如图 11-13 所示。

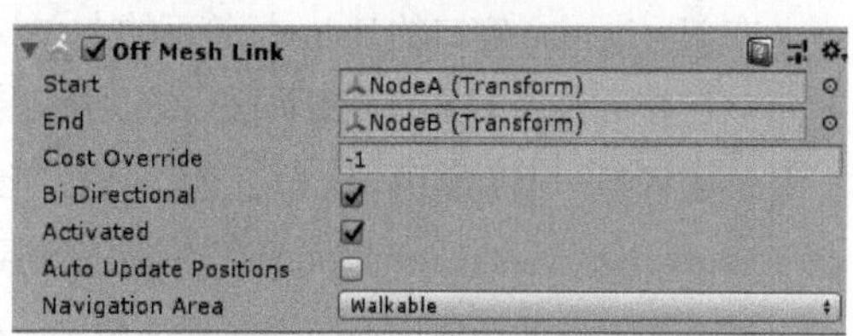

图 11-13 Off Mesh Link 组件

04 完成之后只要修改物体 NodeA 和 NodeB 的位置，就可以控制导航链接的位置了。为方便查看和修改，可以在移动物体时打开 Navigation 窗口，这样就可以看到表示链接的箭头。

这样生成的链接，使用时与自动生成的链接没有区别。

Off Mesh Link 组件还有一个 Bi Directional（双向链接）选项。勾选它表示既有正向链接又有反向链接，不勾选代表单向链接，只能从起点到终点，不能返回。

小提示

Off Mesh Link 组件可以挂载到任意物体上

Off Mesh Link 组件不一定要挂载到父物体上，也不一定像上文那样必须新建空物体和子物体。Off Mesh Link 组件可以挂载到任何物体上，而且指示 Off Mesh Link 组件起点、终点的物体也可以是任意物体，这里需要的只是位置信息而已。

本例这样做的目的是出于流程规范化的考虑，避免引用关系混乱。

11.2.6 导航系统补充说明

1. 导航与动画

在第 6 章动画部分提到，可以通过设置动画状态机的变量，让动画匹配由玩家直接控制的角色的移动。那么自动导航的角色如何与动画系统结合呢？

有两个常用属性可以获得导航代理的当前运动状态。一是 agent.velocity，类型为 Vector3，指的是导航代理当前速度向量，可以用速度的方向和大小来匹配移动动画。二是 agent.isOnOffMeshLink，类型为 bool，可以根据角色是否处于导航链接路径上，判断是否需要播放跳跃动画。

2. 导航区域

Navigation 窗口的第 2 个标签页是 Areas（区域设置），它用于配置更多导航区域，最多有 32 个，如图 11-14 所示。前文的讲解中都仅使用了第一个区域——Walkable（可行走区域）。

当地形一致时区域设置用处不大，但如果一个游戏中有各种复杂地形，如草原、沼泽和密林等区域，则需要导航代理按照最合理的方式选择路线。例如，宁可绕一些远路也不要横穿沼泽，此时地形的 Cost（代价）参数就派上用场了。

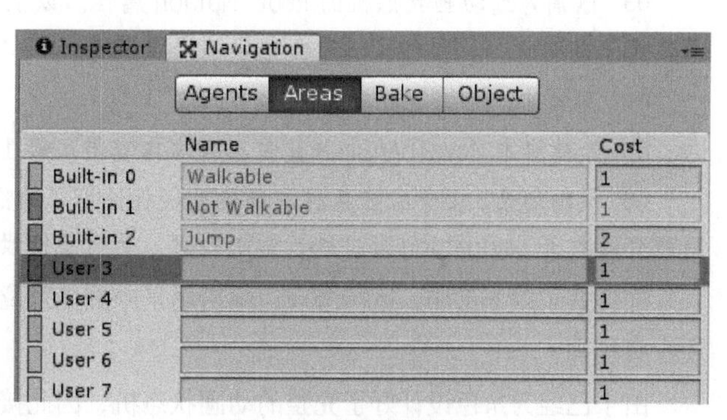

图 11-14 导航区域设置

如可以给草原区较低的 Cost，而给沼泽和密林区较高的 Cost。

A* 等寻路算法在计算路径时会充分考虑通过每个区域的 Cost，从而选择总 Cost 相对较小的导航线路。

3. 组件式导航系统

在 Navigation 窗口的 Bake 标签页的上方，有一句提示“Learn instead about the component workflow”，单击该链接会进入相关的介绍页面，该页面是新版的组件式导航系统 NavMeshComponents 的工程。

该工程是一个完整的 Unity 工程，可以下载后用 Unity 打开测试。如果要在工程中使用该系统，只需要将 Assets/NavMeshComponents 文件夹复制到 Assets 文件夹下即可。

这套新系统的功能比原版导航系统更多，但原版导航系统足以满足需求，而且 Unity 长期没有将组件式导航系统作为默认的导航系统。因此本节的重点还是介绍原版导航系统的使用方法。

11.2.7　导航综合实例

在第 6 章动画部分介绍过 Standard Assets，本节依然利用它演示导航系统的用法，特别是与角色动画配合使用的方法。

进入 Asset Store，下载并导入 Standard Assets 以后，会在工程根文件夹中多出两个文件夹，其中 SampleScenes/Scenes 文件夹下有很多范例场景，打开其中的 CharacterThirdPersonAI 场景，运行游戏可以看到一个场景和角色。用鼠标单击地面任意位置，角色会向该位置跑过去，如图 11-15 所示。

图 11-15　第三人称 AI 角色范例

看到效果以后，打开另一个范例场景 CharacterThirdPerson，此角色是一个标准的第三人称角色，支持键盘移动、跳跃和鼠标转动摄像头等操作，建议先运行游戏进行测试。

下文的目标是将这个主角改为通过鼠标单击进行移动，而且能够配合动画。

01 与这个角色运动相关的组件有两个脚本、刚体和动画状态机，分别对它们进行处理。

02 直接删除 Rigidbody 组件会提示刚体被其他组件使用，因此按引用关系，先删除 Third Person User Control 脚本，再删除 Third Person Character 脚本，最后再删除 Rigidbody 组件。

03 取消勾选动画状态机的 Root Motion 属性。以上几个步骤的目的是一致的（删除或禁用所有会修改角色位置的组件，让角色移动完全受导航代理控制）。

04 添加 Nav Mesh Agent 组件。

05 新建脚本 MoveToAnim 并挂载，脚本内容借用第 11.2.3 小节中的 MoveTo 脚本。

06 烘焙场景。由于官方素材的场景已经标注好了静态（GeometryStatic 及其子物体都是静态导航的），因此直接打开 Navigation 窗口进行烘焙即可，然后等待烘焙完成（场景覆盖蓝色）。

准备好了以上工作，运行游戏，单击场景中的任意位置，都可以看到角色会寻路向该位置移动，但暂时还没有动画。

由于已经为角色设计好了完整的动画状态机，因此接下来需要做的是用脚本控制动画变量，把导航代理与动画变量联系起来。由于改动较多，以下展示完整的代码。

```
using UnityEngine;
using UnityEngine.AI;

public class MoveToAnim : MonoBehaviour
{
    NavMeshAgent agent;
    Animator anim;
    void Start()
    {
        agent = GetComponent<NavMeshAgent>();
        anim = GetComponent<Animator>();
    }

    private void Update()
    {
        AgentMove();
        UpdateAnim();
    }

    void AgentMove()
    {
        if (Input.GetMouseButtonDown(0))
        {
            Ray ray = Camera.main.ScreenPointToRay(Input.mousePosition);
            RaycastHit hit;
            if ( Physics.Raycast(ray, out hit) )
            {
                agent.destination = hit.point;
                agent.SetDestination(hit.point);
            }
        }
    }

    void UpdateAnim()
    {
        // 获得当前的代理速度
        Vector3 v = agent.velocity;
        // 世界坐标系转局部坐标系
        v = transform.InverseTransformVector(v);
        // 转化坐标系后,z 轴代表前进量,x 轴代表转身量
        anim.SetFloat("Forward", v.z);
        anim.SetFloat("Turn", v.x);

        // 如果在导航链接中移动,切换空中动画
        if (agent.isOnOffMeshLink)
        {
```

```
            // 链接移动显得有点快，可以调整速度
            agent.speed = 1.0f;
            anim.SetBool("OnGround", false);
        }
        else
        {
            agent.speed = 3.6f;
            anim.SetBool("OnGround", true);
        }
    }
}
```

需要注意的重点代码是 UpdateAnim 函数，角色的走、跑、转身动画主要借助 Forward 和 Turn 两个动画变量，也可以分别看作“前进量”和“转身量”。如何从代理速度中提取这两个数值呢？如上文代码所示，只需要将世界坐标表示的速度向量转化到角色自身的坐标系，这样一来 z 轴就代表前进量，x 轴就代表转身量了。

修改好代码以后进行测试，可以看到已经能够在角色寻路的同时播放合适的动画了，如图 11-16 所示。

图 11-16 角色自动导航时播放动画

以上代码也考虑了跳跃的情况，处理比较简单，仅仅是在检测到角色处于导航链接时，就将动画的 OnGround 参数设置为“假”，这样角色就会做出一个蹲跳的动作。这部分读者可以在添加导航链接后进行尝试，此处不再赘述。

11.3 游戏 AI 的编程方法

在第 11.1.2 小节中，已经提到了有限状态机是 AI 编程的常用方法，那么本节将以 AI 设计为例，探讨有限状态机的编程思想。状态机的编程方法广泛应用于游戏框架设计、动画设计和 AI 设计，如第 6 章介绍的动画状态机就是一种典型的有限状态机。

掌握状态机的思想方法对提高编程技能、解决实际问题大有裨益。

11.3.1 有限状态机的概念

有限状态机简称状态机，是表示有限个状态，以及在状态之间的转移和动作等行为的数学模型。状态机的要素有状态和状态转移两个。

例如，第 6 章介绍的动画状态机就是一种非常典型的状态机，如图 11–17 所示。很明显，动画状态机最重要的属性就是节点和连线，其中每个节点都是一个动画片段（或动画融合树），而每根连线代表着可以从一个状态转移到另一个状态。

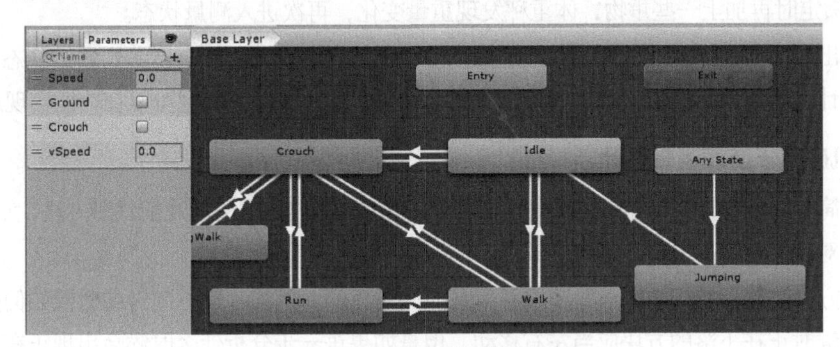

图 11–17 第 6 章的动画状态机实例

对动画来说，动画状态的转移是有条件的，一般是通过设定动画变量，使得动画播放完毕时能够跳转到另一个动画状态。其他编程逻辑也是一样，总要设计出一些必要的状态，并定义状态之间的转移条件，才能把一个复杂的逻辑描述清楚。

1. 状态机用于电子体重秤设计

AI 状态机既可以用于复杂逻辑也可以用于简单逻辑，此处先从一个简单的、不属于 AI 的例子开始——电子体重秤，如图 11–18 所示。

电子体重秤是一种常见的电子设备，一般不需要用按钮或遥控器操作，使用时人只需要站在上面，或者把需要称重的物体放在上面，保持几秒钟，很快就会在小屏幕上显示出测量的结果。

它的工作流程是自动化的，背后也有一段程序控制它的测量过程。如果用状态机的方法分析它，它应当具有几种状态？状态之间又是如何切换的呢？

根据使用流程分析出它的基本工作状态如下。

①休眠状态。

图 11–18 电子体重秤

②启动状态（初始化）。

③测量状态（数字会持续变化的状态）。

④锁定状态（数字不再变化的状态）。

不再使用时会回到休眠状态，因此基本上只有以上几种工作状态。其状态转移的条件如下。

①在休眠状态下，如果感受到压力则启动。

②启动后立即进入测量状态。

③在测量状态下，持续测量并显示当前重量值。如果重量在几秒内没有变化，进入锁定状态。

④锁定状态，显示测量结果，数字闪烁提示。在锁定状态下一段时间后压力不变，则进入休眠状态；如果压力大幅变化则再次进入测量状态。

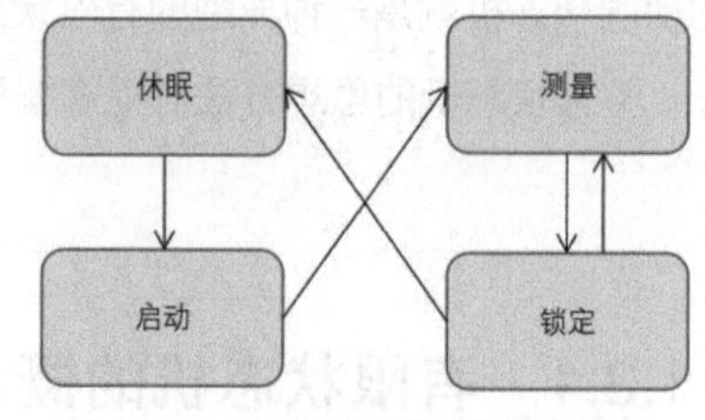

图 11-19 电子体重秤的状态转移图

将以上描述画成状态转移图，如图 11-19 所示。

以上状态转移图是根据观察分析得出的结论，其他电子体重秤的逻辑与其可能有所不同。但重要的是，可以设想几种常规和非常规使用场景，去分析和测试是否存在设计漏洞。如以下设想。

设想 1，在锁定后离开体重秤。体重秤发现压力大幅降低，切换到测量状态，然后再次进入锁定状态。

设想 2，在测量未结束时离开体重秤。测量值变为 0，一段时间后进入锁定状态。

设想 3，锁定时再加上一些重物，体重秤发现重量变化，再次进入测量状态。

还可以举出很多像这样的测试例子。经过推演发现，很多特殊行为都会转移到锁定状态，逻辑上没有明显漏洞。在设计上未发现错误的状态机就可以考虑用代码实现了，细节问题可以在功能实现后进一步测试。

2. 状态机应用于游戏逻辑设计

某些看似简单的游戏，实际编写的代码并不简单。例如，经典的电子游戏俄罗斯方块，如图 11-20 所示，用编程实现它对于初学者来说相当具有挑战性。

就俄罗斯方块来说，游戏中有一些逻辑并不是显而易见的。例如，按方向键的时候如何处理？从表面上看，按下方向键时正在下落的方块应当左右移动，但是如果进一步分析什么时候会出现正在下落的方块，就会发现有方块下落的状态仅仅是多个游戏状态中的一种。

俄罗斯方块的游戏流程，至少分为生成方块、方块下落、方块固定、消除整行方块、游戏结束 5 种状态，其中只有方块下落状态是受玩家控制的，其他状态都不用考虑玩家的输入。从状态机的角度考虑，游戏逻辑会变得十分清晰，如图 11-21 所示。

图 11-20 俄罗斯方块游戏截图

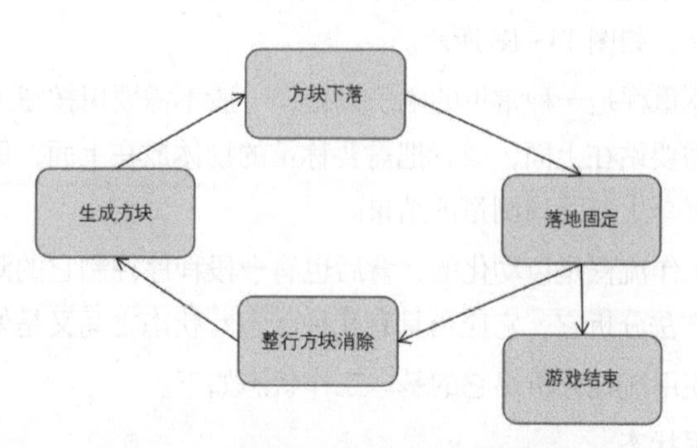

图 11-21 俄罗斯方块的游戏状态转移图

编写逻辑时，代码中有一个关键变量——CurrentState（当前状态）。代码按照状态分成 5 部分，每一帧根据当前状态执行其中的一部分，满足某条件时修改当前状态，影响下一帧执行的逻辑。

严格按照这种思路编写代码，就可以避免大量的条件判断，让代码变得清晰，从而减少出错的可能性。

3. 状态机应用于游戏 AI 设计

现代的很多游戏中都有一些具备简单智能的敌人，特别是潜行类游戏，例如在《细胞分裂》《盟军敢死队》《合金装备》等游戏中，具有一定智能的敌人是游戏设计的核心，也是让玩家乐此不疲、不断挑战的动力。

下文就设计一个画面比较单纯的游戏，如图 11-22 所示，这是一款具有一个玩家、多个敌人，以及场景障碍的俯视角游戏。

在该游戏中，玩家的目标是潜入建筑物。而敌人具有一定的智能，会巡逻、观察周围，发现玩家后会主动出击。如果玩家逃跑它会追击，而且为避免中了调虎离山之计，它们还会在离起点过远时回到起点。

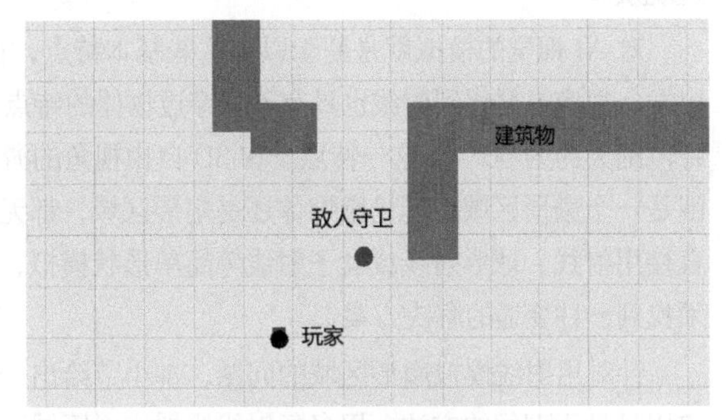

图 11-22 潜入型游戏设计

下文从有限状态机的思想出发，根据需求设计敌人 AI 的状态。如果拿不准需求，一开始可以设计得简单些，如仅设计待机状态、进攻状态和返回状态，如图 11-23 所示。

简单描述一下，敌人 AI 初始是待机状态。当发现目标后切换到进攻状态。进攻状态时会追击目标并射击，如果目标死亡或远离，就切换到返回状态，向起点前进。返回到起点时再次切换到待机状态。

在此基础上，如果敌人 AI 在返回途中被击中就会再次切换到进攻状态（避免玩家在敌人 AI 返回途中偷袭）。

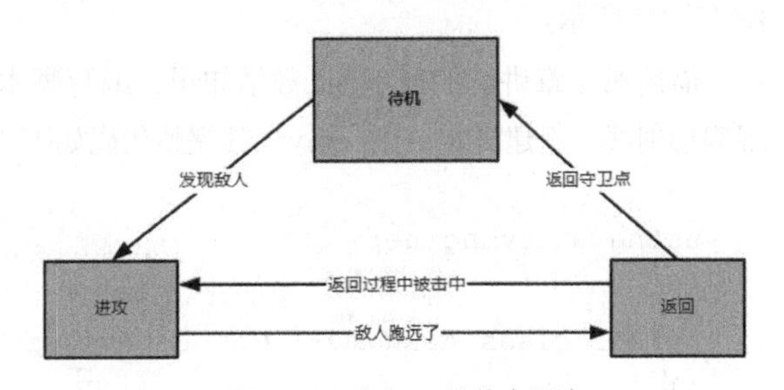

图 11-23 敌人 AI 的状态设计

这个设计比较简单，下面考虑实现方法。从实现角度上考虑，敌人应当具有下列基础特性。

特性 1，视觉。模拟人类观察周围的方式，敌人能够看到面前 60° 到 90° 的扇形范围。

特性 2，自动寻路。无论向攻击目标移动，还是在场景内巡逻，敌人都应当具备寻路功能。

特性 3，瞄准和射击。朝目标攻击时，最好有预判目标位置的能力，以便攻击移动的目标。

在这 3 项特性中，自动寻路已经在本章有详细介绍，瞄准和射击是简单的 3D 数学问题，只有视觉模拟问题需要进一步研究。那么下一小节将讲解如何模拟 AI 角色的“视觉”。

小知识

自顶向下设计，自底向上编码

在遇到难度较大的问题时，任何人一开始都会不知道从何入手。但是一般来说，程序方面的问题总能通过分解的方法，把大的问题分解为小的问题，分而治之，从而把复杂问题变成简单问题的有机组合。

把大问题划分为一个一个的步骤或者子问题，可以称为“自顶向下设计”。而在实际编写代码时，只能从具体的功能出发，让每一段代码都有明确的输入和输出，都有明确的数据结构和算法，这叫作“自底向上编码”。

其中“顶层”或“上层”，指的是与需求相关的具体表现和业务逻辑，也可以认为是玩家能直接看到或感受到的部分。而“下层”或“底层”，指的是支撑上层功能得以实现的基础设施，如寻路系统就是游戏 AI 的底层设施。

11.3.2 模拟 AI 视觉

人类的视觉系统主要有以下几个特点。

特点 1，距离有限。近的看得清，远的看不清。

特点 2，容易被遮挡。不能穿过任何不透明的障碍物。

特点 3，视野范围大约为 90° 。视线正前方信息丰富，具有色彩和细节；视线外侧的部分只有轮廓和运动信息。

特点 4，注意力有限。当关注某个具体的方位或物体时，其他部分被忽略，如魔术中的障眼法总是能骗过观众。

对 AI 视觉的模拟就是基于以上这些基本特点，在此基础上有各种各样的实现思路。如果从第 2 个特点出发，很容易联想到射线也具有不能穿过物体的特点，而且射线也可以设定发射距离。最大的难点在于"视野范围大约为 90° "这一特点。在 3D 自由视角的游戏中，视野范围是一个圆锥体，在俯视角游戏中视野范围是一个扇形区域。无论圆锥体还是扇形区域，都无法直接用射线、球形射线或盒子射线等简单形状模拟，必须找到一种变通的解决方案。

针对用射线模拟扇形区域的问题，本小节给出一个实用且易于理解的方法：用多条射线模拟扇形区域，如图 11-24 所示。

借用第 4 章讲解的简单 3D 数学知识，编写脚本实现扇形射线。新建脚本 AIEnemy，其完整代码如下。

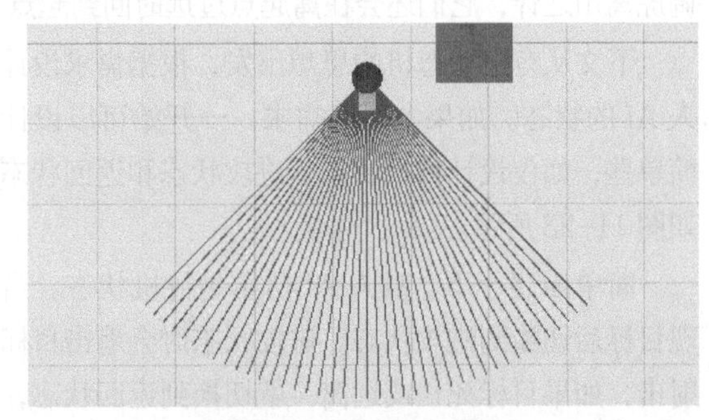

图 11-24 扇形射线检测

```
using UnityEngine;

public class AIEnemy : MonoBehaviour
{
    public int viewRadius = 4;          // 视野距离
    public int viewLines = 30;          // 射线数量，越多则越密集

    void Start()   {  }

    void Update()
    {
        FieldOfView();
    }

    void FieldOfView()
    {
        // 获得最左边那条射线的向量，相对正前方，角度是 -45°
        Vector3 forward_left = Quaternion.Euler(0, -45, 0) * transform.forward *
viewRadius;
        // 依次处理每一条射线
        for (int i = 0; i <= viewLines; i++)
```

```
            {
                // 每条射线都在 forward _ left 的基础上偏转一点，最后一个正好偏转 90° 到视线最右侧
                Vector3 v = Quaternion.Euler(0, (90.0f / viewLines) * i, 0) * forward _
left;
                // 角色位置加 v，就是射线终点 pos
                Vector3 pos = transform.position + v;
                // 从玩家位置到 pos 画线段，只会在编辑器里看到
                Debug.DrawLine(transform.position, pos, Color.red);
            }
        }
    }
```

简单说明：角色的前方向量为 transform.forward，将它偏转 θ 度只需乘一个沿 y 轴偏转 θ 度的四元数即可，再乘以视野距离进行缩放，就得到了其中一条射线的向量。以此类推，就可以得到所有的射线向量。

得到这些向量以后，还需要显示出来，暂时先用 Debug.DrawLine 方法代替。但注意这种方法在最终的游戏发布版中看不到，只能在开发时看到。如果默认场景窗口中能看到，但 Game 窗口看不到，单击 Game 窗口右上角的 Gizmoz 按钮即可切换隐藏或显示辅助线。

注意前面得到的是射线，而 Debug.DrawLine 需要的是起点和终点。其中起点就是角色位置，而终点则应当是通过“玩家位置 + 向量”得到的。

这样就得到了扇形的表面效果，可搭建一个简单场景（如借用第 2 章实例中的场景），将脚本挂载到任意敌人身上，运行游戏进行测试。可以在场景窗口中看到发射射线的效果。

但这只是第一步，实际还需要将射线发射出去才可以。只有将射线发射出去才能判断是否碰到了障碍物，如果碰到障碍物，视线端点就落在碰撞点上。将 FieldOfView 的代码修改如下。

```
        void FieldOfView()
        {
            // 获得最左边那条射线的向量，相对正前方，角度是 -45°
             Vector3 forward _ left = Quaternion.Euler(0, -45, 0) * transform.forward
* viewRadius;
            // 依次处理每一条射线
            for (int i = 0; i <= viewLines; i++)
            {
                // 每条射线都在 forward _ left 的基础上偏转一点，最后一个正好偏转 90° 到视线最右侧
                Vector3 v = Quaternion.Euler(0, (90.0f / viewLines) * i, 0) * forward _
left;
                // 角色位置加 v，就是射线终点 pos
                Vector3 pos = transform.position + v;

                // 实际发射射线。注意 RayCast 的参数，重载很多容易搞错
                RaycastHit hitInfo;
                if (Physics.Raycast(transform.position, v, out hitInfo, viewRadius))
                {
                    // 碰到物体，终点改为碰到的点
                    pos = hitInfo.point;
```

```
            }

            // 从玩家位置到pos画线段，只会在编辑器里看到
            Debug.DrawLine(transform.position, pos, Color.red);
        }
    }
```

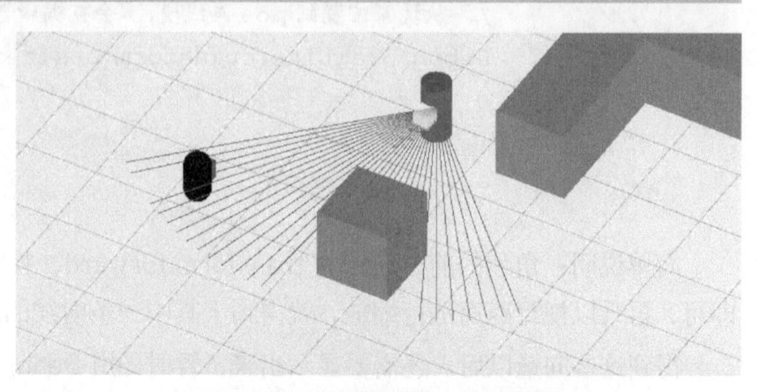

图 11-25 射线被障碍物阻挡的效果

再次运行游戏进行测试，用任意障碍物阻挡射线，会发现射线确实出现了被阻挡的效果，如图 11-25 所示。

在实际游戏中，当射线击中玩家时，就表示敌人发现了玩家，这时就需要进行进一步处理。简单来说，就是把逻辑代码插入上述代码的 if 代码段里。

以上方法虽然实现了逻辑功能，但没有清晰表现出视野范围。在经典的潜入类游戏中，为了给玩家提示具体的敌人视野范围，会加入明显的画面表现。例如，经典游戏《盟军敢死队》中有一个非常夸张的绿色三角形，用来提示敌人的视野区域，如图 11-26 所示。较新的游戏作品如《影子战术》《忍者之印》也延续了这种设计。

图 11-26 《盟军敢死队》中的敌人视野表示，绿色三角形范围

下面利用程序建模的方法，将视野范围显示出来，其准备工作如下。

01 给敌人新建一个空物体作为子物体，命名为 view，位置归 0。

02 添加 Mesh Renderer 组件和 Mesh Filter 组件。

03 新建一个材质，将它的渲染模式改为 Transparent（透明），颜色改为绿色，透明度改为 150 左右，如图 11-27 所示。为检验材质设置可以将它拖曳到立方体上进行测试，观察透明度是否合适。

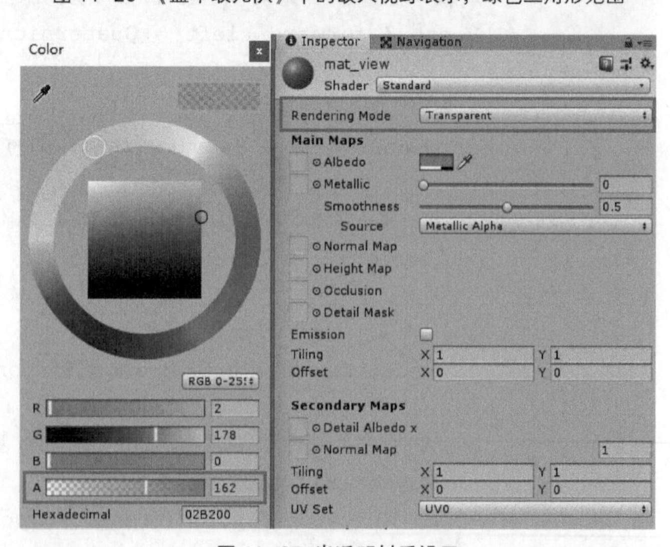

图 11-27 半透明材质设置

04 将材质球拖曳到新建的 view 物体上。由于 view 物体暂时没有模型，因此显示不出来。

由于视野范围是动态变化的，因此需要用代码拼出一个扇形平面模型并赋予 view 物体，以表现视野范围。由于改动较多，将修改后的完整脚本展示如下。

```
    using System.Collections.Generic;
```

```
using UnityEngine;

public class AIEnemy : MonoBehaviour
{
    public int viewRadius = 4;        // 视野距离
    public int viewLines = 30;         // 射线数量，越多则越密集

    public MeshFilter viewMeshFilter;
    List<Vector3> viewVerts;          // 顶点列表
    List<int> viewIndices;            // 顶点序号列表

    void Start()
    {
        Transform view = transform.Find("view");
        viewMeshFilter = view.GetComponent<MeshFilter>();

        viewVerts = new List<Vector3>();
        viewIndices = new List<int>();
    }

    void Update()
    {
        FieldOfView();
    }

    void FieldOfView()
    {
        // 清空顶点列表
        viewVerts.Clear();
        viewVerts.Add(Vector3.zero);        // 加入起点坐标，局部坐标系

        // 获得最左边那条射线的向量，相对正前方，角度是-45°
        Vector3 forward_left = Quaternion.Euler(0, -45, 0) * transform.forward *
viewRadius;
        // 依次处理每一条射线
        for (int i = 0; i <= viewLines; i++)
        {
            // 每条射线都在 forward_left 的基础上偏转一点，最后一个正好偏转 90°到视线最右侧
            Vector3 v = Quaternion.Euler(0, (90.0f / viewLines) * i, 0) * forward_
left;
            // 角色位置加 v，就是射线终点 pos
            Vector3 pos = transform.position + v;

            // 实际发射射线。注意 RayCast 的参数，重载很多容易出错
            RaycastHit hitInfo;
            if (Physics.Raycast(transform.position, v, out hitInfo, viewRadius))
```

```
            {
                // 碰到物体，终点改为碰到的点
                pos = hitInfo.point;
            }

            // 将每个点的位置加入列表，注意转为局部坐标系
            Vector3 p = transform.InverseTransformPoint(pos);
            viewVerts.Add(p);
        }
        // 根据顶点位置绘制模型
        RefreshView();
    }

    void RefreshView()
    {
        viewIndices.Clear();
        // 逐个加入三角面，每个三角面都以起点开始
        for (int i = 1; i < viewVerts.Count-1; i++)
        {
            viewIndices.Add(0);      // 起点，角色位置
            viewIndices.Add(i);
            viewIndices.Add(i+1);
        }

        // 填写Mesh信息
        Mesh mesh = new Mesh();
        mesh.vertices = viewVerts.ToArray();
        mesh.triangles = viewIndices.ToArray();
        viewMeshFilter.mesh = mesh;
    }
}
```

之前没有涉及用代码生成模型（Mesh 网格）的讲解，读者可以将上述过程理解为套路化代码即可。如果读者想理解相关细节，可以参考其他资料，关键字为“Unity 构建 Mesh”或“Unity 创建 Mesh”。

简单来说，网格信息是由“顶点”和“顶点序号”组成的。顶点是空间位置，因此用 Vector3 表示，所有顶点放在一个大数组中，每个顶点对应一个数组的下标。

而顶点序号指的正是数组的下标。由于网格是由三角面组成的，因此就以 3 个序号为一组，3 个又 3 个地填写顶点序号，就代表着 1 个又 1 个的三角面。

这里由于要构建扇形，因此扇形本身的序号是有规律的，如图 11-28 所示。

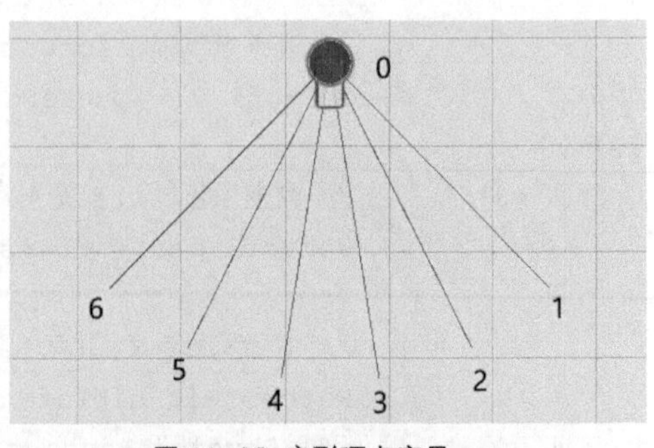

图 11-28 扇形顶点序号

为清晰起见，将 viewLines 变量改为 5，只发射 6 条射线。为将这些线连成三角面，序号应当为 0-1-2、0-2-3、0-3-4、0-4-5、0-5-6。每个三角面都是从起点开始的，很有规律性，

将这些序号依次填入 viewIndices 列表即可。如果出现序号越界、序号总数不是 3 的倍数等情况，Unity 就会在运行时报错。

小知识

三角面的正反

三角面是由 3 个顶点序号组成的，而 3 个点的顺序可能有两种，分别是 a-b-c 和 a-c-b，即顺时针方向和逆时针方向。一般的材质默认都是单面渲染，每个面只能从一侧看到，而另一侧看不到。

只要是顺时针，具体点的先后顺序不同是没有影响的，例如，a-b-c、b-c-a 和 c-a-b 都是等价的，而 c-b-a 就是相反的。

如果在编写代码时发现看不到三角面，那么就查看反面是否显示。交换 3 个点中任意 2 个序号的顺序，即可将三角面反向。

准备好顶点列表和顶点序号列表后，就可以创建 Mesh 对象了。Mesh 对象的几个属性都是数组类型，因此需要用 List.ToArray 方法将列表转为数组。最后将 Mesh 对象赋予 Mesh Filter 组件即可。

按照上述步骤操作并运行游戏，就会得到一个半透明的绿色扇面模型，如图 11-29 所示。而且绿色范围被障碍物阻挡时依然能正确显示范围。

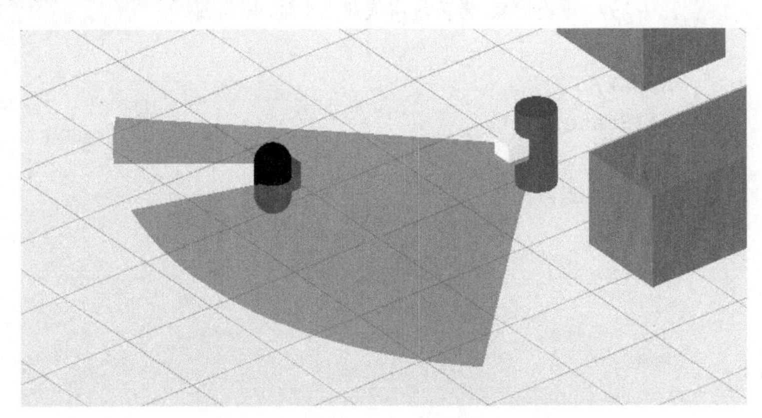

图 11-29 半透明绿色表示的扇形视野范围

11.3.3 游戏 AI 实例

讲到这里，AI 角色已经是“万事俱备，只欠东风”了。接下来用最简单的方式实现敌人的 AI 状态机。首先根据第 11.3.1 小节的分析，定义敌人的 3 个状态——待机、进攻和返回。

```
enum AIState
{
    Idle,    // 待机状态
    Attack, // 进攻状态
    Back,    // 返回状态
}
```

然后将 Update 函数改为状态机的模式，直接用 switch-case 语句实现。

```
public class AIEnemy : MonoBehaviour
{
```

```
    AIState state;           // AI 状态机的“状态”

    // 略

    void Update()
    {
        switch(state)
        {
            case AIState.Idle:
                {
                    // 待机状态。进行视线检测，若发现玩家则进攻
                    FieldOfView();
                }
                break;
            case AIState.Attack:
                {
                    // 进攻状态，若离玩家或起点太远，则返回
                }
                break;
            case AIState.Back:
                {
                    // 返回状态
                }
                break;
        }
    }
}
```

状态机的原理比较复杂，但只需用一个 switch-case 语句就能实现，或者用 if 语句编写也可以。之后只要把设计思路按部就班地编写成程序代码即可。

01 在待机状态下，要不断进行射线检测。如果射线检测发现了玩家，就可以将玩家的引用保存起来，以便后面进攻时使用。需要注意的是，应当将玩家及其子物体的 Tag 都改为 Player，方便判断。

02 在进攻状态下，不断向目标位置移动（利用导航系统）。同时检测当前位置与起点或玩家之间的距离，如果距离过远就返回。

03 在返回状态下，先朝起点的位置移动，当移动到位后，再转向正面，回到一开始的朝向。有必要一开始就把初始的位置和朝向记录下来，分别是 homePos 和 homeRot。

```
public class AIEnemy : MonoBehaviour
{
    AIState state;           // AI 状态机的“状态”
    Transform target;        // 目标角色
    Vector3 homePos;         // 起点位置
    Quaternion homeRot;      // 起点的朝向

    public int viewRadius = 4;       // 视野距离
```

```
public int viewLines = 30;          // 射线数量，越多则越密集

MeshFilter viewMeshFilter;
NavMeshAgent agent;

List<Vector3> viewVerts;           // 顶点列表
List<int> viewIndices;             // 顶点序号列表

void Start()
{
    Transform view = transform.Find("view");
    viewMeshFilter = view.GetComponent<MeshFilter>();
    agent = GetComponent<NavMeshAgent>();

    viewVerts = new List<Vector3>();
    viewIndices = new List<int>();
    state = AIState.Idle;

    homePos = transform.position;
    homeRot = transform.rotation;
}

void Update()
{
    switch(state)
    {
        case AIState.Idle:
            {
                // 待机状态。进行视线检测，若发现敌人则进攻
                FieldOfView();
                if (target != null)
                {
                    state = AIState.Attack;      // 转换状态
                }
            }
            break;
        case AIState.Attack:
            {
                // 进攻状态，若离玩家或起点太远，则返回
                agent.SetDestination(target.position);
                if (Vector3.Distance(transform.position, target.position) > 10)
                {
                    target = null;
                    state = AIState.Back;
                }
                if (Vector3.Distance(transform.position, homePos) > 15)
```

```
                {
                    target = null;
                    state = AIState.Back;
                }
            }
            break;
        case AIState.Back:
            {
                // 返回状态
                agent.SetDestination(homePos);
                if (!agent.hasPath)
                {
                    // 回到起点，匀速转到正面
                    if (Quaternion.Angle(homeRot, transform.rotation) > 0.5f)
                    {
                        // 逐步向目标角度转动，每次最多转 2°
                        Quaternion q = Quaternion.RotateTowards(transform.rotation,
homeRot, 2f);
                        transform.rotation = q;
                    }
                    else
                    {
                        state = AIState.Idle;
                    }
                }
            }
            break;
    }
}

void FieldOfView()
{
    // 略
    if (Physics.Raycast(transform.position, v, out hitInfo, viewRadius))
    {
        // 碰到物体，终点改为碰到的点
        pos = hitInfo.point;
        // 如果碰到玩家，记录目标
        if (hitInfo.transform.CompareTag("Player"))
        {
            target = hitInfo.transform;
        }
    }
    // 略
}
```

```
    void RefreshView()
    {
        // 略
    }
}
```

这段代码看似很长，但分别看成 3 个 case 里的内容并不难理解。

最后返回状态的代码包含实用的四元数技巧，其中 Quaternion.Angle 用于判断两个四元数之间的夹角，Quaternion.RotateTowards 则用于实现匀速旋转。要等敌人转到原来的朝向以后，敌人才会切换回待机状态。

代码编写完成以后，就可以运行游戏测试各个状态是否与预期一致，运行效果如图 11-30 所示。

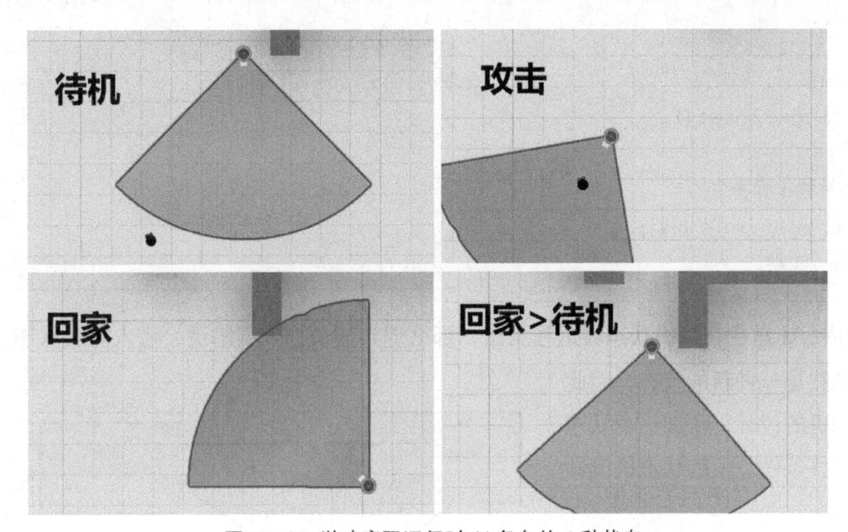

图 11-30 游戏实际运行时 AI 角色的 4 种状态

11.3.4 扩展 AI 状态机

实际游戏开发中的 AI 状态机一般来说都比上文介绍的更复杂，但从思路上来讲，都是对上述状态机的扩展。扩展的途径有两条：一是给原有的每一种状态添加更多功能、更多状态转移的途径；二是扩展更多状态。下面举几个实例说明。

需求 1：如果 AI 角色在返回阶段被攻击，那么反击。

要满足此需求，可以让 AI 角色在返回状态被攻击时切换到攻击状态，不需要增加新的状态。其代码如下。

```
    void Update()
    {
        switch(state)
        {
            case AIState.Idle:
                // 略
            case AIState.Attack:
```

```
                // 略
            case AIState.Back:
                {
                    // 返回状态
                    if (target != null)
                    {
                        state = AIState.Attack;
                    }
                    // 略
                }
                break;
        }
}

void OnTriggerEnter()
{
    // 如果被子弹击中
        target = 攻击者;
}
```

需求 2：如果 AI 角色在待机状态被远程狙击，那么退到建筑物入口附近，进入隐蔽状态。

由于隐蔽显然是一种新的状态，因此要修改原有状态机的设计，新加一个状态和必要的状态转移条件。新的状态机设计如图 11-31 所示。

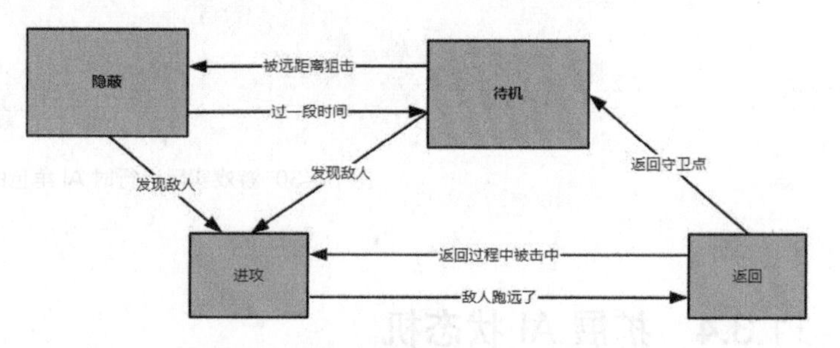

图 11-31 添加了隐蔽状态的状态机设计图

首先，按照需求的字面意思理解，待机时被狙击应当隐蔽，也就是退回建筑物里的隐蔽点，并向外保持警戒。但隐蔽不应一直持续下去，在超过一定时间后应当再回到待机状态（这里只是举例，以具体游戏设计为准）。其次，隐蔽状态也是一种警戒状态，如果在隐蔽时目标进入视野，也应当立即切换到攻击状态。

因此，加入隐蔽这一状态后，共需要添加 3 个状态转移条件。

严格按照这种思维模式，根据需求扩展状态逻辑、添加新的状态，就可以添加越来越多的功能。只要需求、思路、状态设计是清晰的，就能保证代码是清晰的。

小知识

状态增多时代码复杂度将急剧增加

使用状态机技术制作 AI 时，随着 AI 状态的增多，会出现状态转移条件快速增多的情况。

例如，上文仅增加了 1 种状态，就增加了 3 个转移条件。根据图论，增加顶点时，连线数会以平方的量级增加。因此 AI 状态显著增多时，会极大增加代码的复杂度。在实践中，每增加一个新状态，都需要考虑它与原来的每一个状态之间有没有联系。

但这些问题仅仅在状态数量极大增加时才会出现，状态机依然是大多数 AI 设计的首选方案。

11.3.5 其他 AI 编程技术

使用状态机技术足以满足大多数游戏 AI 设计的需要，但确实有某些类型的游戏对 AI 提出了更高层次的要求。本小节简单介绍一些更高级的游戏 AI 设计技术，为读者进一步学习提供参考。

1. 群体 AI

前文已经提到过，AI 的设计是分层次的，导航系统和视野模拟属于底层；而状态机属于上层的决策层，是对底层功能的组织。当游戏中有很多 AI 角色时，有必要再加入一个更高的“群体决策层”。

群体决策有多种表现形式，如在战棋类游戏中，玩家与计算机对手都控制着多名角色。要让 AI 对玩家有一定挑战性，仅针对每一个 AI 角色编程是不够的，还需要有纵观全局的决策逻辑，可以称之为 meta AI（元 AI）或群体 AI，如图 11-32 所示。简单来说，就是一个场外的 AI 物体也具有一个状态机，它代表的是全局性的状态，如全局待命、全局防御和全局进攻某个单位等。

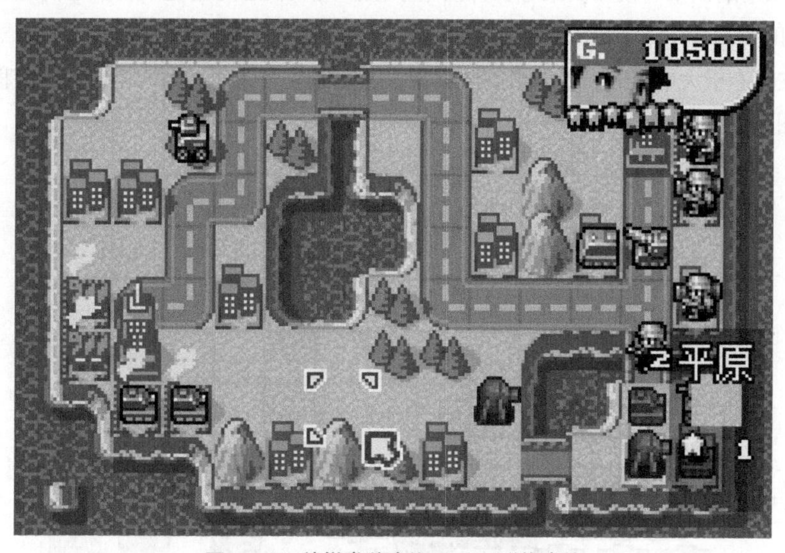

图 11-32 战棋类游戏的 AI 需要群体决策

例如，在默认情况下，所有角色处于待命状态。当敌人进入了某个外围角色的攻击范围时，假如没有全局性 AI 的介入，很容易出现外围角色独自冲向敌人的情况。在这种情况下，外围角色没有其他角色的支援一定会陷入一对多的局面，很大概率会白白“送死”。

如果有群体 AI 的设计，当外围角色遭遇敌人时，可以由全局 AI 决策，根据具体情况选择全体进攻、外围人员退守或者所有角色集中防守某个点等方式。无论选择哪种方式，都显得比没有群体 AI 的情况更智能，让玩家无法通过简单的小聪明取胜，迫使玩家认真思考对策。

群体 AI 与角色个体 AI 是互相配合的关系，可以简单理解为，群体 AI 提供的是一些参数，具体角色 AI 在执行时只是参考这些参数，并不一定要严格执行。例如，在整体进攻的时候，冲锋型近战角色就算生命值不足也应继续进攻，但治疗型角色可以在血量不足时退守，以保存持续战斗力。

群体 AI 还有一些更简单的实现方法，例如，在很多潜入型游戏中，发现玩家的 AI 角色会在短时间内发出喊叫声，喊叫声会惊动一定范围内的其他 AI 也朝这个方向移动。这样并不需要设计复杂的群体 AI，也能达到多个 AI 互相配合的效果。

2. 基于效用的决策

在 AI 设计中，Utility（效用）是一个专有名词，要理解它的含义可以对比前面设计的 AI 状态机。在之前的状态机中，AI 角色有待机、进攻和返回 3 种状态，且状态之间的切换条件是非常严格、死板的，这种死板的设计用在之前的案例中比较合适。

而在某些目标不那么明确的游戏中，状态的选择往往没有 100% 确定的方式，只有相对更好一些的决策，典型的游戏如《模拟人生》。假设《模拟人生》中的 AI 角色在家中有读书、玩游戏、吃饭和上厕所几种选择，它应当根据紧迫度和利益对每一种选择打一个分数，然后选出分数最高的那一件事情去做。这里的分数就是用于衡量效用高低的。

例如，当肚子很饱时，吃饭的效用就很低，而肚子很饿时，吃饭就具有较高的效用。读书和娱乐的效用也可以根据当前的疲劳度和 AI 角色的“偏好”来确定。

3. 行为树

现代出现了越来越多包含复杂 AI 的游戏，如足球、即时战略、多人竞技类游戏等，这些游戏会综合运用群体 AI、基于效用的决策、模糊决策等多种技术手段。而从状态的角度来看，它们的状态也非常多，而且会随着 AI 功能的增强变得越来越多。

前文说过，在状态极大增多时，状态机的逻辑会快速变得复杂，而行为树可以在一定程度上解决复杂度增加的问题，如图 11-33 所示。

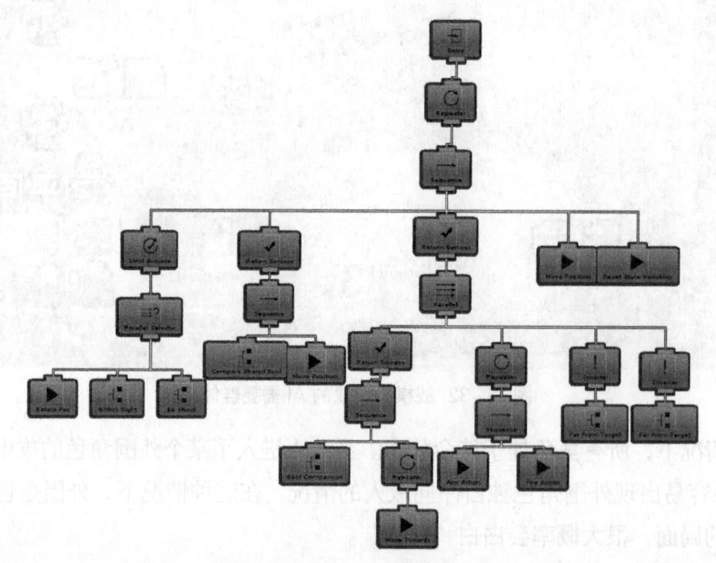

图 11-33 行为树实例

简单来说，行为树大体上提供了条件节点、行动节点和组合节点等 3 类节点。

例如，前面的模拟视觉功能可以作为条件节点；导航到某位置，是一个行动节点；而组合节点提供了顺序执行、并列执行等基本组合方式，以及根据效用选择、根据优先度选择等多样化功能。

行为树擅长进行复杂的 AI 设计，而且对简单的 AI 设计也有良好的兼容性，可以说在 AI 设计领域可以代替有限状态机。但编者的经验是，对于 AI 设计来说使用哪种技术并不是关键，明确和细化需求、在实现功能前理清思路才是关键。当需求中有不明确的状态，甚至状态设计有矛盾时，无论采用哪种技术都不会顺利。

同一种设计方案，用状态机或行为树分别进行实现，得到的设计图有相似性，可以明显看出某种相似的模式，而这个模式是需求和设计思路决定的。

Unity 的 Asset Store 里有一些成熟的行为树插件（如 Behavior Designer），提供了完善的行为树解决方案，如设计复杂游戏 AI 的需求，读者可参考相关资料进行学习。

第 12 章 综合实例——秘密敢死队

本章将介绍一个比较完整的游戏实例。这个游戏是一个俯视角潜行类游戏，涉及的技术包括角色控制器、物理系统、动画、界面和游戏 AI 等。本章不仅对前面介绍过的各种开发技术进行了总结，而且展示了很多细节问题及其解决方案，这些细节问题在制作较完整的游戏时会经常遇到。

12.1 游戏设计

12.1.1 潜行类游戏简介

潜行类游戏从来都不是游戏市场的主流，但是它有着独特的魅力，从未远离人们的视野。从许多年前至今，每隔一段时间总会出现一两款令人印象深刻的潜行类佳作。例如，最知名的潜行类游戏有小岛秀夫的《合金装备》系列，第一人称潜行玩法的远祖《神偷》系列，融合了即时战略玩法的《盟军敢死队》系列等。潜行类游戏属于玩法上的细分类型，早期的经典作品开创并确立了这一类型。

新一代潜行类游戏往往融合了多样化的玩法，不再那么纯粹。潜行类游戏的核心体验是在黑暗中屏住呼吸，悄悄接近敌人并一举击杀，稍有不慎便前功尽弃。这种紧张感与刺激感是超越时代的，为一代又一代的玩家所津津乐道。

12.1.2 游戏总体设计

本章要制作的实例是一个俯视角单主角潜行类游戏，其设计了多种武器道具以丰富游戏玩法。游戏总体效果如图 12-1 所示。

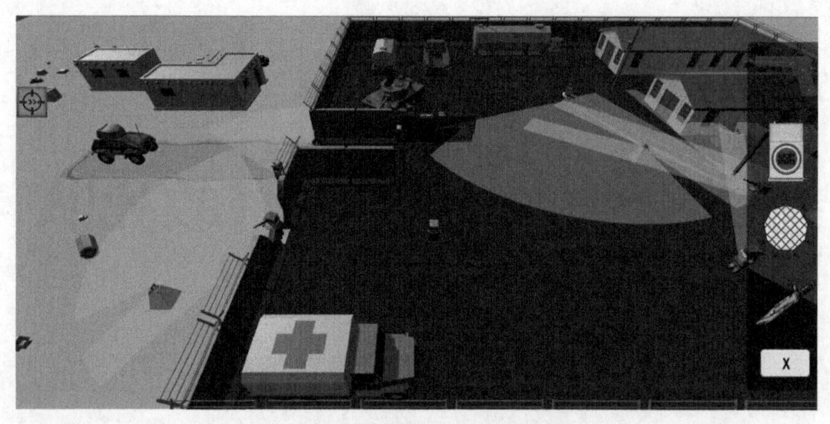

图 12-1 《秘密敢死队》游戏画面

1. 游戏控制方式

游戏视角：为直观起见，游戏为俯视角，镜头不可旋转；支持镜头升降。

基本移动控制：使用键盘方向键控制角色移动。

武器和道具：主角有多种武器和道具，可以选择手枪、诱饵、陷阱和匕首 4 种武器，也可以收起武器保持空手状态。

射击：当装备手枪、诱饵或匕首时，用鼠标控制攻击方向或目标点，单击鼠标左键发射。

2. 敌人设计

敌人是外形与主角类似的人形角色，走路、跑步与射击等基本动作与主角相同。

敌人 AI：敌人拥有一定智能，可以在巡逻、追击和射击等状态之间切换。

视觉感知：敌人具有扇形视野，玩家或诱饵进入视野会被敌人发现。为了让玩家直观了解敌方视野范围，每个敌人的视野范围都会以半透明的绿色显示。

射击：敌人发现玩家，会瞄准并射击；子弹射速较快，玩家很难躲闪。游戏不鼓励玩家与敌人正面交战。

3. 关卡设计

关卡采用军事风格的素材搭建，放置围墙、栅栏、车辆和营房等元素，让玩家在各种障碍物之间游走，尽可能避开敌人完成游戏目标。

游戏可以设计多个关卡，游戏目标一般是到达某个特定区域、找到某个特殊物品并安全撤离。

12.2 素材导入和场景搭建

12.2.1 下载并导入素材

推荐使用 Unity 的 Assets Store 里的“Simple Military - Cartoon War”这套低多边形（Low Poly）、军事风格的素材，也可以使用其他素材。

下载并导入素材，在 Assets 文件夹内会出现 SimpleMilitary 文件夹。

12.2.2 布置场景

将素材中提供的预制体或模型拖曳到场景中，如图 12-2 所示。如果使用 Simple Military 素材包，则其场景中的模型预制体位于 SimpleMilitary/Prefabs/Environments 文件夹下，可以直接使用。地板可以用颜色合适的平面代替。注意这时应创建 Ground 层，并将地板设置为 Ground 层。

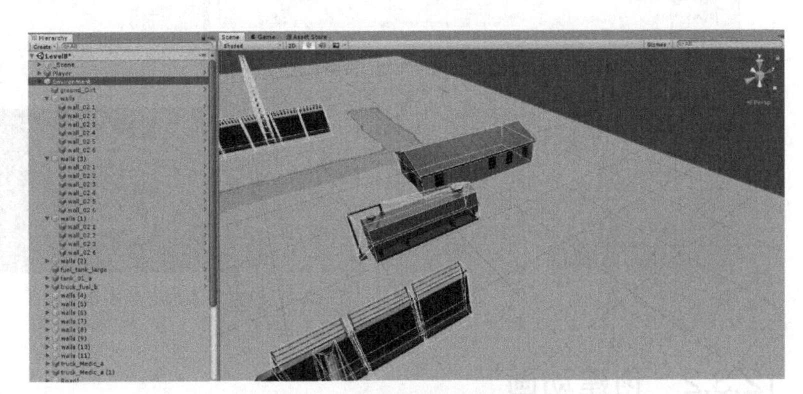
图 12-2 利用模型素材搭建场景

如果使用其他素材，就按照第 6.3 节的讲解，将模型设置好以后放置到场景中即可（通过调整导入缩放比例，统一模型的大小）。建议将这些模型整理好并做成预制体，方便后续使用。

制作场景时需要摆放的物体非常多，可以多使用一些空物体作为父物体，方便统一管理。例如，所有场景物体统一作为 Environment（环境）物体的子物体，多个墙段组成的一面墙也可以合并到一个父物体。

12.3 游戏主角的制作

12.3.1 创建角色

Simple Military 素材包提供了大量角色的 prefab，它们位于 SimpleMilitary/Prefabs/Characters 文件夹下。选择任意一个人物 prefab 作为主角，如 SimpleMilitary_SpecialForces03_Brown 这个特种兵角色，将它拖曳到场景中即可，如图 12-3 所示。

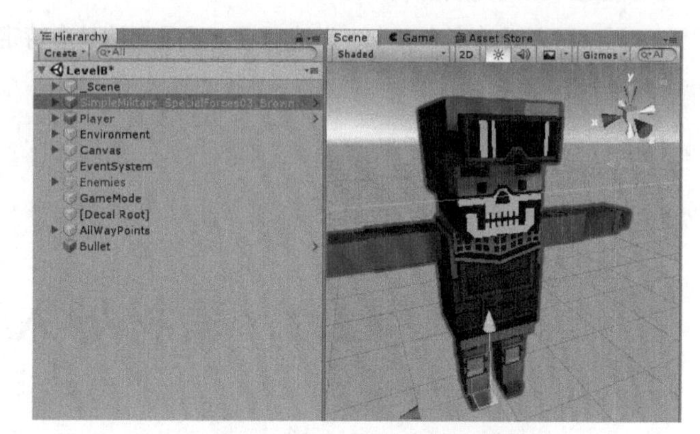

图 12-3 在场景中摆放特种兵模型

将主角命名为 Player，并为它添加以下组件，如图 12-4 所示。

① Animator（动画状态机），素材包中的 prefab 已经添加了该组件。

② Character Controller（角色控制器），之后通过它控制角色移动。

③ Rigidbody（刚体），增添它仅仅是为了使用触发器，勾选 Is Kinematic 选项即可。

④ Capsule Collider（胶囊碰撞体），标记为触发器模式。

⑤两个必要的脚本，即 PlayerInput 和 PlayerCharacter，可以稍后再添加。

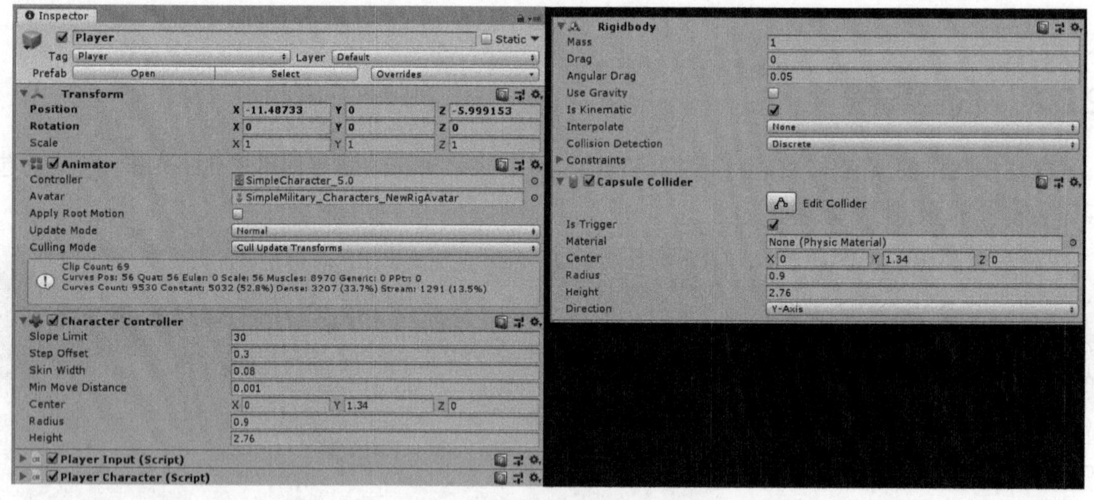

图 12-4 给主角添加必要的组件

12.3.2 创建动画

素材包中已经添加了动画状态机并提供了很多基本动画。如果采用其他资源，可参考图 12-5 进行设置。注意这套素材为了提高兼容性，提供了根骨骼动画和非根骨骼动画两种效果，带有 _Static 后缀的是非根骨骼动画的版本。因此这里只需要后缀带有 _Static 的走和跑动画就够了，另一套动画不会被使用。

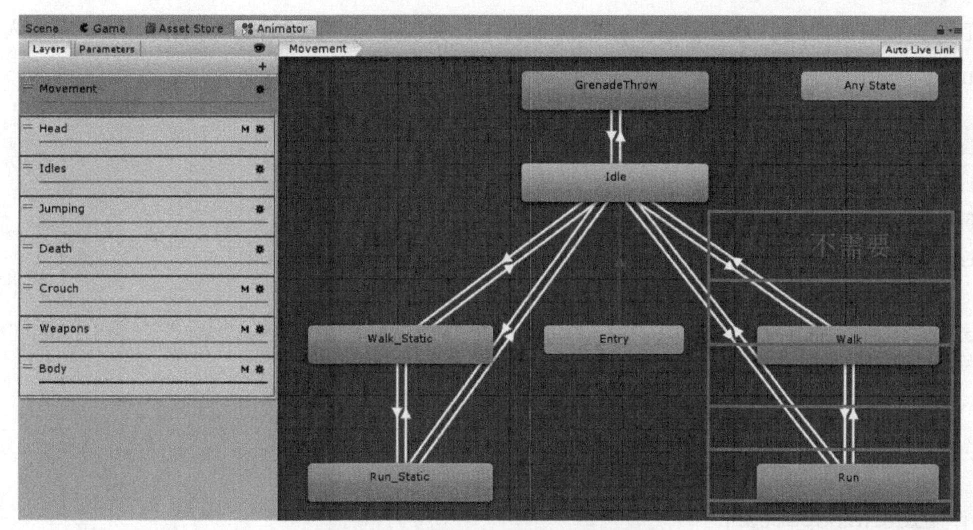

图 12-5 资源包提供的角色动画状态机

这套素材提供的动画状态机分了许多层，在这里用到的有 Movement（基本移动动作）层、Weapons（武器动作）层和 Idles（站立动作）层。其中 Weapons 层是为了举枪动作、射击动作等而创建的，它具有动画遮罩（仅影响上半身动作）的功能，可以单击 Weapons 层的设置按钮查看或修改动画遮罩，如图 12-6 所示。

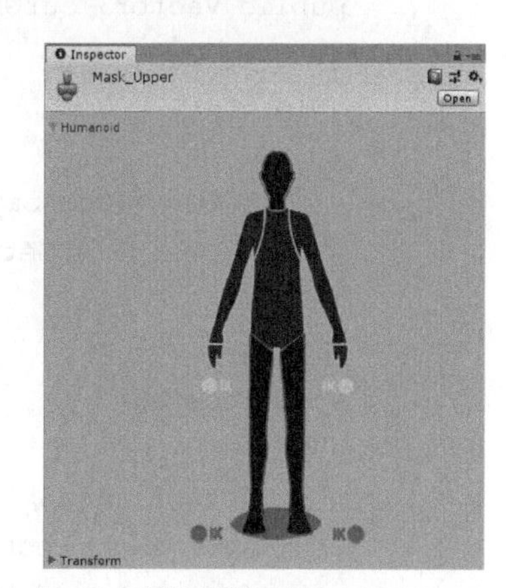

图 12-6 层遮罩设置文件 Mask_Upper

Weapons 层和 Idles 层提供了各种丰富的动画，看起来非常复杂，但大部分动画暂时用不到。如果读者采用了推荐的素材包，那么不需要关心动画状态机的设置，直接通过脚本控制动画变量即可。如果读者采用其他模型和动画，那么提供走和跑两个动作即可，其他动作暂时留空，完善作品时再补上。

切换动画状态用的动画变量如表 12-1 所示。

表 12-1 切换动画状态用的动画变量

动画变量	数据类型	用途
Speed_f	float	移动速度。小于 0.1 时站立，大于 0.1 小于 0.7 时走路，大于 0.7 时跑步
WeaponType_int	int	控制上半身的武器动作，设置不同的数值代表不同的武器动作
Animation_int	int	控制静止时的全身动作，如坐下、跳舞等
Static_b	bool	设为 false 则切换到根骨骼动画模式。这里不用根骨骼动画，一直保持为 true 即可
Shoot_b	bool	控制武器开火

12.3.3 实现角色移动

游戏设计中有一种分解设计的思路叫作“3C”，意思是 Chracter（角色）、Control（控制）和 Camera（摄像机）。因此在开发游戏时，可以将脚本分成角色脚本和输入控制脚本两部分来编写。一般来说角色模块是最复杂的，输入模块只处理玩家输入。

本工程也按照此思路，为玩家角色挂载两个脚本，分别是角色脚本 PlayerCharacter 和输入控制脚本 PlayerInput。先制作基本的移动功能，其 PlayerInput 脚本内容如下。

```
using System.Collections.Generic;
using UnityEngine;
using UnityEngine.EventSystems;
using UnityEngine.UI;

public class PlayerInput : MonoBehaviour
{
PlayerCharacter player;
LineRenderer throwLine;

    [HideInInspector]
    public Vector3 curGroundPoint;

    void Start()
    {
        player = GetComponent<PlayerCharacter>();
        throwLine = GetComponentInChildren<LineRenderer>();
    }

    void Update()
    {
        Vector3 input;
        input = new Vector3(Input.GetAxis("Horizontal"), 0, Input.GetAxis("Vertical"));
        if (input.magnitude > 1.0f)
        {
            input = input.normalized;
        }

        // 设置当前输入向量
        player.curInput = input;

        bool fire = false;
        bool touch = TouchGroundPos();       // 函数内部会记录鼠标指针当前指向的点 curGroundPoint

        // 由 PlayerInput 脚本调用 PlayerCharacter 脚本
        player.UpdateMove();
        //player.UpdateAction(curGroundPoint, fire);     // 之后会用到
        player.UpdateAnim(curGroundPoint);
    }

    bool TouchGroundPos()
    {
        Ray ray = Camera.main.ScreenPointToRay(Input.mousePosition);
```

```
        RaycastHit hitInfo;
        // 仅检测 Ground Layer。注意将地板设置为 Ground 层
        if (!Physics.Raycast(ray, out hitInfo, 1000, LayerMask.GetMask("Ground")))
        {
            return false;
        }
        curGroundPoint = hitInfo.point;
        return true;
    }
}
```

PlayerInput 脚本专门负责处理玩家输入，包括获取当前输入的方向，以及获取鼠标指针在场景中指向的位置。然后调用 PlayerCharacter 脚本的 UpdateMove() 方法和 UpdateAnim() 方法。注意，为了让鼠标射线能检测到地面，应该把地面的层设置为 Ground 层。

PlayerCharacter 脚本应实现 UpdateMove() 方法和 UpdateAnim() 方法，其内容如下。

```
using System.Collections;
using System.Collections.Generic;
using UnityEngine;

public class PlayerCharacter : MonoBehaviour
{
    // 游戏中的角色属性
    public float moveSpeed;
    public float hp = 9999;
    [HideInInspector]
    public bool dead = false;

    [HideInInspector]
    public Vector3 curInput;                // 当前输入方向

    // 引用其他组件
    CharacterController cc;
    PlayerInput playerInput;
    Animator anim;

    // 当前道具
    public string curItem;

    void Start()
    {
        cc = GetComponent<CharacterController>();
        playerInput = GetComponent<PlayerInput>();
        anim = GetComponent<Animator>();
        anim.SetBool("Static _ b", true);
```

```
        curItem = "none";
    }

    public void UpdateMove()
    {
        if (dead) return;
        float curSpeed = moveSpeed;
        switch (curItem)
        {
            case "none":
                break;
            case "handgun":      // 手枪
                {
                    curSpeed = moveSpeed / 2.0f;
                }
                break;
            case "cigar":        // 诱饵
                {
                    curSpeed = moveSpeed / 2.0f;
                }
                break;
            case "trap":         // 陷阱
                {
                    curSpeed = 0;
                }
                break;
            case "knife":        // 匕首
                curSpeed = moveSpeed / 2.0f;
                break;
        }
        // 重力下落
        Vector3 v = curInput;
        if (!cc.isGrounded)
        {
            v.y = -0.5f;
        }
        cc.Move(v * curSpeed * Time.deltaTime);
    }

    public void UpdateAnim(Vector3 curInputPos)
    {
        if (dead)
        {
            anim.SetFloat("Speed_f", 0);
            return;
```

```
        }
        anim.SetFloat("Speed _ f", cc.velocity.magnitude / moveSpeed);
        // 如果有输入，转向输入方向
        if (curInput.magnitude > 0.01f)
        {
            transform.rotation = Quaternion.LookRotation(curInput);
        }
    }
}
```

角色挂载了 ChracterController（角色控制器），因此角色的移动应该通过控制器间接实现。真正让角色动起来的只有以下一段代码。

```
cc.Move(v * curSpeed * Time.deltaTime);
```

在 PlayerChracter 脚本中可以看到，有一个用途不明的字符串变量叫作 curItem，它代表的是玩家角色当前持有的武器或道具，如果不持有武器或道具则为 none。

因为当玩家角色持有不同武器时，移动速度、输入方式和动作均会发生很大变化，所以持有不同武器时的逻辑处理有很大不同。例如，空手时角色朝向与鼠标指针指向无关；持有武器时玩家角色朝向鼠标指针方向；放置陷阱时玩家角色不能走动；持有投掷物时玩家角色速度减半。为满足这些需求，上文的代码采用了比较简洁的思路，直接用 switch-case 语句处理各种逻辑。这里武器还只是影响移动速度，未来还要添加更多针对武器的处理。

更新动画状态目前做得比较简单，仅设置动画变量 Speed_f。为将该变量转化为 0~1，用当前角色控制器的速度除以移动速度。

另外，上文还添加了一些与游戏流程相关的变量，如角色血量、是否死亡等。之后的所有功能都在以上代码的基础上进行制作。

现在可以进行移动测试了，如果没有错误，角色应当能够按照世界坐标系的前后左右进行移动。为了方便测试，这时也可以将之前做过的跟随角色平移的简单摄像机用在这里。

12.3.4 切换武器和道具

根据游戏设计，在界面右侧放置一个 UI 面板，上面有 5 个按钮，分别代表使用 4 种道具和收起道具，如图 12-7 所示。素材可以用任意合适的图片，制作按钮的步骤此处不再赘述。

图 12-7 切换武器的按钮

开发的重点是按下按钮后如何切换道具。前文的角色代码中已经添加了表示当前道具的字段 curItem，接下来将在 PlayerInput 脚本中添加切换道具的方法。

```
public void OnSelectItem(string item)
{
    if (player.dead) return;
    player.curItem = item;

    // 切换武器时可进行相关操作,陷阱的代码后面会用到
    switch (item)
    {
        case "handgun":        // 手枪
            break;
        case "cigar":          // 投掷物
            break;
        case "trap":           // 陷阱
            {
                player.BeginTrap();
            }
            break;
        case "knife":
            break;
    }
}
```

简单来说，这个方法仅仅改变了 curItem 的值，具体的值是由参数指定的。因此关键是填写好按钮的 OnClick 事件，不同按钮的参数不同。其中手枪按钮的事件参数如图 12-8 所示。

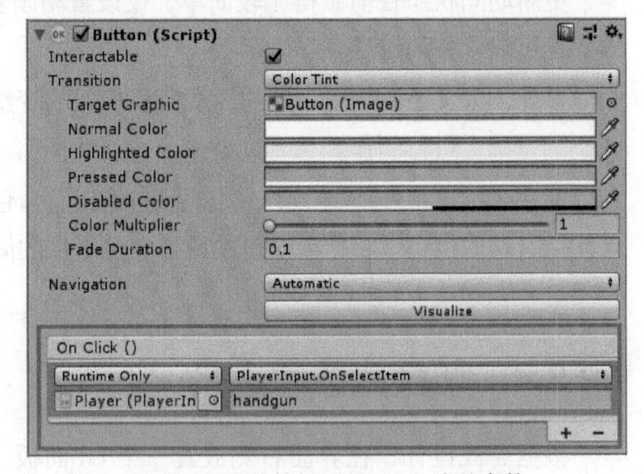

图 12-8 手枪按钮的 OnClick 事件参数

正确设置事件的响应函数和参数有两个要点，一是将 OnClick 事件对应到玩家角色的 PlayerInput.OnSelectItem() 方法上；二是参数必须为 handgun，注意拼写和大小写。

同理对其他 4 个按钮做同样设置，投掷物为 cigar，陷阱为 trap，匕首为 knife，收起武器为 none。

12.3.5 添加武器挂点

角色持有武器道具时，武器应当正好出现在手持的位置，而且武器的位置和角度还要受玩家动作影响。可以想到，最好的办法是在角色的骨骼对应位置上创建空物体，用该物体定位武器的位置和角度。因此这里给玩家模型的对应骨骼处添加一个武器挂点 WeaponSlot。

具体路径较长，读者应从骨骼根节点出发，依次找到角色的躯干、胸部、右肩、右臂和右手，然后在右手下面创建空物体 WeaponSlot，将空物体位置旋转归 0，如图 12-9 所示。

之后匕首、手枪等道具模型都放在武器挂点下面（作为子物体），并根据具体模型的角度调整初始朝向。

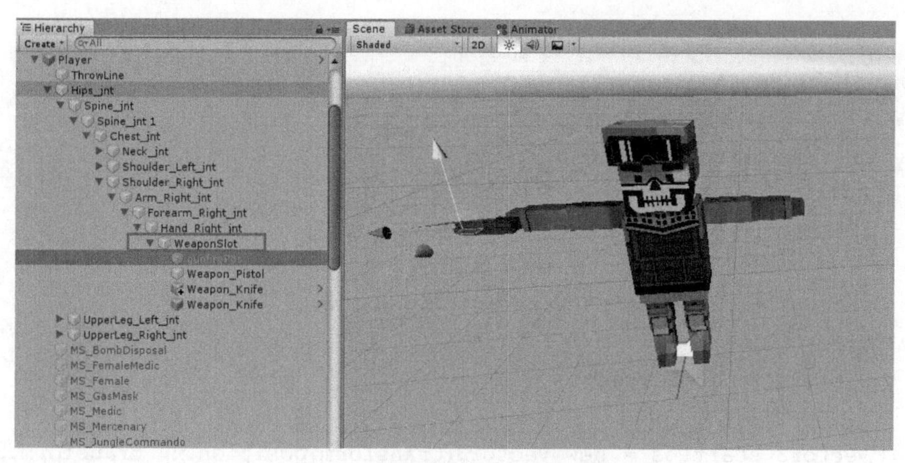

图 12-9 添加武器挂点 WeaponSlot

一开始我们不知道武器应当朝向哪里，可以在测试武器动作时再进行微调。

另外，发射时枪口的火光也可以通过添加一个光源子物体的方式实现，以模拟照亮周围的效果。本工程的枪口光源命名为 gunfirePos。如果之后用到粒子，也可以从光源的位置发射。

12.3.6 实现武器和道具的基本功能

接下来将实现多种武器和道具。武器和道具在实现的思路上分为两层，上层是考虑玩家如何控制开火或使用，以及武器和道具如何影响输入控制；底层是发射子弹、生成投掷物与其他具体功能的实现。

下文先讲解各个道具基本功能的实现，再编写控制逻辑将道具和角色组织到一起。

1. 实现手枪射击

武器和道具代码暂时全部放在 PlayerCharacter 脚本中。与手枪射击有关的代码如下。

```
    public Transform weaponSlot;            // 武器槽位
    public Transform gunfirePos;            // 定位枪口闪光
    public ParticleSystem prefabGunFire;    // 枪口火光预制体
    public Transform prefabBullet;          // 子弹预制体
    [HideInInspector]
    public float nextShootTime;             // 下次可以开火的时间
    public float shootInterval = 0.3f;      // 射击间隔
```

大部分公开代码需要在编辑器中指定对应物体，否则会报空引用错误。部分变量的初始化在脚本中进行。

```
void Start()
{
    // ......
    weaponSlot.gameObject.SetActive(false);
    gunfirePos = weaponSlot.Find("gunfirePos");
    // ......
}
```

以下是实现射击的函数。

```
    void Shoot(Vector3 target)
    {
        if (Time.time < nextShootTime)
        {
            return;
        }
        Vector3 dir = target - transform.position;
        dir.y = 0;
        dir = dir.normalized;

        Vector3 startPos = new Vector3(transform.position.x, transform.position.y
+ cc.height / 2, transform.position.z);
        startPos += dir * (2.5f * cc.radius);    // 发射点稍微往前挪一点

        Transform bullet = Instantiate(prefabBullet, startPos, Quaternion.identity);
        Bullet b = bullet.GetComponent<Bullet>();
        // 设置子弹Tag为Enemy,用于后续判断,防止子弹打到自己
        b.Init("Enemy", dir, 0.2f);

        // 可加音效(可省略)
        // PlaySound(handgunSound);
        // 枪口粒子(可省略)
        var particle = Instantiate(prefabGunFire, gunfirePos.position, Quaternion.
identity);

        // 枪口光源
        var light = gunfirePos.GetComponent<Light>();
        light.enabled = true;

        // 枪口光源闪烁一次
        StartCoroutine(_Flash(light));

        // 控制开枪的时间间隔
        nextShootTime = Time.time + shootInterval;
    }

    // 实现枪口闪光的协程
    IEnumerator _Flash(Light light)
    {
        if (light == null) { yield break; }
        light.enabled = true;
        yield return new WaitForSeconds(0.1f);
        light.enabled = false;
    }
```

2. 子弹脚本

子弹是一个简单的预制体，需添加勾选了 Is Kinematic 的 Rigidbody 组件和 Box Collider 组件（碰撞体设置为触发器），它受 Bullet 脚本控制。其 Bullet 脚本代码如下。

```
using System.Collections;
using UnityEngine;

public class Bullet : MonoBehaviour {
    public static float duration = 0.5f;
    public Vector3 dir;

    Rigidbody rigid;
    float speed = 120;
    float lifeTime = 0.5f;

    string targetTag;

    // 创建子弹时需要调用 Init 函数
    public void Init(string tag, Vector3 _dir, float time=0.5f, float _speed=120)
    {
        targetTag = tag;
        dir = _dir;
        lifeTime = time;
        speed = _speed;
    }

    void Start() {
        rigid = GetComponent<Rigidbody>();
        StartCoroutine(Timeup());
        transform.LookAt(transform.position + dir);
        rigid.velocity = speed * dir.normalized;
    }

    IEnumerator Timeup()
    {
        yield return new WaitForSeconds(lifeTime);
        if (gameObject)
        {
            Destroy(gameObject);
        }
    }
    // 子弹碰到物体时的处理
    private void OnTriggerEnter(Collider other)
    {
        var go = other.gameObject;
```

```
        if (go.tag == targetTag)        // 忽略开枪打中自己的情况
        {
            if (targetTag == "Enemy")
            {
                EnemyCharacter enemy = go.GetComponent<EnemyCharacter>();
                enemy.BeHit(1);
            }
            else if (targetTag == "Player")
            {
                PlayerCharacter player = go.GetComponent<PlayerCharacter>();
                player.BeHit(1);
            }
        }
        Destroy(gameObject);
    }
}
```

3. 实现投掷物

投出投掷物代码的写法与发射子弹代码的写法是类似的。

```
    // 投掷物相关字段
    [HideInInspector]
    public Vector3 throwTarget;                     // 投掷目标点
    public Throwing prefabCigar;                    // 投掷物预制体

void ThrowItem(Throwing item)
    {
        // 发射位置
        Vector3 startPos = new Vector3(transform.position.x, transform.position.y
+ cc.height / 2, transform.position.z);
        startPos += transform.forward * (2.0f * cc.radius);     // 发射位置往前移一些
        // 创建投掷物
        Throwing obj = Instantiate(item, startPos, Quaternion.identity);
        obj.throwTarget = throwTarget;
    }
```

其中，投掷物与子弹一样，需要单独的脚本控制。

```
using System.Collections;
using System.Collections.Generic;
using UnityEngine;

public class Throwing : MonoBehaviour
{
    // 投掷时指定投掷的目标点
```

```
public Vector3 throwTarget;
// 与飞行有关的参数
float time;
float speedParam = 20;
Vector3 startPos;
float vx, vz, a, vy, T;

// free 为 true 代表不再受脚本控制，变成普通刚体
bool free;

// 刚体和碰撞体组件初始为动力学刚体和触发器
Rigidbody rigid;
Collider coll;

private void Start()
{
    rigid = GetComponent<Rigidbody>();
    coll = GetComponent<Collider>();

    startPos = transform.position;
    // 目标向量
    Vector3 to = throwTarget - startPos;
    float d = to.magnitude;
    // 下面根据距离计算出合适的参数，包括抛物线高度、初始速度

    // 算出预计飞行时间 T
    T = d / speedParam;
    // 抛物线高度 h 与距离相关，距离远则抛得高一些，让效果更自然
    float h = d * 0.4f;

    // 加速度 a
    a = 2.0f * h / (T * T / 4.0f);
    // Y 轴初速度
    vy = a * (T / 2);

    // X 轴初速度
    vx = to.x / T;
    // Z 轴初速度
    vz = to.z / T;

    free = false;
}

void Update()
{
```

```
        if (free)
        {
            return;
        }
        // 在空中转起来比较好看
        transform.Rotate(0, 3, 0);

        // 根据时间改变位置，算法符合物理
        float dt = Time.deltaTime;
        time += dt;
        transform.position += new Vector3(vx, vy, vz) * dt;

        // Y 方向的速度受加速度影响
        vy -= a * dt;
    }

    private void OnTriggerEnter(Collider collider)
    {
        if (collider.tag == "Player")
        {
            return;
        }
        if (free) return;

        // 当投掷物碰到地面或障碍时，就切换成普通的刚体碰撞体
        free = true;
        coll.isTrigger = false;
        rigid.isKinematic = false;
    }

    // 投掷物被敌人发现后，过一段时间消失。这个函数被其他逻辑调用
    public void DelayDestroy()
    {
        Destroy(gameObject, 10);
    }
}
```

Throwing 脚本比想象中复杂得多，原因是投掷物飞行时不用刚体实现，而是完全受脚本控制，这样做的好处是逻辑可控、不易出现 bug，而且曲线优美。当投掷物落地以后，就切换成刚体碰撞体，则落地后的运动也会显得更真实一些。

12.3.7 武器和道具的控制

前文提过，当持有不同武器时，输入方式和角色移动方式都会略有变化。另外，武器开火、发射投掷物

也需要代码实现，而且这些功能都需要对 PlayerCharacter 脚本做出大幅度改动。

首先在 PlayerCharacter 脚本中加入 UpdateAction() 函数，实现武器和道具的使用逻辑。

```
public void UpdateAction(Vector3 curInputPos, bool fire)
{
    if (dead) return;
    switch (curItem)
    {
        case "none":
            break;
        case "handgun":     // 手枪
            {
                anim.SetInteger("WeaponType_int", 6);
                if (fire)
                {
                    Shoot(curInputPos);
                    anim.SetBool("Shoot_b", true);
                    //BigNoise();
                }
                else
                {
                    anim.SetBool("Shoot_b", false);
                }
            }
            break;
        case "cigar":       // 投掷物
            {
                throwTarget = curInputPos;
                if (fire)
                {
                    curItem = "none";
                    ThrowItem(prefabCigar);
                }
            }
            break;
        case "trap":        // 陷阱
            if (Time.time > settingTrapTime)
            {
                curItem = "none";
                PlaceTrap();
            }
            break;
        case "knife":
            anim.SetInteger("WeaponType_int", 101);
            if (fire)
            {
```

```
                Stab();
                anim.SetBool("Shoot _ b", true);
            }
            else
            {
                anim.SetBool("Shoot _ b", false);
            }
            break;
    }
}
```

函数 UpdateAction 需要在 PlayerInput 脚本中调用。在 PlayerInput 脚本的 Update() 方法中，UpdateMove 方法被调用之后，添加 UpdateAction 的调用。

```
player.UpdateAction(curGroundPoint, fire);     // fire 代表是否开火
```

下面来讲解陷阱的设置。放置陷阱的操作需要延迟，所以添加以下代码和函数进行处理。

```
// 陷阱相关逻辑
[HideInInspector]
public float settingTrapTime;                      // 陷阱设置完毕的时刻
[HideInInspector]
public float settingTrapStart = -100;             // 开始设置陷阱的时刻
public float settingTrapInterval = 4.0f;          // 陷阱道具 CD
public Transform prefabTrap;                        // 陷阱预制体

public void BeginTrap()
{
    if (settingTrapStart + settingTrapInterval > Time.time)
    {
        curItem = "none";
        return;
    }
    settingTrapTime = Time.time + 2;
}

void PlaceTrap()
{
    Instantiate(prefabTrap, transform.position, Quaternion.identity);
    settingTrapStart = Time.time;
}
```

其中 BeginTrap 在 PlayerInput.OnSelectItem() 函数中被调用，而 PlaceTrap 则是在 UpdateAction() 函数中被调用。

12.3.8 完善主角动画

之前动画更新只考虑了走路动画，现在还需要把射击、投掷、放陷阱等动画全部加上。在前文这部分已做过详细讲解，此处不再赘述。如果遇到错误需要查看具体原因时，可暂时注释掉有问题的代码，这样也不会影响游戏逻辑。

```
public void UpdateAnim(Vector3 curInputPos)
{
    if (dead)
    {
        anim.SetFloat("Speed_f", 0);
        return;
    }
    anim.SetFloat("Speed_f", cc.velocity.magnitude / moveSpeed);
    if (cc.velocity.magnitude > moveSpeed / 1.9f)
    {
        PlayFootstepSound();
    }
    weaponSlot.gameObject.SetActive(false);

    if (curItem == "handgun")
    {
        anim.SetLayerWeight(anim.GetLayerIndex("Weapons"), 1);
        // 显示武器
        weaponSlot.gameObject.SetActive(true);
        weaponSlot.Find("Weapon_Pistol").gameObject.SetActive(true);
        weaponSlot.Find("Weapon_Knife").gameObject.SetActive(false);
        // 调整枪口朝向
        Vector3 v = new Vector3(curInputPos.x, transform.position.y, curInputPos.z);
        transform.LookAt(v);
    }
    else if (curItem == "knife")
    {
        anim.SetLayerWeight(anim.GetLayerIndex("Weapons"), 1);
        weaponSlot.gameObject.SetActive(true);
        weaponSlot.Find("Weapon_Pistol").gameObject.SetActive(false);
        weaponSlot.Find("Weapon_Knife").gameObject.SetActive(true);
        Vector3 v = new Vector3(curInputPos.x, transform.position.y, curInputPos.z);
        transform.LookAt(v);
    }
    else if (curItem == "trap")
    {
        anim.SetFloat("Speed_f", 0);
        anim.SetInteger("Animation_int", 9);
    }
```

```
    else if (curItem == "charm")
    {
        anim.SetFloat("Speed_f", 0);
        anim.SetInteger("Animation_int", 4);
        transform.Rotate(0, 1, 0);
    }
    else
    {
        anim.SetInteger("Animation_int", 0);
        anim.SetLayerWeight(anim.GetLayerIndex("Weapons"), 0);
        if (curInput.magnitude > 0.01f)
        {
            transform.rotation = Quaternion.LookRotation(curInput);
        }
    }
}
```

12.3.9 完善主角游戏逻辑

主角除了上一小节所述功能，还有受伤、死亡等基本游戏逻辑，补充代码如下。

```
void Die()
{
    transform.Rotate(90, 0, 0);
    dead = true;

    GameMode.Instance.GameOver();
}

public void BeHit(float damage)
{
    if (dead) return;
    hp -= damage;
    if (hp <= 0)
    {
        hp = 0;
        Die();
    }
}
```

12.3.10 实现抛物线指示器

投掷物的飞行轨迹采用迭代计算抛物线的方式来实现。用同样的原理可以画出一条漂亮的曲线来指示投掷物的发射轨迹，让游戏变得更加精致，如图12-10所示。

为了画线，可以给玩家角色添加一个子物体ThrowLine，并在子物体上添加Line Renderer（直线渲染器）组件。注意调节线条的宽度和颜色，之后在PlayerInput脚本中添加相关逻辑。

首先是添加画线和隐藏曲线的函数。

图 12-10 绘制抛物线

```
// 隐藏抛物线
void HideThrowLine()
{
    throwLine.positionCount = 0;
}

// 显示抛物线
public void DrawThrowLine(Vector3 _target)
{
    Vector3 target = transform.InverseTransformPoint(_target);
    float d = target.magnitude;
    float h = d / 3;

    // 算法与抛物线飞行类似，用20条直线段模拟曲线
    int T = 20;        // 抛物线分成T段
    float T_half = T / 2.0f;
    float a = 2 * h / (T_half * T_half);
    float vx = target.x / T;
    float vz = target.z / T;

    List<Vector3> points = new List<Vector3>();
    // 下面的点坐标都是局部坐标系的
    points.Add(Vector3.zero);

    Vector3 p = Vector3.zero;
    float vy = T_half * a;
    for (int i = 0; i < T; i++)
    {
        p.x += vx;
        p.z += vz;
        p.y += vy - a / 2.0f;
        vy -= a;
        points.Add(p);
    }

    // 将points列表赋给Line Renderer组件，就会显示曲线了
```

```
        throwLine.positionCount = points.Count;
        throwLine.SetPositions(points.ToArray());
    }
```

画抛物线和隐藏抛物线的函数应当在 PlayerInput 脚本的 Update 逻辑中调用，其修改相关代码如下。

```
    void Update()
    {
    // ......
        player.UpdateAnim(curGroundPoint);

        // 在最后调用画抛物线的函数，只有持有投掷物时才需要画曲线
        if (player.curItem == "cigar")    {
            DrawThrowLine(curGroundPoint);
        }
        else  {
            HideThrowLine();
        }
    }
```

至此，主角角色制作全部完成，确认各个字段设置正确之后，就可以运行游戏进行测试。

12.4 敌人角色的制作

12.4.1 创建敌人角色和动画

在此游戏中，敌人角色的外观和动画几乎与主角一样。素材可以选择 SimpleMilitary/Prefabs/Characters/SimpleMilitary_Terrorist03_White.prefab。游戏中敌人角色的效果如图 12-11 所示。

图 12-11 游戏中的敌人角色的效果

与主角相同，敌人角色应当具有动画状态机、Capsule Collider 组件（碰撞体模式）和

勾选了 Is Kinematic 的 Rigidbody 组件。除此以外，敌人角色还应具有专用的 EnemyCharacter 脚本和用于自动寻路的 Nav Mesh Agent 组件，如图 12-12 所示。敌人角色可以复用主角的动画状态机，不需要单独制作。

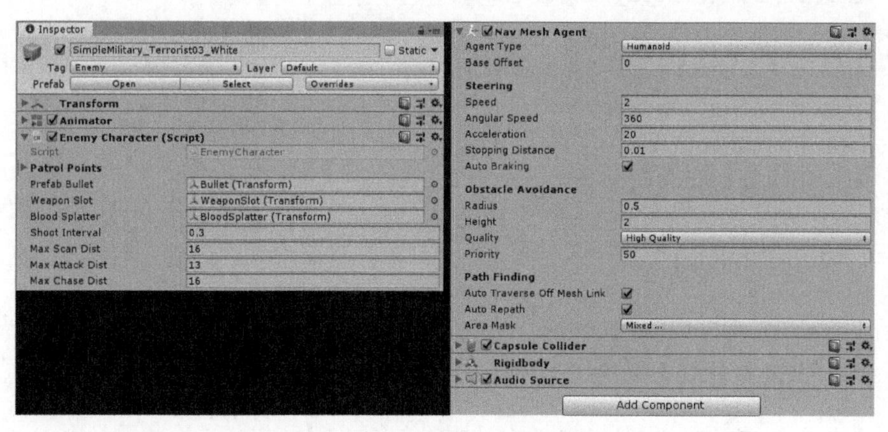

图 12-12 敌人角色具有的所有组件

12.4.2 敌人角色脚本框架

本游戏中，一方面敌方角色只有移动、攻击等基本功能，不像主角有多种武器和道具。但另一方面，敌人角色具有一定智能，各种功能都必须由精心设计的 AI 状态机统一管理。因此，敌人角色与主角的编程各有难点。

为方便说明，敌人角色仅用一个 EnemyCharacter 脚本实现所有功能。首先搭建脚本框架，由于前文已经完成了主角的所有功能，因此类似的部分可以参考之前的代码，其具体代码如下。

```
using System.Collections.Generic;
using UnityEngine;
using UnityEngine.AI;

public class EnemyCharacter : MonoBehaviour
{
    // 游戏中的角色属性
    float walkSpeed = 2.5f;
    float runSpeed = 8f;
    float hp = 3;
    // 各种距离配置，包括视野距离、射击距离、追击距离
    public float maxScanDist = 16f;
    public float maxAttackDist = 13f;
    public float maxChaseDist = 16f;

    // 被陷阱夹住的冻结时间
    float freezeTime;

    // 引用其他组件
    Animator anim;
    NavMeshAgent agent;
```

```
CapsuleCollider coll;

// 武器射击相关，与Player角色类似
Transform attackTarget;
public Transform prefabBullet;
public Transform weaponSlot;
float nextShootTime = 0;
public float shootInterval = 0.1f;

void Start()
{
    anim = GetComponent<Animator>();
    coll = GetComponent<CapsuleCollider>();

    // 动画变量
    anim.SetBool("Static_b", true);
    anim.SetInteger("WeaponType_int", 6);

    // 导航代理初始设置
    agent = GetComponent<NavMeshAgent>();
    if (agent.avoidancePriority == 0)      // 设置避障优先级，多个敌人集体寻路时互相避让
    {
        agent.avoidancePriority = Random.Range(30, 61);
    }
    patrolIndex = 0;
    agent.isStopped = true;

    // AI状态机初始为巡逻
    state = AIState.Patrol;

    // 渲染视野范围用的物体和组件
    viewIndicator = transform.Find("ViewIndicator");
    viewFilter = viewIndicator.GetComponent<MeshFilter>();
    viewRenderer = viewIndicator.GetComponent<MeshRenderer>();
}

    // 更新动画，与主角类似
void UpdateAnim()
{
    if (state == AIState.Die)
    {
        anim.SetFloat("Speed_f", 0);
        return;
    }
```

```
    if (state == AIState.Chase || state == AIState.Attack)
    {
        anim.SetBool("Shoot_b", true);
        weaponSlot.localRotation = Quaternion.Euler(0, 0, 50);
    }
    else
    {
        anim.SetBool("Shoot_b", false);
        weaponSlot.localRotation = Quaternion.Euler(0, 0, 0);
    }

    float speed = agent.velocity.magnitude / runSpeed;
    anim.SetFloat("Speed_f", speed);
}

public void BeHit(float damage)
{
    if (hp <= 0)
    {
        return;
    }
    hp -= damage;
    if (hp <= 0)
    {
        hp = 0;
        Die();
    }
}

// 踩了陷阱时调用此函数，被暂时冻结
public void OnTrap(float time)
{
    state = AIState.Freeze;
    freezeTime = Time.time + time;
    agent.isStopped = true;
}

// 死亡
void Die()
{
    state = AIState.Die;
    agent.isStopped = true;
    agent.enabled = false;
    transform.Rotate(90, 0, 0);
```

```
        Destroy(viewFilter);
        Destroy(viewRenderer);

        transform.Find("Corpse").gameObject.SetActive(true);
    }

    // 实现射击的函数，与玩家类似
    void Shoot(Vector3 target)
    {
        if (Time.time < nextShootTime)
        {
            return;
        }

        target.y = transform.position.y;
        transform.LookAt(target);

        Vector3 dir = target - transform.position;
        dir.y = 0;
        dir = dir.normalized;

        Vector3 startPos = new Vector3(transform.position.x, transform.position.y
+ coll.height / 2, transform.position.z);
        startPos += dir * (2.5f * coll.radius);

        Transform bullet = Instantiate(prefabBullet, startPos, Quaternion.identity);
        Bullet b = bullet.GetComponent<Bullet>();
        b.Init("Player", dir);

        nextShootTime = Time.time + shootInterval;
    }
}
```

以上代码包含了初始化、动画和射击部分。Start 函数中的部分变量在后文会给出定义。

在以上代码的基础上，先逐步实现巡逻、攻击和追击等逻辑，最后再用 AI 状态机将这些逻辑组织到一起。AI 状态机的所有状态定义如下。

```
    public enum AIState
    {
        Patrol,     // 巡逻
        Attack,     // 攻击
        Chase,      // 追击
        Die,        // 死亡
        Freeze,     // 被冻结（如踩中了陷阱）
    }
```

12.4.3 实现巡逻逻辑

敌人作为 AI 角色，它的行动不直接受输入控制，而是通过导航系统间接控制。导航代理的速度、转身速度和半径根据需求调整即可。

```
    // 巡逻相关
    public List<Transform> patrolPoints;     // 所有巡逻点
    int patrolIndex;                         // 当前巡逻点序号

    void UpdatePatrol()
    {
        if (patrolPoints.Count == 0)  {
            return;
        }

        if (agent.isStopped)  {
            agent.SetDestination(patrolPoints[patrolIndex].position);
            agent.isStopped = false;
            return;
        }

        // 判断到达当前目标点
        if (agent.remainingDistance <= agent.stoppingDistance)
        {
            // 如果只有一个点，那么转向该点的朝向。因为一个点代表站岗状态，所以朝向很重要
            if (patrolPoints.Count == 1)
            {
                transform.rotation = Quaternion.Slerp(transform.rotation,
patrolPoints[0].rotation, 0.3f);
                return;
            }
            // 设置目标为下一个点
            patrolIndex++;
            patrolIndex = patrolIndex % patrolPoints.Count;
            agent.SetDestination(patrolPoints[patrolIndex].position);
        }
    }
```

要实现巡逻，首先需要准备一系列路径点，将它们放在列表中。Unity 支持直接在编辑器中指定路径点，将列表设置为 public 即可编辑。

其次，通过导航代理让敌人角色在路径点之间循环移动，每到达一个点，就走向下一个点，到达最后一个点时回到第一个点。

12.4.4 实现视觉感知

AI 视觉的实现方法已经在第 11.3 节中做了详细讲解。在本项目中需要考虑的问题更多，代码也更加复杂。

首先，要实现比较真实的视野范围。表示视野的平面模型在遇到遮挡时会显示被遮挡以后的范围，如图 12-13 所示。

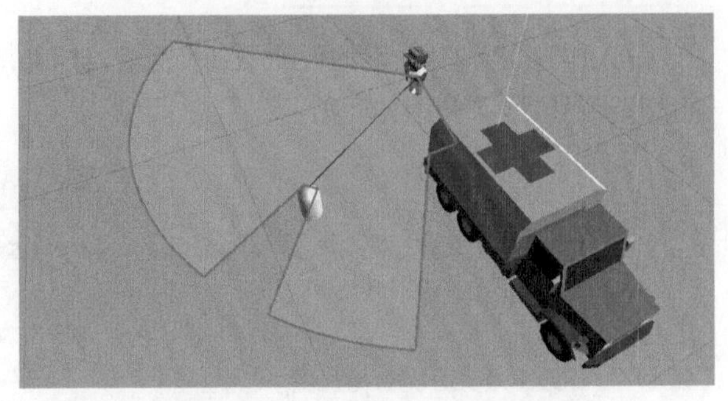

图 12-13 被障碍物遮挡的视线效果

其次，用射线直接判断目标的方法仍然有改进空间。有一种更严谨的方案，其思路如下。

01 用球形射线检测敌人角色周围的球形范围，找到周围所有的物体。

02 判断敌人角色前方与目标方向的夹角，忽略超过视锥范围的物体。

03 判断从敌人角色到目标之间能否用射线打通，如果不能打通说明敌人与目标之间有遮挡，忽略这个目标。

04 根据目标物体身上的标签，判断是哪种物体，如玩家角色、投掷的诱饵或其他物体。其中玩家角色优先级最高，发现玩家角色优先追击。

用上述思路可以实现较为完善的 AI 视觉，其完整代码如下。

```
// 视觉感知相关
Transform viewIndicator;
MeshRenderer viewRenderer;
MeshFilter viewFilter;

Transform UpdateScan()
{
    List<Vector3> points = new List<Vector3>();

    // 绘制视线范围开始
    System.Func<bool> _DrawRange = () =>
    {
        List<int> tris = new List<int>();
        for (int i = 2; i < points.Count; i++)
        {
            tris.Add(0);
            tris.Add(i - 1);
            tris.Add(i);
        }

        Mesh mesh = new Mesh();

        mesh.vertices = points.ToArray();
        mesh.triangles = tris.ToArray();
        mesh.RecalculateBounds();
        mesh.RecalculateNormals();
```

```
            mesh.RecalculateTangents();

            viewFilter.mesh = mesh;
            return true;
        };

        Vector3 offset = new Vector3(0, 1, 0);        // 每个顶点都抬高一点
        points.Add(offset);
        for (int d = -60; d < 60; d += 4)
        {
            Vector3 v = Quaternion.Euler(0, d, 0) * transform.forward;

            Ray ray = new Ray(transform.position + offset, v);
            RaycastHit hitInfo;
            if (!Physics.Raycast(ray, out hitInfo, maxScanDist))
            {
                Vector3 localv = transform.InverseTransformVector(v);
                points.Add(offset + localv * maxScanDist);
                //Debug.DrawLine(transform.position, transform.position+v*maxScanDist,
Color.red);
            }
            else
            {
                Vector3 local = transform.InverseTransformPoint(hitInfo.point);
                points.Add(offset + local);
                //Debug.DrawLine(transform.position, hitInfo.point, Color.red);
            }
        }
        _DrawRange();
        // 绘制视线范围结束

        // 检测视线内物体
        // 球形覆盖检测
        Collider[] colliders = Physics.OverlapSphere(transform.position, maxScanDist);
        //Debug.DrawLine(transform.position, transform.position + transform.forward *
maxScanDist);

        List<Transform> targets = new List<Transform>();
        foreach (var c in colliders)
        {
            // 从当前角色到目标的向量
            Vector3 to = c.gameObject.transform.position - transform.position;
            // 判断角度
            if (Vector3.Angle(transform.forward, to) > 60)  {
                continue;
```

```
        }
        // 发射射线以判断能否看到目标
        Ray ray = new Ray(transform.position + offset, to);
        RaycastHit hitInfo;
        if (!Physics.Raycast(ray, out hitInfo, maxScanDist)) {
            continue;
        }
        if (hitInfo.collider != c) {
            continue;
        }
        Debug.DrawLine(transform.position + offset, hitInfo.point, Color.blue);

        // 下面通过几个 if 判断让 Player 物体优先级最高
        if (c.gameObject.tag == "Player")    {
            return c.transform;      // 最高优先级，直接返回
        }
        if (c.gameObject.tag == "Cigar")   {
            targets.Add(c.transform);
        }
        if (c.gameObject.tag == "Corpse")   {
            targets.Add(c.transform);
        }
    }

    if (targets.Count > 0) {
        return targets[0];
    }
    return null;
}
```

12.4.5 实现追击功能

追击是一个 AI 状态，指的是敌人发现目标后，因目标不在射程内而向目标跑动的状态。追击时的逻辑代码如下。

```
void UpdateChase()
{
    // 没有目标则回到巡逻状态
    if (attackTarget == null)
    {
        state = AIState.Patrol;
        return;
    }
    // 如果距离过远则回到巡逻状态
```

```
    if (Vector3.Distance(attackTarget.position, transform.position) > maxChaseDist)
    {
        state = AIState.Patrol;
        agent.isStopped = true;
        attackTarget = null;
        return;
    }
    // 追击过程中需要不断更新视野。例如追击诱饵时发现了玩家，就将目标改为玩家
    Transform target = UpdateScan();
    if (target == null)
    {
        return;
    }

    // 如果目标进入射程，转为攻击状态
    if (Vector3.Distance(target.position, transform.position) < maxAttackDist)
    {
        state = AIState.Attack;
        attackTarget = target;
        agent.isStopped = true;
        return;
    }

    if (Vector3.Distance(target.position, agent.destination) > 0.5f)
    {
        agent.isStopped = false;
        agent.SetDestination(target.position);
    }
}
```

在实际游戏中会遇到各种特殊情况，需要一一作出判断。上述代码中有各种特殊情况的处理，仅靠阅读代码是无法理解的，因此必须通过多次测试才能判断一段代码对应游戏中的哪种情况。

小提示

读懂代码细节的技巧

实际的代码中充满了各种各样的细节，只有对游戏非常熟悉，才可能判断出一段代码对应游戏中的哪种情况。

要想弄懂细节，则需要反复测试游戏，慢慢熟悉它。另外，还可以对代码段的功能做出设想，然后进行修改或注释，再观察结果与设想是否一致。

12.4.6 实现攻击功能

攻击的逻辑思路与追击相似。在目标进入射程时发射子弹，其代码如下。

```
void UpdateAttack()
{
```

```
    if (attackTarget == null)
    {
        state = AIState.Patrol;
        return;
    }
    // 也要不断更新视野目标
    Transform target = UpdateScan();
    if (target == null)
    {
        state = AIState.Chase;
        agent.isStopped = false;
        return;
    }

    attackTarget = target;

    if (Vector3.Distance(attackTarget.position, transform.position) > maxAttackDist)
    {
        agent.isStopped = false;
        agent.SetDestination(attackTarget.position);
        return;
    }

    agent.isStopped = true;
    if (attackTarget.tag == "Player")
    {
        Shoot(attackTarget.position);
    }
    else if (attackTarget.tag == "Cigar")      // 如果目标是投掷物，稍后销毁即可
    {
        attackTarget.GetComponent<Throwing>().DelayDestroy();
    }
}
```

12.4.7 组合并实现完整的 AI 角色

前文用大量代码实现了 AI 状态机的每种状态，下文则需要用 AI 状态机将它们联系起来。

```
    // AI 状态
    AIState _state;
    // 写成属性是为了方便加 Log 调试
    AIState state
    {
        get { return _state; }
```

```
        set
        {
            //Debug.Log("state change to " + value.ToString());
            _state = value;
        }
    }

    void Update()
    {
        UpdateAI();
        UpdateAnim();
    }

    void UpdateAI()
    {
        switch(state)
        {
            case AIState.Patrol:
                {
                    agent.speed = walkSpeed;
                    UpdatePatrol();
                    Transform target = UpdateScan();
                    if (target != null)
                    {
                        state = AIState.Chase;
                        attackTarget = target;
                    }
                }
                break;
            case AIState.Chase:
                {
                    agent.speed = runSpeed;
                    UpdateChase();
                }
                break;
            case AIState.Attack:
                {
                    UpdateAttack();
                }
                break;
            case AIState.Die:
                break;
            case AIState.Freeze:
                if (Time.time > freezeTime)
                {
```

```
                    state = AIState.Patrol;
                }
                break;
        }
    }
```

总的来看，每一帧都会根据当前状态执行对应的 AI 逻辑。由于之前已经用函数封装好了各个功能模块，因此这里只需要直接调用对应的函数即可。

12.4.8 敌人的参数设置

要让敌人 AI 正确运行，还需要设置一些子物体和参数，其简单介绍如下。

1. 视野指示器

要想显示视野范围，还需要给敌人角色添加一个子物体，命名为 ViewIndicator，给子物体添加 Mesh Filter 组件和 Mesh Renderer 组件，并挂载一个半透明材质球，如图 12-14 所示。材质球的着色器可以是 Standard 或 Unlit/Transparent。

如此一来，敌人角色脚本的 Start() 方法就会查找名为 ViewIndicator 的子物体并获取组件。

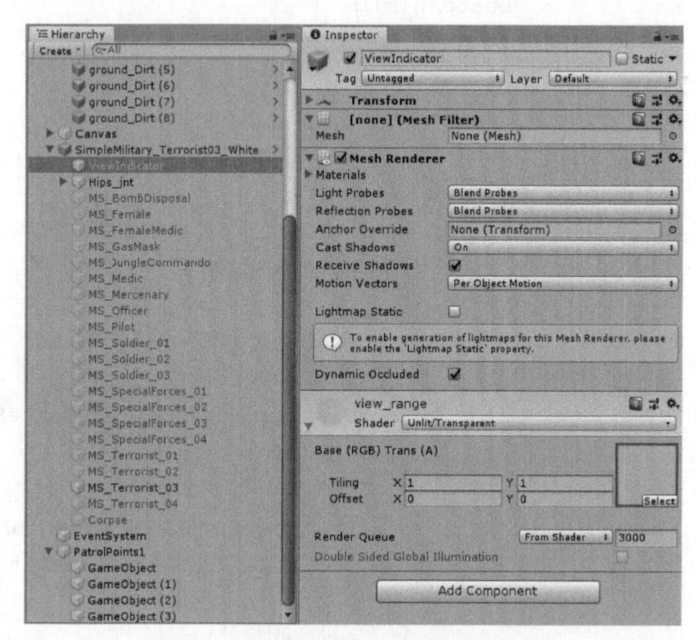

图 12-14 敌人的子物体——ViewIndicator

2. 添加路径

Unity 支持直接编辑列表，因此添加巡逻点时，只需要修改 Enemy Character 组件的 Patrol Points 属性的 Size 选项，将它改为 3 就代表 3 个巡逻点，如图 12-15 所示。然后在地图上创建一些空物体或看不见的物体用于定位，并将这些物体拖曳到列表中的对应元素上，这样就可以让敌人在这些点之间进行巡逻。

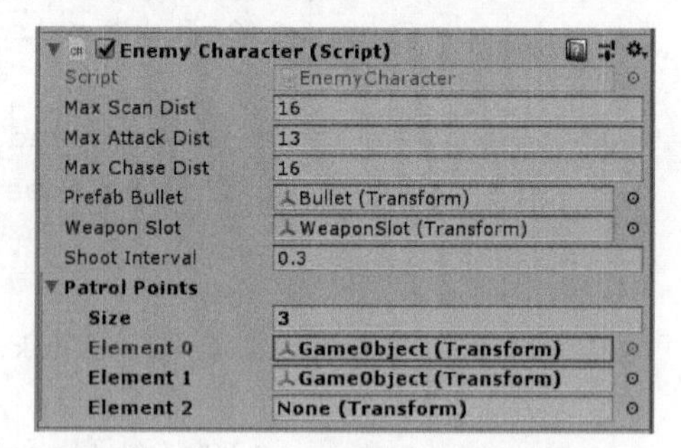

图 12-15 Enemy Character 组件的属性设置

3. 其他属性

敌人角色的其他参数可以根据表 12-2 一并设置好。

表 12-2 敌人角色的其他参数

属性	参考值	说明
Max Scan Dist	16	视野距离
Max Attack Dist	13	最大攻击距离（可理解为射程）

（续表）

属性	参考值	说明
Max Chase Dist	16	最大追击距离，目标离自己太远则不再追击
Prefab Bullet	–	子弹 prefab
Weapon Slot	–	武器挂点，与玩家的武器挂点设置方法相同
Shoot Interval	0.3	连续射击的时间间隔

12.5 搭建关卡并完善游戏

如果读者顺利完成了前文所有的角色制作过程，那么从技术上来说，游戏的主体逻辑已经大部分完成了。

但是，从基础功能到有趣的游戏，中间还留着较大的空白。对俯视角潜行游戏来说，除了音乐、音效和特效以外，让游戏变得有趣的关键因素还有关卡设计。

12.5.1 关卡设计的示例

关卡设计属于玩法设计的领域，也是一门专业性比较强的技术。好在有了技术的支撑，完全可以自己动手，尝试做出一个有趣的关卡，如图 12-16 所示。

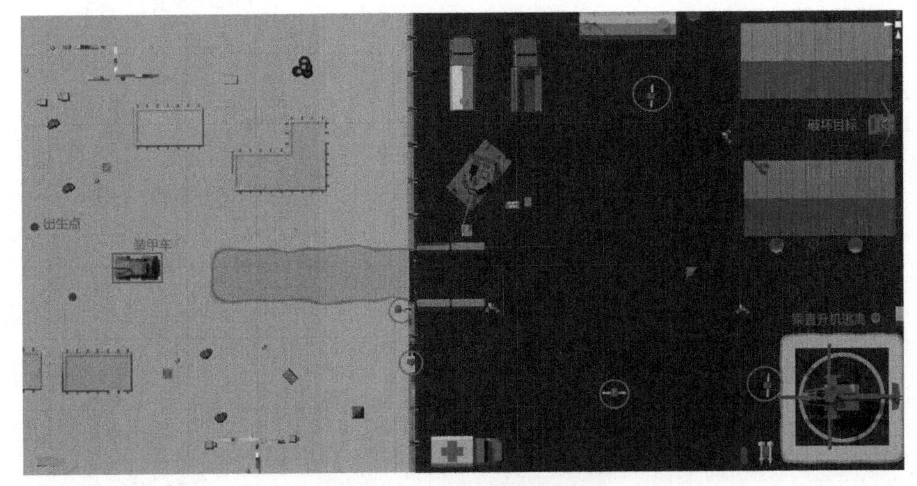

图 12-16 一个完整的游戏关卡

在这个场景的设计中，场景分为基地外和基地内两部分。玩家在基地外出现，目标是摧毁基地内的雷达，最后乘坐基地内的直升机逃离基地。

场景中共有 5 个敌人，有 1 个敌人守卫大门，1 个敌人守卫围墙缺口，3 名敌人在基地内巡逻。潜入基地的方法很多，如可以引出它们进行暗杀，但比较困难；而通过诱饵勾引则可以适当降低难度。如果玩家仔细观察，会发现可以借助巡逻的装甲车避开守卫视线，顺利进入基地。但基地内 3 名敌人的巡逻路线形成三角形，几乎没有死角，所以具有一定挑战性。

12.5.2 添加成功和失败的逻辑

对每个场景，可以设定一个任务目标。如击杀特定 NPC（Non-Player Character，非玩家角色）或到达某个区域都是可以的，实现时只需要给特定 NPC 挂载特殊脚本，或者在场景中设置一些触发器区域即可。

值得推荐的是设计一连串任务，让玩家角色依次到达某些区域，这样就可以在开放式场景中实现线性结构。

除了玩家角色因死亡而失败以外，还可以添加更多任务失败的条件。例如，超过时间限制、某个敌人逃跑等都是很常见的失败条件，这些设计可以给游戏增加更多紧迫感。

敌人可以做成预制体，在场景上根据需要放置多个，并设置各个敌人的巡逻点。对某些敌人可以微调它的参数（如速度、攻击力等），从而做出一定变化。

总之，只要善于利用已经做好的主角和敌人角色，再加上巧妙摆放的场景素材，就可以做出很棒的关卡，而且在实践中也可以进一步磨炼编程技术。

第 13 章 进阶编程技术

本章讲解一些高级编程技术，主要内容包含对象池、Unity 协程和 Unity 事件。

对象池技术是一种朴素的优化技巧，专门用于优化场景中大量物体频繁创建和销毁时的性能问题。

虽然前面已经讲解过 Unity 协程的使用方法，但它对于我们来说还是一个“黑盒”，其工作原理不甚明了。对于专业的技术开发者来说，很有必要对它有更深层次的理解。

Unity 事件是对 C# 委托的封装，与 C# 语言的事件语法有所不同。因此本章的最后会讲解 Unity 事件的原理和使用方法。

13.1 对象池

对象池是一种朴素的优化思想。在遇到需要大量创建和销毁同类物体的情景时，可以考虑使用对象池技术优化游戏性能。

13.1.1 为什么要使用对象池

在很多类型的游戏中都会创建和销毁大量同样类型的物体。例如，飞行射击游戏中有大量子弹，某些动作游戏中有大量敌人，还有游戏中反复出现和消失的粒子特效等。

而创建和销毁物体本身属于比较消耗资源的操作，创建时不仅需要引擎的处理，而且还会分配大量内存，这些内存在物体销毁时还需要回收，这给虚拟机带来了垃圾回收的压力。

也就是说，场景中的物体数量较多不一定是对性能影响最大的因素。影响最大的因素有可能是一段时间内有太多物体创建和销毁。例如，在飞行射击类游戏中，每秒有许多子弹创建，稍后又有同样多的子弹因击中敌人或距离过远而销毁。而无论多么简单的物体，在其创建和销毁的过程中都会消耗一定的资源。对象池优化所针对的正是这一类问题。

对象池技术的思想非常简单。例如，某种物体需要大量创建和销毁，那么就事先把它创建完成，放在玩家看不到的地方或隐藏起来。在需要创建的时候，直接从事先创建的物体中取出即可，而销毁的时候也不会真的销毁，只是放回了原处。这种统一管理大量物体的“池子”，就叫对象池。

13.1.2 简易对象池实例

先思考最简单的情况：一个对象池只管理同一种物体（如同一种子弹或同一种粒子）。对象池作为一个脚本组件，挂在场景中的一个空物体上以便编辑。而“池子”中的多个物体可以作为它的子物体，方便管理。

对象池中的大量物体，如果用一个容器管理，则用C#的队列（Queue）最合适。队列的简单使用方法如下。

```
Queue<int> queue = new Queue<int>();
queue.Enqueue(1);     // 将数字1加入队列
queue.Enqueue(2);     // 将数字2加入队列
queue.Enqueue(3);     // 将数字3加入队列
int n = queue.Dequeue();     // 最早加入的数字1出队，n为1
Debug.Log(queue.Count);    // 获得队列长度
```

保存游戏物体使用 Queue<GameObject> 即可。用这种思路编写的对象池完整代码如下，脚本名称为SimplePool。

```
using System.Collections.Generic;
using UnityEngine;
```

```
// 只存放一种类型物体的简单对象池
public class SimplePool : MonoBehaviour
{
    // 私有字段加 SerializeField，可以在编辑器中编辑，但其他脚本不可访问
    [SerializeField]
    private GameObject _prefab;

    // 队列，与 List 类似的容器，先进先出
    private Queue<GameObject> _pooledInstanceQueue = new Queue<GameObject>();

    // 通过对象池创建物体
    public GameObject Create()
    {
        if (_pooledInstanceQueue.Count > 0)
        {
            // 如果队列中有，直接取出一个
            GameObject go = _pooledInstanceQueue.Dequeue();
            go.SetActive(true);
            return go;
        }
        // 如果队列空了，就创建一个
        return Instantiate(_prefab);
    }

    // 通过对象池销毁物体
    public void Destroy(GameObject go)
    {
        // 将不再使用的物体放回队列
        _pooledInstanceQueue.Enqueue(go);
        go.SetActive(false);
        // 为方便管理，所有的物体都以对象池为父物体
        go.transform.SetParent(gameObject.transform);
    }
}
```

以上代码的逻辑如下。

（1）一开始，队列是空的。

（2）需要创建对象时，调用 Create() 方法。如果队列为空，那么以 _prefab 为模板创建一个物体，并返回给调用者。

（3）如果初始阶段一直创建物体，队列会一直为空，每次都会创建新的物体。这时对象池的功能没有完全发挥出来。

（4）当物体不再使用时，外部也必须调用对象池的 Destroy() 方法，而不能直接销毁物体。对象池会将这个物体放入队列回收，隐藏它，并设置它为对象池的子物体。

（5）下一次再用 Create() 方法创建物体时，发现对象池队列长度大于 0，因此直接从队列中取出第一

个物体返回即可。

（6）之后只要队列不为空，就不需要实际创建物体，对象池的作用就完全发挥出来了。

13.1.3 对象池测试方法

1. 编写测试脚本

本小节用一个实例测试对象池性能，思路是用一个脚本自动创建大量物体。

01 创建一个空物体并命名为 pool，挂载之前的对象池脚本 SimplePool。

02 创建一个球体作为子弹，并挂载脚本 Bullet。该脚本的用途是让子弹远离原点移动，超出一定范围则销毁自身。根据是否设置了对象池 pool，决定是否通过对象池销毁。其脚本内容如下。

```
using UnityEngine;

public class Bullet : MonoBehaviour
{
    // 对象池的引用，创建 Bullet 的脚本负责设置它
    public SimplePool pool;

    void Update()
    {
        // 每一帧，朝远离原点的方向移动
        Vector3 dir = transform.position - Vector3.zero;
        transform.position += dir.normalized * 5.0f * Time.deltaTime;
        // 离原点一定距离以后就销毁
        if (Vector3.Distance(transform.position, Vector3.zero) >= 17)
        {
            // 如果设置有对象池，则用对象池回收
            if (pool)
            {
                pool.Destroy(gameObject);
            }
            else
            {
                // 如果没有 pool，就直接销毁
                Destroy(gameObject);
            }
        }
    }
}
```

03 将挂载了 Bullet 脚本的子弹做成预制体。

04 创建一个空物体并命名为 Spawner，用于生成子弹。挂载 Spawner 脚本，其内容如下。

```
using System.Collections;
using System.Collections.Generic;
using UnityEngine;

public class Spawner : MonoBehaviour
{
    // 是否使用对象池
    public bool usePool = true;
    // 预制体
    public GameObject prefab;

    SimplePool pool;
    private void Start()
    {
        pool = GameObject.Find("Pool").GetComponent<SimplePool>();
    }
    void Update()
    {
        if (Input.GetButtonDown("Jump"))
        {
            for (int i=0; i<1000; i++)   // 每次创建1000个子弹
            {
                GameObject go;
                if (usePool)
                {
                    // 通过对象池创建
                    go = pool.Create();
                    // 对Bullet脚本组件设置pool,用于销毁
                    go.GetComponent<Bullet>().pool = pool;
                }
                else
                {
                    // 通过对象池创建
                    go = Instantiate(prefab);
                    // 不通过对象池销毁,也需要设置
                    go.GetComponent<Bullet>().pool = null;
                }
                go.transform.position = Random.onUnitSphere * 5;
                go.transform.parent = transform;
            }
        }
    }
}
```

05 确认Spawner脚本和对象池脚本都设置了子弹预制体，创建物体时会用到。

2. 测试方法

以上脚本可以切换是否使用对象池，主开关在 Spawner 脚本上。Spawner 脚本有一个 Use Pool 选项，代表是否启用对象池，如图 13-1 所示。如果启用，则在子弹的创建和回收时都通过对象池进行；如果不启用，则使用常规的创建和销毁方法。

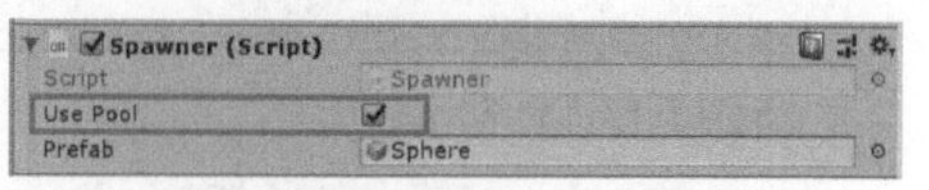

图 13-1 脚本的 Use Pool 选项

运行游戏，按下空格键，就可以创建大量物体了，如图 13-2 所示。

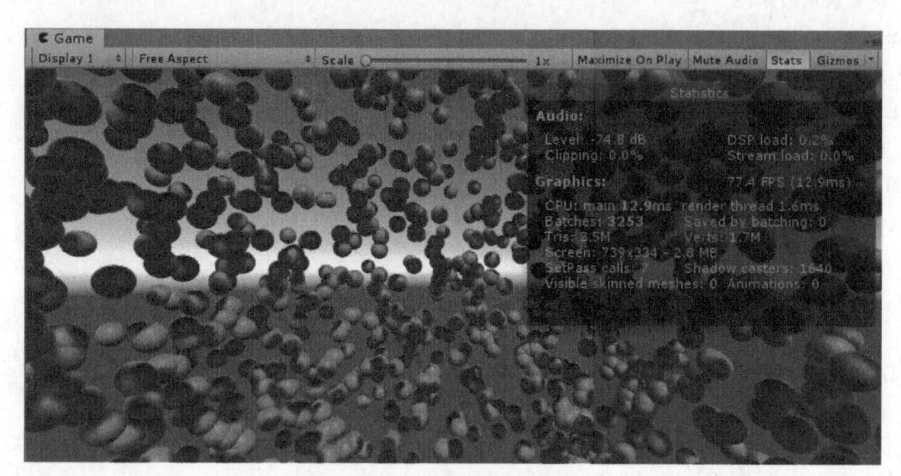

图 13-2 测试程序运行效果

Game 窗口的右上方有一个 Stats（统计）按钮，单击它可以打开一个性能统计界面，从而可以看到游戏帧率等统计信息。从统计信息中可以大致看出游戏运行时的性能表现，但对于分析对象池效果来说这些信息过于简单，不足以体现优化前后的效果，下一小节将介绍一种更专业的性能分析方法——Profiler（性能分析器）。

13.1.4 性能分析器

选择主菜单中的 Window → Analysis → Profiler 即可打开 Profiler 窗口，如图 13-3 所示。

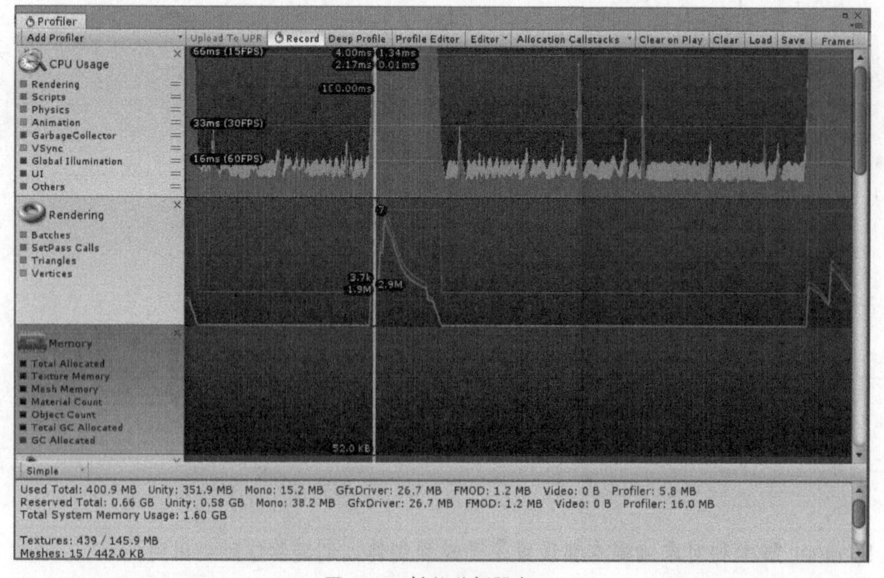

图 13-3 性能分析器窗口

Profiler 的主体有很多个曲线图区域，可以向下滚动。它包含了 CPU、渲染、内存、音频、视频、物理、2D 物理、网络消息、网络操作、UI、UI 细节和全局光照 12 个大类。但是不要担心，与对象池优化密切相关的主要是 Memory（内存）区域和 CPU Usage（CPU 使用率）区域。

单击 Profiler 界面左侧的小图标，则会在显示 / 隐藏之间切换。这里为了简单清晰起见，关闭内存图表中除 GC Alloc（垃圾回收的分配）以外的所有 Tag，以及 CPU Usage 表中除 Garbage Collector（垃圾收集器）以外的 Tag。

接下来可以在打开 Profiler 窗口时运行游戏，在游戏稳定运行后按空格键创建大量物体。

首先，关闭对象池功能，按 1~2 次空格键，待子弹消失后再按 1~2 次空格键。这个步骤多重复几次，就能得到不使用对象池时反复创建和销毁大量物体的性能数据，得到数据后暂停游戏即可。

在测试时会明显发现，不使用对象池，CPU 的垃圾收集器在某些时刻会有一个非常明显的峰值，该峰值占用了 6 毫秒以上的时间（具体数值与硬件环境有关），从而对性能造成了显著影响。而开启对象池机制以后，这个尖峰几乎消失了。

可以进一步观察内存数据，定量分析内存的分配。找到内存表中 GC Allocations Per Frame 的峰值，可以单击图表查看详细数据。注意，由于第 1 次物体的创建并不会被对象池优化，因此重点放在第 2 次弹幕发射之后的内存变化上，如图 13-4 所示。

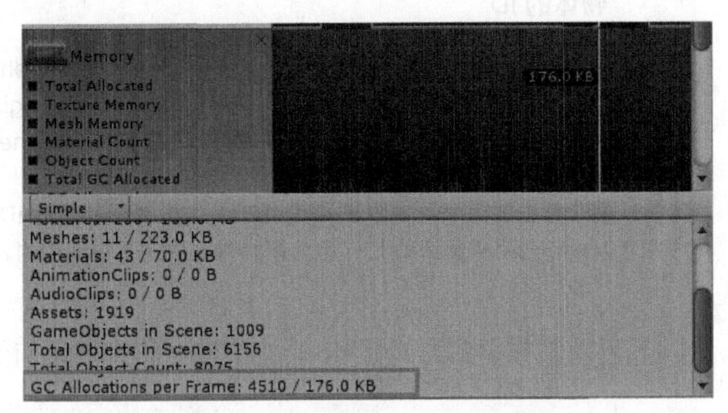

图 13-4 Profiler 窗口中的详细数据

多次测试可以得到比较准确的数据。在编者的测试环境中，得到的数据如下。

关闭对象池，每次生成 1000 个子弹。在游戏稳定后，每次生成子弹时出现一次内存分配的峰值，总的分配量在 170KB 左右。

开启对象池，每次生成 1000 个子弹。在游戏稳定后，每次生成子弹时出现一个不明显的峰值，总的分配量在 50KB 左右。

从中可以看出，使用对象池能极大缓解创建物体时所造成的大量内存分配或回收的情况。但由于物体本身的渲染和脚本依然存在，计算和渲染的压力依然也存在，因此使用对象池并非是一劳永逸的优化方法，开发者还是要根据实际情况，组合使用各种各样的优化技巧。

13.1.5 支持多种物体的对象池

前文讲解的对象池主要用于管理同一类物体，它有着使用简单、可以针对性优化的优点。但有时候也希望能用同一个对象池管理多种不同的物体，这样就不需要制作多个对象池，从而更为实用。本小节将主要介绍一种能管理多种对象的对象池，而且在制作过程中会展示更多编程技巧。

1. 思路和数据结构

为了让对象池自动化管理多种物体，可以让对象池的使用者自己提供预制体，且将其作为参数传给对象池。

对象池一开始不保存物体，也并不知道未来会用到哪些物体，但对象池的使用者在创建物体时，可以把预制体通过参数告诉对象池。那么对象池就可以在池子中查找同类物品，如果找不到就直接通过预制体创建新物体，并且“登记”新的物品种类，添加到字典中。

在简单的对象池中，用一个队列作为池子就够用了。在这里由于有更多类型的物体，因此用一个字典管理多个队列，每个队列保存一类物体，即字典嵌套队列。

```
Dictionary<int, Queue<GameObject>> m_Pool;
```

字典的键代表着一类物体，这里可以用一个小技巧——通过 gameObject.GetInstanceID 获取一个物体的数字 ID。

小知识

物体的 ID

如果查看各种类型的继承关系，会发现脚本的 MonoBehavior 类继承自组件类 Component，而无论是组件还是游戏物体，最终都继承自物体类 Object。（这里指的是 UnityEngine.Object，而不是 C# 类型 System.Object。）

也就是说，Unity 中的大部分对象都是 UnityEngine.Object，而每个 Object 都有一个整数 ID，可以通过 GetInstanceID 获得它。

每个正在使用中的物体 ID 都是唯一的，但销毁物体后 ID 就失效了，失效的 ID 可能会被新创建的物体使用。在本例中可以放心使用预制体的 ID，因为预制体本身是不会销毁的，不存在 ID 重复的问题。

将对象池类命名为 ObjPool，它的数据结构定义如下。

```
public class ObjPool : MonoBehaviour
{
    private Dictionary<int, Queue<GameObject>> m_Pool =
 new Dictionary<int, Queue<GameObject>>();
    private Dictionary<GameObject, int> m_OutObjs =
 new Dictionary<GameObject, int>();
}
```

可以看到，除了对象池本身用字典管理外，还需要一个“离开对象池的物体”——m_OutObjs 容器，专门用来记录离开的物体。也就是说，保存在池子中的物体都在 m_Pool 容器中，而离开对象池的物体要从 m_Pool 包含的队列中删除，并在 m_OutObjs 容器中做好记录，以便归还时使用。

m_OutObjs 字典直接采用游戏物体对象作为键。将游戏物体对象作为键实际上是把游戏物体的引用（或理解为地址）作为键，它和物体 ID 是类似的，正在使用中的物体地址不会重复。

2. 具体实现

定义了基本的数据结构之后需要编写具体的代码逻辑，而编写一个复杂的管理器需要考虑很多细节，可以说是千头万绪。编者的建议是先写一个伪代码大纲，再逐步细化每一步进行处理。

首先是创建物体的思路，它是对象池的主要逻辑。

（1）创建物体时，提供参数 prefab。首先把 prefab 转化为物体种类 ID，特别地，如果 m_Pool 中没有这个 ID 的键，就需要添加一个全新的类型（在字典中添加元素，键为这个 ID，值为新的队列）。

（2）如果同类物体有现成的，就取出一个。

（3）如果同类物体没有现成的，就直接用预制体创建一个新的物体。

（4）在将物体返回之前，要注意在 m_OutObjs 中做好记录。

其次是销毁物体的思路。

（1）一定要先判断销毁的物体是否存在于 m_OutObjs 字典中，如果不存在，就表示这个物体不是从对象池里取出去的，应该报告一个错误或警告。

（2）把物体从 m_OutObjs 中删除，添加到 m_Pool 中。

根据思路的大纲，编写代码如下。

```
using System.Collections.Generic;
using UnityEngine;

public class ObjPool : MonoBehaviour
{
    // 物体的池子，用字典表示。键为种类 ID，值是同类物体的队列
    // 以预制体的 ID 作为每个种类的标识 ID
    private Dictionary<int, Queue<GameObject>> m_Pool = new Dictionary<int,
Queue<GameObject>>();

    // 记录所有离开对象池的物体。键是物体引用，值是种类 ID
    // 离开对象池的物体会从 m_Pool 中离开，但是要记录在 m_OutObjs 字典里
    private Dictionary<GameObject, int> m_OutObjs = new Dictionary<GameObject,
int>();

    // 创建物体，预制体由调用者自备
    public GameObject Create(GameObject prefab)
    {
        // 以预制体的物体 ID，作为该类型物体的 ID
        int id = prefab.GetInstanceID();
        // 尝试从对象池中获取这个物体
        GameObject go = _GetFromPool(id);
        if (go == null)
        {
            // 取不到物体，就根据预制体创建物体
            go = Instantiate<GameObject>(prefab);
            // 如果初次遇到这类物体，需要新添加一个类型
            if (!m_Pool.ContainsKey(id))
            {
                m_Pool.Add(id, new Queue<GameObject>());
            }
        }

        // 标记新创建的物体离开了对象池
        m_OutObjs.Add(go, id);
        return go;
    }

    // 销毁（回收）物体
    public void Destroy(GameObject go)
```

```
    {
        // 判断该物体是不是通过对象池创建
        if (!m_OutObjs.ContainsKey(go))
        {
            Debug.LogWarning("回收的物体并不是对象池创建的! " + go);
            return;
        }

        // 该物体属于哪个种类
        int id = m_OutObjs[go];

        go.transform.parent = transform;
        go.SetActive(false);

        // 加入队列，并且去掉离开的标记
        m_Pool[id].Enqueue(go);
        m_OutObjs.Remove(go);
    }

    // 私有函数，从对象池中根据类型 ID 取出物体。如果类型不存在或者物体暂时用完了，返回 null
    private GameObject _GetFromPool(int id)
    {
        if (!m_Pool.ContainsKey(id) || m_Pool[id].Count == 0)
        {
            return null;
        }
        GameObject obj = m_Pool[id].Dequeue();
        obj.SetActive(true);
        return obj;
    }
}
```

此对象池满足了管理多种物体的需要，且具有以下两种实用化功能。

功能 1，有时对象池的使用者可能忘记通过对象池销毁物体，可以通过调试查看 m_OutObjs 的内容，分析有哪些物体没有归还给对象池。

功能 2，如果一个物体不是通过对象池创建的，但又通过对象池销毁，则会输出警告信息。

它的测试方法请参考简单对象池的测试方法，此处不再赘述。

13.2 Unity 协程详解

本书在第 2 章就已经用到了协程，合理使用协程能为编程带来极大便利。

从实用角度看协程：协程函数与其他每帧执行的函数互不影响；用协程编写延时逻辑、异步逻辑非常方便。

但是深究起来，协程还有很多“未解之谜”。例如，协程的原理是什么？协程是 Unity 特有的，还是 C# 语言支持的？协程和线程有什么关系？

当程序出现一些与协程有关的错误时，理解协程的原理就显得非常必要了，因此协程的原理是技术开发者应当掌握的。本节将通过实际模拟协程，说明 C# 迭代器与协程的关系，进而让读者理解 Unity 协程的设计原理。

13.2.1 熟悉而陌生的协程

如果在 Update 函数中编写一个死循环，会造成运行游戏时整个 Unity 编辑器卡死的后果。而协程函数可以与 Update 函数并行不悖，那么如果在协程函数中编写一个死循环会怎么样呢？读者可以动手试验。

结果是同样也会导致编辑器卡死，从而说明，协程函数并不是一个独立的执行单元，它与 Update、FixedUpdate 和 LateUpdate 等函数一样，被 Unity 依次执行。一旦一个函数发生死循环，就会阻碍整个游戏的运行。简而言之，协程不是线程。

我们已经知道，使用 WaitForSeconds 方法可以让协程延迟执行。但假如延迟的时间设为 0，协程依然有最小的执行间隔时间——1 帧的时间。无论协程函数怎么编写，它执行的频率都不会超过 Update 被调用的频率。

结合以上两点可以看出，协程非常像是另一个自定义的 Update 函数，只不过可以方便地使用延时逻辑。

有意思的是，虽然本书在所有实例中都避免使用协程版本的 Start 和 Update 方法，但是 Start 和 Update 其实也是支持协程式调用的，如以下代码。

```
using System.Collections;
using UnityEngine;

public class HelloCoroutine : MonoBehaviour
{
    IEnumerator Start()
    {
        Debug.Log(1);
        yield return new WaitForSeconds(1);
        Debug.Log(2);
        yield return new WaitForSeconds(1);
        Debug.Log(3);
    }
}
```

以上代码让 Start 方法也具备了延时执行的功能，而且不需要用 StartCoroutine 启动。这一特性可能会让很多读者感到意外。

Start 方法并不是主动调用的，而是被 Unity 引擎识别并调用的。这里把 Start 方法的返回值从 void 改为了 IEnumerator（迭代器），也同样被 Unity 识别了。由以上例子可以猜想，所谓的协程，可能只是 Unity 提供的一种便利写法而已。下一小节将进一步分析这一点。

13.2.2 迭代器

虽然协程是 Unity 提供的，但 yield 关键字明显是 C# 语法的一部分。那么 C# 提供的 yield 关键字原本的作用是什么呢？它与协程有必然联系吗？

实际上，IEnumerator 和 yield 配合，实现了一种语法机制，叫作“可重入函数”。用通俗的话来说，可重入函数就是可以中断，过一会儿接着执行的函数。

一般的函数从被调用开始，必须一直执行到返回为止，下一次调用也一定是从头开始，而且上一次执行时的局部变量也不会被保存。而协程函数则可以在 yield 处中断，下一次调用时可以接着上次中断的地方继续执行，而且所有的局部变量都不会重置，会保存上一次中断时的状态。

在 C# 中，常用的 foreach 语法就离不开迭代器的支持。例如，遍历字典这种常规操作，也需要让字典具有可迭代的特性才可以实现。

下面用一个 Unity 脚本演示迭代器的用法，但并没有用到协程。

```
using System.Collections.Generic;
using UnityEngine;

public class MyIter : MonoBehaviour
{
    IEnumerator<int> HelloWorld()
    {
        transform.position = new Vector3(1, 0, 0);
        yield return 233;

        transform.position = new Vector3(2, 0, 0);
        yield return 234;

        transform.position = new Vector3(3, 0, 0);
        yield return 666;
    }

    void Start()
    {
        IEnumerator<int> e = HelloWorld();
        while (true)
        {
            if (!e.MoveNext())
            {
                break;
```

```
            }
            Debug.Log("yield 返回值："+e.Current);
            Debug.Log(" 物体当前位置："+transform.position);
        }
    }
}
```

HelloWorld 函数是一个可重入函数，初次执行它会在第一个 yield 处中断，返回值是一个 IEnumerator 对象，上述程序把它保存在变量 e 中。每次调用 e.MoveNext 方法会让函数继续执行到下一个 yield 处。执行到最后一个 yield 之后时，函数就彻底执行完毕，MoveNext 函数返回 false。

每次执行一步时，还可以从变量 e 中获取到中断时的返回值，即 e.Current。后面将会看到，这个中断返回值非常有用。

这个例子用一个循环驱动迭代器函数，将脚本挂载到一个立方体上运行游戏，通过观察 Log 可以分析出函数是如何一步一步地执行的，如图 13-5 所示。

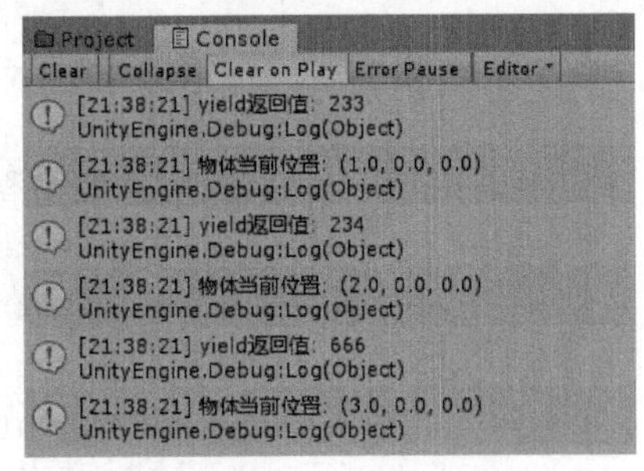

图 13-5 迭代器函数运行时的信息

13.2.3 协程的延时执行原理

上一小节的例子展示了迭代器函数的使用方法，但是它是在 1 帧内直接运行完毕的，没有体现出“延时运行”的功能。下面对它做一些改动，引入定时功能。

```
using System.Collections.Generic;
using UnityEngine;

public class MyIter2 : MonoBehaviour
{
    IEnumerator<int> HelloWorld()
    {
        transform.position = new Vector3(1, 0, 0);
        yield return 1;

        transform.position = new Vector3(2, 0, 0);
        yield return 2;

        transform.position = new Vector3(3, 0, 0);
        yield return 1;
    }

    IEnumerator<int> e;
    float helloTime = 0;
    void Start()
    {
```

```
        e = HelloWorld();
    }

    void Update()
    {
        if (e != null)
        {
            if (Time.time > helloTime)
            {
                if (!e.MoveNext())
                {
                    // 协程结束了
                    e = null;
                    return;
                }
                Debug.Log("yield 返回值: "+e.Current);
                // 把返回值当作延迟的时间
                helloTime = Time.time + e.Current;
            }
        }
    }
}
```

将这个脚本挂载到立方体上，运行游戏，可以展示出立方体间隔 1~2 秒改变一次位置的效果。注意这个脚本与第一个迭代器脚本最大的区别在于，e.MoveNext 方法是在 Update 函数中执行的。Update 函数每帧调用，不需要再使用循环。

Start 函数将变量 e 初始化为 HelloWorld 迭代器，它是迭代器执行的起始（很像协程启动函数 StartCoroutine）。之后每一帧 Update 执行时，都要检查当前是否过了 helloTime 所设定的时间，如果设定的时间已过，则执行一次迭代器函数，并且将中断返回值作为下一次延时的秒数。当迭代器函数彻底结束以后，就将 e 赋值为空，未来不再执行迭代器函数。

这个例子虽然简单，但已经实现了“协程”的启动、延时和关闭功能。读者通过思考，应该可以理解 Unity 是如何实现协程的功能的。

上文的例子有一个不太让人满意的地方是，延时是通过外部计时实现的，而非迭代器函数自身控制延时。下文的修改将更贴切地模拟延时的实现方法。

```
using System.Collections.Generic;
using UnityEngine;

public class MyIter3: MonoBehaviour
{
    IEnumerator<int> HelloWorld()
    {
        // 局部变量的值会被保留
        float helloTime = 0;
```

```
        transform.position = new Vector3(1, 0, 0);
        // 延时1秒
        helloTime = Time.time + 1;
        while (Time.time < helloTime)
        {
            // 这个返回值没有用到
            yield return 1;
        }

        transform.position = new Vector3(2, 0, 0);
        // 延时2秒
        helloTime = Time.time + 2;
        while (Time.time < helloTime)
        {
            // 这个返回值没有用到
            yield return 2;
        }

        transform.position = new Vector3(3, 0, 0);
        helloTime = Time.time + 1;
        while (Time.time < helloTime)
        {
            yield return 1;
        }
    }

    IEnumerator<int> e;
    void Start()
    {
        e = HelloWorld();
    }

    void Update()
    {
        if (e != null)
        {
            if (!e.MoveNext())
            {
                // 协程结束了
                e = null;
                return;
            }
        }
    }
}
```

以上代码最大的改变在于，Update每帧都调用协程函数，而协程函数自身会用循环控制运行的进度，如果时间不到就立即中断，最终实现了定时运行的效果。而且，计时用的变量 helloTime 也定义在协程之内，充分利用了迭代器保存局部变量的值的特性。

这一实现方法从原理上看与 Unity 的实现方式一致。只要理解了以上代码，那么对协程的原理也就应该有了充分的理解。但上述代码和 Unity 协程的实际写法还是有区别，如果对其具体实现感兴趣，想深入挖掘，可以查阅更多相关资料。

小知识

Unity 引擎的 C# 源代码

虽然 Unity 引擎不是开源的，但它的 C# 代码部分已经被官方公布。可惜的是，实现协程的源代码也只有一部分可以在这个代码仓库中找到。

13.2.4 协程与递归

在实践中有一个问题可能会让开发者感到迷惑：如果协程函数在执行过程中调用其他迭代器函数，应该如何编写？运行顺序是怎样的？本小节将用两个递归调用的例子解释这一点。

直接用 C# 编写递归迭代器调用比较有难度，但 Unity 封装的协程已经很好地解决了这个问题。下文的例子展示了利用递归输出从 10 到 1 的方法，每两次输出之间停顿 0.3 秒。

```
using System.Collections;
using System.Collections.Generic;
using UnityEngine;

public class CoRecur : MonoBehaviour
{
    void Start()
    {
        StartCoroutine(Loop(10));
    }

    IEnumerator Loop(int n)
    {
        yield return new WaitForSeconds(0.3f);
        Debug.Log("Loop:" + n + "    Time:" + Time.time);
        if (n == 1)
        {
            yield break;
        }
        yield return Loop(n - 1);
    }
}
```

可以将脚本挂载到任意物体上，观察 Console 窗口的输出，如图 13-6 所示。

以上程序的关键是，调用其他协程函数时，也应当使用 yield return 语法。只有这样才能让内层、外层函数的中断逻辑联系起来，也才能让被调用函数的延时方法也生效。理解了这个原理，多个函数互相递归调用的代码也不难编写了。

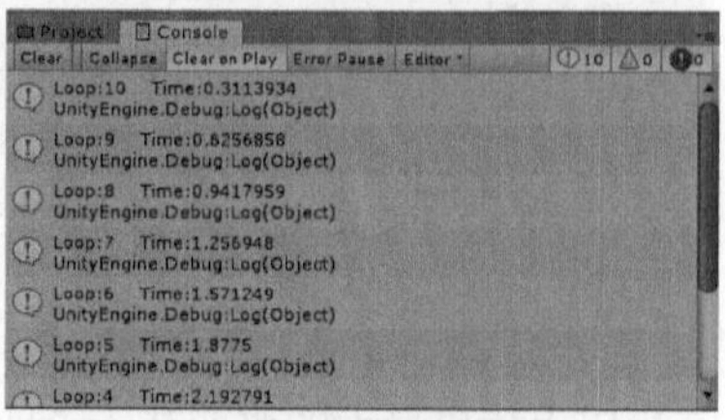

图 13-6 递归协程的输出信息

下文展示了两个函数互相进行递归调用，从 1 输出到 10 的例子。

```
using System.Collections;
using System.Collections.Generic;
using UnityEngine;

public class CoRecur : MonoBehaviour
{
    void Start()
    {
        StartCoroutine(LoopA(10));
    }

    IEnumerator LoopA(int n)
    {
        if (n == 0)
        {
            yield break;
        }
        yield return LoopB(n - 1);
        yield return new WaitForSeconds(0.3f);
        Debug.Log("LoopA:" + n + "    Time:" + Time.time);
    }

    IEnumerator LoopB(int n)
    {
        if (n == 0)
        {
            yield break;
        }
        yield return LoopA(n - 1);
        yield return new WaitForSeconds(0.3f);
        Debug.Log("LoopB:" + n + "    Time:" + Time.time);
    }
}
```

这个例子调整了延时和 Log 函数的运行时机，得到了“反向输出”的效果。递归是从 10 到 1，但输出 Log 则是从 1 到 10，其输出结果如图 13-7 所示。

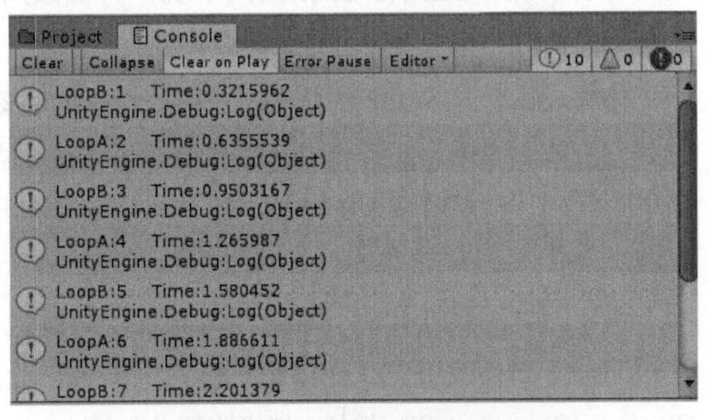

图 13-7 两个函数递归调用的输出结果

13.3 Unity 事件详解

Unity Event(Unity 事件)这一概念本身不复杂,但由于其他很多相近易混淆的概念,如 Event System(事件系统)、Delegate (委托)、C#Event (事件) 等，让 Unity 事件原本的概念变得模糊不清。

在这些相近的概念中，Unity 事件只是 C# 委托的一个简单包装而已，但它比较常用，也比较易用。本节先排除其他因素的干扰，用一个实例演示 Unity 事件的用法。

13.3.1 Unity 事件实例

在第 8 章介绍音效的使用方法时，借用 2D 动画的例子，为了播放音效修改了 PlatformCharacter2D 脚本，在跳跃时插入了如下播放音效的代码。

```
// If the player should jump...
if (m _ Grounded && jump)
{
    // Add a vertical force to the player.
    m _ Grounded = false;
    m _ Anim.SetBool("Ground", false);
    m _ Rigidbody2D.AddForce(new Vector2(0f, m _ JumpForce));

    // 获取音源组件
    AudioSource audio = GetComponent<AudioSource>();
    // 动态加载音效资源
    audio.clip = Resources.Load<AudioClip>("jump _ 01");
    audio.Play();
    // 未来有更多需要在跳跃时处理的内容加到后面……
}
```

这种将逻辑代码插入其他不相关逻辑的方式有很多缺点，下文将做一些简单分析。

首先，与常规软件不同，游戏逻辑的关联性有时是很怪异的，在看似不相关的地方也会产生关联。例如，敌人 AI 会根据主角的当前动作做出反应。敌人 AI 与主角行动本应是不相关的两个模块，一方面不应该把敌人 AI 的代码插入主角行动的函数中，另一方面敌人 AI 又确实需要在主角行动的时刻立即做出反应。这时就在逻辑简洁性与模块清晰性中出现了两难的选择。

其次，随着游戏功能的增多，在某些特殊的时刻会添加越来越多的逻辑。例如，在玩家角色升级的特殊时刻，特效、音乐、任务和成就等系统都可能需要立即处理与升级有关的逻辑。玩家角色升级本来是一段很简单的代码，但随着系统的增加，每个系统都要在升级处插一行代码，从而让玩家角色的核心脚本变得臃肿不堪。

回到上文的跳跃代码，跳跃逻辑遇到的问题也是一样的。为了避免跳跃逻辑变得“大而无当”，可以使用 Unity 事件改进它，在满足扩展性的同时，让跳跃的代码稳定下来，不再频繁修改。其方法也是修改 PlatformCharacter2D 脚本，其修改部分如下。

```
    ......
    private bool m_FacingRight = true;  // For determining which way the player
is currently facing.

    // 添加 UnityEvent 类型的字段 JumpEvent
    public UnityEvent JumpEvent;

    private void Awake()
    ......


    // 修改 Move 函数的跳跃部分
    // If the player should jump...
    if (m_Grounded && jump)
    {
        // Add a vertical force to the player.
        m_Grounded = false;
        m_Anim.SetBool("Ground", false);
        m_Rigidbody2D.AddForce(new Vector2(0f, m_JumpForce));

        // 只要通知所有人跳跃事件发生了即可
        JumpEvent.Invoke();
    }
```

简单来说，发生了类似跳跃、升级、吃金币等特殊事件的时候，都可以像上文这样添加一个 Unity 事件。添加事件只需两步：先添加一个公开的 UnityEvent 类型的变量，然后在事件发生的时刻调用该事件的 Invoke 方法即可。

那么播放音乐的代码要写在哪里呢？在这个例子中可以把主角音效单独用一个脚本管理，未来主角的其他音效也都可以写在这个脚本里。新建一个脚本 PlayerAudio，挂载到主角上，其内容如下。

```
using UnityEngine;
// 引入 PlatformCharacter2D 脚本的命名空间
using UnityStandardAssets._2D;

public class PlayerAudio : MonoBehaviour
{
    AudioSource audioSource;

    void Start()
    {
        audioSource = GetComponent<AudioSource>();
        PlatformerCharacter2D cc = GetComponent<PlatformerCharacter2D>();
        // 找到之前的事件 JumpEvent，为它添加一个“订阅者”
        // 订阅者就是下面的 OnPlayerJump 函数，当事件发生时下面的函数会被调用
        cc.JumpEvent.AddListener(OnPlayerJump);
    }
```

```
    void OnPlayerJump()
    {
        audioSource.clip = Resources.Load<AudioClip>("jump _ 01");
        audioSource.Play();
    }
}
```

以上脚本的重点就是获取到之前添加的 JumpEvent 变量，然后调用 AddListener 即可。当事件的 Invoke 方法被调用时，所有通过 AddListener 订阅了该事件的方法都会被调用。

这样修改后跳跃播放音效的功能和之前完全一样，但最大的区别在于，无论未来添加多少跳跃时触发的逻辑，角色跳跃部分的代码都不再需要修改。

小知识

设计模式中的开闭原则

面向对象理论中有一些经典的“设计模式”，Unity 事件就属于经典设计模式中的“观察者模式”。

设计模式的基本理念是“开闭原则”，即对扩展开放，对修改封闭。在理想情况下，任何新功能的加入都只需要添加新的代码，而不用修改原有的代码。

虽然在游戏开发过程中很难完美实现“开闭原则”，但是通过合理的架构设计改善代码质量，还是非常有必要的。

13.3.2 Unity 事件的多参数形式

Unity 事件不仅可以通过 AddListener 方法添加订阅函数，也可以通过 RemoveListener 方法删除订阅函数。事件支持多次添加同一个订阅函数，添加几次就会调用几次。这种设计虽然灵活，但有时也会造成不小心订阅了很多次的情况。

如果订阅的函数需要参数，Unity 事件也可以支持。Unity 事件默认支持 0~4 个参数的函数，而且每个参数类型都是任意的（泛型），足以满足常规使用。但有个麻烦之处是，泛型的 UnityEvent 是抽象类（abstract class），不能直接作为变量类型，需要用继承的方式定义事件类型。如下面的代码中，MyEvent1 是一种事件类型，参数为 1 个 Vector3。

```
// 1个参数的事件
public class MyEvent1 : UnityEvent<Vector3> { }
```

完整的代码范例如下，演示了 1 个参数和 3 个参数的事件订阅和调用。

```
using System;
using UnityEngine;
using UnityEngine.Events;

// 1个参数的事件
[Serializable]  // 加 Serializable 是为了在编辑器面板上可见
public class MyEvent1 : UnityEvent<Vector3> { }

// 3 个参数的事件
[Serializable]
public class MyEvent3 : UnityEvent<int, int, string> { }
```

```
public class UnityEventTest : MonoBehaviour
{
    public MyEvent1 TestEvent1; // 不用写 new，public 事件会被 Unity 初始化
    public MyEvent3 TestEvent3;
    // 1 个参数的测试函数 F1
    void F1(Vector3 pos)
    {
        Debug.Log("F1 " + pos);
    }
    //3 个参数的测试函数 F3
    void F3(int a, int b, string s)
    {
        Debug.LogFormat("F3 {0} {1} {2}", a, b, s);
    }

    private void Start()
    {
        TestEvent1.AddListener(F1);
        TestEvent3.AddListener(F3);

        // 可以用 Lambda 表达式写
        TestEvent3.AddListener( (int a, int b, string s) =>
            {
                Debug.Log("Lambda "+ a + b + s);
            }
        );

        TestEvent1.Invoke(new Vector3(3, 5, 6));
        TestEvent3.Invoke(8, 7, "Hello");

        // 删除了订阅者 F3 后，下次 Invoke 就不会调用 F3 函数了
        TestEvent3.RemoveListener(F3);
        TestEvent3.Invoke(8, 7, "world");
    }
}
```

代码演示的结果很简单，只要调用事件的 Invoke，那么调用之前通过 AddEventListener 订阅的函数都会被调用，也包括匿名函数。

关键是，订阅事件的函数参数必须与事件要求的完全一致。例如，订阅事件 TestEvent1 的函数必须是参数为 Vector3、返回值为 void 的函数，而这是由类型 MyEvent1 决定的。事件 TestEvent3 同理，要求订阅函数的 3 个参数依次为 int、int 和 string 类型。

有趣的是，通过这种方式定义的事件，可以在 Unity 编辑器面板上进行编辑，很像按钮等 UI 组件的编辑方式，如图 13-8 所示。

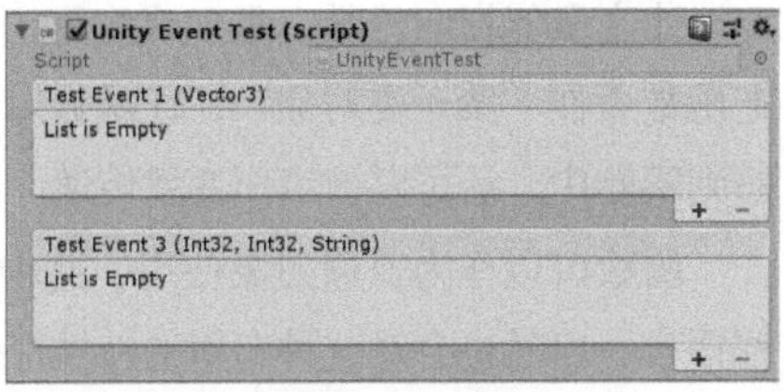

UnityEvent 多种参数的形式只是为了方便实现具有 1 ~ 4 个参数的事件。具体如何用好这些事件，还是要根据具体需求来决定。

图 13-8 事件可以在编辑器中添加

13.3.3 Unity 事件与委托

说到 Unity 事件，就不得不提到 UnityAction，而 UnityAction 仅仅是 C# 语法中的委托而已。而最容易让初学者困惑的是，要实现事件订阅和调用机制，仅使用委托的语法就足够了，根本不需要用到 Unity 事件。

因此，要弄清这些概念之间的关系，还得要回到 C# 语法的基础特性——委托。

```
using UnityEngine;

delegate void MyFunc1();
delegate int MyFunc2(int a);

public class TestDelegate : MonoBehaviour
{
    void Start() {
        MyFunc1 f1;
        f1 = F;
        MyFunc2 f2;
        f2 = G;

        f1();
        f2(3);
    }

    void F() {
        Debug.Log("F");
    }

    int G(int i) {
        Debug.Log("G" + i);
        return 0;
    }
}
```

以上代码的 Start 函数先定义了变量 f1 和 f2，让 f1 指向函数 F，f2 指向函数 G。调用 f1 相当于执行 F，调用 f2 相当于执行 G。

而这两个变量的类型十分特殊，它们可以指向函数。这种“指向函数的变量类型”非常特别，无法用 class 或 struct 定义，只能使用 delegate 语法定义。也就是上文代码中开头的两行，定义了 MyFunc1 和 MyFunc2 两种函数类型。其中 MyFunc1 代表返回值为 void、参数为空的函数；MyFunc2 代表返回值为 int 型、参数为 1 个 int 型值的函数。

让变量能指向函数，是现代编程语言都比较重视的一项功能。例如，常用编程语言 Lua 和 Python，都把函数看作“第一类对象”，让函数对象与普通对象有着平起平坐的地位，函数可以被变量引用，也可以被装到容器中，还可以被当作变量传递。

函数可以作为普通对象使用，这种语法特性非常有用，有助于实现函数式编程。C# 作为一种年轻的编程语言，自然也会对这种有用的特性提供支持，而让 C# 能够灵活使用函数的关键在于委托语法。

委托语法用类似定义函数的语法，定义了一种“函数类型”。每个委托的定义，必须清楚定义这类函数的参数数量、参数类型以及返回值类型。如上文例子中的 MyFunc1 和 MyFunc2 就是两种函数类型。

有了函数类型，就可以定义该类型的变量。这种变量称为委托变量，委托变量可以指向类型符合的函数。除此之外，委托变量也可以通过参数传递或添加到容器。总而言之，普通变量支持的基本操作，委托变量也都支持。

小知识

多种编程方法

世界上有很多有用的程序设计方法，从大体上分类，有过程式程序设计、面向对象程序设计、函数式程序设计、数据驱动程序设计等，而每一类又有好几种截然不同的实现方式。

现代编程不排斥某种方法，也不刻意追求某些方式，但每种编程思想在各自擅长的领域具有各自的优势。在进行大型软件项目开发时，也会混合使用各种编程思想。

```
void Start()
{
    // 将函数用作参数传递
    CallFunc(F, G, 9);

    // 列表,每个元素都是函数的引用
    List<MyFunc1> funcs = new List<MyFunc1>();
    // 添加 F 到列表两次
    funcs.Add(F);
    funcs.Add(F);
    foreach (MyFunc1 f in funcs)
    {
        f();
    }
}

void CallFunc(MyFunc1 f, MyFunc2 g, int n)
{
    Debug.Log("间接调用函数");
    f();
    g(n);
}
```

以上就是委托的基本用法，理解了上述代码，对委托就少了一层陌生感。

1. 委托作为事件使用

函数类型的变量能指向一个函数，调用该变量相当于调用函数。而更神奇的是，函数类型的变量能同时指向多个函数，调用它就能依次调用多个函数。

```
int GA(int i) {
    Debug.Log("GA " + i);
    return 0;
}
int GB(int i) {
```

```
        Debug.Log("GB " + i);
        return 0;
    }
    int GC(int i) {
        Debug.Log("GC " + i);
        return 0;
    }

    void Start()
    {
        MyFunc2 g = null;
        g += GA;
        g += GB;
        g += GC;
        // 依次调用GA、GB、GC
        g(3);

        // 再加一次GA、去掉GC
        g += GA;
        g -= GC;
        g(5);
    }
```

以上例子说明，普通的函数类型变量 g 完全可以代替 UnityEvent，AddListener 相当于“+=”运算符，RemoveListener 相当于“-=”运算符。读者可以试着将前文例子中的 UnityEvent 换成委托进行试验，此处不再赘述。

2. 委托与事件的关系

UnityAction 是事先定义好的一种委托，也就是一种函数类型。UnityAction 支持多个泛型参数，可以方便地与 UnityEvent 搭配使用。其 UnityAction 的定义如下。

```
namespace UnityEngine.Events
{
    public delegate void UnityAction();
    public delegate void UnityAction<T0>(T0 arg0);
    public delegate void UnityAction<T0, T1>(T0 arg0, T1 arg1);
    public delegate void UnityAction<T0, T1, T2>(T0 arg0, T1 arg1, T2 arg2);
    public delegate void UnityAction<T0, T1, T2, T3>(T0 arg0, T1 arg1, T2 arg2, T3 
arg3);
}
```

弄清委托的用法，对了解和掌握函数式程序设计很有帮助。函数式程序设计思想在很多地方都可以用到，如列表的 Sort 方法支持传入函数，可以实现对任意类型对象以任意标准排序。

虽然从原理上看，委托可以代替 UnityEvent，但在开发时应当尽量使用 UnityEvent，因为这样不仅符合惯例，而且可以获得更多便利。